中国植物病理学会 2025 年学术年会论文集
——植物病理科技创新与绿色防控

◎ 韩成贵　操海群　主编

Proceedings of the Annual Meeting of Chinese Society for Plant Pathology (2025)

中国农业科学技术出版社

图书在版编目(CIP)数据

中国植物病理学会 2025 年学术年会论文集：植物病理科技创新与绿色防控 / 韩成贵，操海群主编. --北京：中国农业科学技术出版社，2025.7. --ISBN 978-7-5116-7533-0

Ⅰ. S432.1-53

中国国家版本馆 CIP 数据核字第 20253GS158 号

责任编辑	姚　欢
责任校对	王　彦
责任印制	姜义伟　王思文

出 版 者	中国农业科学技术出版社
	北京市中关村南大街 12 号　　邮编：100081
电　　话	(010) 82106631（编辑室）　　(010) 82106624（发行部）
	(010) 82109709（读者服务部）
网　　址	https://castp.caas.cn
经 销 者	各地新华书店
印 刷 者	北京中科印刷有限公司
开　　本	210 mm×285 mm　1/16
印　　张	26.5
字　　数	550 千字
版　　次	2025 年 7 月第 1 版　2025 年 7 月第 1 次印刷
定　　价	120.00 元

◀━━━ 版权所有·翻印必究 ━━━▶

中国植物病理学会 2025 年学术年会论文集
——植物病理科技创新与绿色防控

编辑委员会

名誉主编：彭友良

主　　编：韩成贵　操海群

副 主 编：（按姓氏笔画排序）

马忠华　孙文献　杨　俊　赵　梅　咸仁德
潘月敏

编　　委：（按姓氏笔画排序）

马忠华　车明哲　宁约瑟　羊国根　江　彤
孙文献　杨　俊　李　晖　谷春艳　张　勇
张华建　赵　伟　赵　梅　郭　敏　咸仁德
彭友良　蒋　磊　韩成贵　曾庆超　曾晓葳
潘月敏　操海群　燕继晔

中国植物病理学会 2025 年学术年会
组织委员会

名誉主任委员：彭友良

主 任 委 员：韩成贵

执 行 主 任：孙文献　操海群

委　　　员：（按姓氏笔画排序）

　　　　　　马忠华　王文明　王源超　王福祥　宁约瑟
　　　　　　朱书生　孙文献　杨　俊　李向东　吴祖建
　　　　　　张　勇　周雪平　赵　伟　赵　梅　钱　韦
　　　　　　戚仁德　黄丽丽　彭友良　韩成贵　潘月敏
　　　　　　操海群　燕继晔

秘 书 长：孙文献

执行秘书长：杨　俊　潘月敏　赵　梅　张　勇

前　言

经中国植物病理学会第十二届理事会研究决定，"中国植物病理学会 2025 年学术年会暨《植物病理学报》创刊 70 周年纪念活动"将于 2025 年 7 月 22—25 日在安徽合肥召开。会议期间将分大会场、分会场及墙报形式交流我国植物病理学理论研究与实践的主要进展，以促进我国植物病理学科发展和科技创新。

会议通知发出后，全国各地植物病理学科技工作者投稿踊跃，为了便于交流，会议论文编辑组对收到的论文和摘要进行了编辑，并委托中国农业科学技术出版社出版。本论文集收录论文和摘要共 372 篇，其中真菌及真菌病害 117 篇、卵菌及卵菌病害 20 篇、病毒及病毒病害 39 篇、细菌及细菌病害 31 篇、线虫及线虫病害 7 篇、植物抗病性 73 篇、病害防治 85 篇。这些论文及摘要基本反映了近年来我国植物病理学科技工作者在植物病理学各个分支学科基础理论、应用基础研究与病害防治实践等方面取得的研究成果。

由于论文和摘要数量多，编校工作量大，时间仓促，在编辑过程中，本着尊重作者意愿和文责自负的原则，对稿件内容一般未做改动，仅对格式体例和个别文字做了一些处理和修改，以保持作者的写作风貌。因此，本论文集中如果存在不妥之处，诚请读者和投稿作者谅解。另外，在本论文集发表的摘要不影响作者在其他学术刊物上发表全文。

本次学术年会的召开，得到了安徽农业大学、安徽省农业科学院、安徽省植物病理学会和中国农业大学等承办单位，安徽久易农业股份有限公司等协办单位的鼎力支持。在大会筹办和论文集编辑出版期间，中国植物病理学会和上述单位的众多专家和工作人员，为本次大会的召开和论文集的出版付出了辛勤劳动。论文集编辑出版得到了中国农业科学技术出版社有关领导和责任编辑的支持。在此，我们表示衷心的感谢！

2025 年迎来了《植物病理学报》创刊 70 周年。《植物病理学报》创办于 1955 年，由中国科学技术协会主管、中国植物病理学会与中国农业大学共同主办，是我国植物病理学科唯一中文期刊。创刊七十载，戴芳澜、俞大绂、裘维蕃、曾士迈、彭友良、郭泽建、范军先后担任学报主编，该刊学术影响力持续提升，先后被国内外多家权威数据库收录，入选"中国科技核心期刊""中国农林核心期刊""中文核心期刊""中国科协精品期刊""中国精品科技期刊顶尖学术论文（F5000）项目来源期刊"等，多次荣获"百种中国杰出学术期刊""中国国际影响力优秀学术期刊"等称号。该学报 70 年来所取得的成绩离不开历届编委会委员、编辑部编辑、投稿作者、审稿专家所付出的辛勤汗水，离不开广大读者的厚爱和支持，也离不开历届理事会理事、学会业务主管单位和挂靠单位的大力支持。坚信《植物病理学报》将继续为植病学科创新发展、保障粮食安全与生物安全，为农业高质量发展作出新的更大的贡献。

最后，谨以此论文集庆贺"中国植物病理学会 2025 年学术年会暨《植物病理学报》创刊 70 周年纪念活动"，预祝大会圆满成功！

编　者
2025 年 7 月

目 录

第一部分 真菌

尖孢镰刀菌胱硫醚 γ-合成酶 Str2 功能研究 ………………………… 徐新瑞，卢丽韩，李二峰（3）

温度对小麦条锈病菌生理小种 CYR32、CYR33 和 CYR34 夏孢子萌发的影响 …………………
………………………………………………………………………………… 张明皓，王海光（4）

尖孢镰刀菌转录因子 SNT2 功能研究 ………………………… 宋泽龙，徐新瑞，李二峰（5）

A Haplotype-Phased Genome Resource for Exploring Genetic Diversity of *Puccinia coronata* f. sp. *avenae* in Australia ……………………………… Guan Haixia, Zhang Peng, Robert F. Park, 等（6）

河北省辣椒炭疽病病原菌鉴定 …………………………………… 柴冬晓，吴 杰，刘翔宇，等（7）

香蕉枯萎病菌分泌蛋白 FoUPE8 的基因功能研究 …………… 吴瑶瑶，李华平，李云锋，等（8）

分泌蛋白 MoUPE9 参与调控稻瘟菌的产孢和致病性 ………… 马旖旎，聂燕芳，李华平，等（9）

香蕉枯萎病菌效应蛋白 FoUPE14 的基因功能研究 …………… 陈瑶君，李华平，李云锋，等（10）

Trichothecium roseum Causes Pink Fruit Rot on *Solanum lycopersicum* in China ……………………
……………………………………………………… Li Ping, Sun Yangpeng, Zhang Shengli（11）

SAM 依赖性甲基转移酶 FoSAMMT 通过 FoRPS7 调控尖孢镰孢菌的生长发育与致病性 …………
………………………………………………………………………… 任志国，赵轩杰，王 亮，等（12）

禾谷炭疽菌致病基因的鉴定及其功能的初步分析 ……………… 王 雪，Vijai Bhadauria（13）

赤才-橡胶树白粉菌的一种新的野生寄主 ……………………………………… 张喆宇，曹学仁（14）

甘薯长喙壳菌（*Ceratocystis fimbriata*）全基因组候选效应蛋白预测以及转录组分析 …………
………………………………………………………………………… 高方园，陈晶伟，杨冬静，等（15）

SNARE 蛋白 MoGos1 调控稻瘟菌生长和致病的机制 ……… 杜雅馨，黄盼盼，胡杰雄，等（16）

Rab6-GARP-Retromer 逆向运输通路调控禾谷镰刀菌的生长发育和致病性 ……………………
………………………………………………………………………… 龙云飞，张浩然，吴兴院，等（17）

安徽省蘘荷一新病害——白粉病 ……………………………… 唐淑荣，孙 岩，耿 慧，等（18）

Functional Analysis of Effectors CgCpe1 and CgCpe2 in *Colletotrichum graminicola* ……………
……………………………………………………… Chen Jia, Gan Xiang, Lu Guodong, 等（19）

禾谷镰刀菌 SH3 结构域家族蛋白的功能研究 …………………………………………………………
………………………………………………… 楼 轶，Abubakar Yakubu Saddeeq，郑文辉，等（20）

谷瘟菌 gw7 菌株基因组测序及分析 …………………………… 宣佩雪，刘 佳，张梦雅，等（21）

禾谷镰孢 TRAPPIII 复合体专一性亚基的鉴定和功能分析 ………………………………………
………………………………………………………………………… 陈 蕾，张舸顼，许乐田，等（22）

谷锈菌夏孢子萌发条件研究及室内毒力测定 ………………… 张梦雅，刘 佳，董志平，等（23）

稻瘟病菌 PH 结构域家族蛋白的基因功能分析 ……………… 毛旭钊，李生强，刘博文，等（24）

玉米茎腐病菌 GH11 家族内切木聚糖酶的异源真核表达与功能研究 …………………………………………………………………… 王盛楠，董家桐，韩慧敏，等（25）

芒果亚洲炭疽菌小染色体上致病基因 *CaMutA* 的功能研究 ………………………………………………………………… 王　睿，黄　荣，孙文秀，等（26）

灵芝发酵产物主要成分分析及其抑菌和防病机制研究 …… 郑　骋，张　君，朱永生，等（27）

小麦-玉米一年两熟区小麦茎基腐病周年发生规律与分级治理 …………………………………………………………………… 王逍冬，王永芳，董志平，等（28）

芒果炭疽菌种内交配及其有性生殖后代致病力变异研究 … 王　睿，程浩月，舒　娟，等（34）

水稻 E3 泛素连接酶 OsPBA 通过降解 OsPBZ 调控植物免疫的机制 …………………………………………………………… 赵国盛，刘　硕，郑馨航，等（35）

细胞壁蛋白 SsStr1 与 SsGsr1 在核盘菌致病过程中的协同作用研究 ………………………………………………………… 李娅丽，谢靖文，王　静，等（36）

Temperature-responsive milRNAs Regulate the Opportunistic Pathogenicity of *Lasiodiplodia theobromae* ………………………………………………………… Huang Caiping, Wang Jinpeng, Wang Yuan, 等（37）

效应蛋白 Pt3372 靶向 Ta3 与 Ta21 双通路影响小麦的抗病性机制 ……………………………………………………………… 宋璐璐，李　浩，张　娜，等（38）

稻瘟病菌中基于 Tet-Off 条件性基因敲低系统的开发和应用 …………………………………………………………………… 方振宇，马永格，蔡　燕，等（39）

A Repressive H3K36me2 Reader Mediates Polycomb Silencing ……………………………………………………… Xu Mengting, Zhang Qi, Shi Huanbin, 等（40）

向日葵锈菌金属蛋白酶 PhMep1 与向日葵 B2 蛋白的互作机制研究 …………………………………………………………… 黄家英，路　妍，景　岚（41）

一种靶向稻瘟菌致病蛋白 Pmk1 的抑制剂的活性分析……… 李聚贤，孔志伟，王冬立，等（42）

芒果剪炭疽菌有性子代遗传变异分析 ……………………… 姚　芬，唐利华，余知和，等（43）

首次报道华中地区嗜水小核菌 *Sclerotium hydrophilum* 侵染菱 …………………………………………………………………… 杨绍丽，傅世英，周利琳，等（44）

黄精种子携带主要真菌和细菌的分离及初步鉴定 ………… 郭　峰，许晓丽，李健强，等（45）

玉米大斑病田间病情调查与分析 …………………………… 袁莉莉，苏红玉，张　洁，等（46）

向日葵锈菌生物学特性及生活史研究 ……………………… 王佳运，路　妍，孔祥久，等（47）

稻瘟菌 Mps1 抑制剂的筛选与鉴定 ………………………… 李赛杰，孔志伟，王冬立，等（48）

稻曲病菌 UvPmb 调控黑粉菌素合成和致病性的机制 …… 白小隆，刘　玲，孙文献（49）

核盘菌亮氨酸氨基肽酶 SsLap2 功能初探 ………………… 刘蔺萱，何生斐，王爱荣（50）

稻瘟菌致病关键蛋白 Mca 的结构解析和抑制剂筛选 ……… 陈美晴，钱　晨，周丽丽，等（51）

自噬相关蛋白 FolAtg4 调控尖孢镰刀菌毒力和生长的机制研究 ……………………………………………………………… 许乐田，张丽媛，陈晓晨，等（52）

小光壳叶斑病菌侵染紫花苜蓿抗感品种的转录组测序 …… 霍宏丽，宋培玲，田晓娜，等（53）

线粒体新蛋白 MoCOS3 在稻瘟菌致病中的作用机制研究 … 李　燕，李晓倩，张鹏辉，等（54）

Transcription Repressor SsGATA2 Mutually Exclusively Regulates Broad-spectrum Resistance to Fungicides and Pathogenicity in *Sclerotinia sclerotiorum* ……………………………………………… Xiao Kunqin, Li Yalan, Gu Songyang, 等（55）

基于多基因鉴定的新疆甜菜根腐病新病原菌 *Fusarium clavum* 研究 …………………………………………………………… 宋超琼，杨安沛，郝志刚，等（56）

芒果亚洲炭疽菌转录因子 *CaGATA*1 功能研究 ………………………… 朱彤彤，王 睿，唐利华，等（57）
芒果炭疽菌 CsMps1 的抑制剂筛选与鉴定 ……………………………………… 唐慕宁，王冬立，刘俊峰（58）
Appressorium-Independent Rice Infection and the ACL1-mediated Regulation Controlled by PTK1-
　　PTP7 in *Magnaporthe oryzae* ……………………… Liang Hao, Wei Yi, Wang Shaowei, 等（59）
Light-dependent MoNFYB Inhibits MoRan-kinase, Which in Modulating Sexual Reproduction by Regu-
　　lating P utilization of *Magnaporthe oryzae* ……… Liang Hao, Zhang Penghui, Gao Run, 等（60）
Diaporthe citri: The Causal Agent of Lemon Melanose in China ……………………………………………
　　……………………………………… Zhou Yang, Chingchai Chaisiri, Liu Xiangyu, 等（61）
稻曲病菌 UvHMT1 在致病性和毒素合成中的功能研究 …… 王 镜，张英驰，田旭萱，等（63）
稻瘟病菌自噬复合体 Atg12-Atg5-Atg16 蛋白表达纯化及抑制剂筛选………………………………………
　　………………………………………………………… 武子琳，刘俊峰，王冬立（64）
稻曲病菌 Forkhead 转录因子 UvHcm1 的功能分析 ………… 欧明明，张慧然，杜 莹，等（65）
稻瘟菌分泌蛋白 MoSPGk 功能分析及与水稻互作机制研究…………………………………………………
　　………………………………………………………… 于琦婧，孙溪泠，魏 毅，等（66）
稻曲病菌效应蛋白 SCRE8 抑制植物免疫的分子机制 ……… 张劲琦，史东玉，宋婉瑜，等（67）
A Homeobox Transcription Factor Fine-tunes Jasmonic Acid Biosynthesis to Balance Plant Immunity and
　　Growth in *Arabidopsis* ……………………………… Li Xiaoxiao, Yu Jinwei, Zhou Wei, 等（68）
冬青丽赤壳菌（*Calonectria ilicicola*）引起大豆红冠腐病在黑龙江省的首次报道 ………………………
　　………………………………………………………… 孙伟娜，罗莹莹，姚砚文，等（69）
磷酸酶 Nem1/Spo7-Pah1 调控苹果轮纹病菌生长发育、脂质稳态及致病性的机制研究 ………………
　　………………………………………………………… 韩文姣，韩 杨，蒋序识，等（70）
Redundant and Distinct Roles of Two 14-3-3 Proteins in *Fusarium sacchari*, Pathogen of Sugarcane
　　Pokkah Boeng Disease …………… Chen Yuejia, Liang Qianmin, Zou Chengwu, 等（71）
稻瘟病菌无毒效应因子 AvrPi9 的水稻靶标蛋白功能分析 … 田 相，吴亦灵，王宗华，等（72）
XPG/RAD2 核酸酶家族蛋白 MoMkt1 调控稻瘟病菌生长发育及致病 ……………………………………
　　………………………………………………………… 李 娜，萧俊莲，闫 龙，等（73）
Poly（A）结合蛋白 MoPbp1 介导 TOR 信号通路调控稻瘟病菌自噬的机制研究 ………………………
　　………………………………………………………… 萧俊莲，康晓如，李 娜，等（74）
葡萄座腔菌（*Botryosphaeria dothidea*）无已知功能结构域蛋白 Bdo_12009 的生物学功能研究 …
　　………………………………………………………… 廖伊倩，陈思涵，胥卓尔，等（75）
中国地区马铃薯病原菌 *Phytophthora infestans*、*Alternaria solani* 和致病性 *Streptomyces* 分布图 ……
　　………………………………………………………… 李宇晨，王震铄，王 琦（76）
麦根腐平脐蠕孢菌 MAPKK 基因 *Cs29634* 功能研究 ……… 陆绣宇，苟金玉，王凤涛，等（77）
高尔基体蛋白 MoCoy1 介导高尔基体到内质网的逆向运输调节稻瘟病菌发育和致病的机制研究
　　………………………………………………………… 康晓如，司建宇，李 娜，等（78）
芒果炭疽病快速检测与发生规律研究 ………………………… 陈海铃，鲁萌萌，周 浩，等（79）
北京颐和园玉兰炭疽病病原菌的分鉴定与致病性分析 …… 陈德志，车文廷，白清圆，等（80）
禾谷炭疽菌效应蛋白 CgAlb2 的表达纯化和结构解析 ……… 李正正，高新颖，张 鑫，等（81）
稻瘟病菌无 N-端信号肽效应蛋白 MoLepa 靶向水稻细胞核调控其免疫机制的研究 ……………………
　　………………………………………………………… 高大明，包 瑛，蔡世国（82）
基于染色体水平基因组研究木霉的进化及其对立枯丝核菌的重寄生作用 ………………………………
　　………………………………………………………… 林润茂，尹雅萍，张锋涛，等（83）

2024 甘肃省小麦叶锈菌生理小种鉴定与分析 ………………………… 马学娟，张文涛，张 勃，等（84）
MoPHO1 在稻瘟菌中的功能研究 ……………………………………… 高 润，魏 毅，张世宏（85）
基于微生物组学分析嫁接黄瓜根腐病罹病原因 ……………………… 曹 蜢，陈怡铭，张宇萍，等（86）
广西百香果炭疽病病原鉴定及致病性测定 …………………………… 赵思凡，李 伟，唐利华，等（87）
芒果叶点霉叶斑病病原鉴定 …………………………………………… 赵思凡，李 伟，唐利华，等（88）
半活体寄生真菌中 GAP 家族介导的氨基酸转运及其在致病过程中的功能分化研究 …………………
………………………………………………………………………… 包丽娜，魏 毅，张世宏（89）
柑橘响应轮斑病菌侵染的转录组分析 ………………………………… 陈 泉，段振刚，邓家锐，等（90）
果生炭疽菌 CfWEE1 激酶调控分生孢子发育及致病的机制研究 ……………………………………
………………………………………………………………………… 李朝辉，孙彤彤，程 立，等（91）
Fusarium solani f. sp. *piperis* 侵染大豆引起根腐病的首次报道 ……………………………………
………………………………………………………………………… 姚砚文，宋佳亿，罗莹莹，等（92）
基于 RAA-CRISPR/Cas12a-LFD 的栗疫病菌可视化检测技术的建立 ………………………………
………………………………………………………………………… 吴浩雨，林晓榕，熊典广，等（93）
柑橘褐斑病菌 AaSNF4 基因功能初步研究 …………………………………… 唐科志，唐飞艳（94）
bHLH 转录因子 UvBhlh1 和 UvBhlh6 协同调控稻曲病菌致病机制的研究 …………………………
………………………………………………………………………………… 曹慧娟，刘永锋（95）
稻曲病菌植物细胞壁降解酶活性测定及其与致病力相关性分析 ……………………………………
………………………………………………………………………… 高永煌，俞咪娜，王云鹏，等（96）
UvCPK2 调控稻曲病菌有性生殖的分子机制研究 …………… 李 鸷，潘夏艳，曹慧娟，等（97）
稻曲病菌海藻糖酶的功能研究 ………………………………… 潘夏艳，张舒琪，李 鸷，等（98）
稻瘟病菌 MFS 转运蛋白 MoMfs1 和 MoMfs3 在稻瘟病菌致病性及多药抗性的功能分析 …………
………………………………………………………………………… 齐中强，郭云霞，陈婉东，等（99）
2020—2024 年江淮稻区稻瘟病无毒基因分布特征及优势无毒基因型分析 …………………………
……………………………………………………………………… 肖淑敏，齐中强，郭云霞，等（100）
Transcriptomic Analysis Reveals the Mechanism of the Key Pathogenic Small RNA MilR87 in *Fusarium oxysporum* f. sp. *cubense* ………………………… He Chengcheng, Situ Junjian, Li Zifeng, 等（101）
海南芒果炭疽病的病原菌种群分析 …………………………… 郑慧盈，韩珍玉，林雨晴，等（102）
暹罗炭疽菌 CsErg5B 基因的生物学功能分析 ………………… 林雨晴，关小灵，宋 苗，等（103）
暹罗炭疽菌金属-β-内酰胺酶 CsMBLAC 的功能分析 ……… 宋 苗，鲁婧文，刘文波，等（104）
植物病原真菌 SUMO 化修饰体外检测系统的构建 …………… 汪创添，欧 玲，张亚博，等（105）
甘薯长喙壳菌（*Ceratocystis fimbriata*）厚垣孢子形成前后转录组和代谢组联合分析 ……………
…………………………………………………………………………… 黄 莉，熊 波，郑晓慧（106）
稻曲病菌多聚谷氨酰胺效应蛋白 SCRE5 抑制植物免疫的分子机制 …………………………………
…………………………………………………………………… 裴少洁，刘香池，阿尔帕提·买买提，等（107）
广西豇豆枯萎病病原菌鉴定及室内药剂筛选 ………………… 饶文凯，阙元梓，蓝达愉，等（108）
A Thermostable Elicitor from *Colletotrichum fructicola* Associates with PbrPOD1 to Protect Pear Against Bitter Rot Disease ………………………………… Liu Shuang, Feng Jiao, Su Yuhan, 等（109）
An Unconventional Effector MoRpa12 Targeting Host Nuclei is Essential for the Development and Pathogenicity of *Magnaporthe oryzae* ……………… Cai Xiaoyan, Zheng Shengjie, Wang Xiuting, 等（110）
禾谷镰刀菌核孔蛋白 Nup170 的功能分析 …………………………… 王亚轩，熊 斌，陈 莉（111）

枯草杆菌蛋白酶 FpSBT1 在假禾谷镰孢菌致病中的功能解析 ………………………………………………
…………………………………………………………………… 谢羽鑫，徐家宝，张　旭，等（112）
假禾谷镰孢菌病原相关分子模式 FpGH12a 调控致病与激活免疫的机制研究 …………………………
…………………………………………………………………… 熊金利，何心怡，张　旭，等（113）
稻曲菌补丁蛋白 UvCPP1 的致病与免疫激活双重功能解析 ………………………………………………
…………………………………………………………………… 王　秀，孙宇辰，李文静，等（114）
A New Specie of *Didymella* Causing Fruit Disease on *Eriobotrya japonica* (loquat) in China ……
……………………………………………………… Yang Xue, Chen Yongtian, Xu Huiyong, 等（115）
草莓枯萎病菌 RPA-LFD 可视化快速检测方法的建立 …… 杨　雪，潘　锐，徐会永，等（116）
响应吲哚-3-甲醇的尖孢镰刀菌转录因子功能研究 …………… 孙　萌，黄宇飞，高增贵（117）
转录因子调控拟轮枝镰孢菌产毒机制研究 …………………… 金　潇，黄宇飞，高增贵（118）
*ZmCCR*1 基因对玉米大斑病的抗性机制研究 ………………… 祁泽潭，黄宇飞，高增贵（119）
拟轮枝镰孢菌组蛋白去乙酰化酶基因 *FvRpd*3 和 *FvPhd*1 功能研究 …………………………………
…………………………………………………………………………… 赖晓妹，黄宇飞，高增贵（120）
拟轮枝镰孢菌转录因子 *FvSpt*7 基因功能研究 ………… 钱江潮，金　潇，赖晓妹，等（121）
玉米大斑病菌原生质体制备以及原生质体遗传转化条件优化 …………………………………………
…………………………………………………………………… 郑玲玲，钱江潮，赖晓妹，等（122）
禾生炭疽菌辅助活性酶基因家族的全基因组鉴定及生化特性 …………………………………………
…………………………………………………………………… 王亚飞，苣嘉鑫，张　迪，等（123）
不同地区玉米南方锈菌的致病型分化 ………………… 范博佳，马　玥，王清娅，等（124）
核盘菌基因 *SsPX*1 的功能研究 ………………………… 王淑蒙，钱肖肖，魏倩倩（125）

第二部分　卵菌

纳米芦丁通过激活茉莉酸/乙烯信号通路增强辣椒对疫霉抗病机制的研究 ……………………………
……………………………………………………………………………………… 岳膨杰，李　洋（129）
Globisporangium huanghuaiense Causing Chinese Cabbage Seedlings Damping-off and Its Biological Characteristics ……………………………………………… He Suqin, Wen Zhaohui, Bai Bin, 等（130）
大豆疫霉效应子 Avh85 增强水分运输与病菌水渍化 ………………… 侯筱媛，王群青（132）
大豆疫霉效应子 Avh5 调控植物免疫和程序性细胞死亡的机制研究 ……… 李姮静，王群青（133）
大豆疫霉效应子 Avh109 靶向寄主 TPL-MED21 模块操纵植物生长防御权衡的分子机制 …………
…………………………………………………………………………………… 谭新伟，王群青（134）
质外体小 RNA 对植物与疫霉互作的调控作用研究 ………… 乔　悦，宋子涵，侯英楠（135）
细胞分裂蛋白激酶 PlCdc15 调控荔枝霜疫霉致病力的机制研究 ………………………………………
…………………………………………………………………… 陈　祎，吕　毅，洪丹露，等（136）
辣椒疫霉菌内质网 *PcSEC*62 基因的功能分析 ………… 张　怡，黄玉媛，叶倩倩，等（137）
Elongator Protein PlElp3b is Involved in Mycelial Growth, Autophagy, and Virulence of *Phytophthora litchii* …………………………………………… Ye Linlin, Xing Jiarui, Luo Yiqia, 等（138）
The Autophagy-related Protein PlAtg26b Regulates Vegetative Growth, Reproductive Processes, Autophagy, and Pathogenicity in *Peronophythora litchii* ……………………………………………
………………………………………………………………… Wang Xuejian, Yu Ge, Luo Yiqia, 等（139）
黑龙江省大豆疫霉菌的致病性及精甲霜灵敏感性测定 ……… 令兆勋，董娴雅，李程瑞，等（140）

PsNPC1s 蛋白调控大豆疫霉的无性繁殖、侵染致病和脂质稳态 ……………………………………
……………………………………………………………… 薛昭霖，刘小飞，周　鑫，等（141）
荔枝霜疫霉 Δ1-吡咯啉-5-羧酸合成酶 PlP5CS1 的功能研究 ……………………………………
……………………………………………………………… 谢文彬，司徒俊健，孔广辉，等（142）
族系特异的基因对 XEG1/XLP1 推动疫霉菌寄主范围的扩张 … 张　奇，马振川，王源超（143）
细胞壁果胶甲酯化重塑调控抗性机制与抗病设计 ………… 夏业强，孙广正，肖峻华，等（144）
PsCBP1 保护大豆疫霉细胞壁完整性的致病机制 ………… 肖峻华，夏业强，杨雨姮，等（145）
病原菌质外体胰蛋白酶切割 BAK1 抑制植物免疫的机制解析 ……………………………………
……………………………………………………………………… 张思聪，王源超，王　燕（146）
疫霉菌 G 蛋白信号通路的分子功能研究 ………………… 仇　敏，雍赛江，叶文武，等（147）
uORF-mediated Translational Regulation Mechanism of Virulence and Light Adaptation in *Phytophthora*
…………………………………………………… Liu Tianli, Zhang Zhichao, Luo Miaoqing, 等（148）
宁夏地区酿酒葡萄霜霉病菌空中孢子囊浓度与气象因素相关性及预测模型建立 ………………
……………………………………………………………… 王兴哲，张强强，闫思远，等（149）

第三部分　病毒

Tomato Chlorotic Virus (ToCV) Minor Coat Protein (CPm) Interacts with Tomato SlPAD1 to Block 26S Proteasome Assembly to Promote Virus Infection …………………………………………
………………………………………………… Wang Xipan, Shang Kaijie, Wang Chenchen, 等（153）
贵州安顺地区烟草病毒病的电镜诊断与 RT-PCR 鉴定 …… 黄敬耀，张浪进，刘小茜，等（154）
新德里番茄曲叶病毒在广东的发生与分布 ……………… 汤亚飞，李正刚，佘小漫，等（155）
广东葫芦科作物烟粉虱传病毒调查与鉴定 ……………… 奚有为，汤亚飞，佘小漫，等（156）
葡萄浆果内坏死病毒外壳蛋白基因的原核表达及其多克隆抗体的制备 …………………………
……………………………………………………………… 邓小龙，王智磊，王　念，等（157）
分段病毒的核苷酸组成和二核苷酸偏好更多地由片段和蛋白质编码区决定，而不是由宿主物种决
　　定：以番茄斑点枯萎病毒为例…………………………… 赵海婷，秦　朗，邓小龙，等（158）
李属坏死环斑病毒密码子使用模式、二核苷酸组成和密码子对偏好 ……………………………
……………………………………………………………… 王　念，赵海婷，王智磊，等（159）
Hijacking the Unfolded Protein Response (UPR) Pathway: Balancing Viral Infection and Host Cell Survival ……………………………………………… Chen Haoyu, Liu Duxuan, Hua Jing, 等（160）
Molecular Detection and Identification of Pathogens of *Cucurbita moschata* Viral Disease in Chongqing
………………………………………………………… Wei Zihan, Shen Xi, Zhou You, 等（161）
湖北宜都柑橘黄化衰退病病原的初步鉴定 ……………… 王小茜，黄敬耀，张绍辉，等（162）
最大的植物 RNA 病毒目——马铃薯病毒目的组成偏好性与进化 ………………………………
………………………………………………………………………… 秦　朗，丁诗文，贺　振（163）
广西水稻病毒病种类鉴定及区域分布 …………………… 梁小在，王井园，谢慧婷，等（164）
小西葫芦绿斑驳花叶病毒侵染性克隆的构建及生物学特性研究 ………………………………
……………………………………………………………… 袁　梦，秦　朗，王　念，等（166）
On-site and Visual Detection of TelMV, EAPV and PaMoV Based on Reverse Transcription-Recombinase-aided Amplification and CRISPR/Cas12a ………………………………………………
………………………………………………… Li Youcong, Mo Cuiping, Chen Jinqing, 等（167）

兼抗马铃薯纺锤块茎类病毒和黄瓜花叶病毒突变型质粒的构建及防效验证 ………………………………………………………………………………………………… 李佐泽，辛同乐，谢文卓，等（169）

中国甘草（*Glycyrrhiza uralensis* Fisch.）卷叶病相关的新型双生病毒 ……………………………………………………………………………………………………… 马智博，李舒瑛，代毅，等（170）

甘薯潜隐病毒 HC-Pro 蛋白的关键结构域在其 RNA 沉默抑制及致病决定性中的机制研究 ……… ………………………………………………………………………………………………… 盛双羽，赵海婷，王凌琪，等（171）

Cytokinin Regulates Plant Immunity Against Virus Infection ……………………………………… …………………………………………………………………………… Ling Li, Wang Yue, Zhao Kezheng, 等（172）

浓核病毒对桃蚜传播 BrYV 的影响 ……………………… 何梦君，王云，左登攀，等（173）

BrYV 编码的 RNA 沉默抑制子 P0 是引起本生烟接种叶发生内质网胁迫的主要因子 …………… ……………………………………………………………………………………………… 刘玉姿，陈家奇，左登攀，等（174）

甜菜上 VIGS 载体构建及其在甜菜基因功能研究的应用 … 聂张尧，郭志鸿，秦鑫宇，等（175）

芸薹黄化病毒不同基因型寄主范围的测定 ……………… 王云，时晶晶，何梦君，等（176）

蚕豆坏死黄化病毒侵染甜菜的首次报道及其全基因组序列分析 …………………………………… ……………………………………………………………………………………………… 张瑞琦，聂张尧，秦鑫宇，等（177）

芸薹黄化病毒研究进展 …………………………………… 左登攀，刘玉姿，何梦君，等（178）

大湄公河次区域地区稻飞虱及其携带病毒动态特征 …… 康娜，吴阔，尹艳琼，等（179）

黄瓜绿斑驳花叶病毒编码具有特定亚细胞定位和毒力功能的小蛋白 ………………………………… ……………………………………………………………………………………………… 陈雅琳，王逍冬，周雪平，等（180）

Integrated Multi-omics Analyses Reveal the Key Metabolic Pathways of Tomato in Response to Tomato Brown Rugose Fruit Virus Infection ………… Guo Huiyan, Dong Xue, Wang Yue, 等（181）

Rapid and Visual Detection of Tomato Yellow Mottle-associated Virus Using an RT-RAA-CRISPR/Cas12a-based Lateral Flow Strip Assay …… Zhang Jiaxing, Huang Shengjun, Gao Gui, 等（182）

中国甜菜主产区甜菜丛根病传播介体及其传播病毒检测 ……………………………………………… ……………………………………………………………………………………………… 郭志鸿，张秀琪，郭宏芳，等（183）

二月蓝病毒病的病原鉴定与分析 ………………………… 车文庭，白清圆，田嘉玮，等（184）

Molecular Detection of Watermelon Virus Disease in Liaoning Province of China and Identification of Resistance of Six Rootstocks to CGMMV ………… Gu Ming, Zhao Bin, Wu Yuanhua, 等（185）

Integrated Transcriptomic and Proteomic Analysis Revealed the Regulatory Role of Fluorobenzocytidine Peptide in TMV Infection …………………………… Yu Miao, Wang Yan, Liu He, 等（186）

一种具有 E3 泛素连接酶活性的转录因子协同调控双重抗病毒防御以抵御草莓镶脉病毒侵染 … ……………………………………………………………………………………………… 杨先初，芮鹏环，蒋磊，等（187）

P2 自噬降解一种调控自噬途径与激素通路的"开关蛋白"，促进病毒侵染 ………………………… ……………………………………………………………………………………………… 徐凯，余维琪，韩金成，等（188）

Transcriptomic Analysis of Genes Differentially Expressed in Maize in Response to MCMV and SCMV Co-infection ………………………………………… Xie Jinhao, Du Kaitong, Wang Pei, 等（189）

The Proviral Role of Light-Harvesting Chlorophylla/b Binding Protein 13 During Infection of Pepper Mild Mottle Virus …………………………… Lin Weihong, Chen Xifeng, Zhang Shugen, 等（190）

Preliminary Identification of Pepper Proteins in Promoting Infection of Pepper Mild Mottle Virus …… ……………………………………………………………… Chen Xifeng, Zhang Shugen, Lin Weihong, 等（191）

新德里番茄曲叶病毒在菜豆上的首次报道 …………………… 韩科雷，马超，赵伟，等（192）

三种草莓病毒侵染对草莓品质的影响分析 ………………… 贺宇阳，黄雅琪，任俊达，等（193）

第四部分 细菌

A Novel Method for Detecting *Ralstonia solanacearum* Based on RAA and Aerolysin Nanopore ……… Li Bin, Zhang Neng, Wang Xiaoqiang, 等（197）

槟榔黄化病株种果植原体感染及其在种果中的分布特征 …………………………………………… 王娜娜，Hassan A. Gouda，孟秀利，等（198）

双条拂粉蚧传播植原体特性研究 ………………………………… 王娜娜，林兆威，孟秀利，等（199）

Constructed Rice Tracers Identify the Major Virulent Transcription Activator-Like Effectors of the Bacterial Leaf Blight Pathogen ………………………… Liu Linlin, Li Ying, Wang Qi, 等（200）

基于丝状噬菌体的青枯菌多功能遗传工具包开发及其应用 …… 黄颖颖，舒芳玲，郑德洪（201）

Unraveling the Genetic Complexity of *Xanthomonas translucens*: Insights into Diversity, Effector Dynamics, and Pathovar Evolution in Small-Grain Cereals ………………………………………………… Moein Khojasteh, Wang Qi, Syed Mashab Ali Shah, 等（202）

野油菜黄单胞菌感应和外排宿主植物水杨酸信号的分子机制 ……………………………………………………………………… 宋 凯，崔 莹，何亚文（203）

野油菜黄单胞菌在侵染过程中利用宿主激素吲哚-3-乙酸调节自身支链氨基酸合成和活性氧产生促进致病性 …………………………………… 李思南，宋 凯，张明磊，等（204）

The Conserved *Xanthomonas* Effector XopM Targets Allene Oxide Synthase OsAOS3 and Interferes with Jasmonate-mediated Defense in Rice ……………… Li Ying, Liu Linlin, Wang Qi, 等（205）

番茄溃疡病菌中（pp）pGpp 合成和水解调控机制初探 … 石 佳，许晓丽，李慧敏，等（206）

Two TAL Effectors of *Xanthomonas citri* pv. *malvacearum* Target Susceptible *GhSWEET*14 Genes for Bacterial Blight of Cotton ……… Syed Mashab Ali Shah, Fazal Haq, Huang Kunxuan, 等（207）

番茄溃疡病菌细胞分裂蛋白 Wag31 的磷酸化通路初步研究 ………………………………………… 于铖偎，蒋 娜，李健强，等（208）

TALome and Phenotypic Analysis of Pakistani *Xanthomonas oryzae* pv. *oryzae* Population Revealed Novel Virulent TALEs Contributing to Bacterial Blight of Rice ………………………………………… Syed Mashab Ali Shah, Rafia Ahsan, Liu Linlin, 等（209）

马铃薯环腐病菌适冷相关基因的挖掘 ……………………… 楚文清，郭 峰，石 佳，等（210）

西瓜噬酸菌中四个毒素基因的鉴定 ………………………… 唐菁薇，宋 爽，石 佳，等（211）

番茄溃疡病菌新质粒 pCM3 上疑似毒素-抗毒素系统的鉴定 ………………………………………… 宋 爽，唐菁薇，李 浩，等（212）

Challenges in Identifying *Erwinia amylovora* and *Erwinia pyrifoliae* Stem from High Similarity ………………………………………… Liu Wei, Qin Haiwen, Gao Wenna, 等（213）

Comparative Transcriptomics and Metabolomics Analysis of Resistant and Susceptible Peach Cultivars Infected by *Xanthomonas arboricola* pv. *pruni* ………………………………………… Zhu Pengxiang, Lu Tailiang, Li Haiyan, 等（215）

基于多光谱成像技术的西瓜噬酸菌快速识别研究 ………… 辛怡诺，罗来鑫，邱艳红，等（216）

野油菜黄单胞菌的 3 种不同 L-甲硫氨酸合成机制及其在共存与侵染生活方式中的适应策略 …… ………………………………………………………………… 崔 莹，宋 凯，周 莲，等（217）

菠萝泛菌蛋白 PotF 调控水稻抗条斑病机理研究 …………… 范佳佳，张海森，丁新华（218）

桑树质膜水通道蛋白 MnPIP1;2 在响应青枯菌侵染中的功能研究 ………………………………………… 王思怡，代 薛，唐青青，等（219）

植物病原黄单胞菌中菌黄素的生物合成及修饰机制研究 ……………………………………………………
……………………………………………………………………… 胡文达，郑哲麟，曹雪强，等（220）
桑树糖转运蛋白 MaSWEET 在响应丁香假单胞菌侵染中的功能研究 ………………………………………
……………………………………………………………………… 代　薛，王思怡，唐青青，等（221）
甘薯丛枝植原体 TaqMan 探针实时荧光定量 PCR 检测方法的建立与应用 ……………………………………
……………………………………………………………………… 李华伟，许泳清，李国良，等（222）
广东省菜心软腐病病原菌多样性 ………………………………… 丁善文，马紫君，蓝国兵，等（223）
革兰氏阳性菌 Clavibacter michiganensis 核酸提取方法的优化 ………………………………………………
……………………………………………………………………… 李慧敏，许晓丽，石　佳，等（224）
华南地区稻黄单胞菌基因组特点与病理基因组学研究及其在病害防控中的应用 ……………………………
……………………………………………………………………… 李一鸣，李天娇，马修国，等（225）
核桃细菌性黑斑病菌 LUX 发光标记菌株的构建及其在核桃抗性评价中的应用 ………………………………
……………………………………………………………………… 徐海娇，赵文诗，于秋香，等（226）
一种新记录病害：芒果细菌性回枯病 …………………………… 韩珍玉，郑慧盈，林雨晴，等（227）
菠萝泛菌引起的水稻新型细菌性叶枯病病原鉴定、分布特征及防控技术研究 …………………………………
……………………………………………………………………… 臧昊昱，徐会永，郑兆阳，等（228）

第五部分　线虫

Present Occurrenceand of Biological Control Strategies *Bursaphelenchus xylophilus* in Chongqing ……
……………………………………………………………… Gu Yu, Gu Xin, Liu Jinchen, 等（231）
腐烂茎线虫（*Ditylenchus destructor*）基因组中效应因子的预测和分析 ……………………………………
……………………………………………………………………… 陈晶伟，马居奎，高方园，等（233）
谷子线虫病的药剂筛选 …………………………………………… 刘　佳，董志平，白　辉，等（234）
土壤理化特性与甘薯腐烂茎线虫种群密度对甘薯茎线虫病发生规律的协同调控机制研究 ………………
……………………………………………………………………… 蒲昊帅，袁国亮，卫佳明，等（235）
基于实时荧光定量 PCR 技术的甘薯腐烂茎线虫精准定量检测体系的构建与应用 ………………………………
……………………………………………………………………… 柴静雯，陈思远，蒲昊帅，等（236）
玉米孢囊线虫寄主适应性特征研究 ……………………………… 何和良，王　媛，吴海燕（237）
多样篮状菌（*Talaromyces versatilis*）的鉴定及其杀线虫活性研究 …………………………………………
……………………………………………………………………… 莫意雪，林静雯，吴海燕（238）

第六部分　抗病性

Single-cell RNA-sequencing of Soybean Reveals Transcriptional Changes and Antiviral Functions of
　　GmGSTU23 and GmGSTU24 in response to SMV ……………………………………………………
…………………………………………………… Zhou Jiaying, Wang Jing, Chen Qingshan, 等（241）
Development of Novel Genotypes of Peanut with Resistance to Stem Rot, Large Pod and Seed ………
…………………………………………………… Song Wanduo, Yu Dongyang, Kang Yanping, 等（242）
稳定抗白绢病的花生种质发掘 …………………………………… 于东洋，宋万朵，王前前，等（243）
稻曲病抗性种质资源鉴定与全基因组关联分析 ………………… 周曾冉，刘　杨，魏松红（244）
水稻抗纹枯病转录因子的筛选及功能初步研究 ………………… 王奕鸣，王梦雨，张亚昭，等（245）
水稻抗稻瘟病种质资源鉴定和抗病相关基因挖掘 ……………… 宋　宇，韩可欣，魏松红（246）
大豆疫霉模式分子 PsGH7a 识别受体的筛选与功能分析 ……… 李文秀，王群青（247）

2016—2020年谷子品种（系）抗锈病评价 ················· 白 辉，张梦雅，刘 佳，等（248）
水稻TF1蛋白调控稻曲病抗性的机制研究 ················· 杨 武，高 涵，方安菲，等（249）
DIP1参与水稻先天免疫的机制研究 ······················· 何松恒，杨济云，徐嘉擎，等（250）
小麦水通道蛋白TaPIP1;6和TaPIP2;10协同提高籽粒产量与病虫抗性的机制
 ··· 亓 硕，钱永波，安子扬，等（251）
谷子种质资源抗锈病遗传位点全基因组关联分析 ······· 张梦雅，刘 佳，董志平，等（252）
水稻微管相关蛋白OsTP调控水稻免疫的研究 ·········· 侯德钟，何松恒，徐嘉擎，等（253）
水稻E3泛素连接酶OsPBY调控植物免疫的机制 ······· 刘 硕，年保辉，赵国盛，等（254）
苹果MdRLKT1-MdRAX2-MdMKS1模块正向调控腐烂病抗性的分子机制
 ··· 唐亚楠，李光耀，冯 浩，等（255）
E3泛素连接酶OsSRLD平衡水稻抗病性与耐盐/耐旱性的分子机制解析
 ··· 程亚普，方柯兴，杨梦妮，等（256）
水稻剪接因子OsFIP3调控抗病性的分子机制初步研究 ··· 邱天成，张 曼，方柯兴，等（257）
转录因子OsHHO3参与油菜素内酯信号传导调控水稻抗性机制研究
 ··· 方柯兴，程亚普，杨清雅，等（258）
SlNAC83-SlCDPKs Module Confers Resistance Against *Phytophthora infestans* in Tomato ···············
 ··· Lv Ruili, Luan Yushi（259）
利用核酸酶介导的引导编辑技术对水稻基因进行高效的原位表位标记
 ··· 李雪琪，张素杰，王晨阳，等（260）
生防菌L-14介导水稻对水稻细菌性条斑病抗性机理初步解析
 ··· 王子昊，路冲冲，丁新华，等（261）
类受体蛋白OsCRLP1调控水稻抗条斑病的机制研究 ··· 杜 谦，路冲冲，丁新华，等（262）
高粱抗炭疽病基因*SbAr3*的克隆与功能研究 ············ 韩君如，张继伟，李金洋，等（263）
高粱NLR蛋白SbAr1抗炭疽病分子机制 ················· 夏敬阳，余志凡，李金洋，等（264）
小麦tRFs的鉴定及在赤霉菌入侵过程中的功能研究 ················· 胡 怡，李 韬（265）
马铃薯响应黑胫病菌胁迫的转录组分析 ·················· 罗金俊，侯丽娟，王 飞，等（266）
The Receptor-like Kinase SlLRR-RLK94 as A Positive Regulator of Tomato Resistance to *Phytophthora infestans* ··· Zhu Jiaxuan, Luan Yushi（267）
小麦感赤霉病因子*Qfhb.yzu-2DS*的精细定位、克隆和功能解析 ········· 左新磊，李 韬（268）
CPK3介导的bHLH107磷酸化与质核穿梭调节Cu^{2+}激发的植物免疫
 ··· 夏浩然，于 悦，刘海峰，等（269）
Calcium-dependent Protein Kinase CDPK12 Interacts with ACS11 to Modulate Resistance to Late Blight in Tomato ·· Li Yan, Luan Yushi（270）
基于小麦赤霉病抗性相关高置信QTL的芯片研发与应用
 ··· 薛文婷，李 磊，王 潇，等（271）
类受体激酶OsRLK40参与调控水稻免疫的分子机制研究
 ··· 黄智程，孙良鹏，张佳琳，等（272）
水稻转录因子MYBS1调控水稻抗病的结构机制 ······· 冀丽凤，王冬立，张 鑫，等（273）
水稻转录因子bZIP101调控白叶枯抗性的机制研究 ··· 张广慈，刘美彤，宋 树，等（274）
水稻钙依赖性蛋白激酶OsCPK4调控植物免疫的分子机制
 ··· 朱 琳，黄清泰，王 玉，等（275）
水稻成对免疫受体识别MAX效应蛋白的分子机制研究 ··· 秦艺玲，易雅琦，刘 天，等（276）

小豆WAK基因家族的鉴定及抗锈菌候选基因的挖掘 ………… 张昊然，杨宇翀，高永豪，等（277）
小豆环核苷酸门控离子通道VaCNGCs基因家族鉴定与表达分析…………………………………………
………………………………………………………………………… 桂明月，王 婕，陈杰曦，等（278）
水稻OsCRT3调控水稻抗瘟性的功能研究 ………………… 屈梦涵，王 玉，黄清泰，等（279）
CRISPR/Cas9技术在中国主要粮食作物病害抗性改良中的研究进展 ……………………………………
………………………………………………………………………… 张慧颖，王 颖，韩成贵（280）
水稻抗稻瘟病新基因的鉴定与精细定位 …………………… 王 瀚，李大勇，孙文献（281）
水稻S-酰基转移酶OsPATa和OsPATb的功能分析 ……… 徐嘉擎，何松恒，侯德钟，等（282）
水稻类受体激酶OsRLK55正调控稻瘟病抗性的研究 …… 张佳琳，黄智程，周文瑄，等（283）
Identification of the OsbHLH81-OsJT1 Module Confers Susceptible to Rice Bacterial Leaf Streak ……
……………………………………………………… Yang Haocai, Geng Tiantian, Wen Yeying, 等（284）
类钙调素蛋白GmCML38在植物与核盘菌互作中的作用机制研究 ………………………………………
………………………………………………………………………… 徐 珣，刘翔宇，曹安琪，等（285）
小麦品种天选47抗条锈病基因YrTX47高密度遗传图谱的构建 ……………………………………………
………………………………………………………………………… 武彩娟，刘明杰，阚佳慧，等（286）
水稻CIP2蛋白调控稻瘟病抗性的机制研究 ……………… 宋 树，刘美彤，张广慈，等（287）
小豆真叶基因瞬时表达体系的构建及应用 ………………… 杨然梅，李 玥，廖思柳，等（288）
水稻MFAP1协调抗病性和产量的机制研究 ……………… 杨 媛，向 灵，孙继粉，等（289）
OsDSK1基因正调水稻PTI增强稻瘟病抗性 ……………… 郭超蓉，黄衍焱，刘信娴，等（290）
基于叶片接种方法的马铃薯品种黑胫病抗性评价和相关防御基因鉴定 …………………………………
………………………………………………………………………… 易苗苗，李华伟，周 颖，等（291）
松针挥发物在三七体内互作蛋白的鉴定和晶体生长 ……… 王 佳，王冬立，刘俊峰（292）
双向GWAS揭示小麦与白粉菌互作的遗传全貌 ………… 谢菁忠，罗巧玲，王利敏，等（293）
小麦系统获得抗性关键负调控因子TaNPR3的功能初探 …………………………………………………
………………………………………………………………………… 李梦雨，赵淑清，任小鹏，等（294）
小麦抗普通根腐病遗传位点全基因组关联分析 …………… 袁 梦，曾庆东，陈雅琳，等（295）
转录因子HvWRKY22调控小麦抗病反应的分子机制研究 ………………………………………………
………………………………………………………………………… 赵淑清，李梦雨，任小鹏，等（296）
基于全基因组关联分析挖掘水稻抗稻曲病基因 …………… 俞咪娜，高永煌，王淑琛，等（297）
基于转录组分析水杨酸调控番茄细菌性斑点病菌的分子机制 ……………………………………………
………………………………………………………………………… 王茂森，孙梦雅，陈 焕（298）
NbRAF2 Positively Regulates Host Defense Response by Interacting with NbTGA3 to Directly Activate PR Gene Expression in Nicotiana benthamiana ………………………………………………………………
……………………………………………………… Dong Haonan, Zhang Qipeng, Sun Qian, 等（299）
Rhizoctonia solani AG3分泌的脱乙酰酶RsDN3377与钙调类蛋白NtCML19结合促进植物免疫防御
………………………………………………………………………… 李鑫淳，李 岩，张 成，等（300）
不结球白菜响应果胶杆菌侵染的转录组与可变剪接调控特征分析 ………………………………………
………………………………………………………………………… 王 欢，韩建军，李晶晶，等（301）
The Negative Regulator StBPA1 Mediates Receptor Kinase Signaling to Fine-tune Potato Resistance Against Multiple Pathogens ……………………………… Li Jie, Ying Jiahan, Qin Xiuli, 等（302）
花生应答白绢病菌的miRNAs表达模式分析 ……………… 徐永菊，刘闫静，刘丽君，等（303）

植物响应镰刀菌激发子 FvAbn2 的关键免疫元件与互作基础 ……………………………………………
　　　　　　　　　　　　　　　　　　　　　　　　　　　　董家桐，王盛楠，韩慧敏，等（304）
转录因子 TaNAC35 参与小麦对叶锈病抗性调控作用分析 ……吴艳辉，杨文香，张　娜（305）
Unet 驱动的玉米叶片自动标注技术 ……………………………苏红玉，袁莉莉，张　洁，等（306）
103 个河南小麦品种抗条锈性评价及分子标记检测 …………徐晓欢，王凤涛，张建周，等（307）
Mechanistic Insights into VDAL-induced Wheat Resistance Against Fusarium Head Blight ……………
　　　　　　　　　　　　　　　　　　　……… Cao Shulin, Lu Ping, Zhang Fuqiang, 等（308）
Plant Immune Receptor Gene Stacking Confers Broad-spectrum Resistance in *Arabidopsis* …………
　　　　　　　　　　　　　　　　　　　　　　　　　　Song Yanyue, Zhang Shihong（309）
Lectin-LysM 受体复合物在玉米抗病过程中的作用 …………翟培杰，喻炜瑛，王鑫玉，等（310）
小麦抗茎基腐病遗传位点 *Qfcr. hebau-7BS* 关键基因解析 ……………………………………………
　　　　　　　　　　　　　　　　　　　　　　　　　　　　任小鹏，陈雅琳，彭若轩，等（311）
Characterization of PAMP-induced Peptides and Mechanistic Insights into SlPIP2-mediated Defense in
　　Tomato ……………………………………………………………… Yang Ruirui, Luan Yushi（312）
SlPI14, A Protease Inhibitor, Positively Regulates Tomato Resistance to Late Blight ………………
　　　　　　　　　　　　　　　　　　　　　　　　　　　　　 Xue Zhiyuan, Luan Yushi（313）

第七部分　病害防治

抗生素溶杆菌对水稻细菌性条斑病的防效与根际微生物群落的影响 …… 陈俊菁，赵杨扬（317）
桑给巴尔农业及病虫害发生现状 ………………………………唐庆华，李和帅，杨　扬，等（318）
花生白绢病菌生防细菌的筛选及防效研究 ……………………程志勇，宋万朵，于东洋，等（319）
Preparation and Application of Suspension of 1.2% Chelerythrine Mixed with 0.8% Osthole …………
　　　　　　　　　　　　　　……… Wei Qinghui, Song Weifeng, Shi Zhenghao, 等（320）
水稻病害生防菌株次生代谢产物的分离纯化及结构鉴定 ………………………………………………
　　　　　　　　　　　　　　　　　　　　　　　　　　　　张亚婷，苏　心，王可心，等（321）
基于 CRISPR 和全内反射荧光显微镜系统技术对马铃薯干腐病早期检测的研究 …………………
　　　　　　　　　　　　　　　　　　　　　　　　　　　　王煜琪，钟阳光，毛彦芝，等（322）
北里孢菌 GD3-16 的分离鉴定及对香蕉枯萎病的防效分析 …………………………………………
　　　　　　　　　　　　　　　　　　　　　　　　　　　　朱　杰，李华平，李云锋，等（323）
Design of a Nano-pesticide Combining Luvangetin and RNAi for Targeted Control, Facilitating Efficient
　　and Eco-friendly Management of Plant Pathogens ………………………………………………
　　　　　　　　　　　　　　　　……… Liu Duxuan, Chen Haoyu, Wu Mingjie, 等（324）
菜豆壳球孢真菌病毒 MpChrV2 的克隆与分析 ………………孙培萌，张梦圆，张慧豪，等（325）
Soybean Root Rot Control using a 5% Fludioxonil · Tebuconazole Nano-suspended Seed Coating ……
　　　　　　　　　　　　　　　　……… Shi Zhenghao, Song Weifeng, Wei Qinghui, 等（326）
木犀草素增强番茄抗灰霉病的机制研究 …………………………杨　越，王欣雨，李　洋（327）
宁夏地区酿酒葡萄溃疡病病原菌 *Lasiodiplodia theobromae* 致病力分析及生物学特性研究 …………
　　　　　　　　　　　　　　　　　　　　　　　　　　　　　　　　　蒲占悦，顾沛雯（328）
10 种登记药剂对柑橘沙皮病菌的室内毒力测定 ……………宋晓兵，林接英，徐翠翠，等（329）
TrichodermaGGD：木霉种质资源分子鉴定与基因组学数据库 ………………………………………
　　　　　　　　　　　　　　　　　　　　　　　　　　　　张　丽，崔厚松，林润茂，等（330）
TGP-WEB：木霉属物种基因预测在线分析工具 …………张　丽，崔厚松，于　淞，等（331）

ThDCL2 在哈茨木霉生长和诱导次生代谢物质产生中的作用研究 ………………………………
……………………………………………………………… 王　莉，陈建洋，王君莹，等（332）
Tomato MicroR393 Cross-kingdom Targets *BcFKS*1 of *Botrytis cinerea* and Modulates Plant Immunity in the Green Management Against Gray Mold Disease …………………………………
……………………………………………………… Yin Yaping, Wang Rui, Hou Jumei, 等（333）
*TrPHT*1 在哈茨木霉拮抗禾谷镰刀菌中的功能研究 ………… 董超锋，芦东旭，杨小东，等（334）
CMR1-VeA 介导内生砖红镰刀菌促生因子调控烟草生长 ……………………………………
……………………………………………………………… 查兴平，汪健康，肖　青，等（335）
6-戊基-2H-吡喃-2-酮与橘皮精油 pickering 乳液抑菌作用研究 ……………………………
……………………………………………………………… 陈建洋，王　莉，王君莹，等（336）
内生砖红镰刀菌新型效应因子 GPR1 调控本氏烟草生长 ……………………………………
……………………………………………………………… 何永东，查兴平，肖　青，等（337）
一株高活性杀根结线虫的放线菌筛选及其发酵条件优化 ……………………………………
……………………………………………………………… 陈　梦，汪　军，梁昌聪，等（338）
放线菌与淡紫拟青霉联合应用增强辣椒根结线虫防控效果 …………………………………
……………………………………………………………… 陈　梦，汪　军，周　游，等（339）
基于植被指数的玉米南方锈病病级反演 ………………… 蒙思静，马占鸿，李明福（340）
柑橘溃疡病菌噬菌体的分离鉴定及全基因组分析 ……… 夏新奇，王俐婷，姚姿婷，等（341）
生防假单胞菌 FD6 对番茄灰霉病菌的抑菌活性及其培养条件优化 …………………………
……………………………………………………………… 宋　琦，宋晓雅，焦永鑫，等（342）
高效广谱小分子化合物的筛选及对核盘菌作用机制的研究 …………………………………
……………………………………………………………… 段庆宇，王傲源，焦文莉，等（343）
内生砖红镰刀菌调控番茄根系分泌物重塑根际菌群协同促生 ………………………………
……………………………………………………………… 肖　青，汪健康，刘桂花，等（344）
转录因子 CRF1 介导果胶代谢调控内生砖红镰刀菌的定殖及促生 …………………………
……………………………………………………………… 汪健康，肖　青，查兴平，等（345）
基于农田卫士与 YOLOv11 的小麦条锈病菌夏孢子识别 … 王清娅，蓝思淑，蒋佳芮，等（346）
玉米品种混种对南方锈病流行的影响 …………………… 马　玥，范博佳，王清娅，等（347）
小麦品种混种对条锈病田间防治效果初探 …………… 蒋佳芮，王清娅，范博佳，等（348）
贝莱斯芽孢杆菌 C-di-GMP 调控其防病活性的信号通路研究 ………………………………
………………………………………………………………………… 姜文筱，王　琦，李　燕（349）
吉林省延边地区万年蒿精油化学成分及其抑菌活性研究 ……………… 寇祖鑫，付　玉（350）
苜蓿抗立枯丝核菌根腐病相关的根际微生物研究 ……………………… 蔡宇轩，方香玲（351）
黄瓜根结线虫病生防菌的筛选鉴定及防效研究 ………… 黄馨玉，朱晓峰，王媛媛，等（352）
pnpA 在解淀粉芽孢杆菌 Sneb709 中的功能研究 ……… 齐　彤，朱晓峰，王媛媛，等（353）
黄瓜根结线虫病生防芽孢杆菌的筛选鉴定及防效研究 … 吴蔚然，朱晓峰，王媛媛，等（354）
真菌线粒体全基因组序列比对新方法 WMAF 及其在构建系统发育树中的应用 …………
……………………………………………………………… 崔厚松，张　丽，刘　铜，等（355）
广东和云南设施蓝莓炭疽病的发生与生物防治初探 …… 范俊巧，于　琳，佘小漫，等（356）
植物免疫诱抗剂混配对杀菌剂防治稻曲病减量增效研究 ……………………………………
……………………………………………………………… 李新怡，常向前，蔡　旋，等（357）
苯并噻唑杀线虫活性机理研究 …………………………… 朱启义，范海燕，朱晓峰，等（358）

新型花生种衣剂防控土传病害的机理研究 ·················· 段辰君，范海燕，朱晓峰，等（359）
Bacillus subtilis Czk1 抗褐根病菌代谢物的 LC-MS/MS 鉴定与机制解析 ···············
··· 梁艳琼，李 锐，谭施北，等（360）
禾谷镰孢菌 C-24 甲基转移酶作为三唑类杀菌剂第二靶标的研究 ·····················
··· 任富豪，殷消茹，李一歌，等（361）
禾谷镰孢菌对新型杀菌剂 quinofumelin 抗药性分子机制 ··· 殷消茹，高欣龙，张紫阳，等（362）
棘孢木霉 TR41 对桑树炭疽病的抑菌机理研究 ············ 徐梓敬，马 磊，樊楷晔，等（363）
Inhibitory Activities of SDHI Fungicides Against *Fusarium oxysporum* f. sp. *lycopersici* and Biological Role of *FoSDHC*1 ························· Cai Shiyan, Chen Xianghua, Cao Shulin, 等（364）
Resistance Occurrence and Molecular Mechanisms of Mango Anthracnose Pathogens to the Currently Used Fungicides ······················· Gao Xinlong, Song Xinhao, Li Lecheng, 等（365）
3 株木霉菌挥发性物质组分及其功能研究 ··············· 王春生，史鹏宇，王理想，等（366）
小麦赤霉病菌对氰烯菌酯的田间抗性机制研究 ··········· 张紫阳，宋心浩，邱 辉，等（367）
深绿木霉与金龟子绿僵菌共培养代谢液抑制禾谷镰刀菌机制的研究 ·················
··· 王咏坤，刘敬一，韩 奕，等（368）
二甲基三硫醚纳米乳液对芒果炭疽菌的抑制作用及防病效果研究 ···················
··· 赵思凡，李 伟，唐利华，等（369）
哈茨木霉纤维二糖水解酶基因系统诱导玉米抗小斑病机制 ·········· 郎 博，陈 捷（370）
大豆根腐病病原菌鉴定及其防治药剂作用特点研究 ········ 刘詹云，常郑洁，杨伊格，等（371）
山药褐斑病菌拮抗菌的筛选鉴定及发酵条件优化 ·········· 曾文佳，李雨霏，龙锵天，等（372）
Synergism of *Trichoderma harzianum* L1-20 Combined with Fungicides on Tobacco Black Shank Disease
·· Zhang Mengyu, Duan wanlu, Han Ruihua, 等（373）
Determination of Antagonism and Growth Promoting Function of Actinomycetes in Rhizosphere Soil of Tobacco Plants in Luoyang Area ············ Zhang Mengfan, Li Zhixin, Miao Pu, 等（374）
Isolation of Endophytic Bacteria from Tobacco Plants in Luoyang and Screening and Identification of Antagonistic Strains ···················· Du Haibang, Zheng Wei, Song Zhengxiong, 等（375）
Diversity of Endophytic Actinomycetes in Tobacco Plants ································
·· Fan Hao, Zhu Kai, Yang Jianxin, 等（376）
Diversity of Endophytic Fungi in Tobacco Plants ·····································
·· Tian Yingming, Zhang Lianpeng, Zheng Wei, 等（377）
Effects of Different Tobacco-sweet Potato Cultivation Patterns on Disease Incidence and Soil Microbial Counts ························· Li Hanxiao, Cheng Zejun, Kang Yiebin, 等（378）
Screening and Characterization of Endophytic Bacteria for Biocontrol of Tobacco Black Shank Caused by *Phytophthora nicotianae* ············ Zhang Yantong, Du Yifan, Kang Yebin, 等（379）
Screening of Biocontrol Bacteria and Microbial Community Construction Against Fusarium root rot in Tobacco ····················· Kong Delong, Song Xile, Song Zhengxiong, 等（380）
Sensitivity to Commonly Used Fungicides of *Rhizoctonia cerealis* in Henan Province ···············
·· Zhou Wenqi, Duan Xiaoxin, Cheng Zejun, 等（381）
Study on the Sensitivity of *Botrytis cinerea* to Commonly Used Fungicides in Peony and Paeony ·······
·· Wei Meng, Duan Xiaoxin, Du Xiaoge, 等（382）
木霉菌真菌病毒多样性及其促生防病机制的研究 ························ 范 煜，刘 铜（383）

北京市与河北省两地番茄灰霉病菌对多种杀菌剂的抗药性检测 ………………………………………
………………………………………………………………………… 喻楚贤，邓婉珍，周荣佳，等（384）
几丁质对甜樱桃采后灰霉病的抑制效果和诱导抗病性的影响 ……………………………………………
………………………………………………………………………… 赵文诗，徐海娇，崔建潮，等（385）
桃细菌性穿孔病室内药剂筛选 ……………………………… 崔建潮，赵文诗，贺丽敏，等（386）
四氯哒嗪对南方根结线虫的杀线虫活性 …………………………………… 陆思彧，陈吉祥（387）
噻吩并嘧啶类化合物对松材线虫的杀线虫活性 …………………………… 杨秋霞，陈吉祥（388）
吡唑并嘧啶作为新型杀线虫分子骨架结构的发现 ………………………… 张　延，陈吉祥（389）
噻唑类化合物对松材线虫、水稻干尖线虫和南方根结线虫的杀线虫活性 ………………………
………………………………………………………………………………… 祝宗楠，陈吉祥（390）
贝莱斯芽孢杆菌 Jt84 高产伊枯草菌素的发酵优化 ……… 张荣胜，黄如宇，乔俊卿，等（391）
贝莱斯芽孢杆菌 SYL-3 对烟草镰刀菌根腐病防治效果及机制初探 ………………………………
………………………………………………………………………………… 刘　鹤，王誉喆，白佳明，等（392）
泸州烟区烟草青枯病及黑胫病病原菌分离及拮抗生防菌筛选与鉴定 ……………………………
………………………………………………………………………………… 曹可心，王　茜，徐传涛，等（393）
Development of a Nanocarrier System for the Delivery of ds*RsGH1* Against *Rhizoctonia solani* …………
………………………………………………………………… Ding Xiaojie, Li Xinchun, Li Yan, 等（394）
新型胍基核苷的设计、合成及其抗马铃薯 Y 病毒活性研究 ………………………………………
………………………………………………………………………………… 王　妍，于　淼，张家兴，等（395）
Identification of Microbial-Derived Antimicrobial Peptide PP225 and Its Control Mechanisms Against
　Rice Sheath Blight ……………………… Zhou Shidong, Liu He, An Mengnan, 等（396）
向日葵菌核病菌对咯菌腈和枯草芽孢杆菌 GB519 敏感性分析 ……………………………………
………………………………………………………………………………… 许雨婷，王继春，朱　峰，等（397）
贝莱斯芽孢杆菌 F41-14 发酵液及粗酶液对棉花黄萎病防治效果 …………………………………
………………………………………………………………………………… 吴凤康，李　红，陈　云，等（398）
秸秆还田下玉米根际细菌多样性分析与生防菌的筛选 …… 陈飞飞，宁　宇，孔佳慧，等（399）
蓝莓鲜果采后腐烂病病原菌鉴定及抑菌保鲜效果研究 …… 汪　虎，艾澍菡，杨　允，等（400）
Characterization of *Streptomyces* spp. CYS4-5 and Its Potential for Biocontrol Against *Salvia miltiorrhiza*
　Root Rot ………………………………… Zhang Huihao, Wang Mengjiao, Wang Fei, 等（401）

第一部分
真菌

尖孢镰刀菌胱硫醚 γ-合成酶 Str2 功能研究[*]

徐新瑞[**]，卢丽韩，李二峰[***]

（天津农学院，天津农学院植物病理学实验室，天津 300392）

摘　要：甘蓝枯萎病是由尖孢镰刀菌黏团专化型（*Fusarium oxysporum* f. sp. *conglutinans*，FOC）引起的土传真菌病害，严重影响甘蓝产量和品质。在植物病原真菌中，甲硫氨酸对孢子形成、菌丝生长和侵染过程具有重要影响，胱硫醚 γ-合成酶 Str2 参与半胱氨酸-甲硫氨酸合成途径，是甲硫氨酸合成所必需的。本研究利用同源重组和原生质体转化技术，成功获得了尖孢镰刀菌中 *Str2* 基因敲除突变体 Δ*Str2*，并对其表型和致病力进行了分析。结果表明，Δ*Str2* 的生长速率与野生型无显著差异，但菌落疏水性变差，产孢量及孢子萌发率显著降低。基于外源胁迫结果显示，Δ*Str2* 对 NaCl、KCl、SDS、H_2O_2、Sorbitol 和 CR 的耐受性均显著降低。Δ*Str2* 在以 SO_4^{2-} 为唯一硫源的基本培养基（minimal medium）上生长严重缺陷，补充甲硫氨酸或同型半胱氨酸能恢复其生长缺陷，但补充半胱氨酸或谷胱甘肽不能恢复其生长缺陷，同时致病力测定结果表明，接种 Δ*Str2* 突变体的甘蓝病情指数显著低于接种野生型的。综上所述，*Str2* 的缺失影响了尖孢镰刀菌的生长发育，降低了对环境胁迫的响应，阻断了半胱氨酸向甲硫氨酸转化途径，同时致病力显著下降，表明胱硫醚 γ-合成酶 Str2 参与调控尖孢镰刀菌的生长发育，并在病原菌与寄主互作过程中具有重要作用。

关键词：尖孢镰刀菌；Str2；基因敲除；甲硫氨酸

---

[*] 基金项目：国家自然科学基金面上项目（32472513）
[**] 第一作者：徐新瑞，硕士研究生，研究方向为植物病理学；E-mail：2659212647@qq.com
[***] 通信作者：李二峰，讲师，主要从事植物病原真菌致病机理研究；E-mail：lef143@tjau.edu.cn

温度对小麦条锈病菌生理小种 CYR32、CYR33 和 CYR34 夏孢子萌发的影响*

张明皓**，王海光***

（中国农业大学植物保护学院，北京 100193）

摘 要：小麦条锈病是由条形柄锈菌小麦专化型（*Puccinia striiformis* f. sp. *tritici*）引起的一种重要气传病害，可对世界范围内的小麦生产造成严重影响。小麦条锈病菌主要由夏孢子随气流进行传播。温度是影响小麦条锈病发生和流行的重要环境因素。由于小麦条锈病菌不断变异，不同生理小种对温度的敏感性存在差异，从而影响小麦条锈病发生与流行以及田间条锈病菌的群体组成。本研究针对我国当前小麦条锈病菌的重要生理小种 CYR32、CYR33 和 CYR34，以 9℃处理为对照，测定了 20℃、22℃、24℃、26℃和 28℃共 5 个温度处理下夏孢子在 0.1%水琼脂培养基上培养 24 h 的相对萌发率，探究温度对这 3 个生理小种夏孢子萌发的影响。结果表明，在 5 个不同温度处理下，CYR32、CYR33 和 CYR34 夏孢子的相对萌发率均随着温度的升高而降低，这 3 个生理小种的夏孢子在不同温度处理下的相对萌发率不同。在 20℃、22℃和 24℃温度处理下，3 个生理小种的夏孢子相对萌发率间均具有显著性差异（$P<0.05$）。在 26℃和 28℃温度处理下，CYR32 与 CYR33 的夏孢子相对萌发率间差异不显著（$P>0.05$）。在 20℃温度处理下，CYR34 夏孢子的相对萌发率最高，为 32.39%，而 CYR32 夏孢子的相对萌发率仅为 8.79%。在 26℃温度处理下，3 个生理小种的夏孢子相对萌发率均低于 10%。在 28℃温度处理下，3 个生理小种的夏孢子相对萌发率均低于 2%，很少有夏孢子萌发。同一生理小种的夏孢子在不同温度处理下相对萌发率分析结果表明，对于 CYR32 和 CYR33，在 22℃和 24℃温度处理下的夏孢子相对萌发率间差异不显著（$P>0.05$），而在其他 3 个温度处理下的夏孢子相对萌发率间均差异显著（$P<0.05$）；对于 CYR34，在 5 个温度处理下的夏孢子相对萌发率间均存在显著性差异（$P<0.05$）。由此可见，相较于 CYR32 和 CYR33，CYR34 夏孢子的萌发对于温度的变化更为敏感。本研究明确了温度对我国小麦条锈病菌的 3 个重要生理小种夏孢子萌发的影响，为进一步探究小麦条锈病菌对温度的适应性机制和开展该病害的有效管理提供了一定基础。

关键词：小麦条锈病菌；温度；夏孢子；相对萌发率

---

* 基金项目：国家重点研发计划项目（2021YFD1401001）
** 第一作者：张明皓，博士研究生，主要从事植物病害流行学和宏观植物病理学研究；E-mail：17853435690@163.com
*** 通信作者：王海光，副教授，主要从事植物病害流行学和宏观植物病理学研究；E-mail：wanghaiguang@cau.edu.cn

尖孢镰刀菌转录因子 SNT2 功能研究

宋泽龙**，徐新瑞，李二峰***

（天津农学院，天津农学院植物病理学实验室，天津 300392）

摘　要：由尖孢镰刀菌黏团专化型（*Fusarium oxysporum* f. sp. *conglutinans*，FOC）侵染引发的甘蓝枯萎病是典型的土传真菌病害，严重阻碍了我国甘蓝的产业发展。转录因子（Transcription factors，TF）是一类能识别并特异性结合到 DNA 上特定序列的蛋白质，为了明确该病原菌中转录因子 SNT2 的生物学功能，本研究通过同源重组和原生质体转化技术成功获得了尖孢镰刀菌中 *SNT2* 基因敲除突变体 Δ*SNT2*，并系统分析了其表型、胁迫响应及致病力变化。生物信息学分析显示，*SNT2* 编码 1 529 个氨基酸的亲水性蛋白，具有与 DNA 结合的 SANT 结构域，归属亲水性蛋白质，无跨膜区域和信号肽。与野生菌株相比，Δ*SNT2* 突变体菌丝生长速率显著降低，菌丝分隔增多且产孢量明显下降。胁迫试验表明，Δ*SNT2* 对 H_2O_2、NaCl 和 CR 的氧胁迫、盐胁迫和细胞壁胁迫的耐受性降低，但在 Sorbitol 的渗透压胁迫中表现不敏感。致病力测定显示，接种 Δ*SNT2* 的甘蓝病情指数显著低于野生型，且植株黄化与萎蔫程度明显减轻。综上所述，转录因子 SNT2 影响菌丝的生长发育，其缺失会破坏尖孢镰刀菌细胞壁的完整性和稳定性，降低其对环境胁迫的响应，同时在尖孢镰刀菌寄生致病过程中发挥重要作用。本研究结果为进一步揭示尖孢镰刀菌致病机制以及为开发新型杀菌剂和甘蓝抗枯萎病种质资源的创制提供了新思路。

关键词：尖孢镰刀菌；SNT2；基因敲除；致病力

---

* 基金项目：天津市科技计划项目（23KPHDRC00150）
** 第一作者：宋泽龙，硕士研究生，研究方向为植物病理学；E-mail：1940410975@qq.com
*** 通信作者：李二峰，讲师，主要从事植物病原真菌致病机理研究；E-mail：lef143@tjau.edu.cn

A Haplotype-Phased Genome Resource for Exploring Genetic Diversity of *Puccinia coronata* f. sp. *avenae* in Australia[*]

Guan Haixia[**], Zhang Peng, Robert F. Park, Ding Yi[***]

(*Plant Breeding Institute, School of Life and Environmental Sciences, The University of Sydney, 107 Cobbitty Road, Cobbitty, New South Wales 2570, Australia*)

Abstract: *Puccinia coronata* f. sp. *avenae* (*Pca*) is an obligate biotrophic fungi causing oat crown rust disease, a severe threat to oat production worldwide. *Pca*, like other *Puccinia* species, exhibits a complex life cycle with a dikaryotic stage. Oats (*Avena* spp.) serve as primary hosts during the aeciospore and urediniospore stages, while buckthorn (*Rhamnus* spp.) acts as an alternate host during the teliospore, basidiospore, and pycinospore stages. In Australia, *Pca* predominantly propagates clonally due to the absence of alternate host. The rapid evolution and high virulence variation observed in Australian *Pca* isolates result from exotic incursions, mutations, and somatic hybridization events. To explore virulence evolution and genetic mechanism, we developed a chromosome-level, haplotype-phased genome assembly of an Australian isolate, OCR_502, using PacBio HiFi (high fidelity) reads and Hi-C (High-throughput chromosome conformation capture) data. We obtained 31.02 Gb of HiFi data (~158-fold coverage) and 18.86 Gb Hi-C data (~96-fold coverage) for assembling and scaffolding. The final nearly gapless genome assembly has a total size of 196.79 Mb with 18 chromosomes in each haplotype. OCR_502, as one of the oldest isolates in the entire pathotype clade, serves as a pivotal Australian reference genome, facilitating insights into population genetic structure and elucidating the mechanisms underlying the emergence of novel genetic diversity. To further investigate the genetic diversity and population structure of *Pca* in Australia, a total of 279,953 high-quality SNPs derived from 119 isolates were used to construct a maximum likelihood phylogenetic tree. This analysis revealed four distinct clades, with clustering patterns that closely correspond to the temporal distribution of the isolates. These findings suggest that historical pathotype emergence in Australia is associated with dynamic shifts in SNP variation over time.

Key words: *Puccinia*; oat crown rust; genome assembly; effectors; phylogeny

---

[*] Funding: The Grains Research and Development Corporation (GRDC; US00067)

[**] First author: Guan Haixia, working on the genetics and phylogenetics on the oat crown rust pathogen; E-mail: haixia.guan@sydney.edu.au

[***] Corresponding author: Ding Yi, working on functional genomics of cereal rust pathogens; E-mail: yi.ding@sydney.edu.au

河北省辣椒炭疽病病原菌鉴定

柴冬晓[1,2]**，吴 杰[2]，刘翔宇[2]，毕秋艳[2]，路 粉[2]，郭晓军[1]***，赵建江[2]***

(1. 河北农业大学生命科学学院，保定 071000；2. 河北省农林科学院植物保护研究所，农业农村部华北北部作物有害生物综合治理重点实验室，河北省农业有害生物综合防治技术创新中心，河北省作物有害生物综合防治国际科技联合研究中心，保定 071000)

摘 要：炭疽病是河北省辣椒生产上的重要病害之一，严重影响了辣椒的产量与品质。多种炭疽病菌可引起辣椒炭疽病，且不同地区的辣椒炭疽病菌的优势菌群也有所差异。为明确引起河北省辣椒炭疽病病原菌种类，本研究针对河北省辣椒主产区（保定、石家庄、衡水、邯郸、邢台、承德）炭疽病病原菌开展分类鉴定。采用组织分离法，从河北省6个不同地区采集的辣椒炭疽病病样中获得204株病原菌分离物，经形态学特征观察（菌落形态、分生孢子及分生孢子梗显微结构），依据柯赫氏法则，选取5个典型菌株（22BD-3-8、22HS-2-1、22HS-3-2、23BD-3-4、23HD-1-2）进行回接试验，结果显示接种菌株均能使辣椒果实产生典型的炭疽病斑，且从病斑组织中重新分离获得的病原菌形态特征与接种病原菌菌株一致，确定分离出的病原菌为辣椒炭疽病菌。为进一步明确辣椒炭疽病菌的种类，采用多基因联合系统发育分析方法，选取 ITS、TUB2、ACT、GAPDH 和 CAL 5个保守基因片段进行扩增测序，以 Monilochaetes infuscans（甘薯黑痣病菌）为外群构建邻接法系统发育树。分子系统学分析表明，供试辣椒炭疽病菌可分为3种，分别为：平头炭疽菌（Colletotrichum truncatum）、斯高维尔炭疽菌（Colletotrichum scovillei）和胶孢炭疽菌（Colletotrichum gloeosporioides）。结合形态学特征，从河北省不同地区采集分离获得的204株辣椒炭疽病菌中平头炭疽菌占绝对优势（97.06%），其次为斯高维尔炭疽菌（2.45%），而胶孢炭疽菌仅占0.49%。该研究结果为河北省辣椒种植过程中的抗病品种的选用以及辣椒炭疽病的防控起到重要的指导作用。

关键词：辣椒炭疽病；形态学鉴定；多基因系统发育分析；平头炭疽菌

---

* 基金项目：河北省露地蔬菜产业技术体系（HBCT2021200206）；河北省农林科学院科技创新专项（2022KJCXZX-ZBS-12）
** 第一作者：柴冬晓，硕士研究生；E-mail：1905782576@qq.com
*** 通信作者：郭晓军，博士，副教授，研究方向为农牧微生物资源开发与利用；E-mail：guoxiaojun545@126.com
赵建江，硕士，研究员，研究方向为杀菌剂应用技术；E-mail：chillgess@163.com

香蕉枯萎病菌分泌蛋白 FoUPE8 的基因功能研究

吴瑶瑶[1,2]**，李华平[1,2]，李云锋[1,2]***，聂燕芳[2,3]***

(1. 华南农业大学植物保护学院，广州 510642；2. 华南农业大学广东省微生物信号与作物病害重点实验室，广州 510642；3. 华南农业大学材料与能源学院，广州 510642)

摘 要：由尖孢镰刀菌古巴专化型热带 4 号小种（*Fusarium oxysporum* f. sp. *cubense* tropic race 4，Foc TR4）引起的香蕉枯萎病是香蕉上的一种重要土传真菌病害。在前期开展的 Foc TR4 分泌蛋白质组研究中，发现在受到香蕉根组织提取物诱导后，一个未表征蛋白（Uncharacterized protein，命名为 FoUPE8）的表达量显著上调，推测其可能与 Foc TR4 致病性相关。FoUPE8 不含有 N-端信号肽，SecretomeP 预测值为 0.89（≥0.5），属于非经典分泌蛋白，在植物病原真菌中高度保守。EffectorP 3.0 预测其为候选效应子。RT-qPCR 分析表明，FoUPE8 表达水平在 Foc TR4 侵染香蕉早期显著上调，且 FoUPE8 能抑制由 BAX 引起的烟草坏死反应和 H_2O_2 积累。采用同源重组策略，获得了敲除突变体 Δ*FoUPE8* 和基因回补突变体 Δ*FoUPE8*-com。与野生型菌株相比，Δ*FoUPE8* 在菌落形态、生长速率、产孢量、分生孢子形态等方面均无显著变化，对 NaCl、山梨醇、SDS、H_2O_2、CFW 等胁迫因子的敏感性无显著变化，但对 CR 的敏感性增强。同时，Δ*FoUPE8* 致病力显著下降，致病相关基因表达量显著下调；而 Δ*FoUPE8*-com 致病性恢复到 Foc TR4 野生型水平。在 Δ*FoUPE8* 侵染早期，巴西蕉中真菌生物量显著降低，水杨酸、茉莉酸和乙烯信号途径等相关防御基因表达量显著上调；说明 *FoUPE8* 通过抑制植物免疫反应来加强 Foc TR4 致病性，参与香蕉与 Foc TR4 的相互作用，是 Foc TR4 的重要致病因子。

关键词：香蕉枯萎病；尖孢镰刀菌古巴专化型；效应子；FoUPE8；致病力

---

* 基金项目：广东省现代农业产业技术体系创新团队建设项目（2024CXTD21）；国家香蕉产业技术体系建设专项（CARS-31-09）；广东省基础与应用基础研究基金（2022A1515140114）

** 第一作者，吴瑶瑶，硕士研究生，主要从事植物与病原真菌互作分子机理研究；E-mail：wuyaoy2000@163.com

*** 通信作者：聂燕芳，副教授，主要从事香蕉与病原真菌互作分子机理研究；E-mail：yanfangnie@scau.edu.cn

分泌蛋白 MoUPE9 参与调控稻瘟菌的产孢和致病性

马旖旎[1,2]**，聂燕芳[2,3]，李华平[1,2]，李云锋[1,2]***

(1. 华南农业大学植物保护学院，广州 510642；2. 华南农业大学广东省微生物信号与作物病害重点实验室，广州 510642；3. 华南农业大学材料与能源学院，广州 510642)

摘 要：由稻瘟菌（*Magnaporthe oryzae*）引起的稻瘟病是水稻上的一种重要真菌病害。分泌蛋白作为一种重要的致病因子，在稻瘟菌与水稻互作过程中起着关键作用。在前期工作中，本研究室通过分泌蛋白质组学技术鉴定了一个 Uncharacterized protein（命名为 MoUPE9），EffectorP 3.0 预测为候选效应子。生物信息学分析发现，MoUPE9 含有信号肽、无跨膜结构域、无 GPI 锚定位点，亚细胞定位于胞外，为经典分泌蛋白。RT-qPCR 分析表明，MoUPE9 的表达水平在稻瘟菌侵染水稻早期显著上调；农杆菌介导的瞬时表达试验表明，MoUPE9 能抑制由 BAX 引起的烟草坏死反应和活性氧积累。MoUPE9 信号肽具有分泌特性，在水稻原生质体中定位于细胞膜。采用 PEG 介导的原生质体转化法，成功获得敲除突变菌株 Δ*MoUPE9* 和回补菌株 Δ*MoUPE9*-com。MoUPE9 基因的敲除对稻瘟菌菌落生长、产孢量、菌丝形态、分生孢子萌发和附着胞形成没有影响；Δ*MoUPE9* 对 CFW 胁迫的敏感性增强，RT-qPCR 分析表明其细胞壁完整性相关基因表达显著下调。Δ*MoUPE9* 分生孢子萌发率和附着胞形成率皆明显低于野生型和回补菌株，且分生孢子发育过程中的糖原和脂质从分生孢子向附着胞的转移减慢，说明 *MoUPE9* 会影响稻瘟菌附着胞成熟过程中所必需的糖原代谢和脂质代谢。采用离体和活体接种法分别进行的致病性分析结果表明，Δ*MoUPE9* 对水稻的致病力显著降低；侵染过程观察发现，*MoUPE9* 敲除影响稻瘟菌附着胞穿透和侵染菌丝生长，同时 *MoUPE9* 的敲除引起了稻瘟菌侵染后水稻叶鞘更强的 ROS 爆发。综上，*MoUPE9* 是稻瘟菌的重要致病因子。

关键词：稻瘟菌；效应子；分泌蛋白；基因敲除；致病力分析

---

* 基金项目：国家重点研发计划项目子课题（2023YFD1400203-3）；广东省基础与应用基础研究基金（2024A1515010774）；广州市科技计划项目（202206010027）；广东省现代农业产业技术体系创新团队建设项目（2024CXTD21）

** 第一作者：马旖旎，硕士研究生，主要从事植物与病原真菌互作分子机理研究；E-mail：mayinnnni@163.com

*** 通信作者：李云锋，教授，主要从事植物与病原真菌互作分子机理研究；E-mail：yunfengli@scau.edu.cn

香蕉枯萎病菌效应蛋白 FoUPE14 的基因功能研究

陈瑶君[1,2]**，李华平[1,2]，李云锋[1,2]，聂燕芳[2,3]***

(1. 华南农业大学植物保护学院，广州 510642；2. 华南农业大学广东省微生物信号与作物病害重点实验室，广州 510642；3. 华南农业大学材料与能源学院，广州 510642)

摘 要：由尖孢镰刀菌古巴专化型（*Fusarium oxysporum* f. sp. *cubense*，Foc）引起的香蕉枯萎病严重制约着我国香蕉产业的发展。本研究室前期工作中建立了 Foc TR4 的分泌蛋白数据库，发现在受到香蕉根组织提取物诱导后，一个未表征蛋白（Uncharacterized protein，命名为 FoUPE14）的表达量显著上调，推测其可能与 Foc TR4 致病性相关。FoUPE14 含有 N-端信号肽，不含跨膜结构域和 GPI 锚定位点，为经典分泌蛋白，在镰刀菌属中高度保守。EffectorP 3.0 预测分析表明 FoUPE14 为候选效应蛋白；信号肽分泌试验表明，FoUPE14 蛋白具有分泌功能。RT-qPCR 分析表明，FoUPE14 在香蕉蕉根诱导提取物，以及 Foc TR4 侵染巴西蕉早期均显著表达。亚细胞定位试验表明，FoUPE14 定位于烟草细胞核和细胞质中，且信号肽并不影响其在烟草细胞中的定位。采用同源重组策略对 FoUPE14 基因进行了敲除和回补，获得了3个敲除突变体和4个回补突变体。结果表明，Δ*FoUPE14* 对 Foc TR4 的菌落形态、生长速率、产孢、抗胁迫能力及对玻璃纸的穿透能力均无显著影响。接种巴西蕉后，与 Foc TR4 和 Δ*FoUPE14*-com 相比，Δ*FoUPE14* 对巴西蕉的致病力显著增强，生物量显著增加，而巴西蕉防御相关基因的表达显著下调，进而影响 Foc TR4 的致病力。综上，FoUPE14 是香蕉枯萎病菌的重要致病因子。

关键词：香蕉枯萎病；尖孢镰刀菌古巴专化型；效应蛋白；FoUPE14；致病力

---

* 基金项目：广东省现代农业产业技术体系创新团队建设项目（2024CXTD21）；国家香蕉产业技术体系建设专项（CARS-31-09）；广东省基础与应用基础研究基金（2022A1515140114）

** 第一作者：陈瑶君，硕士研究生，主要从事植物与病原真菌互作分子机理研究，E-mail: c1793790102@163.com

*** 通信作者：聂燕芳，副教授，主要从事香蕉与病原真菌互作分子机理研究，E-mail: yanfangnie@scau.edu.cn

Trichothecium roseum Causes Pink Fruit Rot on *Solanum lycopersicum* in China[*]

Li Ping[1][**], Sun Yangpeng[1], Zhang Shengli[2][***]

(1. Anqing Vocational and Technical College, Anqing 246003, China;
2. Huainan Normal University, Huainan 232038, China)

Abstract: Tomato diseases are an important factor affecting the yield and quality of tomato worldwide. In July 2024, tomato rot and red mold layers were found in a greenhouse in Yingjiang district, Anqing City, Anhui province, China. First, a water-stained lesion appeared on the fruit pedicle, gradually expanded around the fruit pedicle, and then extended to the whole fruit surface. The lesion was dark brown with dense villous mycelium and gradually became pink. To determine the identity of the pathogen, infected tomato fruits were collected and conidia from the lesions were isolated. Three fungal isolates were isolated from the diseased fruits, which formed pink colonies on potato dextrose agar after culturing. The pathogen was identified based on colony characteristics, morphological features, phylogenetic analyses of ribosome transcriptional spacers (rDNA; ITS) and β-tubulin (*TUB*), and pathogenicity tests. According to the morphological and molecular characteristics, the pathogen of tomato pink rot disease was determined as *Trichothecium roseum*. This study is the first to show *T. roseum* as a causative agent of tomato pink rot in China.

Key words: molecular identification; pathogenicity test; *Solanum lycopersicum*; *Trichothecium roseum*

---

[*] Funding: University Natural Science Research Project of Anhui Province (2023AH053079, 2022AH052608); Anhui Province's Science and Technology Innovation Breakthrough Plan (202423110050005)

[**] First author: Li Ping, Mainly engaged in research on fungi and plant fungal diseases; E-mail: liping05515156@163.com

[***] Corresponding author: Zhang Shengli, Mainly engaged in research on fungi and plant fungal diseases; E-mail: victory.z@163.com

SAM 依赖性甲基转移酶 FoSAMMT 通过 FoRPS7 调控尖孢镰孢菌的生长发育与致病性

任志国[1,2]*，赵轩杰[1]，王　亮[1]，徐晓凤[1]，倪　哲[1]，张俊华[1]**

（1. 东北农业大学植物保护学院，哈尔滨　150030；2. 东北农业大学农学院，哈尔滨　150030）

摘　要：由尖孢镰孢菌（*Fusarium oxysporum*）引起的水稻立枯病不仅严重危害水稻产量和品质，而且其产生的呕吐毒素等真菌毒素，还严重危害人畜健康。S-腺苷甲硫氨酸依赖性甲基转移酶利用 S-腺苷-L-甲硫氨酸（SAM）作为甲基供体催化甲基化反应，在许多生物过程中起着关键作用，但在植物病原真菌中的相关功能研究较少。敲除尖孢镰孢菌 SAM 依赖性甲基转移酶 FoSAMMT 后，菌落直径减小、气生菌丝减少、菌丝干重显著降低、呕吐毒素产生量减少、菌株对水稻的致病性和对多种胁迫因子的耐受性显著降低。酵母双杂交（Y2H）、GST pull-down 和双分子荧光互补（BiFC）分析证实，FoSAMMT 与核糖体蛋白 S7（FoRPS7）相互作用，核糖体蛋白 S7 是核糖体小亚基（40S）的组成部分，参与核糖体组装和蛋白质生物合成。敲除 *FoSAMMT* 和沉默 *FoRPS7* 都会影响蛋白质合成和抗氧化防御系统。沉默 *FoRPS7* 上调了 *FoSAMMT* 的表达，削弱了其对水稻的致病性。这一发现不仅为甲基转移酶在翻译调节或核糖体组装中的潜在作用提供了新的线索，而且还表明甲基化修饰可能通过与核糖体蛋白的相互作用参与真菌生长发育和致病性相关的代谢过程。

关键词：尖孢镰孢菌；S-腺苷甲硫氨酸依赖性甲基转移酶；水稻立枯病；核糖体蛋白

---

* 第一作者：任志国，博士研究生；E-mail：rzhiguo@126.com

** 通信作者：张俊华，教授；E-mail：podozjh@163.com

禾谷炭疽菌致病基因的鉴定及其功能的初步分析*

王 雪**, Vijai Bhadauria***

（中国农业大学植物保护学院，北京 100093）

摘 要：由禾谷炭疽菌（*Colletotrichum graminicola*）引起的玉米炭疽病是玉米上的重要经济病害之一，该病已在全球多个地区流行并且严重影响了玉米的产量。本研究初步揭示了效应蛋白 *CgX* 对于禾谷炭疽菌侵染玉米的毒力具有调控作用。分析 *C. graminicola* 侵染的 B73 叶片组织的 RNA-Seq 数据，选择了 8 个与侵染相关的候选 *C. graminicola* 基因进行功能分析。使用基于 gln-tRNA 的 CRISPR-Cas9 敲除体系对 8 个候选基因进行敲除，通过在玉米抗病（RALB1）和感病（B73）品种上进行表型验证，结果发现 *CgX* 的缺失会导致禾谷炭疽菌对 B73 的毒力下降。对发病叶片进行台酚蓝染色，与野生型菌株相比，在侵染 24 h 后，Δ*CgX* 表现出较低的侵染速率；在 PDA 和 OMA 培养基上进行表型测定，Δ*CgX* 在 OMA 培养基上的产孢量与野生型无显著差异，而在 PDA 培养基上的菌落生长速度稍快于野生型菌株；*CgX* 的 N 端携带一个 25 aa 的信号肽，TTC、Western Blot 实验证实该信号肽具有分泌功能，此外，*CgX* 的信号肽的缺失和存在均不会引起烟草叶片的坏死，其如何发挥功能还需进一步探究。RT-qPCR 进一步验证 RNA-Seq 的结果，在侵染 24 h 和 48 h 后该基因表达量上调；在玉米原生质体里亚细胞定位显示 *CgX* 定位于细胞核和细胞质。本研究初步揭示了效应子 *CgX* 是禾谷炭疽菌一个致病基因，可能具有作为真菌防控新的靶点的潜力，对玉米炭疽病的防治提供了新的方向。

关键词：禾谷炭疽菌；效应蛋白；玉米；CRISPR-Cas9

---

* 基金项目：国家自然科学基金项目（32172363）
** 第一作者：王雪，硕士研究生，主要从事植物与病原物互作机制的研究；E-mail: xue@cau.edu.cn
*** 通信作者：Vijai Bhadauria，教授，主要从事植物-真菌病原体相互作用的分子遗传学和基因组学；E-mail: vijai.bhadauria@cau.edu.cn

赤才-橡胶树白粉菌的一种新的野生寄主

张喆宇[1,2]**，曹学仁[2]***

(1. 贵州大学精细化工研究开发中心，绿色农药全国重点实验室，贵阳 550000；
2. 中国热带农业科学院环境与植物保护研究所，海口 571101)

摘 要：赤才（*Erioglossum rubiginosum*）属无患子科，是橡胶林下一种常见的植物。在田间对橡胶树白粉病调查发现，林下赤才上也发生白粉病，而且随着田间橡胶树白粉病病情加重，赤才上的白粉病也逐渐变重，但赤才白粉病的病原尚未见报道。本研究从海南乐东和五指山采集赤才白粉病病样，利用形态学结合分子生物学的方法对病原菌进行了鉴定，同时对赤才和橡胶树来源的白粉菌进行了交互接种研究。结果表明，赤才白粉病的病原和橡胶树白粉病的病原一致，均为 *Erysiphe quercicola*，交互接种研究结果发现，赤才来源的白粉菌能够侵染橡胶树，橡胶树上的白粉菌也能侵染赤才。因此赤才是橡胶树白粉菌的一种新的野生寄主，接下来要研究 2 种不同寄主上白粉菌的关系，从而为橡胶树白粉病的防控提供依据。

关键词：赤才；橡胶树；白粉病；病原鉴定；交互接种

---

* 基金项目：国家自然科学基金（32472534）
** 第一作者：张喆宇，硕士研究生，主要从事热带作物病害研究；E-mail：zhaoyang_0806@163.com
*** 通信作者：曹学仁，副研究员，主要从事热带作物病害研究；E-mail：caoxueren1984@163.com

甘薯长喙壳菌（*Ceratocystis fimbriata*）全基因组候选效应蛋白预测以及转录组分析

高方园[1]，陈晶伟[1]，杨冬静[1]，周小四[2]，张成玲[1]，马居奎[1]，
唐　伟[1]，梁　昭[1]，佟　聪[1]，孙厚俊[1*]

(1. 江苏徐淮地区徐州农业科学研究所，农业农村部甘薯生物学与遗传育种重点实验室，徐州　221131；2. 江苏沿海地区农业科学研究所，盐城　224002)

摘　要：甘薯是全球重要的粮食与经济作物之一，但由半知菌属真菌甘薯长喙壳菌 *Ceratocystis fimbriata* 引起的甘薯黑斑病，严重制约了其产量与品质的提升。尽管该病原菌在形态学与分子鉴定方面已有研究，但其致病机制尚缺乏系统解析。本研究基于 *C. fimbriata* 基因组数据，结合生物信息学与转录组学手段，系统预测其分泌蛋白及候选效应因子，并分析其在感病与抗病甘薯品种中的表达特征。通过 SignalP 5.0 对 7 266 个蛋白序列进行信号肽预测，识别出 566 个可能参与分泌的蛋白；其中 97 个具有 GPI 锚定位点，暗示其可能通过膜定位与宿主相互作用。亚细胞定位分析显示，339 个蛋白预测定位于胞外，67 个含有跨膜结构域。进一步利用 EffectorP 3.0 识别出 93 个潜在效应因子，41.94% 为质外体效应因子。信号肽区域的保守性分析表明其可能参与宿主免疫逃逸。PHI 数据库比对显示，这些效应蛋白与病原菌的毒力、宿主免疫逃逸和致病过程密切相关。转录组测序分析发现，感病品种徐薯 18 与抗病品种南京 92 中分别有 57 个和 56 个效应因子表达，54 个为共同表达基因。部分效应因子在抗病品种中显著上调，推测与诱导型免疫反应相关。本研究为揭示 *C. fimbriata* 致病分子机制及甘薯抗病机制提供了理论基础，并为后续抗病育种及生物防治策略的开发提供了潜在分子靶标。

关键词：甘薯长喙壳菌；全基因组；生物信息学；效应因子；转录组

SNARE 蛋白 MoGos1 调控稻瘟菌生长和致病的机制[*]

杜雅馨[**]，黄盼盼，胡杰雄，郑文辉[***]

（农林生物安全全国重点实验室，福建农林大学植物保护学院，福州 350000）

摘 要：由稻瘟病菌（*Magnaporthe oryzae*）引起的稻瘟病是影响水稻产量和品质的毁灭性真菌病害。囊泡逆转运复合体 retromer 负责货物的分选，回收利用和逆转运过程，在稻瘟病菌生长发育及致病过程中发挥重要功能。Retromer 复合体中的核心亚基 Vps35，具有直接识别特定货物蛋白的功能。SNARE 蛋白在囊泡运输中介导细胞器膜融合过程已被广泛研究，但其与 retromer 复合体的关系尚不明确。本研究通过免疫亲和纯化和质谱联用技术，从 retromer 复合体关键组分 MoVps35 的候选互作蛋白中，鉴定到一个 SNARE 蛋白 MoGos1 与之互作。利用 Tet-Off 基因沉默技术敲低 *MoGOS1*，发现稻瘟病菌生长发育受阻、致病力显著下降，暗示 MoGos1 对稻瘟菌的生长发育和致病过程至关重要。亚细胞定位分析发现，MoGos1 主要定位于反式高尔基体，并与 MoVps35 显著共定位。*MoGOS1* 基因的敲低会导致 retromer 复合体的货物蛋白 MoSnc1 错误定位于液泡中，表明 MoGos1 能够参与调控 retromer 复合体介导的货物逆向转运过程。鉴于 MoGos1 在 retromer 复合体介导的囊泡逆转运过程中的重要作用，本研究进一步以 *MoGOS1* 为靶标，设计并合成相应双链 RNA（double-stranded RNA, dsRNA），并将 dsRNA 装载至纳米材料中以提高 dsRNA 稳定性和吸收效率，研究证实能有效防控稻瘟病的发生发展。综上所述，本研究阐明了 MoGos1 调控稻瘟病菌生长发育和致病过程中的分子机制，为防治稻瘟病菌开发新型 RNA 农药提供了理论基础。

关键词：稻瘟病菌；retromer 复合体；SNARE 蛋白；双链 RNA

---

[*] 基金项目：国家自然科学基金（32122071）；国家重点研究计划（2023YFD1400200）
[**] 第一作者：杜雅馨，博士研究生，主要从事植物病原真菌致病机理及 RNA 农药研究；E-mail：duyaxin1997@163.com
[***] 通信作者：郑文辉，教授，主要从事植物病原真菌发育、侵染寄主的分子机制及寄主的分子免疫机制研究；E-mail：wenhuiz@126.com

Rab6-GARP-Retromer 逆向运输通路调控禾谷镰刀菌的生长发育和致病性[*]

龙云飞[1][**]，张浩然[1]，吴兴院[1]，周旋东[1]，王宗华[1,2]，郑文辉[1][***]

(1. 农林生物安全全国重点实验室，福建农林大学植物保护学院，福州 350000；
2. 福州海洋研究所，闽江学院，福州 350108)

摘 要：囊泡从内体逆向运输至高尔基体转运网络（TGN）对于胞内运输、真菌发育和毒力至关重要，但其潜在机制尚不完全清楚。本研究鉴定出一条由 Rab6-GARP-Retromer 介导的逆向运输途径。通过（IP-MS）筛选和鉴定，发现 GARP 复合物和 10 种 Rab GTPae 蛋白有潜在关系，进一步分析表明 GARP 复合体只与 FgRab6 直接互作且共定位于 TGN。酵母双杂交、BiFC 和分子对接等分析表明，FgRab6 通过其 RAB 结构域中保守的 Q73 残基与 GARP 复合体亚基 FgVps52 直接相互作用。时空分析表明，FgRab6 蛋白激活后将 FgVps52 募集到 TGN，被招募的 FgVps52 进一步募集 FgVps51、FgVps53 和 FgVps54 来促进 GARP 复合物的组装，组装后的 GARP 复合物能在 TGN 上与 Retromer 囊泡运输复合体相互作用，并促进 Retromer 复合物体从内体向 TGN 转运，以确保 TGN-SNARE 复合体（由 FgSnc1、FgVti1、FgTlg1 和 FgTlg2 组成）以及蛋白酶 FgKex2 从内体回收到 TGN。GARP 或 Retromer 的功能丧失会导致 SNARE 复合体和 FgKex2 被完全错误分选至液泡降解途径，从而影响禾谷镰刀菌的生长发育、毒素合成以及致病性。值得注意的是，FgRab6-GARP-Retromer 之间的相互作用在真菌、植物和动物中是保守的，表明这一囊泡运输途径具有广泛的物种普适性。综上所述，本研究阐明了一条由 Rab6-GARP-Retromer 介导的逆向运输途径，该途径通过介导货物蛋白从内体向 TGN 运输，从而调控禾谷镰刀菌的生长发育和致病性。这些发现不但为囊泡运输系统提供了重要的见解，还为病原真菌病害防控提供了潜在的药物靶点。

关键词：禾谷镰刀菌；GARP；Retromer；Rab 蛋白；逆向运输

---

[*] 基金项目：国家自然科学基金（32272481，31772106）
[**] 第一作者：龙云飞，博士研究生，主要从事植物病原真菌致病机制研究；E-mail：26405653982qq.com
[***] 通信作者：郑文辉，教授，主要从事植物病原真菌发育、侵染寄主的分子机制及寄主的分子免疫机制；E-mail：wenhuiz@126.com

安徽省蘡薁一新病害——白粉病*

唐淑荣**，孙 岩，耿 慧，房若凡

(宿州学院环境与测绘工程学院，宿州 234000)

摘 要：蘡薁为葡萄科葡萄属植物，全株供药用，能祛风湿、消肿痛，藤可造纸，果可酿果酒。2024 年 10 月在安徽省宿州市埇桥区的蘡薁上发生严重白粉病，病发率在 60%~80%，主要发生在叶片表面。本研究主要结合形态学特征和分子学方法对其病原菌进行鉴定。菌丝覆盖在叶子表面，呈斑点状，菌丝无色，光滑，有隔，3.4~6.5 μm 宽；附着器裂瓣状，单生或对生，分生孢子梗轻微弯曲或直立，(39.8~115.2) μm×(5.6~9.2) μm，脚胞圆柱形，有时基部扭曲，(16.5~36.6) μm×(6.4~8.6) μm，上接 1~2 个短或长细胞，形成单个分生孢子；分生孢子椭圆形、卵形或卵椭圆形，无纤维体，(24.4~49.3) μm×(16.6~20.0) μm；芽管从分生孢子末端产生，顶端简单，没有明显附着胞。在所采集的标本中未观察到有性形态。以上无性形态特征与 *Erysiphe necator* Schwei. 相似。进一步验证病原菌，采用 Chelex-100 法提取 DNA，测序获得的 ITS (PV355168) 序列与 *E. necator* (OQ821280)、LSU (PV355170) 序列与 *E. necator* (LC028996) 的相似度均为 100%。致病性分析试验中，健康叶片接种 10 d 后出现症状，经形态鉴定和分子分析验证新的病原菌与最初患病植株上的真菌相同，满足柯赫氏法则。基于以上结果表明蘡薁上的白粉菌为 *E. necator*。通过相关报道可知，蘡薁为白粉病在安徽省的新记录寄主，进一步扩大了 *E. necator* 在国内的分布范围。

关键词：白粉菌；葡萄科；宿州；地理分布

---

* 基金项目：宿州学院博士科研启动基金 (2023BSK061)
** 通信作者：唐淑荣，讲师，主要从事白粉菌分类学与分子系统学研究；E-mail：761764101@qq.com

Functional Analysis of Effectors CgCpe1 and CgCpe2 in *Colletotrichum graminicola*

Chen Jia[*], Gan Xiang, Lu Guodong, Wang Zonghua, Zheng Wenhui[**]

(*State Key Laboratory of Agricultural and Forestry Biosecurity, College of Plant Protection, Fujian Agriculture and Forestry University, Fuzhou 350002, China*)

Abstract: *Colletotrichum graminicola*, the causal agent of maize anthracnose, infects host plants mainly through mature appressoria that form penetration pegs to breach the epidermal cell wall of the plant. The effector Ppe1 of *Magnaporthe oryzae* accumulates at the periphery of the penetration pegs, forming a distinct ring-shaped structure that differs from the localization pattern of other known effectors. In this study, we identified two MoPpe1 homologs in *Colletotrichum graminicola*, designated CgCpe1 and CgCpe2. Both CgCpe1 and CgCpe2 possess functional signal peptides. qRT-PCR showed stage-specific expression exclusively during host infection. Gene knockout experiments showed that these effectors contribute significantly to the pathogenicity of the fungus. Analysis of cellular localization revealed that both CgCpe1 and CgCpe2 form ring-shaped structures at the base of the appressoria and at transcellular penetration sites during host penetration, where the infection hyphae cross the neighboring plant cells. Aniline blue staining of callose showed that both CgCpe1-GFP and CgCpe2-GFP were co-localized with callose deposits, demonstrating that CgCpe1 and CgCpe2 are secreted into the apoplastic space of maize cells. In summary, our work identifies CgCpe1/CgCpe2 as infection site-specific effectors essential for *C. graminicola* virulence. It provides new mechanistic insights into the pathogenesis of the fungus and potential molecular targets for anthracnose management in maize.

Key words: *Colletotrichum graminicola*; Penetration peg; Appressoria; Effector

---

[*] First author: Chen Jia, PhD student, focuses on plant-pathogen interaction; E-mail: j_chen0613@163.com
[**] Corresponding author: Zheng Wenhui, focuses on the molecular mechanisms of pathogenic fungi; E-mail: wenhuiz@fafu.edu.cn

禾谷镰刀菌 SH3 结构域家族蛋白的功能研究[*]

楼轶[1][**]，Abubakar Yakubu Saddeeq[1]，郑文辉[1][***]，王宗华[1,2][***]

(1. 农林生物安全全国重点实验室，福建农林大学植物保护学院，福州 350000；
2. 福州海洋研究所，闽江学院，福州 350108)

摘 要：SH3 结构域蛋白作为真核生物信号传导的保守核心元件，通过特异性识别富含脯氨酸-疏水残基的基序，形成动态蛋白互作网络，参与介导信号转导、细胞骨架重塑和囊泡形成等多种生理学过程，但其在植物病原真菌中的作用机制尚不清楚。本研究系统鉴定了植物病原真菌禾谷镰刀菌（*Fusarium graminearum*）中 SH3 结构域家族蛋白的生物学功能。通过全基因组分析，鉴定出禾谷镰刀菌中含有 29 个 SH3 结构域蛋白（其中 19 个功能未知）。除了 FgNbp2、FgBpr、FgBbc 和 FgDck1 之外，其余 SH3 结构域蛋白对于禾谷镰刀菌脱氧雪腐烯酮（DON）的产生和致病性是必需的。其中 *FgRAX2* 和 *FgMYC1* 基因缺失突变体不产毒素，说明 SH3 结构域蛋白在植物病原真菌毒素合成中是至关重要的。基本生物学表型分析结果也显示，FgRax2 和 FgHof1 的缺失导致禾谷镰刀菌的菌丝生长迟滞、分生孢子畸形率显著增加、毒素分泌显著衰退，且完全丧失致病能力，且呈现双向调控现象。胁迫压力敏感性实验结果也表明，SH3 蛋白可能参与病原体对环境压力的耐受性。此外，*FgHOF1* 和 *FgRAX2* 的缺失导致子囊壳和子囊孢子的发育严重异常。亚细胞定位分析结果显示，不同 SH3 结构域蛋白在基部和顶端菌丝中的定位分布呈现差异化，并且发现在基部菌丝内部蛋白定位呈现凝聚形态。通过无序区预测分析显示，大部分 SH3 蛋白具有内在无序区域（IDRs），推测可能存在液液相分离现象。结合荧光漂白猝灭技术和时间延迟成像技术进一步验证了液液相分离的特性。总之，本研究明确了 SH3 结构域蛋白在禾谷镰刀菌的菌丝生长、无性/有性发育、DON 生物合成和致病性中的重要角色。研究结果将为深入理解 SH3 结构域介导的囊泡转运调控机制提供理论支撑，为小麦赤霉病靶向干预策略设计提供新思路和科学依据。

关键词：禾谷镰刀菌；真菌毒素；致病性；相分离；SH3 结构域

---

[*] 基金项目：国家自然科学基金（32122071）；国家重点研究计划（2023YFD1400200）
[**] 第一作者：楼轶，助理研究员，主要从事植物病原真菌发育及致病机理研究；E-mail：louyi032@163.com
[***] 通信作者：郑文辉，教授，主要从事植物病原真菌发育、侵染寄主的分子机制及寄主的分子免疫机制研究；E-mail：wenhuiz@126.com
王宗华，研究员，主要从事植物病原真菌发育、致病机制及寄主的分子免疫机制研究；E-mail：zonghuaw@163.com

谷瘟菌 gw7 菌株基因组测序及分析[*]

宣佩雪[**]，刘 佳，张梦雅，董志平，马继芳，白 辉[***]，李志勇[***]

[河北省农林科学院谷子研究所，农业农村部特色杂粮遗传改良与利用重点实验室（省部共建），河北省杂粮研究重点实验室，石家庄 050035]

摘 要：由粟梨孢菌（*Pyricularia setariae*）引起的谷瘟病是一种气传流行性病害，谷瘟病在华北地区、东北地区及西北陕西省等谷子主产区常年发生，对我国谷子产业的健康发展形成了严重的威胁。谷瘟病菌由于侵染部位不同分为叶瘟、穗瘟和穗茎瘟，其中穗瘟和穗茎瘟由于侵染谷子穗轴造成多个穗码或整个穗子枯死，对产量影响很大。针对谷瘟病菌的生物学特性已开展广泛研究，然而其致病机理尚不清晰。本研究通过对谷瘟菌进行基因组测序及分析，揭示其致病性的遗传基础，为有效防控谷瘟病提供理论依据。利用 Illumina 二代和 Pacbio 三代测序技术相结合的方法对谷瘟菌 gw7 菌株进行全基因组测序。原始测序数据（raw data）经过滤等质量控制后得到 clean data。通过 Hifiasm 软件对基因组进行组装，使用 Racon 软件对拼接结果进行纠错，同时运用 Hi-C 技术辅助基因组组装。利用 BUSCO 和序列一致性评估基因组组装的完整性和测序的均匀性。结果表明，完整 BUSCO 为 97.6%，reads 比对率为 100%，基因组覆盖率为 99.99%，说明基因组组装完整性良好，并且 reads 与组装基因组有很好的一致性。根据 Hi-C 数据，使用 ALLHiC 软件将组装得到的 contig 挂载到染色体水平，利用 3D-DNA 和 Juicebox 软件进行矫正，得到染色体水平的基因组序列。结果显示挂载率为 98.41%，表明更多的基因组序列被准确地定位到 7 条染色体上。对基因组进行重复序列和非编码 RNA 的预测及注释，利用预测得到的基因序列与 COG、GO、KEGG、KOG、Pfam、Swiss-Prot、NR、CAZy、PHI 等功能数据库进行比对及基因功能注释。对预测到的基因的蛋白序列进行分析，包括信号肽、跨膜蛋白、分泌蛋白和效应蛋白的预测。结果显示，gw7 菌株的基因组大小为 45 292 212 bp，GC 含量为 50.38%。含有 16 746 个重复序列，11 202 个编码基因，568 个非编码 RNA，1 495 个信号肽，2 290 个跨膜蛋白，1 185 个分泌蛋白，428 个效应蛋白。2 271 个基因注释到 COG 数据库，7 845 个基因注释到 GO 数据库，4 608 个基因注释到 KEGG 数据库，3 546 个基因注释到 KOG 数据库，7 903 个基因注释到 Pfam 数据库，4 991 个基因注释到 Swiss-Prot 数据库，11 118 个基因注释到 NR 数据库，797 个基因注释到 CAZy 数据库（274 个糖苷水解酶基因、145 个糖基转移酶基因、12 个多糖裂解酶基因、106 个碳水化合物酯酶基因、177 个辅助活性酶基因以及 83 个与碳水化合物结合相关的酶基因），3 502 个基因注释到 PHI 数据库。该研究为探究谷瘟病致病相关基因、从分子层面解析其致病机制，以及研发针对谷瘟病的高效防控策略奠定科学基础。

关键词：谷子；谷瘟病；基因组

---

[*] 基金项目：国家现代农业产业技术体系专项（CARS-06-14.5-A25）；河北省农林科学院基本科研业务费试点经费（HBNKY-BGZ-02）
[**] 第一作者：宣佩雪，助理研究员，主要从事谷子病害研究；E-mail：xpx1996@163.com
[***] 通信作者：白辉，研究员，主要从事谷子病害研究；E-mail：baihui_mbb@126.com
　　　　　李志勇，研究员，主要从事谷子病害研究；E-mail：lizhiyongds@126.com

禾谷镰孢 TRAPPIII 复合体专一性亚基的鉴定和功能分析

陈 蕾，张舸颀，许乐田，张丽媛，邹珅珅*，董汉松

(山东农业大学植物保护学院，泰安 271018)

摘 要：运输蛋白颗粒复合体（TRAnsport Protein Particle，TRAPP）是一种功能上保守的多亚基拴系复合物，已知参与细胞内蛋白质运输，然而其在丝状真菌中的组成成分和功能仍不甚明确。本研究在植物病原真菌禾谷镰孢（*Fusarium graminearum*）中鉴定出 4 个 TRAPPIII 专一性亚基，包含 FgTrs85、TRAPPC11、TRAPPC12 和 TRAPPC13。遗传与功能分析表明，FgTrs85 作为核心亚基，与辅助亚基 TRAPPC11、TRAPPC12 和 TRAPPC13 通过影响 TRAPPIII 复合体，协同调控真菌子囊壳形成、菌丝生长及致病力。TRAPPIII 定位于自噬前体组装位点（PAS），但不定位于完整的自噬体，并通过 FgTrs85、TRAPPC13 与 FgAtg9 互作，招募 FgAtg9 小泡至 PAS 或 phagophore，进而促进自噬体形成。值得注意的是，TRAPPIII 突变体比自噬缺陷菌株表现出更严重的生长缺陷，暗示其功能超越自噬调控范畴。TRAPPIII 通过调控细胞内运输关键调控因子（FgSec22、FgRud3、FgSnc1）的正确定位，明确其调节内质网-高尔基体及内涵体-高尔基体的胞内运输途径。此外，过表达活性状态的 FgRab1 能显著抑制 TRAPPIII 突变体在子囊壳形成、生长和致病力方面的表型缺陷，表明 TRAPPIII 作为鸟苷酸交换因子激活 FgRab1 的功能。本研究证实 TRAPPIII 通过协调自噬与胞内运输途径来调控禾谷镰刀菌的发育、生长及致病过程。

关键词：禾谷镰孢；TRAPPIII；自噬体；细胞内运输途径；FgRab1

---

* 通信作者：邹珅珅；E-mail：zouss@sdau.edu.cn

谷锈菌夏孢子萌发条件研究及室内毒力测定[*]

张梦雅[**]，刘 佳，董志平，马继芳，白 辉[***]，李志勇[***]

[河北省农林科学院谷子研究所，农业农村部特色杂粮遗传改良与利用重点实验室（省部共建），河北省杂粮研究重点实验室，石家庄 050035]

摘 要：由粟单胞锈菌（*Uromyces setariae-italicae*）引起的谷子锈病是谷子生产上一种重要的气传流行性病害，谷子生长中后期在叶片上出现夏孢子堆，夏孢子堆破裂后随风雨传播侵染，严重时引起植株倒伏而绝产。为明确谷锈菌夏孢子的萌发条件，筛选出对锈病毒力较强的药剂，本研究采用孢子萌发法探索了温度、光照、孢子浓度、储存温度及时间等因素对谷锈菌夏孢子萌发率的影响，并对4类15种杀菌剂进行室内毒力测定。研究结果表明，谷锈菌萌发最适温度为25℃，最适孢子浓度为$1\times(10^3\sim10^4)$个孢子/mL，黑暗条件下萌发率最高。低温利于谷锈菌夏孢子保存，-80℃储存360 d萌发率为35.2%~36.0%。室内毒力测定结果表明，供试的4类杀菌剂中甲氧基丙烯酸酯类药剂对谷锈菌夏孢子萌发的抑制作用最强，所选择的5种药剂EC_{50}值范围为0.005~0.078 mg/L；三唑类药剂室内毒力最差，除10%的苯醚甲环唑外，其余4种药剂EC_{50}值介于38.367~76.995 mg/L之间。本研究明确了谷锈菌夏孢子萌发的最适条件，初步筛选出能有效抑制锈病孢子萌发的药剂，为生产上谷子锈病防治提供了一定的理论基础和科学依据。

关键词：谷锈菌；夏孢子萌发；杀菌剂；室内毒力测定

---

[*] 基金项目：河北省农林科学院基本科研业务费试点经费包干制项目（HBNKY-BGZ-02）；国家现代农业产业技术体系专项（CARS-06-14.5-A25）；河北省现代农业产业技术体系建设专项资金（HBCT2024080204）

[**] 第一作者：张梦雅，硕士，助理研究员，主要从事谷子病害研究；E-mail：1348108060@qq.com

[***] 通信作者：白辉，博士，研究员，主要从事谷子抗病分子生物学研究；E-mail：baihui_mbb@126.com
李志勇，博士，研究员，主要从事谷子病害研究；E-mail：lizhiyongds@126.com

稻瘟病菌 PH 结构域家族蛋白的基因功能分析

毛旭钊[1][**]，李生强[1]，刘博文[1]，王宗华[1,2][***]，郑文辉[1][***]

(1. 农林生物安全全国重点实验室，福建农林大学植物保护学院，福州 350000；
2. 福州海洋研究所，闽江学院，福州 350108)

摘　要：稻瘟病菌（*Magnaporthe oryzae*）是世界十大植物病原真菌之首，全球范围内由其引发的稻瘟病是水稻最严重的病害之一。PH 结构域（Pleckstrin-homology domain）在细胞信号传导、膜运输、细胞骨架转化和脂质代谢等过程中起重要调控作用。本研究在课题组前期研究的基础上，结合生物信息学分析，在稻瘟病菌中共鉴定到 27 个 PH 结构域家族蛋白，其中 16 个基因在侵染后期上调表达，初步猜测这些蛋白可能参与稻瘟菌的侵染和定殖扩展过程。对这些蛋白进行同源重组基因敲除，累计获得了 10 个蛋白对应的基因敲除突变体。对这 10 个突变体进行生物学功能表型分析，结果表明，相较于野生型 Guy11 菌株，Δ*Moage1* 和 Δ*Mo11259*（假定蛋白）突变体营养菌丝生长速率减慢，其余突变体无明显变化。产孢实验显示，所有突变体的孢子产量均呈不同程度的减少。致病性测定实验证实，除 Δ*Moskg3* 突变体表现出较为显著的致病力下降之外，其余突变体致病表型均无明显变化。进一步研究 *MoSKG3* 的生物学功能，叶鞘侵染实验结果显示，Δ*Moskg3* 在水稻叶鞘细胞中的扩展能力呈减弱趋势。此外，对 MoSkg3 进行亚细胞定位分析，表明该蛋白主要定位于菌丝和分生孢子的尖端以及早期隔膜上。为了探究 Δ*Moskg3* 致病力下降是否受到 PH 结构域的调控，构建 *Moskg3*$^{\Delta PH}$ 突变体，结果显示 *Moskg3*$^{\Delta PH}$ 致病力相较于 Δ*Moskg3* 有所恢复，但产孢量仍明显低于野生型菌株。综上所述，本研究在系统分析鉴定稻瘟菌中 PH 结构域家族蛋白的基础上，进一步探讨了该家族中部分蛋白的基因功能，发现了一个调控稻瘟菌致病性的蛋白 MoSkg3，这些结果为全面理解 PH 结构域家族蛋白的基因功能和分子机理提供了实验证据，也为生产上防治稻瘟病的发生提供了理论支持。

关键词：稻瘟病菌；PH 结构域；MoSkg3；产孢量；致病性

---

[*] 基金项目：国家自然科学基金（32122071）；国家重点研究计划（2023YFD1400200）
[**] 第一作者：毛旭钊，博士研究生，主要研究植物与病原真菌互作的分子机制的研究；E-mail：1622481788@qq.com
[***] 通信作者：王宗华，研究员，主要开展真菌分子植物病理学、真菌遗传发育学相关研究；E-mail：zonghuaw@163.com
郑文辉，教授，主要研究植物病原真菌侵染寄主分子机制及寄主的分子免疫机制；E-mail：wenhuiz@126.com

玉米茎腐病菌 GH11 家族内切木聚糖酶的异源真核表达与功能研究[*]

王盛楠[**]，董家桐，韩慧敏，张　昊，韩　超[***]

(山东农业大学植物保护学院，泰安　271018)

摘　要：由拟轮枝镰刀菌（*Fusarium verticillioides*）引起的玉米茎腐病是全球玉米生产的重要根茎类病害之一，因其产生伏马毒素、呕吐毒素等多种真菌毒素，严重影响玉米产量和品质，且难以有效防控。研究表明，破坏玉米细胞壁是镰刀菌成功侵染的必要前提，该病菌在侵染时能够分泌多种植物细胞壁降解酶造成玉米细胞壁结构坍塌，从而促进侵染，但其具体作用机制尚不明晰。本研究发现拟轮枝镰刀菌在侵染玉米前期大量分泌一种内切木聚糖降解酶 FvXynA（E.C.3.2.1.8），该酶属于糖苷水解酶 GH11 家族（Glycoside hydrolases family 11）。通过酵母真核表达结合 AKTA 蛋白高效纯化系统，获得大量高纯度的重组 FvXynA 蛋白。酶学特性研究结果表明，FvXynA 的最适水解温度和 pH 值分别为 50℃ 和 5.0，且该酶具有良好的高温耐受性、酸/碱耐受性、盐离子抗性。酶活测定结果表明，FvXynA 特异性水解主链含有 β-1,4-糖苷键的木聚糖，能够快速将玉米细胞壁中的多种木聚糖成分降解为木寡糖，为镰刀菌持续侵染提供营养。另外，木聚糖酶 FvXynA 与纤维素酶具有协同降解玉米、小麦、水稻等细胞壁的作用，表明 FvXynA 是拟轮枝镰刀菌侵染玉米的关键致病因子。上述研究为解析 FvXynA 参与的拟轮枝镰刀菌侵染机制和玉米抗病分子育种提供重要参考。

关键词：玉米茎腐病；拟轮枝镰刀菌；酵母表达；木聚糖酶

---

[*] 基金项目：山东省重点研发计划（2024CXGC010907）
[**] 第一作者：王盛楠，硕士研究生，主要从事作物根茎类病害成灾机制与综合治理研究；E-mail：1330965730@qq.com
[***] 通信作者：韩超，副教授，主要从事作物根茎类病害成灾机制与综合治理研究；E-mail：hanch87@163.com

芒果亚洲炭疽菌小染色体上致病基因 *CaMutA* 的功能研究

王睿[1,2]**，黄荣[1,2]，孙文秀[2]，唐利华[1]，黄穗萍[1]，陈小林[1]，郭堂勋[1]，李其利[1]***

(1. 广西壮族自治区农业科学院植物保护研究所，南宁 530007；
2. 长江大学生命科学学院，荆州 434025)

摘 要：由炭疽菌属真菌引起的芒果炭疽病是影响芒果产量和品质的重要病害之一。小染色体普遍存在于芒果炭疽菌，且与炭疽菌致病力变异密切相关，鉴定芒果炭疽病菌小染色体上关键致病因子对于有针对性地防治芒果炭疽病具有重要意义。本研究利用农杆菌介导的遗传转化法构建芒果亚洲炭疽菌 *CaMutA* 基因敲除突变体及回补菌株，发现 *CaMutA* 敲除突变体菌丝干重、产孢量、附着胞形成率显著下降，致病力显著降低。CaMutA 蛋白的信号肽具有分泌功能，在烟草细胞大量瞬时表达抑制 Bax 和 INF1 诱导细胞坏死，*CaMutA* 异源表达拟南芥对芒果炭疽菌的抗性显著减弱，表明 CaMutA 可抑制植物免疫。经酵母系统筛选获得候选的互作蛋白几丁质酶 MiChi1，并通过免疫共沉淀，pull down 和荧光素酶试验证明了 CaMutA 与 MiChi1 互作。此外，*MiChi*1 异源表达拟南芥对芒果炭疽菌的抗性显著增强。研究结果可从单基因层面解析炭疽菌小染色体参与致病的分子机制，为理解病原菌与植物相互作用提供新的视角，同时为炭疽病防控新策略的开发提供理论依据。

关键词：亚洲炭疽菌；小染色体；效应蛋白；植物免疫

---

* 基金项目：国家自然科学基金地区科学基金（32160622）
** 第一作者：王睿，硕士研究生，主要从事植物与病原真菌互作分子机理研究；E-mail: 694007492@qq.com
*** 通信作者：李其利，研究员，主要从事果树病害及其防治研究；E-mail: 65615384@qq.com

灵芝发酵产物主要成分分析及其抑菌和防病机制研究

郑 骋[1,2]，张 君[1]，朱永生[3]，王 莫[4]，王宗华[1,2]*，陈美莲[2]*

(1. 福建农林大学，福州 350002；2. 闽江学院，福州 350108；
3. 福建省农业科学院水稻研究所，福州 350019；4. 云南农业大学，昆明 650201)

摘 要：灵芝（*Ganoderma lucidum*）作为一种典型白色腐朽型木腐担子菌，其子实体在东亚传统医学中以"灵芝"或"Reishi"之名入药，已被证实具有逾 2 000 年的药用历史。现代分析技术表明，灵芝含有多种活性成分，主要包括多糖类（β-葡聚糖为主）、三萜类（灵芝酸等）、甾醇类（麦角甾醇衍生物）、氨基酸及生物碱等，这些成分赋予灵芝抗肿瘤、免疫调节、抗氧化、抗炎等广泛的药理作用。相较于传统子实体栽培，利用现代发酵工程技术可实现灵芝活性成分的定向合成与规模化生产，使其发酵产物的生物利用度显著提升。然而，现有研究多聚焦于灵芝对人体健康的促进作用，对其在农业病害防控中的作用还缺乏系统性研究。课题组前期调查发现，菌筒可在一定程度上提高田间水稻的抗病性；初步实验分析发现，通过摇瓶培养获得的灵芝粗发酵液可抑制稻瘟病菌（*Magnaporthe oryzae*）、禾谷镰刀菌（*Fusarium graminearum*）、稻曲病菌（*Ustilaginoidea virens*）等多种植物病原真菌的菌丝生长；进一步分析发现，该发酵液对稻瘟病菌分生孢子的萌发以及附着胞的形成也具有一定的抑制作用。基于此，本研究将进一步分析灵芝发酵液的主要成分，鉴定其抑菌的关键活性物质，系统解析其直接抑制病原菌生长或间接激活植物免疫的作用机制，并通过优化发酵条件，提高有效成分的含量，为开发新型绿色生物农药提供理论依据。

关键词：灵芝发酵产物；抑菌作用；植物免疫；绿色防控

---

* 通信作者：王宗华；陈美莲

小麦-玉米一年两熟区小麦茎基腐病周年发生规律与分级治理[*]

王逍冬[1][**]，王永芳[2][**]，董志平[2][***]，王　烨[3]，刘家豪[3]，甄文超[4][***]，马　骏[5]，
齐永志[1]，吴玉星[6]，赵立强[7]，谢剑锋[8]，勾建军[9]，寇奎军[10]，
王孟泉[11]，陈立涛[12]，张立娇[13]，林永岭[14]，蔡晓玲[15]

(1. 河北农业大学植物保护学院/华北作物改良与调控国家重点实验室，保定　071001；
2. 河北省农林科学院谷子研究所，国家谷子改良中心，河北省杂粮研究重点实验室，
石家庄　050035；3. 河北地质大学，石家庄　050030；4. 河北农业
大学农学院，保定　071001；5. 中国农业大学农学院，北京　100193；
6. 河北省农林科学院植物保护研究所，保定　071030；7. 河北师范大学生命
科学学院，石家庄　050010；8. 河北省生态环境监测中心，石家庄
050011；9. 河北省植保植检总站，石家庄　050035；10. 沧州市植物保护站，
沧州　061014；11. 平乡县植保植检站，平乡　054500；12. 馆陶县
农业农村局，馆陶　057750；13. 石家庄市鹿泉区新能源服务中心，
石家庄　050200；14. 石家庄市栾城区植物保护检疫站，
栾城　051432；15. 景县植物保护检疫站，景县　053500)

摘　要：本文对小麦茎基腐病发病特点，病菌侵染特性进行剖析，揭示了其在小麦-玉米一年两熟区的周年侵染循环规律，明确了种子是该病快速扩散的重要原因。研发了快速高效且可行的小麦抗病性鉴定技术，以及以生态调控为核心，综合利用栽培管理、生物菌肥和化学农药等进行防控的分级治理技术体系，并详细介绍了每项技术的实施细节。针对该病属于弱寄生、强腐生、容易产生变异的顽固性土传病害，从生态学角度分析了合理使用抗病品种和有效药剂策略，提出玉米收获小麦播种期间进行深翻，不仅能够显著压低小麦茎基腐病菌基数减轻病害，同时，也是防控和压低小麦-玉米一年两熟区几乎所有病虫草害基数的有效措施，对培肥耕作层肥力，减少小麦播种层的秸秆残体，促进小麦出苗和安全越冬也非常有利。建议加大大型耕翻农机研发、补贴和推广力度，促进小麦-玉米一年两熟区减药控害、绿色安全生产。

关键词：小麦-玉米一年两熟区；小麦茎基腐病；周年发生循环规律；抗病性鉴定；分级治理

小麦茎基腐病2022年被中国科学技术协会列入我国十大产业技术难题之一，备受各级领导和专家重视。该病主要由假禾谷镰孢菌（*Fusarium pseudograminearum*）侵染所致，在黄淮海小麦-玉米一年两熟区受秸秆还田、免耕或少耕播种等保护性耕作措施的影响发生更加突出，近年

---

[*] 基金项目：河北省农林科学院基本科研业务费包干制项目（HBNKY-BGZ-02）；国家重点研发计划项目（2023YFD2301500、2023YFD1201002）；河北省杰出青年科学基金（C2022204010）
[**] 第一作者：王逍冬，教授，博士，主要从事小麦抗病遗传改良研究；E-mail：zhbwxd@hebau.edu.cn
　　王永芳，研究员，博士，主要从事粮食作物病虫害研究；E-mail：yongfangw2002@163.com
[***] 通信作者：董志平，研究员，硕士，主要从事粮食作物病虫害研究；E-mail：dzping001@163.com
　　甄文超，教授，博士，主要从事作物高产优质栽培研究；E-mail：wenchao@hebau.edu.cn

来，在河南、河北、山东等省呈逐年加重趋势。该病可致小麦茎秆茎基部褐变腐烂，甚至引发枯秆和籽粒干瘪的"白穗"，严重影响产量和质量。

1 小麦茎基腐病的传播及在小麦-玉米一年两熟区周年发生规律

该病以田间小麦根茬携带病原菌越夏；小麦收获后秸秆还田，并贴茬播种玉米，田间小麦根茬部位病原菌在潮湿的玉米田间可继续存活并繁衍，且能够产生大量子囊壳，积累病原并容易产生变异；玉米收获后，田间小麦病残体随玉米秸秆一起粉碎并浅旋耕，均匀分散至有效侵染的小麦播种层。小麦全生育期均可被侵染，但在播种期或幼苗期侵染发病最重。小麦播种后，播种层及其以上土壤中的病原菌侵染小麦根茎结合处或地中茎（该病菌不侵染根），严重的造成烂芽、死苗；感病较轻的麦苗继续生长，病原菌向内扩展造成茎基部褐变，向上扩展侵染至1~2节，严重的可达3~4节，在节处容易产生白色或粉红色霉层，引起枯秆或白穗，在田间呈零散分布。"白穗病茎拔出时从基部断开不带根"是该病后期的典型症状。小麦收获后，病原菌随小麦根茬再次越夏。该病周年循环、病原菌逐年积累和扩散，致使其成为田间发病率高、产量损失大的重要病害。假禾谷镰孢菌在小麦抽穗扬花期也能侵染麦穗引发赤霉病，病菌在麦穗上扩展，携带假禾谷镰孢菌的小麦种子可进行远距离传播，并在新的地块继续周年侵染、积累、扩散并为害，使该病在黄淮海小麦-玉米一年两熟区快速扩散、发生，已经成为该区域影响小麦生产安全的重要病害之一（图1）。

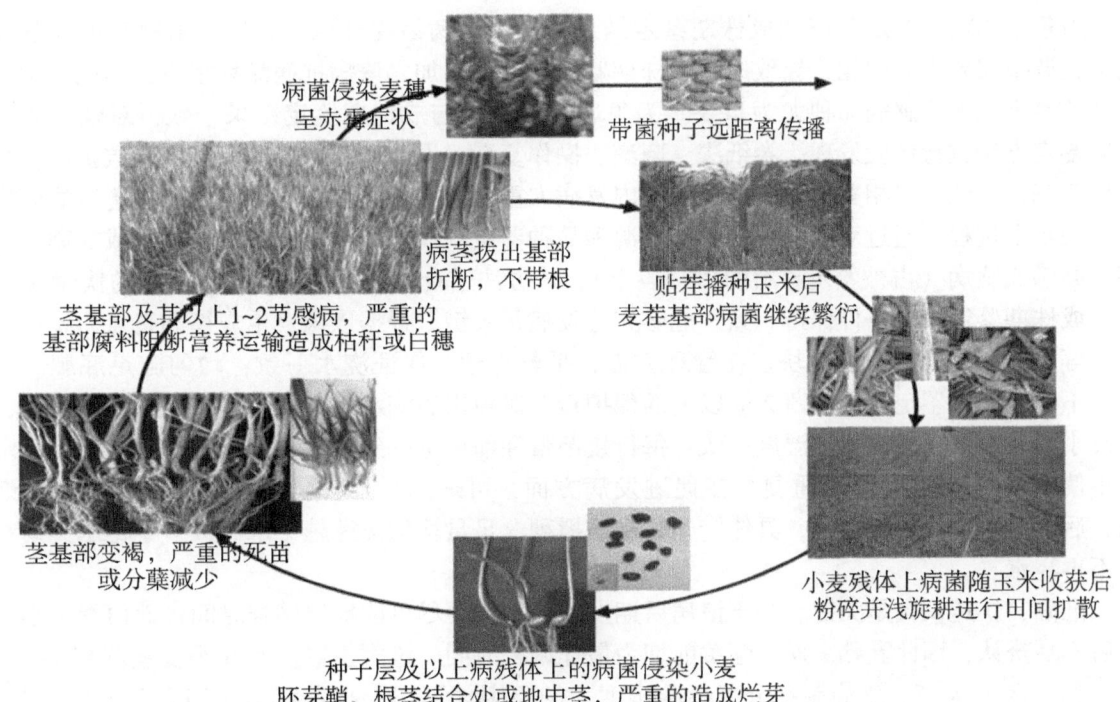

图1 小麦茎基腐病传播及在小麦-玉米一年两熟区周年侵染循环规律

2 抗病品种鉴定筛选及关键技术

种植抗病品种是最经济、简便易行的措施。针对小麦茎基腐病菌腐生性强，抗病品种少；病害发生与田间生态、栽培和水肥管理条件等关系密切，抗性结果不稳定；病害中后期发展速度快，调查误差大等问题，笔者分别研发了相应对策，力争抗病品种鉴定方法可行且准确（图2）。

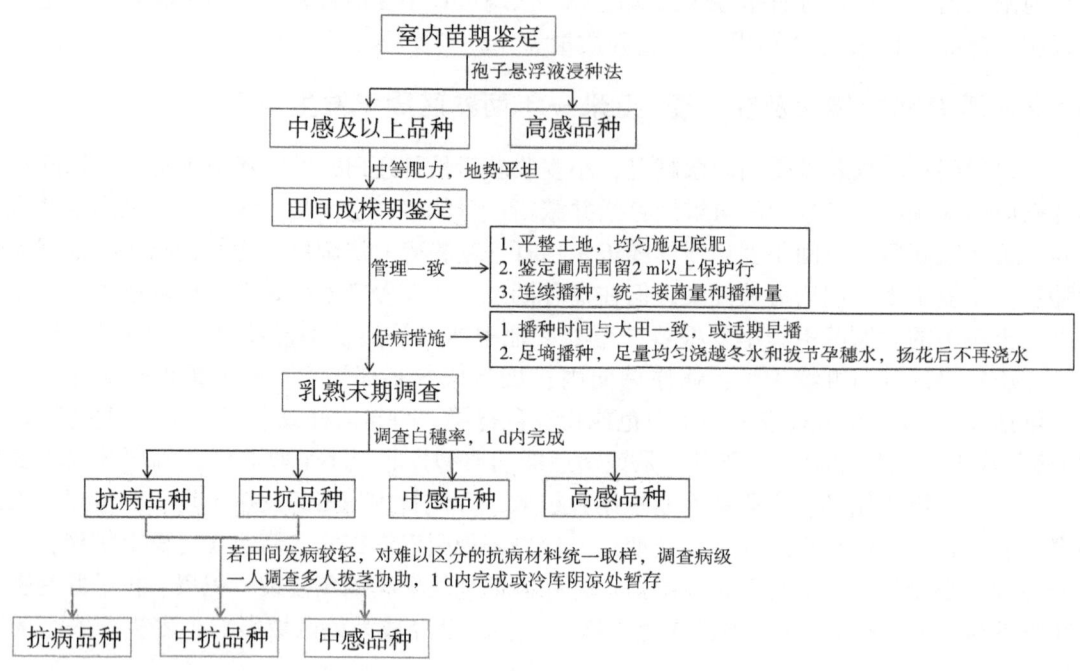

图 2　小麦抗茎基腐病品种鉴定技术流程图

力争室内苗期鉴定与田间成株期鉴定结果一致。该病易受环境、栽培、水肥管理等条件影响，且调查误差大等问题，导致田间成株期鉴定难度大；加之该病抗病品种很少，为此，利用室内苗期鉴定先淘汰感病品种尤为重要。为争取苗期鉴定与成株期鉴定结果一致，对现有的 5 种苗期鉴定方法进行试验发现，卷纸法、菌滴法操作复杂，误差大；注射法只能鉴定抗扩展，更适合抗病基因遗传规律相关研究；病粒法室内发病太重；而孢子悬浮液浸种法更便于鉴定病菌侵染和扩展整个过程。通过对大量小麦种质资源和品种鉴定发现，苗期高感的供试材料成株期鉴定亦多为高感或感病（占被鉴定材料的 70% 以上），该方法适合对大量种质资源或品种的快速筛选。

成株期鉴定管理条件保持一致，能够充分发病是关键。根据该病发生规律和特点，鉴定圃选择中等肥力、地势平坦的地块。在管理方面，平整土地，保证浇水一致；均匀施足底肥，最好后期不再施肥；鉴定圃周围留 2 m 以上的保护行，避免田边浇水过大或过小；连续顺序播种，不能设小区，力争田间灌水和湿度一致；每行接菌量和播种量一致，力争发病和密度一致；鉴定过程不使用任何杀菌剂；3 次重复。在促进发病方面，可适期早播；早期保证湿度，促进侵染发病，后期控水促使形成白穗，具体措施是足墒播种，足量均匀浇灌越冬水和拔节孕穗水，扬花期后不再浇水。

准确、快速调查是关键。基于该病后期发展快，需要尽可能推迟调查时间；而白穗在小麦落黄后不易辨认，因此乳熟末期、落黄前期为最佳调查时间。该病主要发生在小麦茎基部 1~2 节，严重者可至 3~4 节。该病制定分级标准难度大的原因如下：①小麦茎基腐病以茎为单位调查，田间有主茎和不同级别分蘖，基部第一节较长的有 7~8 cm，短的仅有 1~2 cm；②该病不是连续向上扩展，第一节间可能没有发病，但是第二茎节部霉变，为此，不同人员调查结果差异很大；③工作量巨大，如按照每品种每处理调查 100 个茎，3 次重复需要调查 300 个茎，每个茎均需要剥开基部叶鞘观察。经研究发现，待测品种的病情指数与白穗率呈显著正相关；白穗是该病影响产量的主要因素，因此，以白穗率代替病情指数分级标准进行调查更为简便易行，且无误差。若田间植株发病较轻，对难以区分的少数抗病和中抗材料再进行细分调查，将会显著减少工作量。另外，由于病菌的致病性存在差异，需要用本区域致病性强的优势菌株鉴定本区域的推广品种。

3 小麦茎基腐病分级治理及关键技术

根据小麦茎基腐病菌特性及周年侵染发生规律，可知该病属于弱寄生、强腐生的生态型病害，同时该病具有田间菌量大、子囊壳多和病菌易变异的特点。且该类病害受田间生态和栽培管理条件影响较大，抗病品种少且容易丧失抗病性，病原菌对农药也易产生抗性。为此，防控该类病害应该从生态学角度，研发不利于该病发生的条件，如压低病原基数、创造不利于发病的栽培和水肥管理条件，合理利用抗病品种等。前期研究发现，小麦茎基腐病菌在小麦播种层及其以上土层的病菌才能有效侵染小麦地中茎或根茎结合部位，不侵染根；深翻耕作能有效减少 0~5 cm 小麦播种层秸秆病残体，且后期很少产生白穗。据此，本团队提出玉米收获后小麦病残体与玉米秸秆一起深翻有效防控茎基腐病的生态防控技术。自 2019 年开始，对河北省上季小麦茎基腐病重发地块采用深翻措施和种子处理相结合，加强肥水管理，对轻发生地块采用种子处理等早期干预，阻止其加重发生，制定了综合采用耕翻、选用抗（耐）病品种、种子包衣、肥水管理、返青期防治、施用生物菌肥、适期晚播等分级治理的技术规程（图3），有效控制小麦茎基腐病的发生和危害，保障了小麦稳产与国家粮食安全。

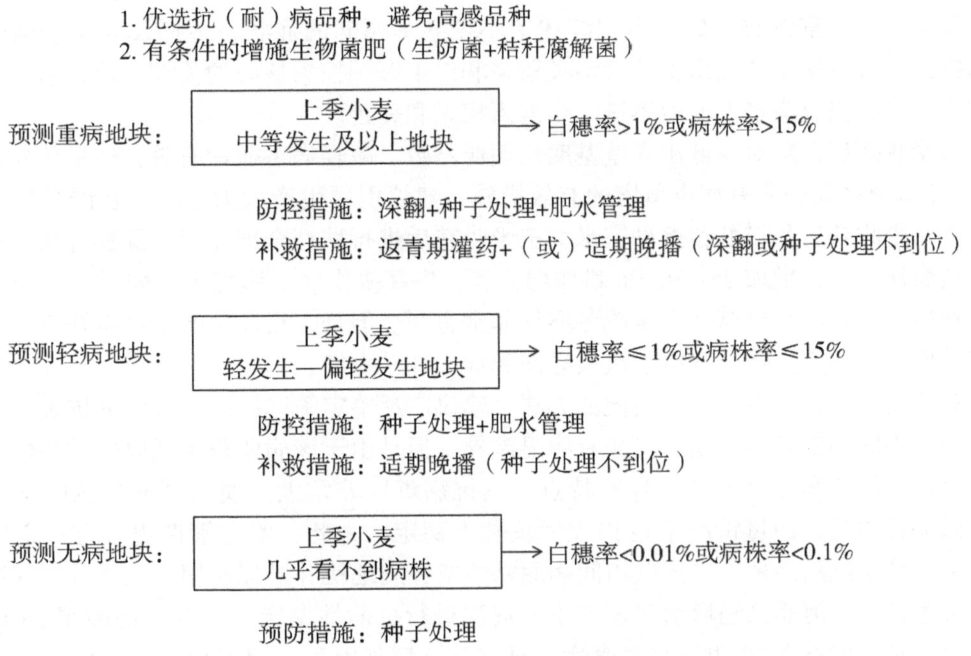

1. 优选抗（耐）病品种，避免高感品种
2. 有条件的增施生物菌肥（生防菌+秸秆腐解菌）

预测重病地块： 上季小麦 中等发生及以上地块 → 白穗率>1%或病株率>15%

防控措施：深翻+种子处理+肥水管理
补救措施：返青期灌药+（或）适期晚播（深翻或种子处理不到位）

预测轻病地块： 上季小麦 轻发生—偏轻发生地块 → 白穗率≤1%或病株率≤15%

防控措施：种子处理+肥水管理
补救措施：适期晚播（种子处理不到位）

预测无病地块： 上季小麦 几乎看不到病株 → 白穗率<0.01%或病株率<0.1%

预防措施：种子处理

图 3 小麦茎基腐病分级治理及关键技术示意图

抗病品种：选用经鉴定有一定抗（耐）性的品种，如衡观35等。对670份小麦材料和389份已审定的小麦品种进行鉴定发现，稳定表现抗病的极少。其抗病性往往与病原多少、环境条件和病菌的致病性密切相关。为此需要在压低菌源基数，控制发病条件的情况下充分发挥现有抗病品种的作用，并加强培育抗病品种。

生物菌肥：玉米秸秆粉碎后，施入对病菌有拮抗作用、能促进秸秆腐解的生物菌肥。

深翻技术：小麦收获后一般免耕贴茬播种玉米，玉米收获后进行深翻。小麦收获后立即深翻效果差。深翻 25~30 cm 为宜，如果田块长期旋耕，可先深翻 20 cm，防止播种层生土过多。

种子处理：建议重病地块压低病原基数情况下使用，以减缓抗药性的产生。依次优选 25% 氰烯菌酯悬浮剂、200 g/L 三氟吡啶胺悬浮剂、30%丙硫菌唑可分散油悬浮剂、400 g/L 氟硅唑乳油、25 g/L咯菌腈悬浮种衣剂、60 g/L戊唑醇悬浮种衣剂、3%苯醚甲环唑悬浮种衣剂、250 g/L吡唑醚菌酯乳油等单剂或复配制剂，按照说明书或规程（DB13/T 5888—2024）使用，兼治小麦其他土传病害。不同药剂对不同致病性的菌株效果不同，同一块地不同年份间交替使用，减缓抗药性的产生。

肥水管理：忌用盐碱水灌溉，灌浆期干旱及时灌溉；增施有机肥，忌用碱性肥料，增施磷、钾肥，喷施微肥或生长调节剂等一切有利于壮苗的措施。

返青期用药：种子处理比返青期用药效果好，喷药用药量比种子处理大；常规喷雾效果不明显，灌根或随浇水灌药需要再次加大药量，更容易导致抗药性和增加防控成本。若深翻或种子处理不到位的上季小麦重发地块，采用返青期用药进行弥补。依次优选25%氰烯菌酯悬浮剂、30%丙硫菌唑可分散油悬浮剂、400 g/L氟硅唑乳油、430 g/L戊唑醇悬浮剂、10%苯醚甲环唑水分散粒剂、250 g/L吡唑醚菌酯乳油等单剂或复配制剂。

适期晚播：适期晚播5~10 d，适当增加种子播量。

4 存在问题与建议

小麦茎基腐病作为黄淮海小麦-玉米一年两熟区小麦生产中的严重病害，其发生与蔓延对小麦产量和品质构成了严重威胁。尽管本文综述了小麦茎基腐病的症状、传播及周年侵染循环规律、接种与抗性评价方法，并提出了分级治理策略和以生态调控为核心的关键防控技术，但在未来的研究和应用中，仍有诸多方面值得进一步深入探索和完善。

第一，玉米收获后深翻对压低小麦茎基腐病菌源基数、减轻病害非常有效，也是防控和压低小麦-玉米一年两熟区几乎所有病虫草害的有效措施，建议引领生产大力推广。在严禁焚烧秸秆的情况下，在小麦收获后免耕贴茬播种玉米，玉米收获后进行秸秆全部还田，深翻有利于让秸秆充分腐熟，消解病残体，增加25~30 cm耕作层营养，提高耕作层土壤肥力，同时也可减少小麦播种层的秸秆残体，对小麦出苗和安全越冬亦均非常有利。但是，目前生产上严重缺乏大型深翻农机，建议政府部门高度重视，并给予政策导向和加大补贴力度。

第二，利用抗病品种是最经济，简便的方法，建议广泛鉴定筛选抗病性较强的抗源，开辟多途径抗病育种。不同小麦品种抗茎基腐病有明显差异，但是由于该病弱寄生强腐生的特性、以及病菌侵染根茎结合部位和容易产生变异的特点，其抗病难度非常大。澳大利亚公认的抗病材料"Sunco"在致病性强且大菌量情况下也仍表现抗性不稳定，为此，鉴定筛选更多有一定抗病性的抗源培育更多异质抗病品种，在压低田间病原基数或轻病地块并搭配使用，是充分发挥抗病品种的作用的合理途径。河北已经启动对现有小麦资源进行抗病性鉴定，如对抗源衡观35后代进行了跟踪鉴定，筛选出石麦32也抗茎基腐病，研究其抗病基因和标记可加快利用效率。目前全国多家单位对小麦抗茎基腐病不同基因及其QTL位点进行研究，为广泛挖掘和利用抗病品种提供了技术支撑。

第三，种子处理是防治该病有效措施，针对病菌容易产生抗药性，建议开发不同作用机制的种衣剂交替使用。病害后期特别是收获后小麦基部叶鞘、叶片和秸秆上产生大量子囊壳，导致病菌变异太快，河北省2019年前使用苯醚甲环唑就能有效防控，2020—2022年先正达的酷拉斯（苯醚甲环唑·咯菌腈·噻虫嗪）防效好，2023年开始利用三氟吡啶胺、氰烯菌酯，在田间菌量太大的情况下效果也不稳定，也建议在压低田间病原基数的轻病田使用，延长其使用寿命，并急需开发更多机制不同的药剂交替使用，减缓抗药性。

总之，该病在我国属于一种新病害，在生产上存在耕作农机的严重缺乏，抗病品种少，农药科学使用等现实问题，防控技术仍难以落实，该病仍然处于快速扩散和高发态势。基于该病属于顽固的土传病害，其防控是一项长期而艰巨的任务，急需科技工作者紧密配合，加强国际交流与合作，深入探索和创新，共同攻克关键防控技术，为小麦生产的可持续发展提供有力支撑。

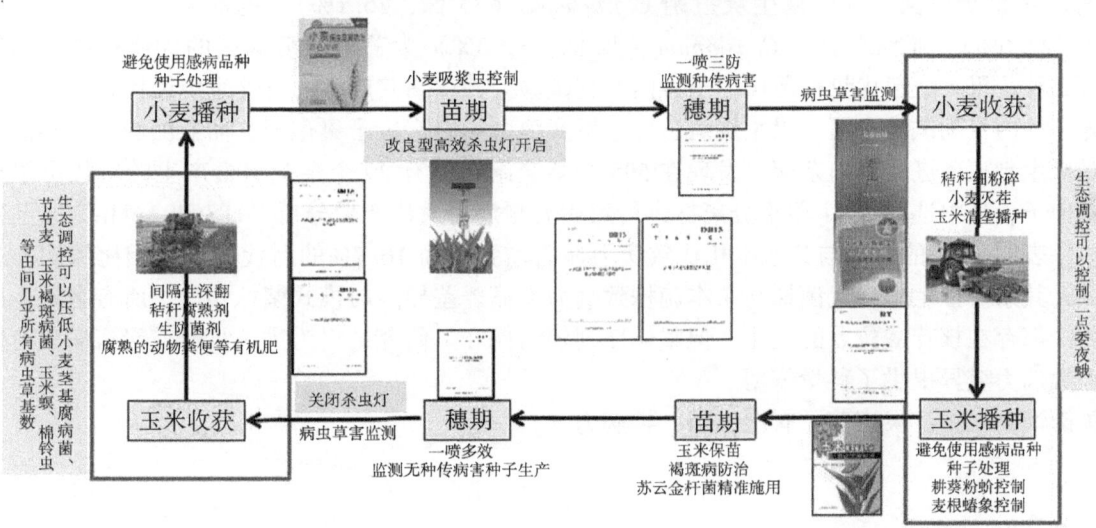

图 4　小麦-玉米一年两熟区病虫草害遥感精准监测及一体化绿色防控技术示意图

参考文献（略）

芒果炭疽菌种内交配及其有性生殖后代致病力变异研究[*]

王睿[**], 程浩月, 舒娟, 唐利华, 黄穗萍, 陈小林, 郭堂勋, 李其利[***]

(广西壮族自治区农业科学院植物保护研究所, 南宁 530007)

摘 要: 炭疽菌属 (*Colletotrichum*) 真菌是一类全球性分布的植物病原菌, 寄主范围广, 能侵染3 200多种植物。芒果是我国的特色水果, 炭疽病是芒果的主要病害之一, 严重影响芒果的产量和品质。前期我们从采自中国六省区芒果主产区的炭疽病样本中, 分离获得了134株来自13个种的芒果炭疽菌, 其中果生炭疽菌 *C. fructicola* (35株, 26.1%)、暹罗炭疽菌 *C. siamense* (37株, 27.6%)、亚洲炭疽菌 *C. asianum* (42株, 31.3%) 为芒果炭疽病菌的优势种群。本研究以这3种芒果炭疽菌优势种菌株用于种内交配试验, 并评估其产生的有性生殖后代致病力和遗传变异。种内交配试验表明, 果生炭疽菌和暹罗炭疽菌均能产生子囊孢子, 而亚洲炭疽菌不能产生。对果生炭疽菌进行种内杂交, 发现在595个杂交组合中有29个杂交组合产生的后代可以产生子囊孢子, 从中选取30个单孢分离株进行致病力测定和遗传变异分析 (ITS 和 ApMAT 位点)。研究结果表明, 1%的后代与其亲本相比致病力显著增强, 而16.7%的后代与亲本相比致病力显著降低, 其余有性生殖后代菌株与亲本菌株致病力无显著差异。与模式菌株相比, 所有有性生殖后代菌株都存在核苷酸位点的变化, 但整体序列较为保守。研究结果为进一步研究炭疽病菌有性生殖和致病力变异提供了科学依据。

关键词: 芒果; 炭疽菌; 有性生殖; 致病力

---

[*] 基金项目: 国家自然科学基金地区科学基金 (32460654, 32160622, 32360656); 广西自然科学基金 (2023GXNSFAA026269, 2023GXNSFAA026428)

[**] 第一作者: 王睿, 硕士研究生, 主要从事植物与病原真菌互作分子机理研究; E-mail: 694007492@qq.com

[***] 通信作者: 李其利, 研究员, 主要从事果树病害及其防治研究; E-mail: 65615384@qq.com

水稻 E3 泛素连接酶 OsPBA 通过降解 OsPBZ 调控植物免疫的机制

赵国盛[1]**，刘 硕[1]，郑馨航[1]，杨 武[1]，汪激扬[1]***，孙文献[1,2]***

(1. 中国农业大学植物保护学院，农林生物安全全国重点实验室，北京 100193；
2. 吉林农业大学植物保护学院，吉林省作物病虫害绿色防控重点实验室，长春 130118)

摘 要：水稻作为主要粮食作物之一，养活了世界上一半的人口。水稻抗病性受到多种信号传导路径与蛋白质稳态的调控，而蛋白质稳态受到水稻 E3 泛素连接酶精细调节。本研究中的 OsPBZ 是水稻中一种 PUB 类型的 E3 泛素连接酶，其编码基因的敲除突变体具有广谱抗病性，说明该泛素连接酶负向调控水稻免疫。本研究发现 OsPBZ 存在自身降解的现象，但是，介导其降解的分子机制目前未知。本研究构建了与 OsPBZ 同类型的 E3 泛素连接酶基因文库，通过酵母双杂交成功筛选到了 OsPBZ 互作的 E3 泛素连接酶 OsPBA。通过免疫共沉淀和体外 pull-down 实验进一步验证了两者互作。在此基础上，进一步通过体外泛素化实验和体内降解实验，确定了 OsPBA 靶标并降解 OsPBZ。研究结果为解释 OsPUB 家族普遍存在的自身降解现象提供了比较重要的线索，这也是该家族中首次发现 2 个 E3 泛素连接酶可以互作且存在着上下游关系。在植物免疫方面，发现了 OsPBA 正调控水稻免疫，为通过基因编辑技术创制抗病新种质提供重要基础。

关键词：E3 泛素连接酶；泛素化；水稻免疫

---

* 基金项目：水稻抗病虫高产基因挖掘与育种应用（2024YFD1200600）
** 第一作者：赵国盛，博士研究生，研究方向：植物与病原真菌互作分子机理研究；E-mail：903017883@qq.com
*** 通信作者：汪激扬，副教授，主要从事水稻与病原细菌、真菌的互作分子机理研究；E-mail：aqwjy@cau.edu.cn
孙文献，教授，主要从事水稻与病原细菌、真菌的互作分子机理研究；E-mail：wxs@cau.edu.cn

细胞壁蛋白 SsStr1 与 SsGsr1 在核盘菌致病过程中的协同作用研究

李娅丽*，谢靖文，王　静，田斌年，方安菲，杨宇衡，毕朝位，余　洋**

(西南大学植物保护学院，重庆　400715)

摘　要：核盘菌（*Sclerotinia sclerotiorum*）是一种重要的死体营养型植物病原真菌，由其引起的油菜菌核病严重阻碍了菜籽产量的提高，深入揭示核盘菌的致病机制将为油菜菌核病的绿色可持续防控提供重要的理论支持。细胞壁对于植物病原真菌生长发育及致病至关重要，其组分主要包括几丁质、葡聚糖和蛋白质等，其中部分蛋白通过糖基磷脂酰肌醇（Glycosylphosphatidylinositol，GPI）锚定在细胞壁上，到目前为止对于细胞壁 GPI 锚定蛋白在核盘菌致病过程中的功能仍知之甚少。前期研究发现细胞壁 GPI 锚定蛋白 SsGsr1 与核盘菌致病性密切相关，该蛋白具有诱导寄主植物细胞死亡活性，其活性由富含甘氨酸的串联重复序列负责。本研究进一步发现 SsGsr1 在核盘菌中具有一个同源蛋白 SsStr1，其 N 端为分泌性信号肽，C 端为 GPI 锚定信号肽，中间具有一个富含丝氨酸和苏氨酸的区域。通过 Western 杂交及免疫荧光等证实 SsStr1 同样定位于核盘菌菌丝细胞壁中，并能与 SsGsr1 富含甘氨酸的串联重复区域互相作用，进一步利用 AlphaFold3 预测和点突变证实 SsStr1 中的多个谷氨酰胺位点在与 SsGsr1 的互作中发挥重要作用。在本氏烟中共表达 SsStr1 与 SsGsr1 后发现 SsStr1 能够促进 SsGsr1 在叶片组织中的聚集，并增强其诱导坏死表型。进一步发现瞬时表达 SsStr1 的本氏烟叶片胞间液能保持 SsGsr1 蛋白的稳定，而谷氨酰胺突变后的 SsStr1 则丧失了相关活性。本研究同时探究了 SsStr1 在核盘菌菌丝中对 SsGsr1 稳定性的影响，通过免疫荧光检测 SsGsr1 蛋白在菌丝侵染寄主时的分布，结果发现共表达 SsStr1 与 SsGsr1 的菌株细胞壁中有更多的 SsGsr1 蛋白聚集。为明确 SsStr1 在核盘菌致病过程中的作用，本研究对其编码基因分别进行了敲除和超量表达，结果表明敲除转化子致病力显著下降，而超量表达转化子则无显著差异。进一步在本氏烟中瞬时表达 SsStr1 后分别接种野生型菌株和 SsGsr1 敲除转化子，发现野生型菌株在瞬时表达 SsStr1 的叶片上致病力增强，而 SsGsr1 敲除转化子致病力则没有变化，表明 SsStr1 通过与 SsGsr1 互作发挥致病相关功能。本研究证实了细胞壁 GPI 锚定蛋白在核盘菌侵染寄主时的协同作用，研究结果为深入揭示核盘菌细胞壁蛋白在致病过程中的作用机制提供了重要线索，也为防治油菜菌核病提供了重要靶标。

关键词：核盘菌；油菜菌核病；细胞壁蛋白；致病力

---

* 第一作者：李娅丽，硕士研究生，研究方向为核盘菌致病机理；E-mail：1473638713@qq.com
** 通信作者：余洋，副教授，主要从事油菜菌核病成灾机制及其防控研究；E-mail：zbyuyang@swu.edu.cn

Temperature-responsive milRNAs Regulate the Opportunistic Pathogenicity of *Lasiodiplodia theobromae*

Huang Caiping, Wang Jinpeng, Wang Yuan, Zhang Wei, Yan Jiye*

(*Beijing Key Laboratory of Environment Friendly Management on Fruit Diseases and Pests in North China, Institute of Plant Protection, Beijing Academy of Agriculture and Forestry Sciences, Beijing 10097, China*)

Abstract: *Lasiodiplodia theobromae*, an opportunistic fungal pathogen, poses an increasing threat to grape industry. Given the increasing prevalence of heat stress events worldwide, understanding how elevated temperatures promote opportunistic fungus from latent to infection state is both timely and crucial. Here, we demonstrate that the pathogenicity of *L. theobromae* is regulated by temperature-responsive fungal microRNA-like RNAs (milRNAs). Functional analyses reveal that these milRNAs modulate key regulatory genes either in the fungus or plants involved in pathogen survival and virulence. Our findings uncover an adaptive mechanism in opportunistic fungal pathogens, providing new insights into temperature-driven fungal pathogenicity.

Key words: *Lasiodiplodia theobromae*; temperature-responsive; milRNAs; opportunistic fungal pathogen

效应蛋白 Pt3372 靶向 Ta3 与 Ta21 双通路影响小麦的抗病性机制*

宋璐璐**,李 浩,张 娜***,杨文香***

(河北农业大学植物保护学院,河北省农作物病虫害生物防治技术创新中心,
国家北方山区农业工程技术研究中心,保定 071001)

摘 要:小麦叶锈病是世界范围内重要病害之一,严重发生时可造成 40% 以上的产量损失并降低小麦品质,严重影响我国粮食安全与国民经济发展。由小麦叶锈菌(*Puccinia triticina*)造成的小麦叶锈病会分泌大量的效应蛋白进入小麦体内来调控小麦的免疫,因此有必要开展效应蛋白的作用功能的研究。经研究发现抑制 BAX、INF1、DC3000 坏死的效应蛋白 Pt3372 在叶锈菌的致病过程中发挥了毒性功能,且同时与小麦的 2 个基因 *Ta*3、*Ta*21 存在互作,通过 VIGS 沉默及过表达技术发现 Ta3 与 Ta21 正调控小麦抗叶锈病性,初步研究结果显示 Ta3 与 Ta21 分别参与了小麦防御反应中的 MAPK 通路与 Ca^{2+} 通路,Pt3372 的存在会抑制相关激酶的活性,减少 Ca^{2+} 的积累,但 Pt3372 是如何影响 MAPK 通路与 Ca^{2+} 通路之间的交叉联系来抑制寄主免疫还需进一步的探索。

关键词:叶锈菌;效应蛋白;MAPK 通路;Ca^{2+} 通路

---

* 基金项目:国家自然科学基金(32172367);河北省自然科学基金(C2024204135)
** 第一作者:宋璐璐,硕士研究生,主要从事小麦病害研究,E-mail:18730909272@163.com
*** 通信作者:张娜,副教授,主要从事小麦病害研究;E-mail:zn0318@126.com
  杨文香,教授,主要从事小麦病害研究;E-mail:wenxiangyang2003@163.com

稻瘟病菌中基于 Tet-Off 条件性基因敲低系统的开发和应用[*]

方振宇[1][**]，马永格[1]，蔡　燕[1]，陈　鑫[1]，王宗华[1,2]，郑文辉[1][***]

(1. 农林生物安全全国重点实验室，福建农林大学植物保护学院，福州　350000；
2. 福州海洋研究所，闽江学院，福州　350108)

摘　要：稻瘟病是由稻瘟病菌（*Pyricularia oryzae*）引起的水稻真菌病害。在稻瘟病菌的基因功能研究中，涉及真菌生存所必需的基因时，往往难以获得基因敲除突变体。RNA 干扰通常作为功能基因组学研究的首选替代方法，在靶基因转录后通过对靶 RNA 进行特异性降解从而达到转录后基因沉默的目的，但在稻瘟病菌一些重要基因上的基因沉默效果并不明显且较大依赖于特异性区段的区分和设计。基于此，我们提出一种可靠、易行的基因敲低工具，该工具基于 Tet-Off 原理的转录调控系统，通过四环素控制模块实现对稻瘟病菌靶基因的条件性转录调控。我们针对两类基因（非必需基因 *MoVPS*35 和必需基因 *MoVMA*1）进行了 Tet-Off 敲低。利用根癌农杆菌介导的转化法，将密码子优化后的 Tet-Off 调控盒定点插入靶基因（*MoVPS*35 和 *MoVMA*1）上游，均成功获得在强力霉素（Doxycycline）存在条件下靶基因敲低的稳定转化子，证明该体系可有效研究非必需基因和必需基因的功能。综上所述，Tet-Off 系统为稻瘟病菌基因功能分析提供了有力的工具，不仅适用于稻瘟病菌必需基因的研究，也适用于非必需基因在特定条件下（如侵染后沉默，发育不同阶段沉默等）的功能研究，深化了对稻瘟病菌发育与致病机制中关键基因功能的理解。

关键词：稻瘟病菌；Tet-Off；强力霉素；条件性转录调控；必需基因

---

[*] 基金项目：国家自然科学基金（32122071）；国家重点研究计划（2023YFD1400200）
[**] 第一作者：方振宇，硕士研究生，主要从事植物病原真菌发育及致病机理研究；E-mail：zhyuf2000@126.com
[***] 通信作者：郑文辉，教授，主要从事植物病原真菌发育、侵染寄主的分子机制及寄主的分子免疫机制研究；E-mail：wenhuiz@126.com

A Repressive H3K36me2 Reader Mediates Polycomb Silencing

Xu Mengting[1], Zhang Qi[1], Shi Huanbin[2], Wu Zhongling[1], Zhou Wei[1], Lin Fucheng[3], Kou Yanjun[2]*, Tao Zeng[1]*

(1. *State Key Laboratory of Rice Biology and Breeding, Key Laboratory of Biology of Crop Pathogens and Insects of Zhejiang Province, Institute of Biotechnology, Zhejiang University, Hangzhou 310058, China*; 2. *State Key Laboratory of Rice Biology and Breeding, China National Rice Research Institute, Hangzhou 310021, China*; 3. *State Key Laboratory for Managing Biotic and Chemical Treats to the Quality and Safety of Agro-products, Institute of Plant Protection and Microbiology, Zhejiang Academy of Agricultural Sciences, Hangzhou 311200, China*)

Abstract: In animals, evolutionarily conserved Polycomb repressive complex 2 (PRC2) catalyzes histone H3 lysine 27 trimethylation (H3K27me3) and PRC1 functions in recruitment and transcriptional repression. However, the mechanisms underlying H3K27me3-mediated stable transcriptional silencing are largely unknown, as PRC1 subunits are rarely identified in fungi. Here, we report that in filamentous fungus *Magnaporthe oryzae*, an N-terminal chromodomain and a C-terminal MRG domain of Eaf3, play key roles in the facultative heterochromatin formation and transcriptional silencing. Eaf3 physically interacts with Ash1, Eed and Sin3, encoding an H3K36 methyltransferase, the core subunit of PRC2, and a histone deacetylation co-suppressor respectively. Eaf3 co-localizes with a set of repressive Ash1-H3K36me2 and H3K27me3 loci and mediates their transcriptional silencing. Furthermore, Eaf3 acts as a histone reader for the repressive H3K36me2 and H3K27me3, and Eaf3-occupied regions associated with increased nucleosome occupancy, coordinately contributing to transcriptional silencing in *M. oryzae*. Together, our findings revealed that Eaf3, a repressive H3K36me2 reader, plays a vital role in Polycomb gene silencing and mediating facultative heterochromatin in fungi.

Key words: Rice blast; *Magnaporthe oryzae*; transcriptional silence; H3K36me2; PRC2

---

* Corresponding authors: Kou Yanjun; E-mail: kouyanjun@caas.cn
Tao Zeng; E-mail: taozeng@zju.edu.cn

向日葵锈菌金属蛋白酶 PhMep1 与向日葵 B2 蛋白的互作机制研究

黄家英[**]，路妍[***]，景岚[***]

(内蒙古农业大学园艺与植物保护学院，呼和浩特 010011)

摘 要：向日葵柄锈菌（*Puccinia helianthi*）引起的向日葵锈病是向日葵生产中的重要病害之一，严重影响了向日葵的产量及含油量。向日葵锈菌的致病因子之一是其分泌的胞外蛋白酶，该蛋白酶通过破坏寄主植物细胞壁，助力病菌侵入。本课题组在前期研究中获得了一个向日葵柄锈菌胞外金属蛋白酶 PhMep1，是锈菌侵染向日葵的重要致病因子。采用生物信息学手段分析并鉴定了 PhMep1 的生物学特性，以 PhMep1 为诱饵通过酵母双杂交、Co-IP 等技术鉴定了 PhMep1 在向日葵中的互作蛋白 B2。B2 蛋白具有一个细胞死亡结构域，最初是在大豆 NRP 蛋白中发现，被视为植物受侵染时的标志性基因。本研究拟通过分析致病因子 PhMep1 与 B2 的互作关系，揭示 PhMep1 对 B2 的调控机制；同时通过测试基因沉默和过表达 B2 对 PhMep1 毒性和抗病性的影响，探究利用基因工程方法改造毒性靶标，提高寄主植物抗病性的应用潜力，为开发锈病防控的新方法和新策略提供科学依据。

关键词：向日葵锈菌；金属蛋白酶；B2 蛋白；蛋白互作

---

[*] 基金项目：国家自然科学基金（32060598）；内蒙古自然科学基金（2024LHMS03009）
[**] 第一作者：黄家英，博士研究生，主要从事植物免疫学研究；E-mail：jyhuang666@126.com
[***] 通信作者：路妍，讲师，主要从事植物免疫学研究；E-mail：luyan820918@126.com
景岚，教授，主要从事植物免疫学研究；E-mail：jinglan71@126.com

一种靶向稻瘟菌致病蛋白 Pmk1 的抑制剂的活性分析

李聚贤*，孔志伟，王冬立**，刘俊峰**

（中国农业大学植物保护学院，北京 100193）

摘 要：稻瘟病是水稻产区普遍存在的一种严重病害，由稻瘟菌引起，可导致水稻大量减产。施用杀菌剂是防治稻瘟病的主要策略，但日益严重的抗药性问题，使开发高效安全的新型农药成为迫切需要。靶向杀菌剂具有特异性好、活性高的特点，是杀菌剂的发展方向。在侵染寄主的过程中，稻瘟菌的丝裂原活化蛋白激酶（MAPK）发挥着重要的信号传导作用，其中 Pmk1 途径调节侵染相关形态变化，对侵染寄主十分重要。本研究基于实验室前期筛选到的 Pmk1 抑制剂（命名为 93-59）开展，发现小分子浓度达到 100 μg/mL 时，能够显著抑制稻瘟病病斑在水稻叶片上的扩展，说明 93-59 具有抑制稻瘟菌的生物活性。随后通过观察小分子作用下稻瘟菌的微观形态，明确了小分子通过抑制稻瘟菌附着胞形成及侵染菌丝在寄主细胞间的扩展发挥作用。最后利用草莓侵染试验检测小分子对灰霉病的防治作用，发现 93-59 对草莓灰霉病病斑的扩展具有抑制作用，表明小分子具有一定的广谱性。综上，本研究确定了实验室前期筛选到的靶向稻瘟菌 Pmk1 的小分子 93-59 具有抑制稻瘟菌的生物活性和一定的广谱性，初步证实其可作为杀菌剂研发的先导化合物，为新型靶向杀菌剂的研发提供了数据支撑。

关键词：稻瘟菌；MAPK；Pmk1；小分子抑制剂；活性分析

---

* 第一作者：李聚贤，博士研究生，主要从事稻瘟菌致病关键蛋白结构解析和抑制剂筛选研究；E-mail：ljx001209@163.com
** 通信作者：王冬立，副教授，主要从事病原菌致病关键蛋白的结构解析和抑制剂的筛选、验证、优化、植物抗病关键蛋白的结构解析和运用研究；E-mail：wdl@cau.edu.cn
刘俊峰，教授，主要从事植物 NLR 类型免疫受体基于结构的人工设计和抗病分子育种、基于农药靶标的绿色农药筛选和设计、基于农药靶标的绿色农药筛选和设计研究；E-mail：jliu@cau.edu.cn

芒果剪炭疽菌有性子代遗传变异分析*

姚 芬[1,2]**，唐利华[1]***，余知和[2]，黄穗萍[1]，陈小林[1]，
郭堂勋[1]，张 禹[1]，李其利[1]***

(1. 广西壮族自治区农业科学院植物保护研究所，农业农村部华南果蔬绿色防控重点实验室，广西作物病虫害生物学重点实验室，南宁 530007；2. 长江大学生命科学学院，荆州 434020)

摘 要：芒果被誉为"水果之王"，是广西产区农民增收致富、乡村振兴的重要产业之一。由炭疽菌（*Colletotrichum* spp.）引起的芒果炭疽病是芒果产业上极为重要的采前和采后病害，其病原菌变异快、多样性丰富且存在致病力分化，每年可造成芒果30%~60%的损失，最高可达100%，是目前芒果产量提高和品质提升的重要限制因子。在前期工作中，发现了一个便于芒果炭疽菌有性生殖机制研究的独立有性生殖材料芒果剪炭疽菌（*Colletotrichum cliviicola*）YN31-4，从该材料出发，研究剪炭疽菌 YN31-4 有性子代的致病力分化、抗药性等特点，评估有性子代对芒果生产的风险，从遗传学角度分析有性子代育性特征并获得不同育性的子代材料。通过室内20℃黑暗条件下诱导芒果剪炭疽菌 YN31-4 有性生殖获得330个单子囊孢子后代（F_1代），从中挑选出33个代表子代菌株结合多基因位点（ITS、GAPDH、CAL、CHS-1、ACT、TUB2）系统发育分析明确种类，结果表明有性子代与亲本菌株属于同一个种，归属于胶胞炭疽菌复合种（*C. gloeosporioides* species complex）中的芒果剪炭疽菌 *C. cliviicola*，与亲本菌株多基因系统发育支持率>90%。将孢子液离体接种芒果果实和叶片测定致病力，与亲本菌株芒果剪炭疽菌 YN31-4 比较，其中36%子代菌株致病力显著增强（$P<0.05$），3%子代菌株致病力显著降低，61%子代菌株致病力无显著差异。采用菌丝生长速率法测定对苯醚甲环唑和吡唑醚菌酯药剂的敏感性，有性子代对苯醚甲环唑的 EC_{50} 值范围为 0.53~6.96 μg/mL，较亲本菌株（1.08 μg/mL）有76%的子代菌株对该药剂抗药性增强；对吡唑醚菌酯的 EC_{50} 值范围为 0.02~0.53 μg/mL，较亲本（0.04 μg/mL）有94%的子代菌株对该药剂抗药性增强。将有性子代接种于 PDA 平板上，于20℃黑暗条件下培养22 d 后进行自交试验，全部子代均保持自交育性，都可形成子囊壳且每个子囊中都有8个子囊孢子，即有性子代均具有可稳定遗传的能力。本研究证实了芒果剪炭疽菌 YN31-4 有性子代致病力与耐药性有显著增强，可为芒果炭疽菌田间防控提供理论指导。

关键词：芒果剪炭疽菌；有性生殖；多基因系统发育；致病力；抗药性

---

* 基金项目：国家自然科学基金（32360656）；广西自然科学基金（2023GXNSFAA026269）；广西农业科学院基本科研业务专项（桂农科2024ZX13）
** 第一作者：姚芬，硕士研究生，主要从事果树真菌病害防控机理研究；E-mail：2968112648@qq.com
*** 通信作者：唐利华，副研究员，主要从事果树病理学与防控技术研究；E-mail：654123597@qq.com
李其利，研究员，主要从事果树病理学与防控技术研究；E-mail：65615384@qq.com

首次报道华中地区嗜水小核菌 *Sclerotium hydrophilum* 侵染菱[*]

杨绍丽[1][**]，傅世英[1,2]，周利琳[1]，李双梅[1]，匡晶[1]，王攀[1]，张静[2]，蔡翔[1][***]

(1. 武汉市农业科学院蔬菜研究所，国家种质水生蔬菜资源圃，武汉 430345；
2. 华中农业大学，武汉 430070)

摘要：菱（*Trapa* spp.）为菱科菱属一年生水生草本植物，别名菱角、龙角等，在世界范围内广泛分布，中国长江流域是菱角的起源地之一。因其果实含有丰富的淀粉与药用物质，在中国长江流域作为水生蔬菜广泛种植。2021 年 6 月，在国家水生蔬菜种质资源圃（武汉），调查发现大面积菱角出现焦枯症状，部分叶片表面出现大量白色菌丝以及褐色到黑色的菌核，与 *Sclerotium rolfsii* 引起的白绢病症状一致，田间发病率接近 70%，损失约 50%。还有部分叶片发黑，叶柄处出现大量小型菌核（其大小为大菌核的 1/3～1/2）。为鉴定致病菌，我们采集了 243 个菌核样本，采用 75% 酒精消毒，无菌水漂洗 3 次，分离出 129 个分离物，除具有明显 *S. rolfsii* 特征的菌株外，另发现 21 个分离物的菌核明显小于 *S. rolfsii*。将这些分离物置于 PDA 下培养，会产生大量蓬松的白色气生菌丝，菌丝宽度为 3～6 μm，菌丝的最适生长温度为 25～30℃，平均生长速度 10 mm/d，5 d 后出现白色至浅褐色菌核，10～14 d 后全部变黑。菌核直径为 0.225～0.506 mm，平均值为 0.356 mm（$n=50$），部分分离物还会产生浅褐色色素。这些生物学特性与前人报道的 *S. hydrophilum* 特征类似。课题组还提取了代表菌株 221 和 238 的基因组 DNA，采用通用引物 ITS1/ITS4 对转录间隔区（ITS）进行 PCR 扩增，所获得的扩增片段序列相同。经 BLAST 比对后发现，221 的 ITS 序列（登录号为 OR512512）与嗜水小核菌菌株 Msh6（FJ595946）的同源性达 99.84%，采用邻接法进行系统进化树分析发现 221 与 *S. hydrophilum* 聚为一支，与其余 *Sclerotium* 明显分开。根据形态和分子方面的研究，鉴定该病原菌为 *S. hydrophilum*。为完成致病力测定，取湖北省地方品种嘉鱼菱完整菱盘放在装有水的盆里，在水中撒 50 粒菌核，覆膜保湿 3 d，对照则不接种菌核，各处理均设 4 次重复，试验重复 2 次。7 d 后接种处理菱盘心叶上开始出现黑褐色病斑，15 d 后大部分叶柄呈现黑褐色病斑，部分叶柄处形成白色至黑色的小菌核，对照则保持健康。从接种植株的病变部位重新分离致病菌，得到与接种致病菌相同的病菌，至此已完成科赫法则验证。这是首次在华中地区报道 *S. hydrophilum* 可以侵染菱角。由 *S. rolfsii* 导致的白绢病是造成菱角减产的主要病害，*S. hydrophilum* 与 *S. rolfsii* 的混合侵染可能加速菱角植株死亡，为菱角病害的有效防治提供了有价值的信息。

关键词：菱；嗜水小核菌；形态学；致病力；分子生物学鉴定

---

[*] 基金项目：特色蔬菜产业技术体系岗位科学家项目（CARS-24-A-12）；湖北省重点研发专项（2022BBA0063）
[**] 第一作者：杨绍丽，农艺师，主要从事水生蔬菜病害病原学及防治研究；E-mail：yangshaoli0123@163.com
[***] 通信作者：蔡翔，农艺师，主要从事水生蔬菜病害病原学及防治研究；E-mail：caixiangmage@163.com

黄精种子携带主要真菌和细菌的分离及初步鉴定

郭 峰[*]，许晓丽，李健强，罗来鑫[**]

(中国农业大学植物病理学系，种子病害检验与防控北京市重点实验室，北京 100193)

摘 要：黄精（*Polygonatum kingianum* Collett et Hemsl）食之性味香甜、清爽，是很多中药配方的主要材料，目前鲜有关于黄精种子携带病原物的研究报道。本研究以产自云南的 4 批次滇黄精种子为材料，采用分离培养与扩增子测序技术，系统分析了种子内外携带微生物的群落，并对潜在病原菌开展了致病性评价。结果显示，供试黄精种子样品外部细菌带菌量为 2.83~117.33 CFU/粒，共分离得到 15 株细菌分离物，通过 16S rDNA 序列测定和比对分析，将其鉴定为 8 个属，分别为芽孢杆菌属（*Bacillus*）、葡萄球菌属（*Staphylococcus*）、短杆菌属（*Brevibacterium*）、亮杆菌属（*Leucobacter*）、赖氨酸芽孢杆菌属（*Lysinibacillus*）、肠球菌属（*Enterococcus*）、短小杆菌属（*Curtobacterium*）、八叠球菌属（*Sporosarcina*）。通过在 PDA（含 100 μg/mL 的硫酸链霉素）培养基上分离培养，统计种子外部真菌孢子负荷量为 12.66~35.00 个/粒，共获得 10 株分离物，结合形态学特征和分子生物学序列比对，将其鉴定为曲霉属（*Aspergillus*）、青霉属（*Penicillium*）、裸胞壳属（*Emericella*）和镰刀菌属（*Fusarium*）；种子样品内部获得 4 株真菌分离物，分别为光黑壳属（*Preussia*）和棒囊壳属（*Corynascus*）。通过 *EF-1α* 基因特异性引物扩增并建树分析，将镰刀菌属的 4 株分离物鉴定为层出镰刀菌（*F. proliferatum*）、尖孢镰刀菌（*F. oxysporum*）、轮枝镰刀菌（*F. verticillioides*）和蟠龙镰刀菌（*F. panlongense*）。利用菌丝块接种法测定以上 4 株镰刀菌对黄精块茎的致病力，结果显示，*F. proliferatum*、*F. oxysporum*、*F. verticillioides* 均可以导致健康黄精的块茎腐烂，说明其具有致病力。本研究系统检测和分析了黄精种子携带的微生物种类及特征，为药用种子健康评价和病害防控提供了重要依据。

关键词：黄精；种子带菌检测；分离培养；镰刀菌

---

[*] 第一作者：郭峰，硕士研究生，主要从事种子病理学研究；E-mail：1277379493@qq.com
[**] 通信作者：罗来鑫，博士生导师，主要从事种子病理学及植物病原细菌抗逆机制研究；E-mail：luolaixin@cau.edu.cn

玉米大斑病田间病情调查与分析

袁莉莉*，苏红玉，张　洁，杨予熙，Ahsan Abdullah，吴波明**

（中国农业大学植物保护学院，北京　100193）

摘　要：玉米是世界的主要粮食作物之一，防控玉米大斑病对玉米的稳产高产具有重要意义。通过调查掌握不同区域耕作制度和环境条件下的病害发生情况，阐明玉米大斑病发展流行规律，可为建立我国玉米大斑病绿色防控体系提供依据。为此，作者于2024年对北京、河北、山西等9个省（区、市）的392个地点进行了玉米大斑病病情调查，使用全球定位系统测定每块调查田块的经纬度坐标，调查方法采用随机抽样法，即每个调查点随机选取100株玉米进行抽样调查，记录田块的玉米大斑病的发病率及对应的地理坐标。调查结果显示：玉米大斑病的地理分布存在明显的南低北高趋势，北京市以南区域，包括河北省南部、河南和山东玉米大斑病普遍发病较轻或不发病，北京西部和北部包括河北北部（天津北部、山西、内蒙古、辽宁和吉林）发病较重。本次调查结果为进一步分析玉米大斑病流行规律，建立绿色防控体系奠定了坚实的前期基础。

关键词：玉米大斑病；病情调查；中国北方

---

* 第一作者：袁莉莉，硕士研究生，从事植物病害流行预警研究
** 通信作者：吴波明，教授，从事病害流行的时空动态及其机理研究，以及植物病害管理策略的研究

向日葵锈菌生物学特性及生活史研究

王佳运**，路 妍，孔祥久，景 岚***

（内蒙古农业大学园艺与植物保护学院，呼和浩特 010010）

摘 要：向日葵锈病（*Puccinia helianthi*）是我国及世界向日葵生产上重要的病害之一。本研究探明了向日葵锈菌冬孢子及锈孢子萌发的最适条件，并应用电镜技术及光学/荧光显微技术对向日葵锈菌在向日葵上的发育过程及相关的超微结构进行了观察。新鲜冬孢子在室温下存放超过 180 d 才可萌发。存放于-20℃萌发效果较好，180 d 萌发率可达到 39.45%，420 d 时，冬孢子活性基本丧失。冬孢子在 15℃水琼脂培养基上 12 h 即可萌发，48 h 后达到萌发高峰，萌发率为 31.89%，锈孢子在 20℃水琼脂培养基上 2 h 开始萌发，24 h 后萌发率最高，萌发率为 54.33%；水琼脂培养基浓度对冬孢子的萌发无影响，0.50%琼脂培养基最适宜锈孢子的萌发；15℃、pH 值为 6 的条件有利于冬孢子萌发；20℃、pH 值为 7 是锈孢子萌发的最适宜温度和 pH 值；光照对冬孢子萌发没有影响，但是对锈孢子萌发有促进作用。10 g/L 低浓度的叶片浸出液可以促进两种孢子的萌发，高浓度抑制萌发。向日葵锈菌夏孢子、锈孢子萌发产生芽管及椭圆形的附着胞从叶片表面气孔侵入，形成气孔下囊。胞间菌丝顶端产生隔膜，并进一步分化成吸器母细胞，侵入寄主细胞后形成多核吸器，吸器母细胞内所有细胞质流入吸器中。向日葵锈菌冬孢子萌发产生 4 个担孢子，担孢子萌发产生芽管，可以从气孔侵入但不产生附着胞，也可直接从向日葵表皮侵入，侵染寄主后，在细胞间形成单核的胞间菌丝，菌丝沿细胞壁生长，胞间菌丝与叶肉细胞相接触可使细胞壁增厚，菌丝入侵寄主细胞后形成单核吸器。向日葵叶片被夏孢子侵染后，6~7 d 开始产生褪绿斑，14 d 后夏孢子突破叶片表皮形成夏孢子堆，夏孢子椭圆形，表面密生刺突。继续培养 20 d 左右产生冬孢子，冬孢子具有两个细胞，表面光滑。冬孢子萌发后产生担孢子。担孢子侵染 5~6 d 后，叶片正面开始产生褪绿斑点，14 d 后橘黄色性子器形成，性孢子器呈瓶状，内生有大量性孢子梗和侧丝，18 d 左右性子器上出现蜜露。对蜜露进行涂抹后 6~7 d 开始产生锈子器，锈孢子器呈杯状，表面密生疣状凸起。锈孢子接种向日葵 7 d 后叶片表面开始出现产生褪绿斑点，14 d 后形成夏孢子。

关键词：向日葵锈病；冬孢子；锈孢子；超微结构；荧光显微技术

---

* 基金项目：国家自然科学基金（32160642）；内蒙古自治区高等学校创新团队发展计划（NMGIRT2320）；旱区作物逆境生物学国家重点实验室 2022 年开放课题（CSBAA202213）
** 第一作者：王佳运，硕士研究生，主要从事向日葵病害研究；E-mail：wjy980416@163.com
*** 通信作者：景岚，教授，主要从事植物免疫学研究；E-mail：jinglan71@126.com

稻瘟菌 Mps1 抑制剂的筛选与鉴定

李赛杰[*], 孔志伟, 王冬立[**], 刘俊峰[**]

(中国农业大学植物保护学院, 北京 100193)

摘 要: 稻瘟病菌 (*Magnaporthe oryzae*) 引起的水稻稻瘟病对水稻的生产和质量产生了重大威胁。化学防治导致的病原真菌的抗药性要求开发具有新型作用机制的杀菌剂。Mps1 是稻瘟病菌中细胞壁完整性信号通路的核心 MAPK 激酶, 在病菌致病过程中发挥关键作用, 已被证实可作为杀菌剂研究的潜在分子靶标。

本研究通过筛选 MAPK 抑制剂文库, 发现和验证了与 Mps1 互作的小分子化合物 TAK-733。通过酶活实验、docking 和突变体验证, 发现不同于其在激酶 MEK1 中的作用, TAK-733 结合于 Mps1 的 common docking (CD) 位点, 不结合在 ATP 口袋。体内实验表明, TAK-733 对稻瘟病菌具有生物活性。在 TAK-733 小分子的处理下, 菌丝的细胞壁破碎, 变得敏感; 100 μg/mL 的 TAK-733 小分子可以完全抑制侵染钉的形成; 并且, 在水稻和大麦的接种实验中, 当 TAK-733 浓度达到 100 μg/mL 时, 病斑几乎被完全抑制。为了验证 TAK-733 的广谱性, 选择了炭疽菌和尖孢镰刀菌中 Mps1 的同源蛋白并进行了 SPR 实验, 发现均与 TAK-733 存在相互作用, 有潜力成为广谱杀菌剂。综上, TAK-733 展现了一种新的作用机制, 适合与 ATP 竞争性抑制剂联合应用于病原真菌的防治。

关键词: MAPK; 稻瘟菌; 抑制剂; CD 位点

---

[*] 第一作者: 李赛杰, 博士研究生, 研究方向为稻瘟菌致病关键蛋白结构解析和抑制剂筛选; E-mail: 1103794467@qq.com

[**] 通信作者: 王冬立, 副教授, 研究方向为病原菌致病关键蛋白的结构解析和抑制剂的筛选、验证、优化、植物抗病关键蛋白的结构解析和运用; E-mail: wdl@cau.edu.cn

刘俊峰, 教授, 研究方向为植物 NLR 类型免疫受体基于结构的人工设计和抗病分子育种、基于农药靶标的绿色农药筛选和设计、基于农药靶标的绿色农药筛选和设计; E-mail: jliu@cau.edu.cn

稻曲病菌 UvPmb 调控黑粉菌素合成和致病性的机制[*]

白小隆[1][**]，刘 玲[1][***]，孙文献[1,2][***]

(1. 吉林农业大学植物保护学院，吉林省作物病虫害绿色防控重点实验室，长春 130118; 2. 中国农业大学植物保护学院，农业农村部作物有害生物监测与绿色防控重点实验室，北京 100193)

摘 要：由稻绿核菌（*Ustilaginoidea virens*）侵染引起的稻曲病（Rice false smut）已经成为水稻三大病害之一，其产生的稻曲球含多种类型真菌毒素，如稻曲菌素和黑粉菌素，严重危害人类和动物健康。真核生物中，质膜 ATP 酶为代谢物和其他离子的运输、营养物质摄取等提供能量，对细胞活力至关重要。丝状真菌中，全局调控转录因子 Pal 在调控真菌生长发育、代谢和侵染过程中均发挥重要作用。但稻曲病菌中质膜 ATP 酶和全局调控转录因子参与调控真菌毒素合成的研究机制仍不清晰。本研究发现，稻曲病菌中假定质膜 ATP 酶基因 *UvPmb* 敲除突变体细胞质 pH 值降低，细胞外 pH 值上升。细胞质 pH 值的降低导致了 Δ*Uvpmb* 突变体中 UvPal 以 226 个氨基酸的截断体（UvPal^{226}）形式定位于细胞核，行使转录调控黑粉菌素合成基因 *UvPKS1* 的功能。此外，RNA-seq 分析发现，差异表达基因（DEGs）在 H$^+$ 离子转运和致病性相关的 pathway 中显著富集。*Uvpmb* 敲除突变体菌株黑粉菌素产量降低，致病力下降，表明 UvPmb 通过改变细胞质 pH 影响 UvPal 活性，进而调控黑粉菌素合成和致病性。这些发现揭示了稻曲病菌离子转运 ATP 酶和转录因子协同调控毒素合成与致病性的新机制。

关键词：稻曲病菌；ATPase；转录因子；黑粉菌素；致病力

---

[*] 基金项目：国家自然科学基金（32293241，U19A2027，32302336）；中国农业研究体系专项资金（CARS01）
[**] 第一作者：白小隆，博士研究生，主要从事植物与病原真菌互作分子机理研究；E-mail: xiaolongbai688@gmail.com
[***] 通信作者：刘玲，副教授，主要从事水稻与病原细菌、真菌的互作分子机理研究；E-mail: liuling@jlau.edu.cn
孙文献，教授，主要从事水稻与病原细菌、真菌的互作分子机理研究；E-mail: wxs@cau.edu.cn

核盘菌亮氨酸氨基肽酶 SsLap2 功能初探

刘蔺萱**，何生斐，王爱荣***

（福建农林大学植物保护学院，福州 350002）

摘 要：核盘菌（*Sclerotinia sclerotiorum*）是一种死体营养型植物病原真菌，寄主范围极广，由核盘菌引起的油菜菌核病对我国的油菜产量产生了严重威胁。探究核盘菌的致病机制对于菌核病的防治以及植物抗病分子育种至关重要。亮氨酸氨基肽酶 2（Leucine aminopeptidase 2, LAP2）是一种从蛋白质 N 端释放亮氨酸的外肽酶，在产生抗原肽、加工生物活性肽激素和囊泡运输中具有重要作用。我们研究发现核盘菌中的亮氨酸氨基肽酶 SsLap2 是选择性自噬受体 SsNBR1 的货物蛋白，它们的相互作用依赖于四色氨酸 FW 结构域。通过对敲除突变体的表型分析，发现 SsLap2 在核盘菌的营养生长和致病过程中均发挥重要作用，*SsLap2* 敲除导致菌丝生长变慢，菌核产生减少，侵染垫形成延迟，致病性减弱。在过氧化氢处理下，*SsLap2* 表达量下调，*SsLap2* 敲除突变体的敏感性降低，菌核数量增加，侵染垫提前形成，表明 SsLap2 影响核盘菌对氧化胁迫的耐受性。进一步研究发现 SsLap2 不仅可以与核盘菌中的过氧化氢酶 SsCat3 发生相互作用，还可以与拟南芥和油菜的过氧化氢酶 CAT2 互作并在核盘菌侵染过程中共定位。基于以上结果，我们推测 SsLap2 参与致病过程依赖于自身及植物体内的过氧化氢酶，具体机制有待进一步探究。

关键词：核盘菌；亮氨酸氨基肽酶；SsLap2；致病机制

---

* 基金项目：福建省自然科学基金（2021J01070）
** 第一作者：刘蔺萱，硕士研究生，研究方向为植物病原生物学；E-mail: liulinxuan817@163.com
*** 通信作者：王爱荣，教授，主要从事植物与真菌互作研究；E-mail: arxg3000@163.com

稻瘟菌致病关键蛋白 Mca 的结构解析和抑制剂筛选

陈美晴*，钱　晨，周丽丽，王冬立**，刘俊峰**

（中国农业大学植物保护学院，北京　100193）

摘　要：稻瘟菌（*Magnaporthe oryzae*）可引起水稻最具破坏性的病害——稻瘟病，占世界每年稻米损失的 10%~30%，是全球水稻生产的主要威胁。一般来说，稻瘟病是通过使用一系列杀菌剂来控制的，包括甾醇去甲基化抑制剂、线粒体呼吸抑制剂和黑色素生物合成抑制剂。然而，由于杀菌剂抗性的迅速出现和环境问题，针对新靶点开发新型杀菌剂显得尤为紧迫。Metacaspases（元半胱天冬酶）是一类与细胞凋亡、蛋白稳态和应激反应相关的蛋白酶，在真菌中研究较少。MoMca1 和 MoMca2 属于 Ca^{2+} 依赖性蛋白酶，具有自催化活性（autocatalytic processing）。在体外实验中，Ca^{2+} 能增强其蛋白水解活性。在酵母中能替代 Yca1（酵母metacaspase）的功能，促进氧化应激诱导的细胞凋亡。Δ*Momca1mca2* 产孢能力显著下降，孢子萌发和附着胞形成明显滞后，在水稻叶片上形成的病斑显著减少，MoMca1 和 MoMca2 对致病性至关重要。Δ*Momca1mca2* 菌株在 H_2O_2 和 menadione（氧化应激诱导剂）条件下生长更快，表明 metacaspases 可能参与氧化应激诱导的细胞死亡。Δ*Momca1mca2* 菌株在营养生长阶段积累不溶性蛋白聚集体。本研究拟通过 X 射线晶体学或冷冻电镜（cryo-EM）解析其结构，有助于理解其催化机制和 Ca^{2+} 依赖性激活的分子基础和利用 MoMca1/MoMca2 结构或蛋白样品，通过计算机辅助的虚拟筛选和基于 DEL 的高通量筛选，寻找潜在抑制剂。目前研究结果发现使用大肠杆菌原核表达和昆虫细胞 SF9 真核细胞表达均无法直接获得 MoMca1 和 MoMca2 的可溶蛋白，使用大肠杆菌原核表达经过变复性后可对 MoMca1 和 MoMca2 进行表达纯化，经过亲和层析和分子筛层析，能够获得状态均一且稳定的可溶性蛋白。该结果有利于后续的结构解析和抑制剂开发，为靶向催化活性或蛋白聚集清除途径奠定基础。

关键词：Mca；结构；抑制剂筛选

---

* 第一作者：陈美晴，博士研究生，主要从事稻瘟菌致病关键蛋白结构解析和抑制剂筛选；E-mail：c18212878410@163.com

** 通信作者：王冬立，副教授，主要从事病原菌致病关键蛋白的结构解析和抑制剂的筛选、验证、优化、植物抗病关键蛋白的结构解析和运用；E-mail：wdl@cau.edu.cn

刘俊峰，教授，主要从事植物 NLR 类型免疫受体基于结构的人工设计和抗病分子育种、基于农药靶标的绿色农药筛选和设计、基于农药靶标的绿色农药筛选和设计；E-mail：jliu@cau.edu.cn

自噬相关蛋白 FolAtg4 调控尖孢镰刀菌毒力和生长的机制研究

许乐田，张丽媛，陈晓晨，卢 凯，邹坤坤，董汉松，陈 蕾*

(山东农业大学植物保护学院，泰安 271018)

摘 要：尖孢镰刀菌（*Fusarium oxysporum* f. sp. *lycopersici*，Fol）是引发番茄枯萎病的重要土传病原真菌，其防控长期依赖化学杀菌剂，易导致环境风险。自噬是真菌响应逆境胁迫及维持毒力的关键过程，然而自噬相关基因（autophagy-related genes，*ATGs*）在尖孢镰刀菌中的功能仍未得到充分研究。本研究以自噬核心蛋白半胱氨酸酶 FolAtg4 为对象，通过基因敲除、表型分析和分子互作实验，系统解析其功能。结果表明：*FolATG4* 缺失显著抑制菌丝生长、孢子形成、逆境耐受性及致病力；进一步发现 FolAtg4 通过特异性剪切 FolAtg8 调控巨自噬过程，且该途径对病原菌毒力具有决定性作用，而其他自噬类型主要参与病菌发育调控。本研究揭示了 FolAtg4 通过协调巨自噬介导尖孢镰刀菌致病与生长的分子机制，为靶向自噬通路防控番茄枯萎病提供了理论依据。

关键词：尖孢镰刀菌；细胞自噬；FolAtg4；毒力；病害防治

---

* 通信作者：陈蕾，副教授，研究方向为镰孢菌致病分子机制；E-mail：chenlei@sdau.edu.cn

小光壳叶斑病菌侵染紫花苜蓿抗感品种的转录组测序[*]

霍宏丽[1,2][**]，宋培玲[1]，田晓娜[1]，史志丹[1]，皇甫海燕[1]，郭　晨[1]，
燕孟娇[1]，贾晓清[1]，皇甫九茹[1]，李子钦[1][***]

(1. 内蒙古自治区农牧业科学院植物保护研究所，呼和浩特　010031；
2. 内蒙古农业大学园艺与植物保护学院，生物农药创制与资源
利用自治区高等学校重点实验室，呼和浩特　010019)

摘　要：紫花苜蓿（*Medicago sativa*）为一种多年生豆科牧草，是全球分布最广、种植面积最大的饲草作物。作为一种优质饲草，其产量高、品质优，素有"牧草之王"的美誉。由三叶草小光壳（*Leptosphaerulina trifolii*）侵染引起的苜蓿小光壳叶斑病，可导致紫花苜蓿叶片过早干枯脱落，严重影响产量及品质。还会使苜蓿植株体内香豆雌酚（雌激素类似物）含量显著升高，进而影响草食家畜健康。因此，探究苜蓿抗小光壳叶斑病的分子机制，对科学防治该病害具有重要的理论指导意义。该研究通过 Illumina 平台分别对小光壳叶斑病菌侵染苜蓿抗感品种进行转录组测序，并对不同时间点（0d、3d 和 7d）的差异表达基因进行分析。转录组测序质控后共检测得到了 109 Gb Data，各样品 Q30 值均在 95.48% 及以上，说明了测序数据的准确性和可靠性，满足后续的分析要求。小光壳叶斑病菌侵染紫花苜蓿后，抗病品种得到了 12 393 个差异表达基因，感病品种得到了 9 283 个差异表达基因，其中差异表达基因有 1 448 个。GO 富集分析和 KEGG 通路富集分析显示，抗、感品种差异基因在功能分类和代谢途径上存在显著差异。上述结果表明，抗感品种苜蓿在抵抗小光壳叶斑病菌侵染中可能存在不同的分子机制，挖掘苜蓿抗病相关基因，对于抗病育种和综合防治苜蓿小光壳叶斑病提供理论依据。

关键词：三叶草小光壳；叶斑病；转录组；测序

---

[*] 基金项目：内蒙古自治区农牧业科学院青年创新基金项目（2024QNJJN04）；中国科学院先导专项（A）"创建生态草牧业科技体系"（XDA26050101-01）
[**] 第一作者：霍宏丽，助理研究员，主要从事植物保护学研究
[***] 通信作者：李子钦，研究员，主要从事植物保护学研究

线粒体新蛋白 MoCOS3 在稻瘟菌致病中的作用机制研究

李燕[**]，李晓倩，张鹏辉，魏毅，张世宏[***]

(沈阳农业大学植物保护学院，极端环境微生物重点实验室，沈阳 110866)

摘要：由稻瘟病菌（*Magnaporthe oryzae*）引起的稻瘟病（Rice blast）是水稻生产中最严重的真菌病害，其分生孢子及其分化的附着胞对稻瘟病菌侵染致病至关重要。本实验室前期得到一株不产生分生孢子梗、不产生分生孢子、不致病的突变体 TNP（Three No Products），转录组测序分析发现一个表达量下调为 0 的基因，表达模式分析确认该基因在产孢时期高水平表达，将其命名为 *Mocos*3。通过同源重组的敲除策略成功得到了突变体 Δ*Mocos*3 及其回补菌株。同野生型相比，Δ*Mocos*3 在菌落形态、生长速率、分生孢子形态和分生孢子萌发等方面都无明显变化，有趣的是，虽然 Δ*Mocos*3 的分生孢子梗和分生孢子数量减少，但致病力却明显增强，表现出显著的负调控特征。亚细胞定位分析发现 MoCOS3 蛋白集中于线粒体中，通过 EMSA 实验证明了 MoCOS3 能与线粒体 DNA 结合，并且对线粒体电子传递链多数基因起上调作用。以上结果表明 MoCOS3 蛋白可能通过调控线粒体稳态影响稻瘟病菌分生孢子的生长发育和致病过程，为深入开展线粒体介导的稻瘟病菌致病机制研究奠定了基础。

关键词：稻瘟病菌；MoCOS3；线粒体基因调控；致病机制

---

[*] 基金项目：国家重点研发计划项目（2023YFD1400201）
[**] 第一作者：李燕，博士研究生，主要从事分子植物病理学研究；E-mail: 2331334464@qq.com
[***] 通信作者：张世宏，教授，主要从事分子植物病理学、极端环境丝状真菌适应机制及应用研究；E-mail: zhangsh89@syau.edu.cn

Transcription Repressor SsGATA2 Mutually Exclusively Regulates Broad-spectrum Resistance to Fungicides and Pathogenicity in *Sclerotinia sclerotiorum*[*]

Xiao Kunqin[**], Li Yalan, Gu Songyang, Liu Jinliang, Pan Hongyu[***]

(*College of Plant Sciences, Jilin University, Changchun 130062, China*)

Abstract: The drug resistance of phytopathogenic fungi to fungicides causes unprecedented fungicide residue pollution in the environment. Currently, the understanding of drug resistance mechanisms beyond increasing drug efflux and modifying drug targets remains limited. Here, we revealed that a GATA-type transcription repressor SsGATA2 negatively regulated the drug resistance of *Sclerotinia sclerotiorum*, a devastating phytopathogenic fungus, to various fungicides. In mechanism, the deletion of *SsGATA2* led to the de-repression of the expression of several enzymes responsible for synthesizing cell wall and membrane components, inducing the constitutive thickening of the cell wall and improved cell membrane stability, which eventually prevented fungicides from entering and conferred incredible fungicide resistance. Similarly, deleting *SsGATA2* also enhanced resistance to heavy metal ions and oxidants. Furthermore, SsGATA2 plays a positive role in regulating mycelial growth, sclerotium development, infection cushion formation, and nutrient assimilation in *S. sclerotiorum*. Importantly, SsGATA2 is necessary for virulence through regulating the formation of infection cushions. Our work demonstrates that the transcription repressor SsGATA2 negatively regulates broad-spectrum resistance to fungicides and positively contributes to morphogenesis and pathogenicity in *S. sclerotiorum*. These findings reveal a strategy through which phytopathogenic fungi resist fungicides by fortifying the cell wall and membrane.

Key words: Fungicides; Drug resistance; Transcription repressor; *Sclerotinia sclerotiorum*; Cell wall and cell membrane

---

[*] 基金项目：国家自然科学基金（323B2055，32272484，32172505）
[**] 第一作者：肖坤钦，博士研究生；E-mail：xiaokq18@mails.jlu.edu.cn
[***] 通信作者：潘洪玉，教授，植物病原真菌发育调控与抗病基因工程；E-mail：panhongyu@jlu.edu.cn

基于多基因鉴定的新疆甜菜根腐病新病原菌 *Fusarium clavum* 研究

宋超琼[1]**, 杨安沛[2], 郝志刚[2], 李威鹏[2], 李广阔[1,2]***, 陈晶[1,2]***

(1. 新疆农业大学农学院, 农林有害生物监测与安全防控重点实验室, 乌鲁木齐 830002;
2. 新疆农业科学院植物保护研究所, 农业农村部西北荒漠绿洲作物有害生物综合治理重点实验室, 乌鲁木齐 830002)

摘 要: 甜菜(*Beta vulgaris* L.)是藜科(Chenopodiaceae)的糖源作物,其块根蔗糖积累量可达干重的18%~22%。因地理优势和光热资源,新疆维吾尔自治区已成为甜菜种植的核心地区。2024年,新疆甜菜播种面积8.68万 hm²(130.2万亩),甜菜产量731.1万 t。受多年连作及栽培模式变化等因素影响,甜菜根腐病在新疆甜菜种植区广泛发生,该病害由多病原复合侵染引发甜菜维管束系统性坏死,重病田块产量损失率可达50%以上,已成为了甜菜产业绿色发展亟需破解的难题。课题组2024年6—8月,在新疆伊犁哈萨克自治州霍城县甜菜主产区开展病原学调查,采集典型根腐症状植株样本(甜菜根表皮出现水浸状褐化至墨黑色坏死斑块)。通过组织分离法获得真菌菌株HC19,采用孢子悬浮液($1×10^6$孢子/mL)灌根接种法进行致病性测定。基于形态学特征(分生孢子形态、产孢结构)及多基因ITS、*tef*1、*rpb*2、*CaM*基因序列比对,结合*tef*1和*rpb*2基因构建的多基因联合系统发育树,最终鉴定为棒状镰刀菌(*Fusarium clavum*),隶属 *Fusarium incarnatum-equiseti* 物种复合群(FIESC5)。本研究首次证实了 *F. clavum* 可以引起的甜菜根腐病。该成果完善了新疆镰刀菌属病原的寄主谱系记录,为新疆地区甜菜根腐病的精准防控提供了病原学依据,对指导抗病品种选育和生态防控技术研发具有重要实践意义。

关键词: 甜菜; 根腐病; 棒状镰刀菌; 病原鉴定

---

* 基金项目: 新疆维吾尔自治区科技援疆计划 (2022E02072)
** 第一作者: 宋超琼, 硕士研究生, 主要从事甜菜根腐病病原真菌的防治研究; E-mail: scq849155@163.com
*** 通信作者: 李广阔, 研究员, 主要从事小麦与甜菜病虫害综合防治研究; E-mail: 1448832764@qq.com
陈晶, 讲师, 主要从事小麦与甜菜病虫害防治研究; E-mail: chenj@xjau.edu.cn

芒果亚洲炭疽菌转录因子 *CaGATA*1 功能研究

朱彤彤[1]**，王睿[2]，唐利华[1]，黄穗萍[1]，陈小林[1]，郭堂勋[1]，李其利[1]***

(1. 广西农业科学院植物保护研究所，南宁 530007；
2. 长江大学生命科学学院，荆州 434000)

摘 要：炭疽病是芒果的重要病害之一，严重影响芒果的产量和品质。芒果炭疽菌小染色体与致病力变异密切相关，但小染色体上的基因参与致病的分子机制尚不明确。GATA 转录因子广泛分布于真核生物中，特异性识别并结合保守的 DNA 基序（T/A）GATA（G/A），参与调控多种生物学功能。本研究通过侵染后芒果叶片转录组测序分析，发现亚洲炭疽菌 FJ11-1 在侵染过程中，小染色体上转录因子 *CaGATA*1 编码基因显著上调表达。通过 RT-qPCR 验证发现 *CaGATA*1 在分生孢子及侵染阶段持续高表达。利用基因敲除与回补技术成功获得转化子，对其表型进行分析发现，较野生型菌株，敲除转化子致病力显著降低，产孢量降低 54.4%，附着胞形成率减少 31%。酵母转录活性分析发现，*CaGATA*1 具有转录激活活性。通过 RNA-seq 分析发现，敲除转化子中 1 050 个基因上调表达，1 556 个基因下调表达。DAP-seq 分析发现 *CaGATA*1 候选结合靶基因数为 10 818 个，其中 591 个基因与 RNA-seq 下调表达基因重合。本研究为后续芒果亚洲炭疽菌小染色体 GATA 转录因子的调控机制解析提供一定的理论基础及技术支撑，对寻找潜在的炭疽病防治靶标提供理论依据。

关键词：亚洲炭疽病；小染色体；转录因子；致病机理

---

* 基金项目：国家自然科学基金项目（32160622，32460654）
** 第一作者：朱彤彤，博士后，主要从事芒果炭疽菌致病机理研究；E-mail：1370869079@qq.com
*** 通信作者：李其利，研究员，主要从事果树病害及其防控技术研究；E-mail：65615384@qq.com

芒果炭疽菌 CsMps1 的抑制剂筛选与鉴定

唐慕宁，王冬立，刘俊峰

（中国农业大学三亚研究院，三亚 572025）

摘 要：由炭疽菌（*Colletotrichum* spp.）引起的芒果炭疽病严重阻碍了芒果（*Mangifera indica* L.）产业的健康发展。目前化学杀菌剂是防治芒果炭疽病的重要手段之一，但是近几年化学试剂的药物残留、环境污染、产生抗性等负面问题也非常突出，因此寻找化学杀菌剂的替代药物和方法也成为防治芒果炭疽病的重点。暹罗炭疽菌（*C. siamense*）MAPK 途径中的蛋白激酶 CsMps1 是胶孢炭疽菌分生孢子形成、极化生长、附着胞形成和致病性所必需的。本研究使用 DEL 技术筛选靶向 CsMps1 的小分子化合物，得到与之结合的化合物——412 和 392。表面等离子共振实验结果表明，412 和 392 与 CsMps1 存在较强的结合性。本研究辅以体外实验检测 412 和 392 的生物活性，412 和 392 可抑制芒果炭疽菌孢子的萌发和附着胞的形成；平皿抑菌实验结果表明在 412 和 392 的作用下，芒果炭疽菌菌落生长速率明显减缓；离体接种芒果叶片实验结果显示 412 和 392 可抑制芒果炭疽菌发病。目前正在对这两种化合物酶活测定及复合物的晶体生长开展研究，这些结果为进一步解释 CsMps1 的功能提供结构基础和为基于结构的药物设计进而开发环境友好型高效杀菌剂提供坚实的基础。

关键词：炭疽菌；CsMps1；抑制剂筛选；生物活性

Appressorium-Independent Rice Infection and the ACL1-mediated Regulation Controlled by PTK1-PTP7 in *Magnaporthe oryzae*

Liang Hao[1]**, Wei Yi[1], Wang Shaowei[2], Zhang Shihong[1]***

(1. *The Key Laboratory for Extreme-Environmental Microbiology, College of Plant Protection, Shenyang Agricultural University, Shenyang 110000, China*; 2. *Institute of Microbial Engineering, Laboratory of Bioresource and Applied Microbiology, School of Life Sciences, Henan University, Kaifeng 475004, China*)

Abstract: Blast incited by *Magnaporthe oryzae* is a major problem in rice production, and the release of airborne-blast spores is a major determinant of disease development. However, *M. oryzae* can also colonize rice underground organs under experiment conditions, although hyphae mediated root infection is difficult to distinguish in fields. In this study, we attempted to reveal the regulatory mechanisms of fungal infection by identifying the function and regulation mechanisms of the ATP citrate lyase. The protein phosphatase of *M. oryzae*, MoPTP7 was firstly investigated. Besides being sensitive to exogenous H_2O_2, this deletion mutant of *MoPTP7* also lost the ability of hyphal-mediated infection. Through pull down and Co-IP approaches, a tyrosine kinase like protein MoTKL corresponding to MoPTP7 and a co acting substrate of this kinase and phosphatase, an ATP citrate lyase subunit MoACL1, were identified. All the three genes function similarly in the blast fungus. The combined analysis of phosphorylation level, enzyme activity, ATP content, and fatty acid content indicates that the activity of ACL, regulated by its phosphorylation levels, affects the content of ATP and fatty acids in *M. oryzae*. The phosphorylation state is balanced by joint actions of MoPTP7 and MoTKL. The ACL activity varies with different infection forms, and hyphal infection required a lower level of ACL activity in compared with conidial infection. In summary, this study uncovered a new key regulatory mechanism for hyphal-mediated infection through a tyrosine phosphatase and a tyrosine kinase mediated ATP citrate lyase activity regulation pathway.

Key words: Hyphopodium-mediated infection; hydrophilic environments; PTK1-PTP7; ACL1-mediated Regulation; *M. oryzae*

---

* Funding: National Key R&D Program of China (2023YFD1400201)
** First author: Liang Hao, PhD student, research interests in molecular plant pathology; E-mail: 373655403@qq.com
*** Corresponding author: Zhang Shihong, Professor, mainly engaged in research on molecular plant pathology; E-mail: zhangsh89@syau.edu.cn

Light-dependent MoNFYB Inhibits MoRan-kinase, Which in Modulating Sexual Reproduction by Regulating P utilization of *Magnaporthe oryzae*[*]

Liang Hao[**], Zhang Penghui[**], Gao Run, Song Yanyue,
Li Yan, Wei Yi, Zhang Shihong[***]

[National Agricultural Environmental Microbial Germplasm Resource Center (Liaoning), The Key Laboratory for Extreme-Environmental Microbiology, College of Plant Protection, Shenyang Agricultural University, Shenyang 110866, China]

Abstract: *Magnaporthe oryzae*, the causal agent of rice blast disease, primarily propagates through asexual reproduction under field conditions while retaining the potential for sexual reproduction as a heterothallic ascomycete. Here, we demonstrate that prolonged light exposure transcriptionally suppresses the serine-threonine protein kinase MoRan. Under illuminated conditions, the light-inducible transcription factor MoNFYB binds the CCAAT motif within the *MoRan* promoter and displaces the general transcription factor TFIIB, leading to significant downregulation of *MoRan* expression. Functional disruption of MoRan diminishes fungal virulence yet enhances sexual development. Mechanistically, MoRan phosphorylates the acid phosphatase MoPHO1, boosting its enzymatic activity to promote phosphate metabolism. Enhanced phosphate flux favors vegetative growth and pathogenicity, whereas phosphate scarcity shifts the balance toward sexual reproduction. Collectively, these findings reveal a light-dependent regulatory pathway that fine-tunes the trade-off between infection efficiency and reproductive strategy in *M. oryzae*, providing new insights into its adaptive mechanisms and identifying promising targets for innovative disease management approaches.

Key words: *Magnaporthe oryzae*; sexual reproduction; phosphate metabolism; light regulation; transcriptional antagonism; virulence-reproduction trade-off

---

[*] Funding: National Key R&D Program of China (2023YFD1400201)

[**] First authors: Liang Hao, PhD student, research interests in molecular plant pathology; E-mail: 373655403@qq.com
   Zhang Penghui, postdoctoral, research interests in molecular plant pathology and microbiome; E-mail: 2022620005@syau.edu.cn

[***] Corresponding author: Zhang Shihong, Professor, mainly engaged in research on molecular plant pathology; E-mail: zhangsh89@syau.edu.cn

Diaporthe citri: The Causal Agent of Lemon Melanose in China[*]

Zhou Yang[1,2,5**], Chingchai Chaisiri[2,3,6], Liu Xiangyu[2,3], Zhang Qi[1,5], Yue Xiaofeng[1,5], Yin Liangfen[2,4***], Luo Chaoxi[2,3***], Li Peiwu[1,5***]

(1. Oil Crops Research Institute of the Chinese Academy of Agricultural Sciences, Wuhan 430062, China; 2. Key Lab of Horticultural Plant Biology, Ministry of Education, Huazhong Agricultural University, Wuhan 430070, China; 3. College of Plant Science and Technology, Huazhong Agricultural University, Wuhan 430070, China; 4. Experimental Teaching Center of Crop Science, and College of Plant Science and Technology, Huazhong Agricultural University, Wuhan 430070, China; 5. Hubei Hongshan Laboratory, Wuhan, 430070, China; 6. Office of Agricultural Regulation, Department of Agriculture, Bangkok 10900, Thailand)

Abstract: Lemon (*Citrus limon*) has been widely used in food, medicine, cosmetics, and other industries. In November 2018, melanose disease was observed on lemon (cv. Eureka) in a 1.2 hectares orchard in Chongqing municipality of China. The symptoms appeared as small black discrete spots (0.3 to 1 mm in size) on the surface of fruits, leaves, and twigs without obvious prominent and concave pustules. The disease incidence on fruits was estimated at approximately 3% based on counting diseased fruits on 5 randomly selected trees (> 50 m apart). Using the general tissue isolation method, mycelia were obtained from 15 diseased lemon fruits with typical melanose symptoms. Then, with a professional single spore separation microscope, two single spores were picked up from each sample on a water agar plate with a glass needle and then transferred to PDA, incubated at 25℃ for 4 days in darkness. The colonies were whitish and fluffy with smooth margins, which were similar to the characteristics of *D. citri* described previously. Conidiomata were black, spherical to globose (100 to 400 μm diam). Conidial masses were yellowish, and exuded from central ostioles. Two types of conidia could be observed. Alpha (α) conidia were (6.62 × 2.33) μm ($n=100$), aseptate, bi-guttulate, hyaline, and ellipsoid, which were smaller than previously described ones from other citrus trees. Beta (β) conidia were (24.79 × 1.31) μm ($n=100$), worm-shaped, hyaline, aseptate, slightly curved to spindle-shaped. DNA extraction was performed with a modified SDS method as previously described. The sequences of internal transcribed spacer (ITS) region, beta-tubulin (*TUB*), translation elongation factor (*TEF*), histone (*HIS*), and calmodulin (*CAL*) genes of the three selected isolates (CQTN-1, CQTN-2, and CQTN-3) were amplified as described previously, then sequenced, and deposited in GenBank (ITS:

---

[*] Funding: Central Public-interest Scientific Institution Basal Research Fund (Y2025QC18); National Natural Science Foundation of China (32202389); National Key R&D Program of China (2024YFD1601000); Fundamental Research Funds for the Central Universities (2662020ZKPY018)

[**] First author: Zhou Yang, research associate; E-mail: zhouyang01@caas.cn

[***] Corresponding authors: Li Peiwu, professor; E-mail: peiwuli@oilcrop.cn
    Luo Chaoxi, professor; E-mail: cxluo@mail.hzau.edu.cn
    Yin Liangfen, senior laboratory scientist; E-mail: yh@mail.hzau.edu.cn

MZ701845 to MZ701847; *TUB*: MZ703264 to MZ703266; *TEF*: MZ703267 to MZ703269; *CAL*: MZ703270 to MZ703272; and *HIS*: MZ703273 to MZ703275). BLAST analysis indicated that the amplified ITS sequences were identical and showed the highest identity of 99% with that of D. citri (MZ224574, base pairs matching 565/567), while *TUB*, *TEF*, *CAL* and *HIS* sequences showed 100% identity with that of D. citri (*TUB*: KC357427, base pairs matching 501/501; *TEF*: JQ954673, base pairs matching 327/327, *CAL*: MW221703, base pairs matching 533/533; *HIS*: MW221596, base pairs matching 475/475). Phylogenetic analysis showed that the tested isolates grouped with D. citri strains NFFF-1-2 (China), CPC 34235 (Portugal), CBS134239 and AR3405 (USA) in the same clade. In December 2020, the pathogenicity of the isolate CQTN-1 was evaluated on lemon (7-year-old cv. Eureka) in the growth room. Drops of 300 μL conidia suspension with a concentration of 10^6 conidia/mL on cotton were inoculated on the surface of five healthy fruits, fixed with scotch tape, then wrapped in a plastic bag (a cotton ball with water was placed in the plastic bag) to maintain wetness for 3 days. After that, the inoculated plants were placed in growth room with 95% relative humidity, incubated under the condition of 12/12 h light/dark at 25℃. Five healthy fruits treated with water were used as the control, the experiments were repeated twice. Three weeks after inoculation, discrete spots with black color appeared on the surface of the 5 inoculated lemon fruits in each of the independent experiment, with the similar symptoms observed in the field. The leaves and branches were inoculated using in vitro inoculation method, four weeks after inoculation, black dense spots were observed on the surface of the leaves, and the symptoms were consistent with the onset symptoms in the field. Due to the large concentration of spores inoculated, the density of diseased spots on leaves is greater than that in the field. After inoculation, always no disease spots were found on the branches. The D. citri was isolated again from five inoculated fruits and leaves with a re-isolation frequency of 100% using the above mentioned method. While no symptoms were observed on the control fruits and leaves. Based on the morphological and molecular identifications, the causal agent of melanose on lemon was identified as D. citri. Previous research has shown that the D. citri had a wide spectrum of several citrus species including mandarin, sweet orange, pumelo, and grapefruit in China. To the best of our knowledge, this is the first report of D. citri as the causal agent of the melanose disease on lemon in China. This information deepened the understanding about the spectrum of D. citri on citrus plants and would be beneficial for the management of melanose on lemon.

Key words: lemon; melanose disease; *Diaporthe citri*; molecular identification; pathogenicity test

稻曲病菌 UvHMT1 在致病性和毒素合成中的功能研究[*]

王镜[1][**], 张英驰[1][**], 田旭萱[1][**], 刘玲[1][***], 孙文献[1,2][***]

(1. 吉林农业大学植物保护学院，吉林省作物病虫害绿色防控重点实验室，长春 130118；
2. 中国农业大学植物保护学院，农业农村部作物有害生物监测
与绿色防控重点实验室，北京 100193)

摘 要：稻曲病（Rice false smut）是由稻曲病菌（*Ustilaginoidea virens*）侵染造成的一种真菌病害，在世界水稻产区均有分布。稻曲病菌通过花器侵染最终形成含有大量真菌毒素的稻曲球，包括稻曲菌素（ustiloxins）和黑粉菌素（ustilaginoidins）等主要毒素。表观遗传修饰是真核生物调控基因表达最重要的方式之一。组蛋白甲基化是一种重要的表观遗传修饰方式，在调控基因表达、维持染色体结构等生物学过程中发挥着关键作用。本研究前期在稻曲病菌基因组中发现构巢曲霉组蛋白甲基转移酶的同源蛋白 UvHMT1，接着探究了其在稻曲病菌中的功能。与野生型菌株相比，Δ*Uvhmt*1 缺失突变体表现出生长迟缓、分生孢子减少和毒力降低的表型，且其产生的黑粉菌素也更少。RNA-Seq 分析显示，UvHMT1 是调节次级代谢的关键参与者，同时还参与了生长发育等生物过程。值得注意的是，UvHMT1 参与调控组蛋白 H3K9 位点三甲基化修饰，H3K9me3 常与基因沉默有关，可以招募一些特定的蛋白质，形成异染色质结构，进而抑制基因表达。同时，利用 H3K9me3 抗体进行 ChIP-qPCR 分析，显示黑粉菌素合成基因簇中关键基因 *UvPKS*1 启动子区域被 H3K9me3 抗体富集。这些结果为揭示稻曲病菌组蛋白甲基转移酶 UvHMT1 调控稻曲病菌的毒力和黑粉菌素生物合成的分子机制奠定了重要基础。

关键词：稻曲病菌；组蛋白甲基转移酶；黑粉菌素；致病力；H3K9me3

---

[*] 基金项目：国家自然科学基金（NSFC）（32293241，U19A2027，32302336）；中国农业研究体系专项资金（CARS01）
[**] 第一作者：王镜，博士研究生，研究方向为植物病理学；E-mail: wangjing11151204@163.com
[***] 通信作者：刘玲，副教授，主要从事水稻与病原细菌、真菌的互作分子机理研究；E-mail: liuling@jlau.edu.cn
孙文献，教授，主要从事水稻与病原细菌、真菌的互作分子机理研究；E-mail: wxs@cau.edu.cn

稻瘟病菌自噬复合体 Atg12-Atg5-Atg16 蛋白表达纯化及抑制剂筛选

武子琳[*]，刘俊峰[**]，王冬立[**]

（中国农业大学植物保护学院，北京 100193）

摘 要：植物病原体 *Magnaporthe oryzae* 是一种丝状子囊真菌，可引起稻瘟病。稻瘟病是全球水稻生产中极具破坏性的病害，严重威胁全球的粮食安全。自噬是所有真核生物中保守的大规模降解系统，在酿酒酵母中 Atg5 通过一种类泛素修饰物 Atg12 发生共价修饰，形成的 Atg12-Atg5 复合体进一步与多聚体蛋白 Atg16 形成复合物。Atg12-Atg5-Atg16 多聚复合体在自噬过程中发挥关键作用。本研究通过酵母双杂交技术证实了 MoAtg5 与 MoAtg12 存在特异性相互作用，并利用原核表达系统成功纯化获得 MoAtg5/MoAtg12/MoAtg16 重组蛋白，为深入解析其结构功能奠定了基础。调节自噬的一种可能策略是破坏在此过程中形成的关键蛋白质-蛋白质相互作用，鉴于已有研究证实 MoAtg5 缺失会导致稻瘟病菌自噬体形成受阻、产孢能力显著下降及致病性完全丧失，本研究提出靶向破坏该复合物蛋白质互作网络的策略。通过构建以 MoAtg5 为靶标的小分子抑制剂筛选体系，通过筛选干扰涉及 MoAtg5 的蛋白-蛋白相互作用来发挥作用的化合物，为研发有效阻断病原真菌发育和侵染途径的防治策略提供新的靶点。

关键词：稻瘟菌；自噬；MoAtg5；抑制剂筛选

---

[*] 第一作者：武子琳，博士研究生，主要从事植物病原物致病机理研究；E-mail：zlwu0130@163.com
[**] 通信作者：刘俊峰，教授，主要从事植物 NLR 类型免疫受体基于结构的人工设计和抗病分子育种研究；E-mail：jliu@cau.edu.cn

王冬立，副教授，主要从事病原菌致病关键蛋白的结构解析和抑制剂的筛选、验证、优化研究；E-mail：wdl@cau.edu.cn

稻曲病菌 Forkhead 转录因子 UvHcm1 的功能分析

欧明明[1]*, 张慧然[1], 杜 莹[1], 刘 玲[1]**, 孙文献[1,2]**

(1. 吉林农业大学植物保护学院，吉林省作物病虫害绿色防控重点实验室，长春 130118;
2. 中国农业大学植物保护学院，农业农村部作物有害生物监测
与绿色防控重点实验室，北京 100193)

摘 要：稻曲病（Rice false smut）作为水稻生产中重要的花器侵染病害，其病原菌为稻曲病菌（*Ustilaginoidea virens*），该病原真菌通过侵染水稻穗部，形成内部具有致密菌丝外部着生大量粉末状厚垣孢子的稻曲球，产生稻曲菌素与黑粉菌素等真菌毒素，严重影响稻谷的经济价值和粮食安全。当前我国稻曲病发生呈现持续加重的流行趋势，其有效防控对保障稻米质量与食用安全具有重要意义。但是，稻曲病菌作为特异性侵染花器的病原真菌，其致病的分子机制尚未完全阐明，这是制约其高效防控的主要因素。

Forkhead 转录因子是一类在真核生物中高度保守的 DNA 结合蛋白，属于 Forkhead 盒（Forkhead box, FOX）家族。它们通过结合特定 DNA 序列调控靶基因表达，参与细胞增殖、分化、代谢、应激反应、器官发育及衰老等多种生物学过程。本研究利用 CRISPR-Cas9 系统与同源重组相结合的方法获得稻曲病菌 Forkhead 转录因子基因 *UvHcm1* 敲除突变体。平板生长实验结果表明，Δ*Uvhcm1* 菌株的菌落直径显著低于野生型菌株、分生孢子产量显著下降，致病力丧失，说明 Forkhead 转录因子 UvHcm1 在稻曲病菌致病过程中发挥重要作用。Forkhead 转录因子 UvHcm1 与组蛋白去乙酰化酶 UvRad1 和组蛋白乙酰化酶 UvDac1 都存在互作，推测 UvHcm1 蛋白发生乙酰化，且其乙酰化在转录调控中发挥着重要作用，但其具体作用有待进一步研究。综上所述，本研究鉴定了稻曲病菌 Forkhead 转录因子 UvHcm1 的功能，初步探究了稻曲病菌致病的分子机制，对揭示水稻与稻曲病菌的互作机制和寻求新的化学防治靶标具有重要意义。

关键词：稻曲病; Forkhead 转录因子; UvHcm1; 致病性

---

* 第一作者：欧明明，博士研究生，主要从事稻曲病菌致病机制研究; E-mail: oumingming2025@163.com
** 通信作者：刘玲，副教授，主要从事植物与病原菌的分子互作研究; E-mail: liuling@jlau.edu.cn
孙文献，教授，主要从事植物与病原菌的分子互作研究; E-mail: wsx@cau.edu.cn

稻瘟菌分泌蛋白 MoSPGk 功能分析及与水稻互作机制研究

于琦婧[**]，孙溪涔，魏 毅，张世宏[***]

（沈阳农业大学植物保护学院，沈阳 110866）

摘　要：由稻瘟菌（*Magnaporthe oryzae*）引发的稻瘟病是水稻上最严重的真菌病害之一。效应子（Effector）在稻瘟菌与水稻互作的过程中发挥重要作用。本实验室在前期的研究中得到一个不形成分生孢子梗、不产生分生孢子且失去水稻致病能力的稻瘟菌突变体 *ΔTNP*，通过转录组分析，鉴定出一个表达量显著下调的基因 *MoSPGk*。通过生物信息学分析，预测出该基因定位于胞外，其蛋白 N 端含有一个由 22 个氨基酸构成的信号肽（Signal peptide）。通过酵母信号肽跟踪筛选技术证明 MoSPGk 的信号肽具有分泌功能，且通过 Western blot 分析发现该蛋白能够从菌体分泌到培养液中，qRT-PCR 和 Q-PCR 结果表明该基因在稻瘟病菌侵染寄主时期表达显著上调，推测稻瘟菌侵染寄主时该蛋白可能行使效应子的功能发挥作用。*MoSPGk* 基因敲除导致稻瘟菌分生孢子和分生孢子梗数量显著减少，生长后期菌落中央出现菌丝塌陷现象，且致病性明显减弱，说明该基因的缺失影响了稻瘟菌的生长发育以及致病能力。通过体外 Pull-down 实验调取水稻中与其互作的蛋白，将质谱得到的结果通过酵母双杂实验、体外 Pull-down 重复验证，确定了一个 MoSPGk 的互作蛋白 OshAT（hAT-like transposase）。将 MoSPGk 在水稻中异源表达，通过共聚焦显微镜观察 MoSPGk 定位于细胞核中，且 MoSPGk 在水稻中的表达影响了 OshAT 的转录水平，但二者的互作机制还需进一步探究。

关键词：稻瘟菌；效应子；基因敲除；致病力分析

---

[*] 基金项目：国家重点研发计划（2023YFD1400201）
[**] 第一作者：于琦婧，博士研究生，主要从事分子植物病理学研究；E-mail：1105317472@qq.com
[***] 通信作者：张世宏，教授，主要从事分子植物病理学研究；E-mail：zhangsh89@syau.edu.cn

稻曲病菌效应蛋白 SCRE8 抑制植物免疫的分子机制[*]

张劭琦[1][**]，史东玉[1]，宋婉瑜[1]，李大勇[1][***]，孙文献[1,2][***]

(1. 吉林农业大学植物保护学院，吉林省作物病虫害绿色防控重点实验室，长春 130118；
2. 中国农业大学植物保护学院，农业农村部作物有害生物监测与绿色防控重点实验室，北京 100193)

摘 要：稻曲病已成为水稻生产中最严重的病害之一。稻曲病菌通过分泌大量效应蛋白抑制水稻免疫或调控水稻生理生化过程从而促进侵染。但是，对单个效应蛋白促进稻曲病菌侵染的具体机制还知之甚少。本研究鉴定了一个候选效应蛋白 SCRE8，发现其信号肽能够引导蛋白分泌。与野生型菌株相比，scre8 敲除突变体菌株对水稻的致病力显著下降，表明 SCRE8 为一个毒力效应因子。通过烟草瞬时表达系统验证了 SCRE8 抑制由 BAX 和 INF1 引起的细胞坏死；在水稻中异源表达 SCRE8 显著抑制病原相关分子模式（PAMPs）触发的病程相关基因表达及活性氧爆发，SCRE8 转基因水稻对稻瘟病和稻曲病更为敏感，表明 SCRE8 能够抑制植物基础免疫。通过酵母双杂交、荧光素酶互补实验及免疫共沉淀技术，成功鉴定到 SCRE8 的互作靶标——水稻生长素/休眠调控家族蛋白 OsD3。亚细胞定位和双分子荧光互补实验显示 SCRE8 和 OsD3 均定位于细胞质与细胞核，且在细胞质和细胞核中互作。经 PAMPs 处理后，观察到 OsD3 部分转移至叶绿体中。据此推测，效应蛋白 SCRE8 可能通过影响 OsD3 定位从而调控水稻免疫，研究结果可望为理解效应蛋白抑制植物基础免疫的分子机制提供新视角。

关键词：稻曲病菌；效应蛋白；休眠/生长素调控家族蛋白；水稻免疫

---

[*] 基金项目：国家自然科学基金（NSFC）（32293241，U19A2027，32302336）；中国农业研究体系专项资金（CARS01）
[**] 第一作者：张劭琦，博士研究生，研究方向为植物病理学；E-mail：344831872@qq.com
[***] 通信作者：李大勇，研究员，主要从事水稻与病原细菌、真菌的互作分子机理研究；E-mail：lidayong@jlau.edu.cn
孙文献，教授，主要从事水稻与病原细菌、真菌的互作分子机理研究；E-mail：wxs@cau.edu.cn

A Homeobox Transcription Factor Fine-tunes Jasmonic Acid Biosynthesis to Balance Plant Immunity and Growth in *Arabidopsis*

Li Xiaoxiao, Yu Jinwei, Zhou Wei, Yan Fei, Lin Chuyu, Tao Zeng*

(*Zhejiang Key Laboratory of Biology and Ecological Regulation of Crop Pathogens and Insects, Ministry of Agriculture Key Laboratory of Molecular Biology of Crop Pathogens and Insects, Institute of Biotechnology, Zhejiang University, Hangzhou 310058, China*)

Abstract: Activation of plant immunity is typically accompanied by the biosynthesis of defensive metabolites such as jasmonic acid (JA) and salicylic acid (SA). However, constitutive immune activation or excessive accumulation of these metabolites often leads to growth inhibition. The mechanisms regulating the trade-off between plant immunity and growth remain largely elusive. Here, we identify the homeobox transcription factor HB34 as a key regulator that balances growth and immunity in Arabidopsis thaliana by differentially modulating JA biosynthesis and growth-related gene expression. Loss of HB34 enhances resistance to the necrotrophic pathogen *Botrytis cinerea* but compromises plant growth and development. Under normal conditions, HB34 suppresses the excessive activation of JA-responsive genes, whereas *hb*34 mutants exhibit constitutive JA signaling, suggesting that HB34 fine-tunes JA responses to maintain growth-defense balance. Mechanistically, HB34 negatively regulates the transcription of JA biosynthetic genes to limit JA accumulation, and inhibition of JA biosynthesis suppresses the *hb*34-associated phenotypes. Conversely, HB34 positively regulates growth-promoting genes, and overexpression of these targets partially rescues the growth defects of *hb*34 mutants, effectively uncoupling enhanced defense from reduced growth. Together, our findings uncover a novel regulatory mechanism in which a single transcription factor coordinates the trade-off between plant growth and immunity by differentially modulating JA biosynthesis and growth-related pathways.

Key words: Jasmonic acid (JA); Necrotrophic resistance; Growth; HB34

* Corresponding author: Tao Zeng; E-mail: taozeng@zju.edu.cn

冬青丽赤壳菌（*Calonectria ilicicola*）引起大豆红冠腐病在黑龙江省的首次报道

孙伟娜**，罗莹莹，姚砚文，宋佳亿，柯希望，左豫虎***

（黑龙江八一农垦大学，国家杂粮工程技术研究中心，黑龙江省作物-有害生物互作生物学及生态防控重点实验室，大庆 163319）

摘 要：2024 年 8 月笔者在黑龙江省多个大豆产区发现一种新病害，发病大豆植株叶片叶脉间变黄植株枯萎，病株根系及近地面茎基部变红，病部表面聚生红橙色球状子囊壳，叶部发病症状与大豆猝死综合征类似，根部症状与大豆红冠腐类似。为明确其致病菌，采用子囊壳分离纯化得到菌株 853-1，采用组织分离法分离纯化得到菌株 853-2，2 个菌株菌落形态一致。采用大豆黄化苗下胚轴创伤接种菌丝块，发现两个菌株均可造成黄化苗下胚轴坏死，从菌丝接种发病植株下胚轴再分离可得到与接种菌株菌落和培养形态一致的菌株。采用毒素接种，将真叶展开的大豆幼苗从子叶节痕处减去根，然后将幼苗插入装有 30 mL 稀释 30 倍培养滤液的 50 mL 离心管中，置（20±2）℃玻璃温室内，20 d 后大豆幼苗真叶脉间斑驳、萎蔫，发病症状与田间症状相似。853-1 和 853-2 菌株在 PDA 培养基上培养形态一致，初生菌丝为白色，后期产生红褐色色素渗入培养基，菌落圆形边缘规则，菌丝致密。PDA 平板上 25℃黑暗培养 7 d 后产生厚垣孢子，近圆形，深褐色，成串，厚垣孢子聚集形成红褐色微菌核；25℃黑暗培养 60 d 后产生大量子囊壳，子囊壳红橙色，卵球形，大小（282.99~434.11）μm×（232.50~333.51）μm，轻压后可见大量子囊和子囊孢子从孔口喷出，子囊棍棒状，具长柄，子囊孢子梭形，透明，1~3 个隔膜，大小（8.94~11.66）μm×（57.31~83.42）μm。在合成低营养 SNA 培养基 25℃ 16 h 光照/8 h 黑暗培养 14 d 后可见菌丝末端膨大，产生球形泡囊，并产生分生孢子梗和分生孢子，分生孢子梗直立，呈扫帚状，二次或三次分支，具有初生孢子梗和次生孢子梗，顶端为产孢细胞，瓶状，分生孢子从产孢细胞内生出。分生孢子无色透明，圆柱形，0~3 个分隔，分隔处稍缢缩，大小（56.72~68.99）μm×（6.07~7.26）μm。经鉴定其有性阶段为冬青丽赤壳菌（*Calonectria ilicicola*），无性阶段为寄生柱枝孢菌（*Cylindrocladium parasiticum*）。进一步利用 *C. ilicicola* 的 3 个特征引物转录延伸因子-1α（*EF-1α*）、组蛋白 Histone（*HIS3*）和 β 微管蛋白 β-Tubulin（*TUB*）对 853-1 和 853-2 进行 PCR 扩增和测序，并利用 Nucleotide Blastn 对上述扩增序列进行比对，选择与 853-1 和 853-2 PCR 序列相似度在 90%~100%的序列进行多基因联合建树，853-1 和 853-2 与冬青丽赤壳菌 *C. ilicicola* KS-Cal-2-1 菌株聚类于同一分支。结合形态学特征和分子生物学鉴定结果，将 853-1 和 853-2 菌株鉴定为 *C. ilicicola*，这是该病原菌在黑龙江省引起大豆红冠腐病的首次报道。

关键词：大豆红冠腐病；病原分离鉴定；冬青丽赤壳菌（*Calonectria ilicicola*）；寄生柱枝孢菌（*Cylindrocladium parasiticum*）

---

* 基金项目：2025 年农业农村部政府购买合作项目（072507020）
** 第一作者：孙伟娜，讲师，主要从事植物病理学教学与研究工作；E-mail：sunweinawty@163.com
*** 通信作者：左豫虎，教授，主要从事植物病理学教学与研究工作；E-mail：zuoyhu@163.com

磷酸酶 Nem1/Spo7-Pah1 调控苹果轮纹病菌生长发育、脂质稳态及致病性的机制研究[*]

韩文姣[**]，韩 杨，蒋序识，杨 倩，
练 森，王彩霞，李保华[***]，任维超[***]

（青岛农业大学植物医学学院，山东省植物病虫害综合防控重点实验室，青岛 266109）

摘 要：由葡萄座腔菌（*Botryosphaeria dothidea*）引起的苹果轮纹病是对全球苹果产业极具破坏性的病害，其防治主要依赖化学杀菌剂，但抗药性问题日趋严重。由蛋白磷酸酶和蛋白激酶介导调控的蛋白质磷酸化对于调控蛋白质活力和功能至关重要，在真核生物信号转导等多项重要生命活性中发挥关键作用。本研究通过分析转录组数据发现，HAD（卤酸脱卤酶）家族蛋白磷酸酶 NEM1 在苹果轮纹病菌侵染寄主过程中显著高表达，推测其在病菌致病过程中发挥重要作用。为深入探究 NEM1 在苹果轮纹菌病菌中的生物学功能，本研究进一步通过 AFFINITY CAPTURE、CO-IP、酵母双杂、PHOS-TAG 等方法鉴定到了 NEM1 的调节因子 SPO7 和其催化底物 PAH1（磷脂酸磷酸酶）。研究结果表明，NEM1 和 SPO7 直接互作形成蛋白磷酸酶复合体 NEM1/SPO7，该复合体对磷脂酸磷酸酶 PAH1 进行去磷酸化修饰进而激活 PAH1 的活性，继而催化底物 PA（磷脂酸）逐步生成大量 DAG（二酰基甘油）和 TAG（三酰基甘油），最终促进脂滴的合成。此外，本研究发现，NEM1/SPO7 对 PAH1 去磷酸化后促使脱磷酸化状态的 PAH1 对核膜合成关键基因行使转录抑制功能进而调控核膜的形态。生物学表型测定发现，级联磷酸酶 NEM1/SPO7-PAH1 单独敲除后，菌丝生长速率下降，无性生殖能力严重减弱，环境压力敏感度明显上升，致病力显著下降。进一步研究发现，磷酸酶复合体 NEM1/SPO7 在抵御植保素介导的植物防卫反应中发挥重要作用。上述研究结果表明，级联磷酸酶 NEM1/SPO7-PAH1 在苹果轮纹病菌的生长发育、脂滴合成、核膜形态学建成及致病力等重要生命活动中发挥重要作用，本研究结果为挖掘新型杀菌剂防控苹果轮纹病提供了潜在药剂靶标，同时为基于作用靶标的新农药化合物设计提供理论基础和科学依据。

关键词：葡萄座腔菌；级联磷酸酶；脂滴稳态；致病性

---

[*] 基金项目：国家苹果产业技术体系（CARS-27）
[**] 第一作者：韩文姣，硕士研究生，主要从事果树病害的致病机理研究；E-mail：hwj3937@163.com
[***] 通信作者：李保华，教授，主要从事果树病害的流行规律和防控技术研究；E-mail：baohuali@qau.edu.cn
    任维超，副教授，主要从事果树病原菌致病的分子基础与新药剂靶标挖掘；E-mail：renweichaoqw@163.com

Redundant and Distinct Roles of Two 14-3-3 Proteins in *Fusarium sacchari*, Pathogen of Sugarcane Pokkah Boeng Disease[*]

Chen Yuejia[1][**], Liang Qianmin[1], Zou Chengwu[1,2][***], Chen Baoshan[1,2][***]

(1. *Guangxi Key Laboratory of Sugarcane Biology, College of Agriculture, Guangxi University, Nanning 530004, China*; 2. *State Key Laboratory for Conservation and Utilization of Subtropical Agro-bioresources, Nanning 530004, China*)

Abstract: *Fusarium sacchari*, a key pathogen of sugarcane, is responsible for the Pokkah boeng disease (PBD) in China. The 14-3-3 proteins have been implicated in critical developmental processes, including dimorphic transition, signal transduction, and carbon metabolism in various phytopathogenic fungi. However, their roles are poorly understood in F. sacchari. This study focused on the characterization of two 14-3-3 protein-encoding genes, FsBmh1 and FsBmh2, within *F. sacchari*. Both genes were found to be expressed during the vegetative growth stage, yet FsBmh1 was repressed at the sporulation stage in vitro. To elucidate the functions of these genes, the deletion mutants ΔFsBmh1 and ΔFsBmh2 were generated. The ΔFsBmh2 exhibited more pronounced phenotypic defects, such as impaired hyphal branching, septation, conidiation, spore germination, and colony growth, compared to the ΔFsBmh1. Notably, both knockout mutants showed a reduction in virulence, with transcriptome analysis revealing changes associated with the observed phenotypes. To further investigate the functional interplay between FsBmh1 and FsBmh2, we constructed and analyzed mutants with combined deletion and silencing (ΔFsBmh/siFsBmh) as well as overexpression (O-FsBmh). The combinations of ΔFsBmh1/siFsBmh2 or ΔFsBmh2/siFsBmh1 displayed more severe phenotypes than those with single allele deletions, suggesting a functional redundancy between the two 14-3-3 proteins. Yeast two-hybrid (Y2H) assays identified 20 proteins with pivotal roles in primary metabolism or diverse biological functions, 12 of which interacted with both FsBmh1 and FsBmh2. Three proteins were specifically associated with FsBmh1, while five interacted exclusively with FsBmh2. In summary, this research provides novel insights into the roles of FsBmh1 and FsBmh2 in *F. sacchari* and highlights potential targets for PBD management through the modulation of FsBmh functions.

Key words: *Fusarium sacchari*; Pokkah boeng disease; 14-3-3 proteins; *FsBmh*; hyphal growth; sporulation; virulence; transcriptome; interaction

---

[*] 基金项目：国家自然科学基金（32460642，31960519）
[**] 第一作者：陈悦佳，博士后，E-mail：18172258103@163.com
[***] 通信作者：邹承武，副教授，E-mail：zouchengwu@gxu.edu.cn
陈保善，教授，E-mail：chenyaoj@gxu.edu.cn

稻瘟病菌无毒效应因子 AvrPi9 的水稻靶标蛋白功能分析

田 相[1,2,3]，吴亦灵[1]，王宗华[1,3]*，洪永河[2]*

(1. 福建农林大学，福州 350002；2. 福建省农业科学院水稻研究所，福州 350019；3. 闽江学院，福州 350108)

摘 要：由稻瘟病菌（*Magnaporthe oryzae*）引起的稻瘟病对水稻生产及全球粮食安全构成了严重威胁。传统的化学防治方法存在环境污染和病菌耐药性增加等问题，因此，培育抗瘟水稻品种成为一种更为经济有效的绿色防控策略。本研究聚焦于稻瘟病菌无毒效应因子 AvrPi9 的功能分析及其水稻靶标的筛选鉴定，并深入分析相关靶标的功能及二者之间的互作关系，旨在深入解析 AvrPi9 在稻瘟病菌致病过程中的作用机制。前期研究发现，异源表达 AvrPi9 的水稻株系对稻瘟病菌的抗性显著减弱，其受 PAMPs（flg22 或 chitin）诱导的活性氧爆发水平及部分防御相关基因的转录水平均明显降低；通过水稻 cDNA 文库筛选，获得多个候选 AvrPi9 互作蛋白 A9IPs（AvrPi9 Interacting Proteins），进一步实验证实了 Avr-Pi9 与其候选水稻靶标 A9IP21.2 能在体内及体外相互作用，并且 A9IP21.2 的完整结构对其与 Avr-Pi9 的互作至关重要。利用基因编辑技术，获得了 *A9IP21.2* 基因编辑突变体，并对其抗病性进行了检测，结果显示，A9IP21.2 基因编辑突变体对稻瘟病菌的抗性降低，其受 PAMPs 诱导的活性氧爆发水平及部分防御相关基因的转录水平均受到明显抑制，说明 A9IP21.2 是水稻免疫的正向调控因子。基于此，本项目将进一步分析 AvrPi9 与 A9IP21.2 的互作机制，构建二者互作调控植物免疫的分子模型，研究结果有助于进一步阐明稻瘟病菌的致病机理及其与水稻互作的分子机制。

关键词：稻瘟病菌；无毒效应因子；AvrPi9；水稻靶标；分子机制

---

* 通信作者：王宗华；洪永河

XPG/RAD2 核酸酶家族蛋白 MoMkt1 调控稻瘟病菌生长发育及致病[*]

李 娜[1][**]，萧俊莲[1][**]，闫 龙[1][**]，康晓如[1]，汪文娟[3]，
陈 深[3]，吴伟怀[2][***]，张树林[1][***]

(1. 安徽农业大学植物保护学院，安徽省作物病虫害综合防治重点实验室，合肥 230036；
2. 中国热带农业科学院环境与植物保护研究所，海南省热带农业病虫害监测与防控重点实验室，海口 571101；3. 广东省农业科学院植物保护研究所，
广东省植物保护高新技术重点实验室，广州 510640)

摘 要：稻瘟病菌（*Magnaporthe oryzae*）引起的稻瘟病是水稻上的毁灭性病害，造成水稻大量减产。XPG/RAD2 核酸酶家族在修复 DNA 损伤，维持基因组稳定性发挥重要作用。本研究鉴定了稻瘟病菌中 XPG/RAD2 核酸酶家族成员 MoMkt1。目前，Mkt1 在稻瘟病菌中的生物学功能并不清楚。通过同源重组构建了基因缺失突变体 Δ*Momkt1* 并进行表型分析，MoMkt1 参与稻瘟病菌菌丝生长、产孢、附着胞形成、糖原脂质降解、细胞壁及氧化压力响应。此外，本研究发现 MoMkt1 参与活性氧的清除和 DNA 复制压力的响应。Co-IP 实验揭示 MoMkt1 与 TFIIH 核心亚基 MoTfb2 互作，并且 MoTfb2 的过表达轻微影响稻瘟病菌毒力。进一步转录组分析表明 MoMkt1 参与调节代谢通路，细胞壁，氧化还原过程以及 DNA 修复。本研究为 MoMkt1 介导的稻瘟病菌生长发育和致病性提供新的见解。

关键词：稻瘟病菌；XPG/RAD2 核酸酶家族；MoMkt1；DNA 修复；致病性

---

[*] 基金项目：国家自然科学基金青年基金项目（32202253）；广东省植物保护新技术重点实验室开放基金
[**] 第一作者：李娜，硕士研究生，主要从事稻瘟病菌基因功能研究；E-mail：2818098771@qq.com
萧俊莲，硕士研究生，主要从事稻瘟病菌基因功能研究；E-mail：250474740630@qq.com
闫龙，硕士研究生，主要从事稻瘟病菌基因功能研究；E-mail：1970493615@qq.com
[***] 通信作者：吴伟怀，副研究员，主要从事植物病原真菌致病机理；E-mail：weihuaiwu2002@163.com
张树林，副教授，主要从事分子植物病理学研究；E-mail：zhangsl80h@ahau.edu.cn

Poly（A）结合蛋白 MoPbp1 介导 TOR 信号通路调控稻瘟病菌自噬的机制研究[*]

萧俊莲[**]，康晓如[**]，李 娜[**]，胡金梅，王 钰，
司建宇，潘月敏[***]，张树林[***]

（安徽农业大学植物保护学院，安徽省作物病虫害综合治理重点实验室，合肥 230036）

摘 要：由稻瘟病菌（*Magnaporthe oryzae*）引发的稻瘟病严重制约着全球水稻生产安全，稻瘟病菌侵染受到多种机制的影响。雷帕霉素靶蛋白（The target of Rapamycin，TOR）信号通路在多种生命活动中发挥重要作用，但对于 TOR 信号通路的调控机制研究仍不充分。本研究鉴定了稻瘟病菌中的一个 TOR 活性调控因子——MoPbp1，并初步表征了其生物学功能。MoPbp1 在稻瘟病菌营养生长、产孢、附着胞形成和膨压以及致病性等方面发挥重要作用。MoPbp1 缺失后严重影响稻瘟病菌糖原脂质代谢和胁迫应激反应。此外，MoPbp1 作为负调控因子抑制 Tor 活性调控稻瘟病菌自噬过程。在转录水平，*MoPBP1* 主要调控氨基酸代谢途径、膜成分和氧化还原过程。本研究揭示了植物病原真菌中 Pbp1 与 TOR 活性信号通路的关系，可为开发环境友好型杀菌剂提供新的参考靶标位点。

关键词：稻瘟病菌；自噬；TOR 信号通路；调节因子；致病性

---

[*] 基金项目：国家自然科学基金青年基金项目（32202253）
[**] 第一作者：萧俊莲，硕士研究生，主要从事分子植物病理学研究；E-mail：2504740630@qq.com
　　　　　　康晓如，硕士研究生，主要从事分子植物病理学研究；E-mail：1737812015@qq.com
　　　　　　李娜，硕士研究生，主要从事分子植物病理学研究；E-mail：2818098771@qq.com
[***] 通信作者：潘月敏，教授，主要从事真菌学及植物真菌病害；E-mail：panyuemin2008@163.com
　　　　　　张树林，副教授，主要从事真菌病害成灾致害机理研究；E-mail：zhangsl80h@ahau.edu.cn

葡萄座腔菌（*Botryosphaeria dothidea*）无已知功能结构域蛋白 Bdo_12009 的生物学功能研究

廖伊倩*，陈思涵，胥卓尔，叶祉榕，张 贺，朱小琼**

（中国农业大学植物保护学院，农业农村部作物有害生物监测与绿色防控重点实验室，北京 100193）

摘 要：葡萄座腔菌（*Botryosphaeria dothidea*）是寄主广泛的弱寄生植物病原菌，该菌引起的苹果轮纹病是苹果生产中严重发生且难以防治的一个重要病害。*B. dothidea* 主要危害苹果枝干和果实，侵染苹果枝干造成树皮层组织逐渐坏死，严重削弱树势；侵染果实形成红褐色轮纹状病斑，往往造成严重产量损失。然而，目前国内外对于 *B. dothidea* 致病机理的研究较少。本实验室前期分析了 *B. dothidea* 的基因组和转录组数据，并通过烟草瞬时表达筛选了效应基因，本研究以其中一个无已知功能结构域的候选效应子 *Bdo_12009* 为研究对象，通过基因敲除、回补、表型测定及农杆菌介导的瞬时表达初步探究其生物学功能。

生物信息学分析表明 *Bdo_12009* 不存在已知功能的结构域，含有信号肽，定位在细胞外。为了研究其生物学功能，通过 PEG-$CaCl_2$ 介导的原生质体转化实验，得到 *Bdo_12009* 的缺失突变体 Δ*Bdo_12009*-22、Δ*Bdo_12009*-25 及互补体 *Bdo_12009*-C1、*Bdo_12009*-C2。生物学表型测定结果发现：与野生型和回补体相比，敲除体菌落直径显著增大，生长初期产生的黑色素减少；产生分生孢子器的数目极显著减少；敲除体在有伤苹果果实、枝条、叶片及无伤苹果枝条上的致病力显著下降；敲除体对 NaCl 的敏感性增强；对 CR 耐受性增强。酵母分泌系统测试表明 Bdo_12009 具有外泌活性。在烟草中瞬时表达 Bdo_12009 可以抑制 Bax 引发的 PCD 反应，显著增加烟草疫霉的侵染，并显著抑制 ROS 产生和胼胝质沉积。上述研究结果表明，基因 *Bdo_12009* 影响 *B. dothidea* 的生长发育和致病性，同时可能作为效应子抑制植物免疫促进病菌侵染。研究结果为解析葡萄座腔菌的致病机制提供了重要信息，但具体作用机制还需要进一步探究。

关键词：苹果轮纹病；葡萄座腔菌；Bdo_12009；效应子；致病机制

---

* 第一作者：廖伊倩，硕士研究生，主要从事病原真菌的致病机制研究；E-mail：lyqian@cau.edu.cn

** 通信作者：朱小琼，副教授，主要从事植物病原检测、真菌致病机制及果树病害防治研究；E-mail：mycolozhu@cau.edu.cn

中国地区马铃薯病原菌 *Phytophthora infestans*、*Alternaria solani* 和致病性 *Streptomyces* 分布图

李宇晨*，王震铄，王 琦**

（中国农业大学植物保护学院，农业农村部植物病理学重点实验室，北京 100193）

摘 要：土壤中的病原体被确定为引起植物病害的主要因素之一。致病疫霉（*Phytophthora infestans*）、茄链格孢（*Alternaria solani*）和致病性链霉菌（*Streptomyces*）是引起马铃薯晚疫病、早疫病和疮痂病的主要病原菌，在世界范围内广泛分布。本研究定量分析了中国地区马铃薯土壤中 *P. infestans*，*A. solani* 和致病性 *Streptomyces* 的丰度，确定它们的空间分布和区域异质性。2018—2019 年，在中国 330 个地区收集了马铃薯土壤样品，检测了 *ras* 相关蛋白基因 *Ypt*1，过敏原基因 *Alt a*1 和疮痂病植物毒素生物合成基因 *txtAB* 的拷贝数。结果表明，患病土壤中病原体的丰度显著高于非患病土壤。逻辑回归证明了病原体丰度是影响疾病发生的最重要因素，3 种疾病的发生率与病原体丰度显著正相关。通过 Kriging 插值预测了 *P. infestans*、*A. solani* 和致病性 *Streptomyces* 的空间分布。高丰度 *P. infestans* 集中在黑龙江，甘肃东南部和云贵川地区。*A. solani* 主要集中在中国中北部。致病性 *Streptomyces* 在黑龙江、河南、安徽地区表现出高丰度分布。这项研究的结果可以作为病害风险评估和暴发预警的基础，为马铃薯生产中的病害管理和预防提供支持。

关键词：*Phytophthora infestans*；*Alternaria solani*；致病性 *Streptomyces*

---

* 第一作者：李宇晨，博士研究生，主要从事植物病害生物防治与微生态学研究；E-mail：1078565062@qq.com

** 通信作者：王琦，教授，主要从事植物病害生物防治与微生态学研究；E-mail：wangqi@cau.edu.cn

麦根腐平脐蠕孢菌 MAPKK 基因 Cs29634 功能研究

陆绣宇[1,2]**，苟金玉[1,2]，王凤涛[1]，冯 晶[1]，侯 璐[2]，蔺瑞明[1]***

(1. 中国农业科学院植物保护研究所，植物病虫害综合治理全国重点实验室，北京 100193；
2. 青海大学农林科学院，青海省农业有害生物综合治理重点实验室，西宁 810016)

摘 要：蠕孢叶斑病是由兼性寄生真菌麦根腐平脐蠕孢菌（*Bipolaris sorokiniana*）引起的重要叶部病害，在世界各麦类作物栽培地区均有发生，尤其在气候温暖湿润的麦区能造成严重减产，它是我国东北春麦区的首要流行病害。*B. sorokiniana* 种群中存在丰富的致病力变异，目前对其致病机制尚不清楚。MAPK 信号途径的家族成员对真菌生长发育和致病性具有重要调控作用。发现敲除 MAPKK 基因的突变体 Δ*Cs29634* 菌丝平均生长速度和附着胞形成比率均显著降低 20% 左右，开始产孢时间延迟，产孢量极显著降低约 90%。此外，培养 10 d 后 Δ*Cs29634* 菌丝体开始自溶。说明 *Cs29634* 参与调控 *B. sorokiniana* 生长发育全过程。在耐渗透胁迫测定试验中，Δ*Cs29634* 对山梨醇和蔗糖胁迫不敏感，弥补了由于基因突变造成的生长缓慢的性状缺陷。说明 *Cs29634* 可能参与调控 *B. sorokiniana* 糖代谢过程。Δ*Cs29634* 的致病力显著低于野生型 Z15525 和回补菌株 *Cs29634C*。另外，通过 WGA-FITC 和 DAB 染色，发现 Δ*Cs29634* 菌株侵入叶片的速度和在叶肉细胞中扩展的速度明显慢于野生型 Z15525 和互补菌株 *Cs29634C*，叶片坏死斑明显小于野生型 Z15525 和互补菌株 *Cs29634C*。因此，编码 MAPKK 基因 *Cs29634* 调控 *B. sorokiniana* 菌丝生长、产孢、孢子萌发、耐渗透胁迫以及致病力发挥关键性作用，并且可能与调控病原菌糖代谢途径有关。

关键词：大麦叶斑病；*Bipolaris sorokiniana*；MAPKK 激酶；致病性

---

* 基金项目：国家大麦青稞产业技术体系（CARS-05）；农作物精准鉴定项目（19240637）
** 第一作者：陆绣宇，硕士研究生，研究方向分子植物病理学；E-mail: luxiuyu2001@163.com
*** 通信作者：蔺瑞明，副研究员，主要从事麦类作物抗病遗传及病害防控研究；E-mail: linruiming@caas.cn

高尔基体蛋白 MoCoy1 介导高尔基体到内质网的逆向运输调节稻瘟病菌发育和致病的机制研究[*]

康晓如[**]，司建宇[**]，李娜[**]，胡金梅，
萧俊莲，陈惠琳，李淼[***]，张树林[***]

（安徽农业大学植物保护学院，安徽省作物病虫害综合防治重点实验室，合肥 230036）

摘 要：高尔基体是蛋白质分选和运输的重要细胞器。在真核生物中，高尔基体蛋白是一类定位于高尔基体上的卷曲螺旋蛋白，它在维持高尔基体的结构和功能方面发挥着重要作用。然而，在植物病原真菌稻瘟病菌中关于高尔基体蛋白的功能尚不清楚。在本研究中，鉴定了稻瘟病菌高尔基体蛋白 MoCoy1，并对其生物学功能进行了系统分析。亚细胞定位结果显示，MoCoy1 定位于高尔基体。*MoCOY*1 缺失导致稻瘟病菌的营养生长、产孢、附着胞形成、糖原和脂质转移、胁迫响应和致病性出现缺陷。此外，MoCoy1 影响细胞质效应蛋白 AVR-Pia 的分泌。进一步研究表明，MoCoy1 与高尔基体逆向运输相关成分相互作用，并影响高尔基体向内质网的逆向运输。总之，本研究表明，高尔基体蛋白 MoCoy1 介导内质网到高尔基体的逆向运输，从而影响稻瘟病菌的生长发育和致病性。

关键词：稻瘟病菌；高尔基体蛋白；MoCoy1；逆行运输

---

[*] 基金项目：国家自然科学基金青年基金项目（32202253）
[**] 第一作者：康晓如，硕士研究生，主要从事稻瘟病菌基因功能研究；E-mail：1737812015@qq.com
司建宇，硕士研究生，主要从事稻瘟病菌基因功能研究；E-mail：2481349973@qq.com
李娜，硕士研究生，主要从事稻瘟病菌基因功能研究；E-mail：2818098771@qq.com
[***] 通信作者：李淼，主要从事有害生物绿色防控、植物健康与功能农业研究；E-mail：miaoli@ustc.edu.cn
张树林，副教授，主要从事分子植物病理学研究；E-mail：zhangsl80h@ahau.edu.cn

芒果炭疽病快速检测与发生规律研究

陈海铃[1,2]**,鲁萌萌[1],周浩[2],李其利[1],郭堂勋[1],
陈小林[1],黄穗萍[1],张禹[1],唐利华[1]***

(1. 广西壮族自治区农业科学院植物保护研究所,农业农村部华南果蔬绿色防控重点实验室,广西作物病虫害生物学重点实验室,南宁 530007;
2. 广西民族大学,南宁 530006)

摘 要:芒果炭疽病是芒果采前、采后最主要的病害,严重危害叶片、花序和果实,每年可造成30%~60%的损失,最高可达100%。针对芒果炭疽病的发生规律不明,缺乏快速检测技术的问题,结合田间调查、快速检测研究了芒果炭疽病的发生流行及其与温湿度的关系。在普通PCR检测引物筛选方面,筛选到可扩增所有芒果炭疽菌种类的引物CGF/CGR,灵敏度达1 ng;基于ApMAT位点设计并筛选到特异扩增芒果暹罗炭疽菌的引物FS13/RS15,灵敏度为1 ng;基于ITS位点设计并筛选到特异扩增芒果喀斯特炭疽菌的特异性引物IKF5/IKR4。在荧光定量PCR引物筛选方面,筛选到了特异扩增芒果果生炭疽菌的引物ColTqF1/ColTqR1,标准曲线为$Y=-3.193X+33.056$,相关系数$R^2=0.998$,扩增效率为105.7%。根据田间调查数据及温湿度监测结果显示,3月中旬广西百色芒果产区3个调查点的发病率低,其中头塘镇联坡村因温度相对较高,发病最早,经荧光定量PCR引物检测发现该时期样本的病原菌检出率最高;随着温度上升,3月下旬3个点的病原检出率开始提高,5—9月检出率显著增加并保持稳定,9月后百色那满镇三同村检出率逐渐下降至无法检出,12月后头塘镇联坡村未检出病原菌,翌年1月后百育镇六联村检出率逐渐降至无法检出。本研究结果可为炭疽病田间监测预警体系的建立奠定基础,为芒果炭疽病田间防控提供理论依据。

关键词:芒果炭疽病;发生规律;检测技术

---

* 基金项目:广西重点研发计划"芒果、柿子炭疽病监测预警与绿色防控技术研发示范"(桂农科AB241484041)
** 第一作者:陈海铃,硕士研究生,主要从事芒果、柿子炭疽病研究
*** 通信作者:唐利华,主要从事植物真菌病害及其防控研究;E-mail:654123597@qq.com

北京颐和园玉兰炭疽病病原菌的分鉴定与致病性分析*

陈德志[1]**，车文廷[1]，白清圆[1]，王　爽[2]，张宗英[1]***，王　颖[1]，韩成贵[1]

(1. 中国农业大学植物病理学系，农林生物安全全国重点实验室与农业农村部
作物有害生物检测与绿色防控重点实验室，北京　100193；
2. 北京市颐和园管理处，园艺古树中心，北京　100091)

摘　要：玉兰［*Yulania denudata*（Desr.）D. L. Fu］为木兰科（Magnoliaceae）木兰属植物，树姿优美，极具观赏价值，是我国重要的园林树种。玉兰炭疽病是玉兰上的重要病害，而关于玉兰炭疽病病原鉴定和致病性测定等方面的研究较少。

2024 年 10 月在颐和园多株白玉兰树叶上观察到炭疽病，该病害导致玉兰叶片发病部位枯萎死亡。为鉴定炭疽病病原菌，研究团队从颐和园不同种植区采集样本，采用植物组织分离法分离得到 33 株菌株并对其形态进行形态学和分子生物学鉴定。经形态学和 *ITS-HIS3-CAK-ACT-GAPHD* 多基因联合分析表明 33 株菌株为 2 属 4 种，分别为：胶孢刺盘孢 *C. gloeosporioides*（18 株）、暹罗刺盘孢 *C. siamense*（1 株）、隐秘刺盘孢 *C. aenigma*（8 株）、交替链格孢 *A. alternata*（6 株）。致病性分析表明，分离菌对不同玉兰品种白玉兰（*Magnolia denudata*）、二乔玉兰（*Magnolia soulangeana* Soul-Bod）、黄玉兰（*Micheha champaca*）均具有致病性，其中对二乔玉兰致病力最弱，对黄玉兰致病力最强。由此表明，多种病原菌均可侵染玉兰。

本研究首次报道了 *C. siamense*、*C. aenigma* 是玉兰炭疽病的新病原以及 *A. alternata* 可以引起玉兰叶部病害，研究结果可为颐和园玉兰炭疽病有效防控提供理论依据，为制定病害防控策略奠定了基础。

关键词：玉兰炭疽病；形态学鉴定；分子生物学鉴定；致病力测定

---

* 基金项目：中国农业大学大学生创新项目
** 第一作者：陈德志，在读本科生，E-mail: 2913795494@qq.com
*** 通信作者：张宗英，高级实验师，主要从事本科生实验教学和植物病害鉴定；E-mail: zhangzongying@cau.edu.cn

禾谷炭疽菌效应蛋白 CgAlb2 的表达纯化和结构解析

李正正[2]，高新颖[1]，张　鑫[1]，刘俊峰[1]，Vijai Bhadauria[1]

(1. 中国农业大学植物保护学院植物病理学系，北京　100193；
2. 河北农业大学生命科学学院，保定　071001)

摘　要：玉米是全球重要的粮食作物，由半活体寄生菌禾谷炭疽菌（*Colletotrichum graminicola*）引起的玉米炭疽病，主要危害玉米叶片，阻碍植株光合作用，影响玉米结实，造成产量严重损失。本研究在禾谷炭疽菌菌株 T1-3-3（WT）中鉴定到 CgAlb2 为新的效应蛋白，研究发现效应蛋白 CgAlb2 在玉米感病品种 B73 中不会诱导其抗性反应，而在抗性品种 RALB1 中会诱导其抗性反应，在炭疽菌侵染玉米过程中发挥重要作用。基于此，本研究通过原核表达和蛋白纯化体系获得了 CgAlb2 均一的蛋白样品，并对其进行晶体条件筛选，获得单一规则的蛋白晶体，经过多轮晶体条件优化，获得 1.6Å 衍射数据，通过分子置换法解析了 CgAlb2 高分辨率的晶体结构。结构显示该效应蛋白由 10 个 β 片层组成疏水桶状结构，CgAlb2 的结构解析为阐明禾谷炭疽菌效应蛋白调控玉米抗病性提供重要的结构基础。

关键词：禾谷炭疽菌；效应蛋白；蛋白表达与纯化；晶体生长

稻瘟病菌无 N-端信号肽效应蛋白 MoLepa 靶向水稻细胞核调控其免疫机制的研究

高大明[1]*,包 瑛[1],蔡世国[1],陈小敏[2],汤 蔚[2]**,王宗华[3]**

(1. 福建农林大学植物保护学院，闽台作物有害生物生态防治国家重点实验室，福州 350002；2. 福建农林大学生命科学学院，植物微生物相互作用重点实验室，福州 350002；3. 闽江学院海洋研究院，福州 350108)

摘 要：由稻瘟病菌（*Magnaporthe oryzae*）侵染引起的稻瘟病是全球水稻生产中极具破坏性的病害，严重威胁粮食安全。效应蛋白作为稻瘟病菌的关键致病因子，通过干扰宿主免疫反应促进侵染。但是，目前大部分已鉴定的植物病原真菌效应蛋白都具有 N-端信号肽，对无 N-端分泌信号肽的效应蛋白鲜有报道。

本研究聚焦稻瘟病菌无 N 端分泌信号肽的非典型效应蛋白 MoLEPA，发现其缺失突变体的致病性显著性降低。进一步分析表明 *MoLEPA* 基因缺失影响了稻瘟病菌附着胞萌发、膨压积累以及脂质代谢，从而影响稻瘟病菌的致病性；亚细胞定位观察发现，MoLepa 在烟草和水稻原生质体中均可定位于细胞核内；此外，异源表达 *MoLEPA* 则抑制病原相关分子模式（PAMP）激发的免疫反应，增强水稻感病性。通过酵母双杂交文库筛选，鉴定到水稻靶标蛋白 OsLIP1，其与 *MoLEPA* 在细胞核内互作，后续将进一步阐明 MoLepa 与 OsLIP1 的互作特点。相关结果有望揭示稻瘟病菌非典型效应蛋白的致病新机制，为抗病育种及靶向效应蛋白的绿色防控技术开发提供理论依据。

关键词：稻瘟病菌；非典型效应蛋白；植物与真菌互作；水稻免疫

---

* 第一作者：高大明，硕士研究生，主要从事水稻与病原真菌互作分子机理研究；E-mail：gaoyueyue321@foxmail.com
** 通信作者：汤蔚，副研究员，主要从事稻瘟病菌致病及其与水稻互作的机制研究；E-mail：tangweifafu@126.com
王宗华，教授，主要从事分子植物病理、真菌遗传、植物与微生物相互作用研究；E-mail：zonghuaw@163.com

基于染色体水平基因组研究木霉的进化及其对立枯丝核菌的重寄生作用[*]

林润茂[1][**]，尹雅萍[1][**]，张锋涛[1][**]，陈 迪[1]，王 睿[1]，
夏金凤[1]，薛 鸣[1]，郑爱萍[2][***]，刘 铜[1][***]

(1. 热带农林生物灾害绿色防控教育部重点实验室，海南省绿色农用生物制剂创制工程研究中心，海南大学三亚南繁研究院，热带农林学院，海口 570228；
2. 四川农业大学农学院，成都 611130)

摘 要：生防木霉的菌丝可缠绕和穿透重要病害立枯丝核菌菌丝，但是木霉重寄生作用的分子机制尚不清楚。本研究首次报道可重寄生立枯丝核菌的短梗木霉（*Trichoderma breve*）T069菌株的7条染色体序列，接着在全基因组水平上构建木霉28个物种62个菌株的系统发育树，并进一步通过分析揭示木霉和其他肉座菌科真菌的祖先具有重寄生担子菌的营养方式。通过木霉7个物种染色体水平基因组分析表明，相对于肉座菌科其他菌株，木霉物种获得1 205个特异基因家族，包括转录组因子、转运蛋白、碳水化合物水解酶、蛋白酶等；此外重寄生能力弱的里氏木霉（*T. reesei*）7条染色体均经历了基因组重排事件，且在重组区域丢失重寄生相关基因。通过分析木霉重寄生立枯丝核菌的转录组数据发现，短梗木霉、绿木霉（*T. virens*）和棘孢木霉（*T. asperellum*）的36个基因均上调表达，包括参与降解真菌细胞壁的4个蛋白酶基因和1个多糖裂解酶基因，参与营养物质运输的6个转运蛋白，以及可能影响菌丝生长的莽草酸激酶和异柠檬酸裂合酶基因；其中参与重寄生立枯丝核菌的蛋白酶S08家族*Prb*1基因已被报道。*Prb*1是木霉属的保守基因，其祖先基因曾经历基因复制事件，但其同源基因在重寄生立枯丝核菌过程中不表达，暗示了基因复制对木霉获得重寄生营养方式的重要作用。本研究首次在染色体基因组水平上系统解析生防木霉的进化特点和参与重寄生立枯丝核菌的重要基因和重寄生分子机制。

关键词：木霉；立枯丝核菌；染色体水平基因组；重寄生

---

[*] 基金项目：国家自然科学基金（32360641）
[**] 第一作者：林润茂，副教授，博士生导师，主要从事生物信息学和植物病理学研究；E-mail：linrm2010@163.com
尹雅萍，博士研究生，研究方向为植物病理学；E-mail：bioyapingyin@163.com
张锋涛，已毕业硕士研究生，研究方向为植物病理学；E-mail：yongfengz88@gmail.com
[***] 通信作者：郑爱萍，教授，博士生导师，主要从事植物病理学研究；E-mail：aipingzh@163.com
刘铜，教授，博士生导师，主要从事植物病理学与生物防治研究；E-mail：liutongamy@sina.com

2024 甘肃省小麦叶锈菌生理小种鉴定与分析[*]

马学娟[1][**]，张文涛[2]，张 勃[2]，闫红飞[1][***]，孟庆芳[1][***]，刘大群[1][***]

(1. 河北农业大学植物保护学院，保定 071000；
2. 甘肃省农业科学院小麦研究所，兰州 730070)

摘 要：小麦叶锈病是威胁全球小麦生产安全的一种重要病害。叶锈菌生理小种的不断变异常导致小麦抗叶锈基因以及抗性小麦品种的抗性丧失，造成小麦叶锈病的暴发流行，从而使小麦严重减产。因此，持续开展对小麦叶锈菌生理小种的鉴定与监测，对于了解抗病育种与锈病流行预测等具有重要意义。为明确甘肃地区小麦叶锈菌的生理小种类型，本试验对 2024 年从甘肃地区采集的小麦叶锈病标样经分离扩繁获得 60 株小麦叶锈菌菌株，经苗期致病型鉴定，采用 Long 等的密码命名系统进行小种命名，对小种组成、毒性频率等进行分析。结果表明，甘肃省 60 株小麦叶锈菌共检测出 16 个生理小种，其中优势小种主要为 THTS（25.00%）和 THTT（25.00%）。此外，THJT 出现了 5 次，出现频率为 8.33%；PHTT 和 PHJT 均出现了 3 次，出现频率为 5.00%，THKT 出现了 2 次，出现频率为 3.33%；其余 10 个小种均出现了 1 次，出现频率为 1.66%。毒性基因 $V9$、$V19$、$V24$、$V47$、$V53$ $V28$ 的出现频率均为 0%，目前在该地区没有对相应的抗叶锈基因致病的叶锈菌小种；$V29$ 的出现频率为 6.6%，$V25$ 的出现频率为 8.33%，均在 10% 以下，其对应的抗叶锈基因 $Lr29$、$Lr25$ 对大多叶锈菌小种具有良好的抗性，在抗病育种中具有较好的利用价值。毒性基因 $V10$、$V14a$、$V21$、$V26$ 的出现频率为 100%，其对应的抗叶锈基因 $Lr10$、$Lr14a$、$Lr21$、$Lr26$ 均已完全丧失抗性。本研究通过明确 2024 年我国甘肃省小麦叶锈菌生理小种组成与分布，为甘肃省小麦叶锈病的抗病育种、综合防控提供了理论依据。

关键词：小麦叶锈病菌；生理小种；苗期抗性；毒性频率

---

[*] 基金项目：河北省产业技术体系旱碱麦创新团队项目（11BCT2024030206）；河北省重点研发项目（21326508D）
[**] 第一作者：马学娟，硕士研究生，研究方向为资源利用与植物保护
[***] 通信作者：闫红飞，教授，主要从事植物病害防治与分子植物病理学研究
　　　　　　孟庆芳，副教授，主要从事植物病害防治与分子植物病理学研究
　　　　　　刘大群，教授，主要从事植物病害防治与分子植物病理学研究

MoPHO1 在稻瘟菌中的功能研究[*]

高润[**]，魏毅，张世宏[***]

(沈阳农业大学植物保护学院，辽宁省极端微生物重点实验室，沈阳 110866)

摘 要：由稻瘟病菌（*Magnaporthe oryzae*）引起的稻瘟病是水稻上重要的毁灭性真菌病害。酵母转录因子 PHO 在模式真核生物中具有重要功能，尤其在磷酸盐（Pi）的转运、分配及信号调控中发挥关键作用，已在酿酒酵母中被广泛研究。本研究聚焦于稻瘟菌 MoPHO1（Acid phosphatase PHO1），旨在解析其调控稻瘟菌致病力与生长发育的分子机制。通过基因敲除（Δ*MoPHO1*）、表型分析及分子互作研究，对 *MoPHO1* 基因在稻瘟病菌生长发育及致病过程中的功能进行研究。功能验证显示，Δ*MoPHO1* 突变体对水稻叶片致病力下降，孢子萌发率降低，附着胞形成率减少，有性生殖能力增强。*PHO1* 基因缺失后与野生型相比，PHO 通路相关基因显著下调，进一步证明了 *PHO1* 基因在 PHO 通路中起到至关重要的作用。

同时，在低磷环境下，突变体菌丝黑色素积累量显著提升，表明 *MoPHO1* 对稻瘟菌低磷环境下的营养生长起着关键作用。对突变体和野生型菌丝磷酸盐含量测定，发现 *PHO1* 基因的缺失导致了稻瘟菌体内磷酸盐含量的降低，进一步通过酸性磷酸酶活性检测发现，其具有酸性磷酸酶的活性，其活性缺失导致胞外磷酸获取能力下降，暗示其参与病原菌磷代谢与逆境适应。

综上，*MoPHO1* 通过组氨酸酸性磷酸酶结构域的磷酸酶功能调控环境适应性，激活 PHO 信号通路。

关键词：稻瘟菌；致病力；磷；有性生殖

---

[*] 基金项目：国家重点研发计划项目（2023YFD1400201）
[**] 第一作者：高润，博士研究生，主要从事分子植物病理学研究；E-mail：331203115@qq.com
[***] 通信作者：张世宏，教授，主要从事分子植物病理学、极端环境丝状真菌适应机制及应用研究；E-mail：zhangsh89@syau.edu.cn

基于微生物组学分析嫁接黄瓜根腐病罹病原因[*]

曹蜢[**]，陈怡铭，张宇萍，陈嘉乐，高玉峰[***]，贺字典[***]

（河北科技师范学院农学与生物科技学院，秦皇岛 066600）

摘 要：黄瓜根腐病的病原菌种类较多，不同地区优势病原菌不同。为明确河北省黄瓜根腐病病原菌，采用传统组织分离法、致病力测定和ITS序列分析，笔者鉴定了病原菌并采集黄瓜根腐病病株和相邻健株根际土壤，采用高通量测序技术，分析了黄瓜根腐病罹病的微生物组原因。结果表明：茄腐镰孢菌（*Fusarium solani*）是河北省黄瓜根腐病主要致病菌。罹病植株根际真菌优势属以 *Plectospaerella*、*Fusarium*、*Microascus*、*Botryotrichum* 等为主，其中镰孢菌中茄腐镰孢菌相对丰度为 80%，*Fusarium ematophilum* 为 0.8%，*Fusarium delphinoides* 为 0.2%，尖镰孢（*Fusarium oxysporium*）为 0.2%；健株则以 *Aspergillus*、*Acremonium*、*Clodotrhinum*、*Penicillium*、*Chrysosporium* 为主。罹病植株根际真菌的 CHAO1 指数、Shannon 和 Simpson 指数 α 多样性指数等均与健株差异显著（$p<0.05$）。β多样性指数表明第一主坐标（PC1）和第二主坐标（PC2）累计解释了真菌群落结构总变异量的 63.2%。同样，黄瓜根腐病罹病植株与健株根际细菌在属水平上差异明显。健株根际优势细菌属主要为 *Bacillum*、*Pseudomonas*、*Armaricoccus* 和 *Luteimonas*，病株则主要为 *Mycobacterium*、SBR1031、*Lysobacter* 和 *Luteimonas*。细菌β多样性指数表明 PC1 和 PC2 累计解释了土壤细菌群落结构总变异量的 46.5%。由此认为黄瓜根际细菌和真菌种群的演替特别是镰孢菌等真菌属的丰度增加是黄瓜根腐病发生的根本原因。

关键词：黄瓜根腐病；微生物组学；罹病原因；菌落演替

---

[*] 基金项目：河北省重点研发项目（22326501D）；河北省现代农业产业技术体系设施蔬菜和露地蔬菜创新团队项目（HBCT2023100210 和 HBCT2021200206）；河北省研究生创新项目（CXZZ202407）

[**] 第一作者：曹蜢，硕士研究生，主要从事蔬菜连作障碍生态修复研究；E-mail：1418700974@qq.com

[***] 通信作者：高玉峰，研究员，主要研究方向为土壤连作障碍生态修复；E-mail：qhdgyf1972@163.com

贺字典，教授，主要研究方向为蔬菜和中药材病害生物防治及土壤连作障碍生态修复；E-mail：zidianhe@163.com

广西百香果炭疽病病原鉴定及致病性测定[*]

赵思凡[1,2][**]，李 伟[2]，唐利华[1]，黄穗萍[1]，陈小林[1]，张 禹[1]，郭堂勋[1]，李其利[1][***]

(1. 广西农业科学院植物保护研究所，广西作物病虫害生物学重点实验室，
农业农村部华南果蔬绿色防控重点实验室，南宁 530007；
2. 长江大学生命科学学院，荆州 434025)

摘 要：百香果（*Passiflora edulis*）又名鸡蛋果、热情果或西番莲，属于多年生常绿攀缘木质藤本植物。百香果原产于热带和亚热带美洲，素有热带水果"果汁之王"的美誉。百香果营养丰富，具有食用、药用和保健等多种价值，在全球范围内得到广泛栽培。广西是中国最大的百香果产区，种植面积及产量均位于全国之首。炭疽病是百香果的主要病害之一，可为害百香果的叶片和果实，导致叶片病变和果实腐烂，造成严重的经济损失。为明确广西百香果炭疽病病原菌种类，笔者从广西不同地方 11 个果园采集具有典型症状的炭疽病害样本，经常规组织分离法从百香果果实和叶片样品中分离获得 40 个炭疽菌菌株。通过菌落形态、分生孢子、附着胞形态鉴定和核糖体转录间隔区序列（internal transcribed spacer，ITS）、3-磷酸甘油醛脱氢酶基因（glyceralde-hydes-3-phosphate dehydrogenase gene，GAPDH）、肌动蛋白基因（actin gene，ACT）、β-微管蛋白基因（β-tubulin gene，TUB2）、几丁质合酶基因（chitin synthase A gene，CHS-1）、钙调素基因（Calmodulin gene，CAL）等多基因位点序列分析对 40 个供试菌株进行鉴定，共鉴定出 10 种炭疽菌：多主炭疽菌（*C. plurivorum*）、平头炭疽菌（*C. truncatum*）、喀斯特炭疽菌（*C. karstii*）、暹罗炭疽菌（*C. siamense*）、巴西炭疽菌（*C. brasiliense*）、短孢炭疽菌（*C. brevisporum*）、*C. vittalense*、*C. liaoningense*、*C. guangdongense* 和 *C. citricola*，其中优势种为多主炭疽菌，占比 40%，其次是平头炭疽菌，占比 22.5%。致病性测定采用孢子液接种活体植株叶片和离体果实，结果表明，10 种炭疽菌对叶片和果实均有致病性，但不同种炭疽菌菌株的致病力存在显著差异。本研究在国内首次报道了 *C. vittalense*、*C. liaoningense*、*C. guangdongense* 和 *C. citricole* 可引起百香果炭疽病。

关键词：百香果；炭疽菌；形态学鉴定；多基因分析；致病性测定

---

[*] 基金项目：广西重点研发计划（桂科 AB22080068）
[**] 第一作者：赵思凡，硕士研究生，主要从事果树病害及其防治研究；E-mail：2027730896@qq.com
[***] 通信作者：李其利，研究员，主要从事果树病害及其防治研究；E-mail：65615384@qq.com

芒果叶点霉叶斑病病原鉴定

赵思凡[1,2][**], 李伟[2], 唐利华[1], 黄穗萍[1], 陈小林[1], 张禹[1], 郭堂勋[1], 李其利[1][***]

(1. 广西农业科学院植物保护研究所，广西作物病虫害生物学重点实验室，
农业农村部华南果蔬绿色防控重点实验室，南宁 530007；
2. 长江大学生命科学学院，荆州 434025)

摘 要：芒果（*Mangifera indica*）是一种以风味浓郁、营养丰富著称的热带水果，主要种植于我国的云南、广西、海南、四川攀枝花等地。2023 年 7 月，笔者在广西百色市田阳区（106°22′~107°09′E，23°29′~24°07′N）芒果种植园发现一种叶斑病，该病发病初期表现为近圆形或不规则黄褐色病斑，后逐渐扩展为褐色不规则病斑，外围伴有黄色晕圈。采用常规组织分离法获得一种真菌，该菌菌落有明显的深绿色色素沉积，表面呈颗粒状，边缘为不规则白色。分生孢子器黑色，埋生或半埋生，近球形至椭圆形，在基质上单生或聚生，具圆形孔口。产孢细胞棍棒状，顶端缢缩，产生无色单胞的卵圆形或近球形分生孢子，孢子顶端具单根附属丝。菌株形态学特征与叶点霉属（*Phyllosticta* spp.）的描述相符。采用引物 ITS1/ITS4、ACT-512F/ACT-783R 和 EF-728F/EF-986R 分别对 3 个代表菌株 TY6-1、TY8-1、TY9-1 的核糖体转录间隔区（ITS）、肌动蛋白（ACT）和翻译延伸因子（TEF）基因进行扩增测序。基于最大似然法构建的多基因联合系统发育树显示，分离菌株均与首都叶点霉（*P. capitalensis*）归为同一个分支。通过对活体芒果植株叶片接种孢子液（10^6 个孢子/mL）进行致病性测定，结果表明，接种孢子液的叶片均发病，而对照未发病。从接种发病的叶片再分离得到的菌株与接种菌株相同，完成了柯赫氏法则验证。目前国外已报道芒果叶点霉（*P. mangiferae*）、*P. brazilianiae* 可引起芒果叶斑病，但是国内仅发现摩尔叶点霉（*P. mortoni*）引起叶斑病，本研究是国内首次报道由首都叶点霉引起芒果叶斑病。

关键词：芒果叶斑病；*Phyllosticta capitalensis*；多基因系统发育；致病性测定；病原鉴定

---

[*] 基金项目：广西农业科学院基本科研业务专项（2021YT075）；广西重点研发计划项目（AB22080068）
[**] 第一作者：赵思凡，硕士研究生，主要从事果树病害及其防治研究，E-mail: 2027730896@qq.com
[***] 通信作者：李其利，研究员，主要从事果树病害及其防治研究；E-mail: 65615384@qq.com

半活体寄生真菌中 GAP 家族介导的氨基酸转运及其在致病过程中的功能分化研究*

包丽娜**，魏　毅，张世宏***

(沈阳农业大学植物保护学院，沈阳　110000)

摘　要：氨基酸通透酶（General Amino acid Permease，GAP）家族是一类大型且高度保守的膜转运蛋白。已有研究表明，GAP 家族成员在动植物中广泛参与宿主抗性形成及病原体侵染过程，在维持细胞营养稳态及调控病原-宿主互作中发挥关键作用。然而，其在半活体寄生真菌中的生物学功能及其致病过程中的作用机制仍不清晰。本研究以典型半活体寄生真菌稻瘟菌（*Magnaporthe oryzae*）和禾谷类炭疽菌（*Colletotrichum graminicola*）为对象，结合致病阶段的转录表达谱、氮饥饿处理和氧化胁迫实验，系统解析了 GAP 家族成员在致病过程中的表达特征及其氨基酸转运功能分化。

结果表明：①通过与酿酒酵母 GAP1 蛋白序列比对，在稻瘟菌中鉴定出 3 个具有较高同源性的 GAP 基因（*MoGAP*1、*MoGAP*2、*MoGAP*3），在炭疽菌中鉴定出 2 个同源基因（*CgGAP*1、*CgGAP*2）；②稻瘟菌和炭疽菌中 GAP 基因缺失突变体的致病力均显著减弱，且 *MoGAP*1、*MoGAP*3 缺失突变体的分生孢子产量显著下降，*CgGAP*1 缺失突变体也表现出类似表型；③在稻瘟菌中，*MoGAP*1 和 *MoGAP*2 在从活体营养阶段向死体营养阶段过渡过程中发挥调控作用，*MoGAP*3 则在活体营养阶段高表达，参与早期侵染和定殖。在氮饥饿条件下，*MoGAP*1 缺失导致菌丝对外源谷氨酸、谷氨酰胺和天门冬氨酸的响应能力显著下降，*MoGAP*3 缺失显著降低天门冬氨酸和天门冬酰胺的利用效率。在氧化胁迫条件下，野生型稻瘟菌能够在以天门冬氨酸为唯一氮源的培养基中正常生长，而 *MoGAP*2 缺失突变体则完全失去该能力，表明其在胁迫状态下介导天门冬氨酸吸收过程中具有不可替代的功能；④在炭疽菌中，*CgGAP*1 在死体营养阶段表达显著上调，*CgGAP*2 则在侵染前期高表达，可能分别参与宿主组织的营养降解与吸收及早期侵染结构形成。在氮饥饿条件下，*CgGAP*1 缺失导致色氨酸和半胱氨酸的吸收受限，*CgGAP*2 缺失则显著减弱谷氨酸、谷氨酰胺、色氨酸、苏氨酸及半胱氨酸的转运能力。在氧化胁迫条件下，*CgGAP*1 缺失菌株对半胱氨酸的吸收能力显著下降，*CgGAP*2 缺失则阻碍谷氨酸、谷氨酰胺、色氨酸、苏氨酸、半胱氨酸和组氨酸的有效吸收与转运。综上所述，本研究系统阐明了 GAP 家族成员在稻瘟菌与炭疽菌致病过程中的关键作用，揭示了其在氮饥饿与氧化胁迫条件下对病原菌营养适应性和致病力的协同调控机制。研究结果丰富了病原菌-宿主互作中氨基酸转运调控网络的理论认知，为从分子水平优化作物氮素管理及开发靶向防控策略提供了重要参考。

关键词：氨基酸通透酶；半活体寄生菌；氨基酸转运；氧化胁迫；致病机制

---

* 基金项目：国家重点研发计划（2023YFD1400201）
** 第一作者：包丽娜，博士研究生，主要从事植物与病原菌互作机理研究；E-mail：1023135628@qq.com
*** 通信作者：张世宏，教授，主要从事分子植物病理及极端环境真菌资源发掘与利用研究；E-mail：zhangsh89@syau.edu.cn

柑橘响应轮斑病菌侵染的转录组分析[*]

陈泉[1,2][**]，段振刚[1,2]，邓家锐[3]，何锦辉[4][***]

(1. 重庆三峡农业科学院，重庆 404155；2. 重庆三峡学院，重庆 400401；
3. 城固县果业技术指导站，城固 723200；
4. 重庆市万州区经济作物发展中心，重庆 400401)

摘 要：为研究柠檬（*Citrus limon*）响应轮斑病菌（*Pseudofabraea citricarpar*）侵染后的基因表达模式，分析抗病的分子机制，笔者以接种轮斑病菌后0d（P组）、7d（T组），接种PDA块后7d（C组）的'尤力克'柠檬叶片为材料进行转录组测序和生物信息学分析。结果表明，共获得了59.74 Gb Clean Data，测序质量符合要求。T组与P组中，上调和下调的差异基因数量分别为48个、56个，而T组与C组中，上调和下调的差异基因数量分别达到2 755个、2 112个，且主要富集在分子功能。KEGG分析显示，T组与C组相比，差异基因主要注释到MAPK信号通路-植物、淀粉和蔗糖代谢、植物与病原菌的相互作用等通路中。进一步分析发现，'尤力克'叶片被轮斑病菌侵染7d后，FLS2的24个已知成员得到不同程度抑制，MEKK1、MKK4/5、WRKY33、WRKY22、PR1、糖苷水解酶家族的大多数成员均上调表达，钙调蛋白激酶的5个成员、CaLM/CML 24个成员均上调表达。另外，感病柠檬叶片内乙烯、H_2O_2下游激酶和响应因子表达大部分上调。转录因子分析显示，WRKY和ERF/DREB是最主要的家族，其大部分成员均受轮斑病菌诱导正调控，其中11个成员表达量均达对照20倍以上。选取了5个与抗病相关基因进行qRT-PCR分析，其基因表达趋势与测序数据一致。研究最终获得了柠檬叶片响应柑橘轮斑病菌侵染的差异表达基因，其主要富集于MAPK信号通路-植物、淀粉和蔗糖代谢和植物-病原体相互作用等通路中，这些基因的相互协同调控是柠檬对轮斑病菌产生防御反应的重要机制。

关键词：柑橘；轮斑病菌；转录组；差异表达基因

---

[*] 基金项目：重庆市教育委员会科学技术研究项目（KJ202301289858551，KJ2024012118654128）；重庆市现代山地特色高效农业产业技术体系创新团队专项（CQMAITS20240507）
[**] 第一作者：陈泉，正高级农艺师，主要从事植物病理学研究；E-mail：chenquan0616@126.com
[***] 通信作者：何锦辉，农艺师，主要从事果树栽培与病害防控工作；E-mail：334634330@qq.com

果生炭疽菌 CfWEE1 激酶调控分生孢子发育及致病的机制研究

李朝辉[1]**，孙彤彤[1,2]，程立[1,3]，孙伟波[1]，刘凤权[1,4]，赵延存[1]***

(1. 江苏省农业科学院植物保护研究所，南京 210014；2. 南京农业大学植物保护学院，南京 210095；3. 安徽师范大学生命学院，芜湖 241002；4. 贵州大学农学院，贵阳 550025)

摘 要：由果生炭疽菌（Colletotrichum fructicola）引起的梨炭疽病是制约我国梨产量和品质的重要病害。分生孢子作为病害的初侵染和再侵染源，在炭疽病的病害循环中发挥着关键作用。阻碍分生孢子的形成或发育能够有效减少病害的发生和传播。本研究在果生炭疽菌中筛选鉴定到一个调控孢子形态和产量的关键基因 CfWEE1，该基因的敲除和过表达均会导致分生孢子形态畸形。ΔCfwee1 突变体的分生孢子表现为短小圆形、水滴形和不规则缢缩的棒状等；而 CfWEE1 过表达菌株的分生孢子体积增大、长度延长且伴有轻微不规则收缩。对产孢菌丝进行隔膜染色和核荧光标记发现，野生型菌株瓶梗上着生的分生孢子发育到一定长度后，瓶梗内才发生核分裂，成熟孢子仅包含 1 个细胞核；而 ΔCfwee1 菌株的瓶梗即使在孢子未完全伸长时便已完成核分裂，分裂后核即进入畸形孢子中，并且部分畸形孢子仍继续核分裂，呈现多核现象。对微管蛋白 Tubulin 进行荧光标记和显微观察发现，ΔCfwee1 产孢结构中 Tubulin 存在异常聚集现象，且在未成熟的分生孢子中的分布缺乏极性。以上结果表明，CfWEE1 或通过精准调控核分裂时序及细胞骨架蛋白的动态分布，进而决定分生孢子的形态建成。接种分析表明，CfWEE1 缺失显著降低分生孢子的萌发率和附着胞形成率，并显著削弱对梨叶片和果实的致病力，证明其在侵染过程中的核心调控作用。为进一步揭示相关分子调控机制，我们构建了内源表达 CfWEE1-GFP 融合蛋白的菌株，结合 GFP-Trap Beads 进行 Pull-down 及质谱分析，鉴定出包括细胞周期蛋白依赖性激酶 CDC28、PP2A 调控亚基（CDC55、PPH21、TPD3）、Rho 家族 GTP 酶（CDC42、RHO1）、Septin 家族蛋白（CDC3、CDC10）、超氧化物歧化酶 SOD1 及多种细胞周期调控因子在内的候选互作蛋白。这些因子可能与 CfWEE1 形成功能复合体，共同调控分生孢子的发育与致病性，为后续深入解析其调控网络提供了重要线索。

关键词：果生炭疽菌；WEE1 激酶；分生孢子；形态建成；致病性

---

* 基金项目：国家自然科学基金项目（32472525，31901837）；国家梨产业技术体系（CARS-28）
** 第一作者：李朝辉，副研究员，主要从事植物病原真菌致病分子机理研究，E-mail：chaohuili@yeah.net
*** 通信作者：赵延存，研究员，主要从事植物病理学研究，E-mail：zhaoyc27@126.com

Fusarium solani f. sp. *piperis* 侵染大豆引起根腐病的首次报道*

姚砚文**，宋佳亿，罗莹莹，孙伟娜，殷丽华，左豫虎***

(黑龙江八一农垦大学，国家杂粮工程技术研究中心，
黑龙江省作物-有害生物互作生物学及生态防控重点实验室，大庆 163319)

摘 要：近几年黑龙江省多处大豆生产田发现一种新病害，大豆初花期叶片上出现圆形到不规则形状的淡黄褪绿病斑，到结荚初期病斑进一步扩大、融合，脉间大片褪绿或坏死，发病严重植株叶片卷曲呈烧焦状，叶片脱落，叶柄不脱落，鼓粒期植株死亡。显症叶片上无病征，分离不到致病菌。大豆茎基部和根部变褐腐烂，极易拔出土壤，病斑可从主根向茎部延伸 1~2 个节，根和茎基部可见白色或粉色霉层，纵向剖开茎可见髓周变褐，髓白色。罹病没死亡的植株收获期豆荚瘪小、粒数减少，发病严重田减产 30%以上。为明确其致病菌，采用组织分离法从带有粉色霉层的根茎发病部位分离纯化获得 11 个分离株；利用孢子稀释法从粉色霉层分离纯化获得 3 个分离株，14 个分离株在 PDA 平板上菌落形态一致。采用大豆黄化苗下胚轴创伤接种法（袁素娟，2023）接种菌丝块，发现分离株均可使黄化苗下胚轴变褐、坏死，从接种发病黄化苗下胚轴可再分离得到与接种菌株菌落和显微形态一致的菌株。选取 LBHF-F-11 菌株，在 PD 培养液中 170 r/min 摇培 8 d，过滤获得粗毒素滤液，采用毒素接种法（Radwan，2013），将真叶展开的大豆幼苗从子叶节痕处剪去根，然后将幼苗插入装有 30 mL 稀释 30 倍培养滤液的 50 mL 离心管中，置（20±2）℃光照培养间培养，8 d 后真叶脉间出现黄色褪绿斑点，18 d 后褪绿斑进一步扩大，呈现脉间褪绿及叶片坏死，与田间症状相似。LBHF-F-11 菌株在 PDA 培养基上初期菌落为白色，培养 5 d 后产生粉色色素渗入培养基，气生菌丝絮状，菌落圆形边缘规则。PD 培养液 20℃ 170 r/min 振荡培养 8 d 后可见大型分生孢子和小型分生孢子，大型分生孢子镰刀型，3~5 个隔，大小为（16.90~35.90）μm×（2.25~4.95）μm（$n=50$）；小型分生孢子肾型或椭圆形，两端钝圆，0~1 个隔，大小为（6.76~11.90）μm×（2.01~3.75）μm（$n=50$）。根据上述的形态特征，LBHF-F-11 菌株符合镰刀菌属 *Fusarium* 的特征描述（Burgess，1994），将其初步鉴定为镰刀菌。提取 LBHF-F-11 菌株的 DNA，并使用镰孢菌鉴定常用内转录间隔区（ITS）和转录延伸因子 1-α（EF1-α）序列引物进行扩增和测序，利用 NCBI 数据库 Nucleotide Blastn 功能比对，结果显示该菌与茄腐镰孢菌 *Fusarium solani* 序列相似度为 89%~100%。基于 ITS 和 EF1-α 基因构建茄腐镰孢菌多基因联合系统发育树，结果表明，该菌与 *Fusarium solani* f. sp. *piperis* 聚类在同一分支。目前，仅有 *F. solani* f. sp. *piperis* 侵染胡椒 *Piper nigrum* 引起根腐病（Juliana，2007）的报道，本文是 *F. solani* f. sp. *piperis* 侵染大豆引起叶斑型大豆根腐病的首次报道。

关键词：大豆；根腐病；分离鉴定；*Fusarium solani* f. sp. *piperis*

---

* 基金项目：2025 年农业农村部政府购买项目（072507020）
** 第一作者：姚砚文，博士研究生，主要从事植物病理学研究；E-mail：yaoyanwen729@163.com
*** 通信作者：左豫虎，教授，主要从事植物病理学教学与研究；E-mail：zuoyuhu@163.com

基于 RAA-CRISPR/Cas12a-LFD 的栗疫病菌可视化检测技术的建立[*]

吴浩雨[**]，林晓榕，熊典广[***]，田呈明

（北京林业大学林学院，林木资源高效生产全国重点实验室，北京 10083）

摘 要：由寄生隐丛赤壳（*Cryphonectria parasitica*）引起的栗疫病是一种危害严重的枝干病害。近年来，栗疫病在我国部分地区发生严重，甚至对板栗园的健康发展构成了极大威胁。在病害发生初期准确、快速地检测出栗疫病菌，有助于提前采取相应的防控措施。本研究选择栗疫病菌 *CpSge*1（Gti1/Pac2 转录因子家族）作为检测靶标，采用重组酶辅助扩增（RAA）反应特异性扩增靶标基因，并利用 CRISPR/Cas12a 体系切割靶标和荧光探针，最后利用侧向流试纸条（LFD）实现栗疫病菌的可视化检测。该体系筛选获得了针对栗疫病菌 *CpSge*1 基因 RAA 扩增反应的最优引物对，建立了基于 RAA-CRISPR/Cas12a-LFD 的可视化检测体系，在 37℃恒温反应条件下可快速检测栗疫病菌。该体系的检测灵敏度为 1 pg/μL，具有反应温度易达到、高特异性、高灵敏度和易操作等优点，适合在野外或缺乏实验室检测设备的场景下进行栗疫病菌的检测。初步研究表明 RAA-CRISPR/Cas12a 检测法在栗疫病菌的早期诊断和现场检测方面具有很大的潜力。

关键词：栗疫病菌；重组酶辅助扩增（RAA）；CRISPR/Cas12a；侧向流试纸条（LFD）；可视化检测

---

[*] 基金项目：国家重点研发计划课题"商品林重大病虫害扩散演变规律及其灾变机理研究"（2023YFD1401301）

[**] 第一作者：吴浩雨，硕士研究生，主要从事森林保护研究；E-mail：wuhy7693@163.com

[***] 通信作者：熊典广，副教授，主要从事森林保护研究；E-mail：xiongdianguang@126.com

柑橘褐斑病菌 AaSNF4 基因功能初步研究

唐科志**，唐飞艳

（西南大学柑桔研究所，重庆 400712）

摘 要：蔗糖非发酵（Sucrose non-fermenting 1，SNF1）蛋白激酶复合体是对真菌生长发育和致病力发挥重要作用且高度保守的异源三聚体蛋白，包含 1 个催化亚基 α，两个调节亚基 β、γ。前期研究表明 α 亚基 Snf1 在柑橘褐斑病菌碳源利用和致病性方面具有重要作用。为了解 SNF1 复合体其他亚基在柑橘褐斑病菌中的功能，我们对柑橘褐斑病菌 Z7 菌株的蛋白序列进行搜索，鉴定到 1 个 γ 亚基 SNF4。通过基因敲除及回补技术，分析 AaSNF4 基因在柑橘褐斑病菌中生物学功能。结果显示，与野生型和互补菌株相比，突变体产孢量降低且孢子萌发迟缓，对糖和部分盐胁迫更敏感；生长速度在不同单一性碳源的 MM 培养基上受到不同程度抑制；突变体对寄主的致病能力显著降低。初步证明 AaSNF4 基因参与调控柑橘褐斑病菌的产孢、孢子萌发、胁迫应答、碳源利用及致病性。研究结果为柑橘褐斑病菌致病机理研究和病害防控的分子靶标提供一定的理论基础。

关键词：柑橘褐斑病菌；AaSNF4；碳源利用；致病性

---

* 基金项目：国家现代农业产业技术体系专项（CARS-26）
** 通信作者：唐科志，研究员，主要从事柑橘病害致病机理和防控技术研究；E-mail：tangkezhi@cric.cn

bHLH 转录因子 UvBhlh1 和 UvBhlh6 协同调控稻曲病菌致病机制的研究[*]

曹慧娟[**]，刘永锋[***]

(江苏省农业科学院植物保护研究所，南京 210014)

摘 要：稻曲病是由稻曲病菌引起的水稻穗部真菌病害，严重威胁水稻产量和稻米安全。近年来，该病害在我国的发生呈逐年加重的趋势，但其致病分子机制尚未完全明确，制约了其高效防控策略的开发。bHLH 转录因子在真菌的物质代谢及致病过程中具有重要作用。本研究聚焦稻曲病菌中的 10 个 bHLH 转录因子，通过 CRISPR-Cas9 系统与同源重组相结合的基因敲除技术，成功构建了 *UvBHLH*1 和 *UvBHLH*6 的基因缺失突变体（Δ*UvBhlh*1 和 Δ*UvBhlh*6）。接种实验表明，Δ*UvBhlh*1 和 Δ*UvBhlh*6 完全丧失致病力；进一步的显微观察证实此两个突变体在接种后无法侵染水稻花丝和柱头等花器官，表明 UvBhlh1 和 UvBhlh6 为稻曲病菌致病的关键因子。bHLH 结构域的作用特点之一是可以与自身或其他 bHLH 蛋白形成同源或异源二聚体，结合于下游靶标基因启动子区的同一位点或不同位点，协同或拮抗调控下游靶标基因的表达。通过酵母双杂交（Y2H）和双分子荧光互补（BiFC）实验，证实了稻曲病菌中 UvBhlh1 与 UvBhlh6 自身的相互作用和两者之间的相互作用，表明 UvBhlh1 与 UvBhlh6 可通过形成同源或异源二聚体协同调控下游靶标基因的表达。综上，本研究揭示了 bHLH 转录因子 UvBhlh1 和 UvBhlh6 通过二聚化协同调控稻曲病菌致病的分子机制，其下游靶标基因及调控网络有待进一步深入解析。

关键词：稻曲病菌；bHLH 转录因子；UvBhlh1；UvBhlh6；致病性

---

[*] 基金项目：国家自然科学基金面上项目 (32272512)
[**] 第一作者：曹慧娟，副研究员，主要从事稻曲病菌致病机制研究；E-mail: caohuijuan@jaas.ac.cn
[***] 通信作者：刘永锋，研究员，主要从事水稻真菌病害致病机制和生物防治技术研究；E-mail: Liuyf@jaas.ac.cn

稻曲病菌植物细胞壁降解酶活性测定及其与致病力相关性分析

高永煌[1,2]**，俞咪娜[2]，王云鹏[1]，靳丛[1]，刘永锋[2]***

(1. 淮阴工学院，淮安 223001；2. 江苏省农业科学院植物保护研究所，南京 210014)

摘 要：植物细胞壁降解酶（PCWDEs）是病原菌的重要致病因子。为明确 PCWDEs 在稻曲病菌侵染水稻中的作用，本研究首先基于碳水化合物活性酶数据库 CAZy 成功鉴定 46 个 PCWDEs 编码基因；比较基因组学分析表明，稻曲病菌的 PCWDEs 数量与活体营养型病原菌相似，显著少于半活体营养型和腐生型病原菌。转录组动态分析显示，稻曲病菌中 $UV8b\_01537$、$UV8b\_03436$ 和 $UV8b\_04918$ 等 3 个关键基因在接种水稻 48 h 后显著上调表达，编码蛋白分别参与纤维素、半纤维素和淀粉的降解。基于对硝基苯酚显色底物检测 2 个强致病菌株的酶活发现，PS 培养基、水稻叶片和穗组织培养液均能诱导稻曲病菌分泌 α-葡萄糖苷酶、β-葡萄糖苷酶和 β-木聚糖酶，且 3 种水解酶的总活性呈现明显的时序性变化，且在培养 4 d 达到峰值，与致病力呈负相关；穗组织培养液诱导的总酶活性显著低于叶片组织，推测稻曲病菌可能通过调控 PCWDEs 的表达谱来适应不同组织微环境。本研究鉴定出 3 个在侵染早期显著上调的 PCWDEs 基因，为稻曲病菌致病基因克隆提供了关键候选基因，结果也揭示稻曲病菌可通过差异表达 PCWDEs 基因及动态调节酶活性以适应水稻的组织特异性微环境，为深入解析病菌特异性侵染水稻穗部的环境信号感知机制提供研究线索。

关键词：稻曲病；植物细胞壁降解酶；酶活性；水稻组织

---

* 基金项目：国家自然科学基金（32272512）；海南省种业实验室资助项目（B23YQ1514/B23CQ15EP）
** 第一作者：高永煌，硕士研究生，主要从事水稻稻曲病致病机制研究；E-mail：1059435586@qq.com
*** 通信作者：刘永锋，研究员，主要从事水稻病害和生物防治研究；E-mail：liuyf@jaas.ac.cn

UvCPK2 调控稻曲病菌有性生殖的分子机制研究

李鸯，潘夏艳，曹慧娟，刘永锋

（江苏省农业科学院植物保护研究所，南京 210014）

摘 要：稻曲病菌的有性生殖对其生活史至关重要，其中菌核和子座原基的形成受交配型基因的严格调控。前期研究表明，交配型基因 *UvMAT*1-1-3 在调控菌核及子座原基发育中起关键作用。为进一步揭示其分子调控机制，本研究以 UvMAT1-1-3 为诱饵，通过酵母双杂交（Y2H）技术筛选到一个编码 PKA 信号通路催化亚基的互作蛋白 UvCPK2。通过农杆菌转化法，成功构建 Δ*UvCPK2* 突变体。表型分析显示，与野生型 MAT1-1 菌株 P1 相比，*UvCPK2* 缺失影响菌丝生长；Δ*UvCPK2* 突变体对 NaCl、sorbitol 和 H_2O_2 的敏感性均降低。qRT-PCR 结果显示 Δ*UvCPK2* 突变体中 *UvMAT*1-1-3 的表达量较野生型下降。该研究表明，*UvCPK2* 参与了稻曲病菌对盐胁迫及氧化胁迫反应并可能通过调控交配型基因的表达影响有性生殖。此外，Pull-down 实验验证 UvCPK2 与 UvMAT1-1-3 互作，进一步的 Y2H 实验发现，UvCPK2 与稻曲病菌交配型基因座 MAT1-1 基因座各基因——UvMAT1-1-1、UvMAT1-1-2 及假基因 pseudoMAT1-2-1 均发生互作，暗示 *UvCPK2* 可能在交配型基因调控网络中发挥关键作用。

综上所述，本研究表明 *UvCPK2* 参与调控稻曲病菌的营养生长、渗透胁迫及氧化应激响应，并可能通过影响 *MAT*1-1 基因座各基因的表达发挥作用。后续研究将进一步探究 *UvCPK2* 在致病性及有性生殖中的具体作用机制。

关键词：稻曲病菌；有性生殖；激酶；PKA 信号通路

---

* 基金项目：国家自然科学基金面上项目（32272512）
** 第一作者：李鸯，博士研究生，主要从事稻曲病菌的有性生殖研究；E-mail：2021202006@stu.njau.edu.cn
*** 通信作者：刘永锋，研究员，主要从事植物病害致病机制及其防控技术研究；E-mail：liuyf@jaas.ac.cn

稻曲病菌海藻糖酶的功能研究

潘夏艳[1]**，张舒琪[1,2]，李鸢[1]，刘永锋[1,2]***

(1. 江苏省农业科学院植物保护研究所，南京 210014；
2. 南京农业大学植物保护学院，南京 210014)

摘 要：稻曲病是危害水稻穗部的主要真菌病害，不仅导致严重减产，其产生的真菌毒素还会污染稻米，威胁食品安全。前期研究发现，稻曲病菌侵染过程中宿主海藻糖代谢通路特异性激活。为明确海藻糖代谢在稻曲病菌致病性中的功能，本研究通过生物信息学分析鉴定出稻曲病菌2个海藻糖酶基因：中性海藻糖酶 *UvNTH* 和酸性海藻糖酶 *UvATH*，其在侵染后期的表达量显著上调。利用农杆菌介导转化技术成功构建 Δ*UvNTH*、Δ*UvATH* 敲除突变体及回补菌株，发现 Δ*UvNTH* 气生菌丝减少、分生孢子变长、厚垣孢子形成显著降低、厚垣孢子萌发异常。Δ*UvNTH* 接种水稻穗部后能够成功完成花丝定殖和侵染，但后期稻曲球发育严重受阻。进一步研究发现，UvNTH 特异性参与胞外海藻糖水解，为稻曲病菌提供碳源支持其生长。该研究揭示稻曲病菌可能通过劫持宿主海藻糖代谢实现致病的分子机制，为开发基于海藻糖代谢干扰的绿色防控策略提供了靶标。

关键词：稻曲病菌；海藻糖酶；海藻糖；稻曲球

---

* 基金项目：国家基金面上项目（32272512）；江苏省农业科技自主创新资金 [CX (24) 3014]
** 第一作者：潘夏艳，副研究员，主要从事水稻病害防控研究；E-mail：panxy@ jaas. ac. cn
*** 通信作者：刘永锋，研究员，主要从事水稻病害防控研究；E-mail：liuyf@ jaas. ac. cn

稻瘟病菌 MFS 转运蛋白 MoMfs1 和 MoMfs3 在稻瘟病菌致病性及多药抗性的功能分析*

齐中强**，郭云霞，陈婉东，肖淑敏，刘永锋***

(江苏省农业科学院植物保护研究所，南京 210014)

摘 要：由稻瘟病菌（*Magnaporthe oryzae*）引起的稻瘟病是水稻生产上一种最具破坏性的真菌病害，严重威胁我国的水稻生产安全。质子依赖型 MFS 转运蛋白在生物体营养物质和代谢产物的转运、病原菌抗药性以及神经信号传导等生物过程中起着重要作用。为了明确 MFS 转运蛋白在稻瘟病菌致病过程中的功能，利用转录组分析发现 2 个 MFS 转运蛋白 MoMfs1 和 MoMfs3 在稻瘟病菌侵染阶段显著上调表达，进一步通过基因敲除获得了 2 个基因的敲除突变体。生长速率检测表明 MoMFS1 和 MoMFS3 敲除突变体 Δ*Momfs*1 和 Δ*Momfs*3 在 CM、MM 培养基上生长速率均降低；显微观察发现 Δ*Momfs*1 和 Δ*Momfs*3 附着胞形成与野生型 *Guy*11 没有差别。多药抗性分析表明 Δ*Momfs*1 对嘧菌酯、丙环唑、咪鲜胺和多菌灵敏感性显著增强，而 Δ*Momfs*3 对嘧菌酯、丙环唑和咪鲜胺敏感性显著增强，但对多菌灵耐受性显著增强。致病性分析表明 Δ*Momfs*3 致病性较野生型显著降低，但 Δ*Momfs*1 致病性没有变化，侵染观察发现 Δ*Momfs*3 在水稻细胞中的扩展能力存在缺陷。进一步对 Δ*Momfs*3 突变体附着胞形成液进行了代谢组测定，经过数据库注释和分析，发现 Δ*Momfs*3 突变体附着胞形成液中下调的代谢物共计 17 种 180 个，为氨基酸、鞘氨醇、生物素、信号分子、抗菌物质和毒素等。定位分析表明 MoMfs1 定位在细胞壁，MoMfs3 定位在液泡和囊泡中。综上所述，MFS 转运蛋白 MoMfs1 和 MoMfs3 参与了稻瘟病菌的生长发育和对杀菌剂的外排，尤其是 MoMfs3 参与了稻瘟病菌的致病性，且对次生代谢物的分泌发挥着重要作用。

关键词：稻瘟病菌；MFS 转运蛋白；致病性；外泌

---

* 基金项目：国家自然科学基金面上项目（31871921）
** 第一作者：齐中强，副研究员，主要从事植物病理学研究，E-mail: 20130019@ jaas. ac. cn
*** 通信作者：刘永锋，研究员，主要从事水稻真菌病害致病机制和生物防治技术研究，E-mail: Liuyf@ jaas. ac. cn

2020—2024 年江淮稻区稻瘟病无毒基因分布特征及优势无毒基因型分析*

肖淑敏**，齐中强，郭云霞，陈婉东，刘永锋***

（江苏省农业科学院植物保护研究所，南京 210014）

摘　要：由稻瘟病菌（*Magnaporthe oryzae*）引起的稻瘟病严重威胁我国水稻生产安全。稻瘟病菌无毒基因分布特征的分析可为抗病品种的选育、科学布局和合理轮换提供理论依据。本研究利用国际水稻研究所 24 个抗病基因单基因系，对江淮稻区 2020—2024 年分离的 2 660 份稻瘟病菌进行致病性测定，进一步分析无毒基因的频率、分布特征及优势无毒基因型。年度分析结果表明，2020—2024 年江淮稻区优势无毒基因中均含有 *Avr-Pi5*、*Avr-Piz5*、*Avr-Pik*，其频率均在 65% 以上；*Avr-Pi19*、*Avr-Pi9*、*Avr-Pib* 出现频率较低，均在 20% 以下；2020—2022 年，*Avr-Pi20* 频率达到 65.89%，为优势无毒基因；2023 年 *Avr-Pikh*、*Avr-Piz* 出现频率均达到 65% 以上，为优势无毒基因型。地域分析结果表明，2020—2024 年苏北、苏中、苏南 3 个地区优势无毒基因型均包含 *Avr-Piz5*、*Avr-Pi5*、*Avr-Pik*，其出现频率均在 60% 以上。此外，苏北地区优势无毒基因型还包括 *Avr-Pi12*、*Avr-Piz*，苏中地区包括 *Avr-Pikh*、*Avr-Pi20*、*Avr-Pikp*。相同地区在不同时期的优势无毒基因型会出现差异，2020 年苏中地区稻瘟病菌优势无毒基因为 *Avr-Piz5*、*Avr-Pi5*、*Avr-Pik*、*Avr-Pii*、*Avr-Pi20*、*Avr-Pita2*，频率达到 65% 以上；2023 年苏中地区稻瘟病菌优势无毒基因为 *Avr-Piz5*、*Avr-Pik*、*Avr-Pikp*、*Avr-Pi1*、*Avr-Piz*，频率达到 65% 以上。综上所述，2020—2024 年江淮稻区优势无毒基因为 *Avr-Piz5*、*Avr-Pi5*、*Avr-Pik*，它们对应的抗病基因在江淮稻区应用潜力大；同时江淮稻区不同区域和不同年份的优势无毒基因型也会出现差异，因此可以针对性地进行抗病品种的布局和轮换。本研究结果明确了江淮稻区 2020—2024 年稻瘟病菌无毒基因分布特征和优势无毒基因型，可为江淮稻区抗病育种及抗病品种的科学布局提供参考。

关键词：稻瘟病菌；无毒基因；优势无毒基因型；分布特征

---

* 基金项目：江苏省种业振兴揭榜挂帅项目（JBGS〔2021〕005）
** 第一作者：肖淑敏；E-mail：1535677655@qq.com
*** 通信作者：刘永锋，研究员，主要从事植物病理学研究；E-mail：Liuyf@jaas.ac.cn

Transcriptomic Analysis Reveals the Mechanism of the Key Pathogenic Small RNA MilR87 in *Fusarium oxysporum* f. sp. *cubense**

He Chengcheng[1][**], Situ Junjian[1][**], Li Zifeng[1], Kong Guanghui[1,2],
Xi Pinggen[1,2], Jiang Zide[1,2][***], Li Minhui[1,2][***]

(1. *College of Plant Protection, South China Agricultural University, Guangzhou 510642, China*; 2. *Guangdong Province Key Laboratory of Microbial Signals and Disease Control, South China Agricultural University, Guangzhou 510642, China*)

Abstract: Banana (*Musa* spp.), a critical global staple and cash crop, faces severe threats from Fusarium wilt caused by *Fusarium oxysporum* f. sp. *cubense* Tropical Race 4 (*Foc* TR4). Elucidating the molecular pathogenesis of *Foc* TR4 and its immune regulatory network with the host will provide a theoretical basis for developing novel control strategies targeting host resistance genes. Our previous study identified a pathogenic microRNA-like RNA (milRNA), *Foc*-milR87, which targets the banana salicylic acid pathway gene *MaPTI6L* to promote infection. In this study, we analyzed transcriptomic data from banana roots infected with wild-type *Foc* TR4 (XJZ2) and *Foc*-milR87 knockout mutant (Δ*Foc*-milR87) to further investigate the role of *Foc*-milR87 in pathogenesis. Key findings include: Knockout of the *Foc*-milR87 precursor significantly impaired the ability of *Foc* TR4 to infect and colonize banana roots. Transcriptomic profiling revealed that *Foc*-milR87 modulates host signaling pathways related to salicylic acid, ethylene, and abscisic acid, thereby facilitating infection. Predictive analysis of transcription factors implicated WRKY, ERF, and bHLH families as potential downstream targets, suggesting that *Foc*-milR87 may manipulate these regulators to reprogram host immunity. This study provides mechanistic insights into the function of fungal milRNAs during early infection stages and offers new perspectives for improving banana resistance against Fusarium wilt through RNA-based regulation.

Key words: Banana Fusarium wilt; milRNA; Salicylic Acid Signaling Pathway

---

* Funding: Natural Science Foundation of Guangdong Province, China (2023A1515012965); China Agriculture Research System of MOF and MARA (CARS-31-09)
** First authors: He Chengcheng, postgraduate; E-mail: 2753226029@qq.com
   Situ Junjian, associate professor; E-mail: Junjianst@scau.edu.cn
*** Corresponding authors: Jiang Zide, professor; E-mail: zdjiang@scau.edu.cn
    Li Minhui, associate professor; E-mail: liminhui@scau.edu.cn

海南芒果炭疽病的病原菌种群分析*

郑慧盈[1,2]**，韩珍玉[1,2]，林雨晴[1,2]，王快快[1,2]，
杨一丹[1,2]，廖莹杉杉[1,2]，林春花[1,2]***，吴薇[1,2]***

(1. 海南大学热带农林学院，热带农林生物灾害绿色防控教育部重点实验室，海口 570228；2. 海南大学三亚南繁研究院，三亚 572024)

摘 要：芒果（*Mangifera indica*）作为热带及亚热带地区极具经济价值的代表性水果，在我国海南、云南、贵州、四川、广西、广东等地广泛种植，是产区农民的核心收入来源。由炭疽菌（*Colletotrichum genus*）引起的芒果炭疽病是全球性重要病害，对芒果采前田间生长及采后贮藏运输环节均造成严重危害，导致巨大的经济损失。为系统解析海南省芒果炭疽菌的田间种群分布特征，本研究在海南省三亚市、乐东县、东方市、昌江县、陵水县和保亭县6个芒果主产区的172个采样点开展病害样本采集工作，共获取281份芒果病样。通过组织分离法对病原菌进行分离纯化，并综合运用形态学观察与ITS、GAPDH、CHS、ACT多基因联合系统发育分析，成功鉴定出119株芒果炭疽菌，归属于7个种群，即暹罗炭疽菌（*Colletotrichum siamense*）、亚洲炭疽菌（*C. asianum*）、果生炭疽菌（*C. fructicola*）、热带炭疽菌（*C. tropicale*）、多主炭疽菌（*C. plurivorum*）、胶孢炭疽菌（*C. gloeosporioides*）、大孢炭疽菌（*C. gigasporum*），其中以 *C. siamense*、*C. asianum* 和 *C. fructicola* 为田间优势种群。值得关注的是，本研究首次证实 *C. plurivorum* 可在中国产区的芒果上致病。本研究为田间合理防治芒果炭疽病提供借鉴意义。

关键词：芒果；炭疽病；病原鉴定；种群分布

---

* 基金项目：海南省芒果产业技术体系专项（HNARS-07-G03）
** 第一作者：郑慧盈，硕士研究生，主要从事病原真菌分离与鉴定；E-mail：huiying_zheng949@163.com
*** 通信作者：林春花，教授，主要从事炭疽菌致病机制研究；E-mail：lin3286320@hainanu.edu.cn
吴薇，副教授，主要从事病原物与寄主互作机制研究；E-mail：weiwu2023@hainanu.edu.cn

暹罗炭疽菌 *CsErg5B* 基因的生物学功能分析[*]

林雨晴[1,2**]，关小灵[1,2]，宋　苗[1,2]，韩珍玉[1,2]，
郑慧盈[1,2]，缪卫国[1,2]，吴　薇[1,2***]，林春花[1,2***]

(1. 海南大学热带农林学院，热带农林生物灾害绿色防控教育部重点实验室，
儋州　571737；2. 海南大学三亚南繁研究院，三亚　572025)

摘　要：暹罗炭疽菌（*Colletotrichum siamense*）是热带、亚热带地区许多农林作物炭疽病的主要病原种。麦角甾醇作为真菌质膜特有的甾醇类物质，在维持细胞膜结构完整性、调控膜蛋白功能等关键生物学过程中具有不可替代的作用。麦角甾醇生物合成途径涉及多步酶促反应，其中 *ERG5* 基因编码的固醇 C-22 脱氢酶在该途径的倒数第二步发挥关键催化作用。本研究发现暹罗炭疽菌中含有 2 个 *ERG5* 同源基因（*CsErg5A、CsErg5B*），为解析 *CsErg5B* 的生物学功能，构建了 *CsErg5B* 基因缺失突变体和过表达菌株，表型分析显示，*CsErg5B* 基因缺失对暹罗炭疽菌菌落形态和分生孢子大小无明显影响，但 *CsErg5B* 基因缺失显著降低了暹罗炭疽菌分生孢子萌发率、附着胞形成率和致病能力，增强了突变体对咯菌腈的抗性，而降低了对戊唑醇抗性。过表达菌株 *CsErg5B*-OE 可提高分生孢子萌发率、附着胞形成率、致病能力，降低对咯菌腈的抗性，提高对戊唑醇的抗性。研究说明 *CsErg5B* 基因参与调控暹罗炭疽菌生长发育、致病力和抗药性调控。该研究可为深入了解炭疽菌麦角甾醇合成途径相关基因功能，解析炭疽菌致病和抗药机制奠定基础。

关键词：暹罗炭疽菌；麦角甾醇；*Erg5B* 基因；分生孢子萌发；致病力；抗药性

---

[*]　基金项目：国家自然科学基金（32160613）；海南省芒果产业技术体系专项（HNARS-07-G03）
[**]　第一作者：林雨晴，博士研究生，E-mail：lyqing0915@163.com
[***]　通信作者：吴薇，副教授，E-mail：weiwu2023@hainanu.edu.cn
　　　林春花，教授，E-mail：lin3286320@hainanu.edu.cn

暹罗炭疽菌金属-β-内酰胺酶 CsMBLAC 的功能分析[*]

宋苗[1,2][**]，鲁婧文[1,2]，刘文波[1,2]，吴薇[1,2]，林春花[1,2][***]，缪卫国[1,2][***]

(1. 海南大学热带农林学院，热带农林生物灾害绿色防控教育部重点实验室，儋州 571737；2. 海南大学三亚南繁研究院，三亚 572025)

摘 要：金属-β-内酰胺酶（Metallo-beta-lactamase，MBLs）是一类功能多样的酶，其特征体现在不同物种中高度保守的 αββα MBL 折叠结构域，因其具有抗生素耐药性而被广泛研究，但其在植物病原真菌中的相关作用鲜有报道。本研究以暹罗炭疽菌（*Colletotrichum siamense*）双组分系统中的应答调节蛋白 CsSSK1 为诱饵蛋白，用酵母双杂技术筛选获得一个候选互作蛋白注释为金属-β-内酰胺酶（CsMBLAC）。分析发现该基因编码 298 个氨基酸，含有一个 Lactamase_B 的结构域，是 MBL 蛋白超家族中的基因。利用 pull down、CO-IP 技术证实了 CsSSK1 与 CsMBLAC 的互作关系。构建获得基因缺失突变体 Δ*CsMBLAC* 及回补菌株 Δ*CsMBLAC*/*CsMBLAC*。突变体表型分析显示，*CsMBLAC* 基因缺失不影响暹罗炭疽菌菌落形态、分生孢子大小、产孢量及附着胞生成，影响分生孢子萌发速率；Δ*CsMBLAC* 提高了对咯菌腈、拌种咯等吡咯类药剂的敏感性，并降低了致病力。该研究结果表明，*CsMBLAC* 基因参与了炭疽菌形态建成、吡咯类药剂敏感性调控和致病功能。本研究结果为深入解析炭疽菌金属-β-内酰胺酶在致病和抗药机制中的作用奠定基础。

关键词：橡胶树；暹罗炭疽菌；金属-β-内酰胺酶；基因功能分析

---

[*] 基金项目：国家自然科学基金（32160613）；现代农业产业技术体系建设专项（CARS-33-BC1）
[**] 第一作者：宋苗，博士研究生，E-mail：songmiao0614@163.com
[***] 通信作者：林春花，教授；E-mail：lin3286320@126.com
缪卫国，教授；E-mail：weiguomiao1105@126.com

植物病原真菌 SUMO 化修饰体外检测系统的构建

汪创添[1,2]*，欧玲[1,2]，张亚博[1]，陈深[1]，
杨健源[1]，汪文娟[1]，刘彩云[1]**，苏菁[1]**

(1. 广东省农业科学院植物保护研究所，广东省植物保护新技术重点实验室，广州 510640；2. 仲恺农业工程学院农业与生物学院，广州 510225)

摘　要：小泛素化修饰（Small Ubiquitin-related Modifier，SUMO）是真核生物体内普遍存在且比较保守的蛋白翻译后修饰方式，参与调控底物蛋白的稳定性、活性、亚细胞定位等。SUMO 修饰在众多植物病原真菌中的功能已被系统性揭示，然而 SUMO 修饰对靶蛋白调控机制的研究还有待进一步深入。与泛素化修饰类似，SUMO 化修饰也通过激活酶 E1-结合酶 E2-连接酶 E3 介导的级联酶促反应进行修饰，体外高效检测真菌蛋白特异的 SUMO 修饰过程为其功能研究提供了有力工具。本研究以稻瘟菌内的 SUMO 修饰组分为背景，用 2 种双元载体分别构建了 pACYC-Duet-1-Aos1-Uba2（E1）和 pCDF-Duet-1-（His$_6$-Smt3-GG）-Ubc9（E2 和 SUMO 分子）重组质粒。采用质粒共转化方法，获得 SUMO E1、E2 和 SUMO 分子稳定遗传共表达的 SUMO 化修饰原核表达系统。先以 pGEX-GST-Sep4、pGEX-GST-Sep5、pGEX-GST-Sep6 重组质粒为例，采用制备阳性克隆感受态细胞-质粒转化-体外诱导蛋白表达-Western Blot 免疫印迹法，检测真菌蛋白质 SUMO 化修饰原核表达系统的有效性。然后选择另一个 SUMO 修饰底物 Pmk1 及其 SUMO 修饰位点突变体 Pmk1^{K347R}，应用于 SUMO 化修饰原核表达系统，检测了其对修饰位点的有效性。本研究提供了成本较低、时间较快、特异性强、重复性好的真菌蛋白 SUMO 化修饰的体外检测系统。

关键词：稻瘟菌；SUMO 化修饰；原核表达系统

---

* 第一作者：汪创添，硕士研究生，主要从事稻瘟菌致病机制研究；E-mail：1641798963@qq.com
** 通信作者：刘彩云，助理研究员，主要从事水稻与病原真菌互作机制研究；E-mail：lcxlcy1210@163.com
苏菁，研究员，主要从事水稻抗病分子机理研究；E-mail：bsujing@126.com

甘薯长喙壳菌（*Ceratocystis fimbriata*）厚垣孢子形成前后转录组和代谢组联合分析[*]

黄莉[1,**]，熊波[2,**]，郑晓慧[1,3,***]

(1. 西昌学院农业科学学院，西昌 615013；2. 华南农业大学群体微生物研究中心，广州 510642；3. 西昌市攀西特色农业研究所，西昌 615000)

摘 要：甘薯长喙壳（*Ceratocystis fimbriata* Ellis & Halsted）是一种分布广泛且能引起多种植物产生黑斑、枯萎、植株枯死等症状的植物病原真菌。由该菌引起的石榴枯萎病是石榴上生产毁灭性的病害，其厚垣孢子在病害循环中起关键作用。本研究以四川省凉山州会理市江晋乡小米地村、会东县铁柳镇火石村所采集的石榴枯萎病病株进行组织分离纯化后得到的菌株（A4、F1），从四川省绵阳市染病芒果上分离获得的菌株（D1）为样本，分别获取厚垣孢子形成前后的菌丝进行多组学关联分析。结果表明：代谢组分析差异代谢物3 395个，转录组分析差异基因有4 268个。通过整合转录组和代谢组数据进行关联分析，得到各组中共同参与的通路数量分别为63个、44个、57个，3组共同参与的通路有29个，主要参与的通路有4个：氨基酸生物合成、辅因子生物合成、碳代谢和2-氧代羧酸代谢。其中，支链转氨酶相关基因在氨基酸生物合成、辅因子生物合成和2-氧代羧酸代谢3个通路中均有富集，柠檬酸合成酶相关基因在氨基酸生物合成、碳代谢和2-氧代羧酸代谢3个通路中均有富集，由此推测其在厚垣孢子形成中可能起重要作用。

关键词：甘薯长喙壳；厚垣孢子；转录组；代谢组；联合分析

---

[*] 基金项目：国家自然科学基金（32160629）；凉山州科技项目（24JCYJ0008）
[**] 第一作者：黄莉，硕士研究生，主要从事植物病原真菌研究；E-mail: 18190752957@163.com
  熊波，硕士研究生，主要从事植物病原真菌研究；E-mail: 319359599@qq.com
[***] 通信作者：郑晓慧，教授，主要从事植物病原真菌研究；E-mail: 491698683@qq.com

稻曲病菌多聚谷氨酰胺效应蛋白 SCRE5 抑制植物免疫的分子机制[*]

裴少洁[**]，刘香池，阿尔帕提·买买提，王　静，田斌年，
杨宇衡，余　洋，毕朝位，方安菲[***]

（西南大学植物保护学院，重庆　400715）

摘　要：由稻绿核菌 *Ustilaginoidea virens* 引起的稻曲病是水稻生产中的最具毁灭性的真菌病害之一，其主要侵染水稻的穗部并形成稻曲球。稻曲球中产生的黑粉菌素、稻曲菌素、山梨素等真菌毒素对人畜禽均有毒害作用。因此，稻曲病不仅会导致产量下降、品质降低，还严重影响人和动物的健康。丝状真菌效应蛋白被分泌到寄主胞间后，会在胞间或进入胞内通过干扰寄主的生理功能或免疫途径帮助病原菌侵染，是关键的致病因子。本研究发现稻曲病分泌的 SCRE5（Secreted Cysteine-Rich Effector 5）是一个多聚谷氨酰胺效应蛋白，其在病原菌侵染水稻过程中被强烈诱导表达，将其敲除后该病原菌的致病性显著下降，而在水稻中异源表达 SCRE5 能显著降低水稻的抗病性，以上结果表达 SCRE5 是一个毒力效应蛋白。随后以 SCRE5 为诱饵，通过酵母双杂交技术筛选水稻 cDNA 文库，发现 SCRE5 与水稻 LBD（Lateral Organ Boundaries Domain）转录因子 ETF2 互作。而后通过 Y2H、BiFC、LCI 和 Co-IP 再次证明 SCRE5 的确靶向 ETF2。LBD 家族转录因子含有一个 LOB（Lateral Organ Boundaries）结构域，主要与植物的生长发育和形态建成有关，其对抗病性的调控还知之甚少。因此，本研究构建了 ETF2 的水稻突变体，接菌发现其对稻瘟病的抗性显著降低，表明 ETF2 正调控水稻免疫。亚细胞定位发现 SCRE5 定位在细胞核，ETF2 定位在细胞质和细胞核，当二者同时存在时，ETF2 定位则发生改变，定位在细胞核，表明 SCRE5 可以改变 ETF2 的亚细胞定位。因此推测 SCRE5 很可能通过改变 ETF2 的定位来干扰其介导的免疫信号。以上研究为揭示 SCRE5 靶向水稻 LBD 转录因子 ETF2 抑制寄主免疫的分子机制奠定重要基础。

关键词：稻曲病菌；效应蛋白；LBD 转录因子；致病机制

---

[*] 基金项目：国家自然科学基金项目（32472656）
[**] 第一作者：裴少洁，硕士研究生，主要从事真菌效应蛋白致病机制研究；E-mail：2736594192@qq.com
[***] 通信作者：方安菲，副教授，主要从事水稻与稻曲病菌互作机制研究；E-mail：fanganfei@swu.edu.cn

广西豇豆枯萎病病原菌鉴定及室内药剂筛选[*]

饶文凯[**]，阙元梓，蓝达愉，吴海燕[***]

（广西农业环境与农产品安全重点实验室，广西大学农学院，南宁 530004）

摘　要：为明确引起广西豇豆枯萎病的病原菌，筛选适用于防治该病害的药剂，通过组织分离法对发病植株进行病原菌的分离纯化，通过病原菌形态学观察、致病性测定及结合其ITS、TEF-1α基因序列联合分析确定其分类地位，采用菌丝生长速率法测定杀菌剂的毒力，采用Wadley的增效比率法评价复配剂的增效作用。结果表明，引起广西豇豆枯萎病的病原菌为尖孢镰刀菌（*Fusarium oxysporum*）。室内药剂筛选结果表明，6种药剂对尖孢镰刀菌菌丝生长均具有不同程度的抑制作用，其中咪鲜胺的抑菌效果最好，EC_{50}为0.093 μg/mL，其次为咯菌腈和戊唑醇，EC_{50}分别为0.177 μg/mL和0.180 μg/mL，苦参碱效果不理想，EC_{50}为40.354 μg/mL。咪鲜胺与咯菌腈在复配比为2∶8、7∶3、8∶2时均具有增效作用，其中复配比为8∶2时增幅最大；戊唑醇与苦参碱在复配比为2∶8时有增效作用；咪鲜胺与苦参碱在复配比为2∶8、3∶7、4∶6、5∶5、6∶4、7∶3、8∶2时均具有增效作用，其中复配比为2∶8时增幅最大；咯菌腈与苦参碱在复配比为1∶9、2∶8、3∶7、4∶6、5∶5、6∶4、1∶9时均具有增效作用，其中复配比为1∶9时增幅最大。本研究结果为广西豇豆枯萎病的诊断和防治提供依据。

关键词：豇豆；枯萎病；药剂筛选；增效系数

---

[*] 基金项目：国家现代农业产业技术体系广西蔬菜产业创新团队（nycytxgxcxtd-2023-10-04）
[**] 第一作者：饶文凯，硕士研究生，主要从事植物病害及其防治研究；E-mail: raowenkai2023@163.com
[***] 通信作者：吴海燕，教授，主要从事植物线虫病害及其防治研究；E-mail: wuhy@gxu.edu.cn

A Thermostable Elicitor from *Colletotrichum fructicola* Associates with PbrPOD1 to Protect Pear Against Bitter Rot Disease[*]

Liu Shuang[1**], Feng Jiao[1], Su Yuhan[1], Wang Zhenjun[1], Liu Jianying[2], Nie Jiajun[1***]

(1. *Anhui Province Key Laboratory of Crop Integrated Pest Management, Anhui Agricultural University, Hefei 230036, China*; 2. *State Key Laboratory for Crop Stress Resistance and High-Efficiency Production, Northwest A&F University, Yangling 712100, China*)

Abstract: Exploitation of elicitor-induced resistance represents a promising strategy for crop disease management. Although numerous elicitors have been identified, the mechanisms by which they trigger crop resistance remain largely uncharacterized. Pear anthracnose (pear bitter rot), caused by the broad-host-range pathogen *Colletotrichum fructicola*, results in significant economic losses. In this study, we functionally characterized CfCE61, an elicitor secreted by *C. fructicola*. Deletion of *CfCE61* increased fungal virulence in pear fruit, suggesting that CfCE61 may activate pear immunity. Consistent with this, recombinant CfCE61 protein enhanced fruit immunity and resistance against *C. fructicola*. Notably, heat treatment did not impair CfCE61-triggered immunity, indicating its thermostability. Through immunoprecipitation-mass spectrometry (IP-MS) and protein-protein interaction assays, we demonstrated that CfCE61 associates with the peroxidase PbrPOD1 *in vivo* and *in vitro*. Transient overexpression of PbrPOD1 significantly enhanced resistance against *C. fructicola* in pear leaves. Further analysis revealed that CfCE61 promotes PbrPOD1 enzyme activity without altering its protein abundance. Co-treatment with CfCE61 and PbrPOD1 synergistically improved pear resistance to *C. fructicola*. Our findings illustrate that CfCE61 acts as a thermostable elicitor by interacting with PbrPOD1 and enhancing peroxidase activity to protect against pear bitter rot disease.

Key words: *Colletotrichum fructicola*; elicitor; induced resistance; peroxidase; target

---

[*] Funding: National Natural Science Foundation of China (32302301); Talent Program of Anhui Agricultural University (rc342213)

[**] First author: Liu Shuang; E-mail: shuangyiliu@stu.ahau.edu.cn

[***] Corresponding author: Nie Jiajun; E-mail: niejiajun@ahau.edu.cn

An Unconventional Effector MoRpa12 Targeting Host Nuclei is Essential for the Development and Pathogenicity of *Magnaporthe oryzae*

Cai Xiaoyan[1,2]**, Zheng Shengjie[1,2], Wang Xiuting[1,2], Wang Shuaishuai[1,2], Guo Min[1,2]***

(1. *Key Laboratory of Biology and Sustainable Management of Plant Diseases and Pests of Anhui Higher Education Institutes*, Hefei 230036, China; 2. *College of Plant Protection, Anhui Agricultural University*, Hefei 230036, China)

Abstract: RNA polymerase I (Pol I) is a multi-subunit protein complex associated with the transcription of most ribosomal RNA molecules in all eukaryotes. Rpa12 is a small subunit of the Pol I catalytic core and plays a critical role in RNA cleavage, transcription initiation and elongation during proliferation in yeast and mammals. However, the function of Rpa12 in phytopathogenic fungi has not yet been characterized. Here, we present the functional characterization of MoRpa12, a homologue of the yeast Rpa12, in *Magnaporthe oryzae*. *MoRpa12* shows upregulation during the infection phase, and MoRpa12-GFP exhibits nuclear localization at different developmental stages of *M. oryzae* and translocates into the nuclei of plant cells after fungal penetration. The *MoRpa12* mutants also exhibit significant defects on mitosis, autophagy, oxidative stress tolerance, cell wall integrity, septin ring assembly, lipid and glycogen metabolism, and pathogenicity. The four cysteine residues at the amino terminus of this protein are critical for the nuclear localization of MoRpa12, and their site-directed mutagenesis affects the localization, fungal invasion, and full virulence of *M. oryzae*. In conclusion, our findings indicate that MoRpa12 functions as an unconventional secreted effector targeting host nuclei and is essential for the fungal growth and plant infection of *M. oryzae*.

Key words: *Magnaporthe oryzae*; MoRpa12; unconventional effector; autophagy; pathogenicity

禾谷镰刀菌核孔蛋白 Nup170 的功能分析

王亚轩[**], 熊 斌, 陈 莉[***]

(安徽农业大学植物保护学院, 合肥 230036)

摘 要: 小麦赤霉病 (Fusarium head blight) 由禾谷镰刀菌 (*Fusarium graminearum*) 引起, 是小麦生产中最具破坏性的病害之一。该病原菌在侵染过程中产生的脱氧雪腐镰刀菌烯醇 (DON) 等真菌毒素, 不仅促进病原定殖, 更严重威胁粮食安全与人畜健康。Nup170 是核孔复合体 (NPC) 内环的核心成分, 在维持染色质结构和基因组稳定性方面起关键作用。尽管 Spt-Ada-Gcn5-乙酰转移酶 (SAGA) 复合体已被证实通过组蛋白 H3 乙酰化修饰调控 *TRI* 基因簇的 DON 生物合成, 但其他表观遗传调控机制仍不明确。本研究揭示核孔复合体 (NPC) 关键组分 FgNup170 对禾谷镰刀菌菌丝正常发育和环境胁迫适应具有关键作用。致病性实验显示, ΔFgNup170 突变体在小麦穗部侵染中致病力显著降低, 且 DON 合成量急剧下降。此外, FgNup170 缺失导致 SAGA 复合体组装受损, 致使组蛋白 H3 第 18 位 (H3K18ac) 和第 27 位赖氨酸 (H3K27ac) 乙酰化水平显著降低, 进而抑制 DON 生物合成关键基因的转录激活。本研究阐明核孔复合体通过协调次级代谢与致病过程调控植物病原真菌毒力的分子机制, 为核孔结构与真菌病原适应性调控的交叉研究提供了新视角。

关键词: 禾谷镰刀菌; 核孔蛋白; 生长发育; 致病性; DON

---

[*] 基金项目: 国家自然科学基金 (32272498)
[**] 第一作者: 王亚轩, 博士研究生, 研究方向为真菌分子生物学; E-mail: 1581988580@qq.com
[***] 通信作者: 陈莉, 教授, 主要从事植物病害流行及综合治理研究; E-mail: chenlii@ahau.edu.cn

枯草杆菌蛋白酶 FpSBT1 在假禾谷镰孢菌致病中的功能解析

谢羽鑫**，徐家宝**，张　旭，王嘉伟，陈晓洋，王招云***，潘月敏***

（安徽农业大学植物保护学院，作物有害生物综合治理安徽省重点实验室，合肥　230036）

摘　要：假禾谷镰孢菌（*Fusarium pseudograminearum*）是引起小麦茎基腐病的主要病原菌，该病菌通过分泌效应蛋白来促进自身侵染和定殖，但其调控致病性的机制仍不清楚。本研究从假禾谷镰孢菌分泌蛋白中筛选出一个诱导植物细胞坏死的枯草杆菌蛋白酶（FpSBT1），信号肽具有分泌活性，但引起植物细胞死亡的能力不依赖其信号肽。FpSBT1 的保守结构域 S8 肽酶结构域、I9 抑制域及 4 个酶活位点都是其诱导细胞坏死所必需的，表明 FpSBT1 诱导细胞死亡的能力取决于其保守结构域和催化位点。烟草瞬时表达实验显示，FpSBT1 在 BAK1、SOBIR1 和 PAD 的沉默植株上坏死，表明 FpSBT1 诱导的细胞死亡不依赖 BAK1、SOBIR1 和 PAD。*FpSBT1* 基因与其同源基因 *FpSBT2* 在假禾谷镰孢菌侵染小麦初期表达显著上调表达，暗示其参与假禾谷镰孢菌的侵染过程。为了进一步明确 *FpSBT* 基因在假禾谷镰孢菌侵染过程中的作用，构建了 *FpSBT1* 基因敲除、*FpSBT2* 基因敲除以及 *FpSBT1*/*FpSBT2* 基因的双敲除突变体；相比野生型菌株，*FpSBT1* 基因单敲除突变体及 *FpSBT1*/*FpSBT2* 基因的双敲除突变体产孢量减少、菌丝末端变得稀疏、菌丝穿透力减弱和致病力显著下降，而 *FpSBT2* 基因敲除突变株与野生型菌株无明显差异。以上结果证明 FpSBT1 在假禾谷镰孢菌生长发育过程中起重要作用，参与了假禾谷镰孢菌的致病过程。本研究初步揭示了分泌蛋白 FpSBT1 在假禾谷镰孢菌致病中的作用机理，为后期小麦茎基腐病的防控提供理论基础。

关键词：假禾谷镰孢菌；枯草杆菌蛋白酶；细胞坏死；致病

---

* 基金项目：国家重点研发项目子课题（25234003）；国家自然科学基金项目（32302382）
** 第一作者：谢羽鑫，硕士研究生，主要从事植物与病原真菌互作机理研究；E-mail: 1361811732@qq.com
　　　　　　徐家宝，硕士研究生，主要从事植物与病原真菌互作机理研究；E-mail: 2646063788@qq.com
*** 通信作者：王招云，副教授，主要从事植物与病原真菌互作机理研究；E-mail: wangzhaoyundyx@126.com
　　　　　　潘月敏，教授，主要从事真菌学及植物真菌病害互作机理研究；E-mail: panyuemin2008@163.com

假禾谷镰孢菌病原相关分子模式 FpGH12a 调控致病与激活免疫的机制研究[*]

熊金利[1][**]，何心怡[2][**]，张　旭[1]，李文静[1]，徐家宝[1]，王　燕[2][***]，王招云[1][***]

(1. 安徽农业大学，作物有害生物综合治理安徽省重点实验室，合肥　230036；
2. 南京农业大学，农业农村部大豆病虫害防控重点实验室，南京　210095)

摘　要：小麦茎基腐病是生产中具有毁灭性的土传病害之一，在中国黄淮麦区发生尤为严重，对粮食安全生产构成重大威胁。小麦茎基腐病的优势病原菌是假禾谷镰孢（*Fusarium pseudograminearum*），其在侵染阶段分泌大量蛋白质，但这些分泌蛋白如何调控寄主免疫或致病性仍不清楚。本研究从假禾谷镰孢菌的分泌组中鉴定到一个糖苷水解酶，命名为 FpGH12a（glycoside hydrolase 12a，GH12a），在本氏烟上能够诱导细胞坏死。FpGH12a 具有木葡聚糖酶活性，但 FpGH12a 诱导的细胞坏死不依赖其木葡聚糖酶活性。FpGH12a 可作为病原相关分子模式，在双子叶和单子叶植物上激活植物基础免疫反应，包括活性氧爆发、胼胝质沉积以及防御相关基因的上调表达。FpGH12a 的 144 位至 229 位共 86 个氨基酸短肽具有与全长蛋白类似的免疫激活活性。烟草瞬时表达显示，FpGH12a 和 86 个氨基酸短肽诱导的细胞死亡均依赖 BRI1 相关受体激酶 BAK1、BIR1-1 抑制子 SOBIR1 和受体 RXEG1。在假禾谷镰孢侵染过程中，*FpGH12a* 显著上调表达，敲除突变体致病力下降，表明 FpGH12a 在侵染过程中作为毒力因子具有重要功能。FpGH12a 酶活位点突变回补菌株的致病性减弱，表明 FpGH12a 在假禾谷镰孢的致病性中依赖其水解酶活性发挥毒力作用。初步研究结果显示，FpGH12a 与烟草的 RXEG1 互作，RXEG1 通过识别 FpGH12a 激活植物免疫反应，但 FpGH12a 以及短肽广谱激活免疫的作用机制还需进一步探索。本研究旨在解析糖苷水解酶在假禾谷镰孢菌致病和诱导植物免疫中的作用机制，研究结果可为假禾谷镰孢菌与小麦互作研究提供理论基础，也为小麦茎基腐病靶向农药和免疫激活剂的开发提供理论依据。

关键词：假禾谷镰孢菌；糖苷水解酶 GH12a；细胞坏死；病原菌相关分子模式；植物免疫；致病性

---

[*] 基金项目：安徽省教育厅重点项目（2023AH050983）；国家自然科学基金项目（32302382）；安徽农业大学高层次人才启动项目（rc342302）
[**] 第一作者：熊金利，硕士研究生，主要从事植物与病原真菌互作机理研究；E-mail：13866184995@163.com
何心怡，博士研究生，主要从事植物与病原真菌互作机理研究；E-mail：2024202030@stu.njau.edu.cn
[***] 通信作者：王燕，教授，主要从事作物广谱抗病基因挖掘和作物免疫机制研究；E-mail：yan.wang@njau.edu.cn
王招云，副教授，主要从事植物与病原真菌互作机理研究；E-mail：wangzhaoyundyx@126.com

稻曲菌补丁蛋白 UvCPP1 的致病与免疫激活双重功能解析

王秀[1]**, 孙宇辰[1]**, 李文静[1], 熊金利[1], 方圆[1], 黄俊斌[2], 郑露[2], 陈晓洋[1], 王招云[1]***, 潘月敏[1]***

(1. 安徽农业大学植物保护学院，作物有害生物综合治理安徽省重点实验室，合肥 230036；
2. 华中农业大学植物科学技术学院，湖北省植物病理学重点实验室，武汉 430070)

摘要：稻曲病是由稻曲菌（*Ustilaginoidea virens*）侵染引起的水稻穗部病害，对全球水稻安全生产构成重大威胁。越来越多的研究表明，稻曲菌在侵染阶段分泌大量蛋白质，但这些分泌蛋白如何调控寄主免疫或致病性仍不清楚。本研究从稻曲菌的分泌组中鉴定到一个补丁蛋白，命名为 UvCPP1（Cortical Patch Protein 1），其具有诱导细胞死亡的能力。UvCPP1 在烟草中能激活基础免疫反应，包括活性氧爆发、胼胝质沉积及防卫相关基因的上调表达。UvCPP1 的两个跨膜结构域 TM1 和 TM2 具有与全长蛋白类似的免疫诱导活性。烟草瞬时表达显示，UvCPP1 诱导的细胞死亡依赖 BRI1 相关受体激酶 BAK1，但不依赖 BIR1-1 抑制子 SOBIR1 及多个核苷酸结合富亮氨酸重复序列（NLR）共受体，如 EDS1、ADR1 和 NRG1。在稻曲菌侵染过程中，UvCPP1 显著上调表达，敲除和过表达 UvCPP1 致病力均显著下降，表明 UvCPP1 在侵染过程中作为毒力因子具有重要功能。在水稻中异源过表达 UvCPP1 不会影响其农艺性状，但会显著增强水稻免疫反应，包括活性氧迸发、胼胝质沉积以及 MAPK 磷酸化。此外，过表达 UvCPP1 能够增强植物对多种病原菌的抗性，表明 UvCPP1 介导的抗性具有广谱性。RNA-seq 分析显示，UvCPP1 的表达能够上调防御相关基因及植物激素生物合成通路基因的表达。该研究表明，UvCPP1 具有双重功能：作为致病关键因子参与侵染过程，同时可激活植物免疫反应。UvCPP1 的特性显示出其作为一种免疫激活蛋白在抗病育种中的应用潜力，可为创建抗稻曲病新材料提供理论基础。

关键词：稻曲菌（*Ustilaginoidea virens*）；UvCPP1；细胞死亡；植物免疫；毒力因子；农艺性状

A New Specie of *Didymella* Causing Fruit Disease on *Eriobotrya japonica* (loquat) in China[*]

Yang Xue[1][**], Chen Yongtian[2], Xu Huiyong[1], Pan Rui[1],
Zang Haoyu[1], Xu Lina[1], Gu Chunyan[1][***]

(1. *Institute of Plant Protection and Agro-Products Safety, Anhui Academy of Agricultural Sciences, Hefei 230031, China*; 2. *Wuwei Plant protection station, Wuhu 237400, China*)

Abstract: *Eriobotrya japonica* (Thunb.) Lindl (loquat) is an important economically tree with both high edible and medicinal value. In summer 2024, the Loquat fruit spot were observed on the variety called "Dongshanbaiyu" in the loquat garden in Wuwei, Wuhu, Anhui, China. The classic observed symptom is a series of brown patches on the fruit epidermis. Then unhealthy tissues were used for isolate the causal agent and 17 fungal isolates were obtained. All the strains showed the same phenotype and produced numerous spores. To fulfill Koch's postulates, the spores suspension (1×10^7 conidia/ml) were apply to the Loquat fruit epidermis, which were incubated at 26℃ and 80 to 85% humidity with a 12-h photoperiod in the laboratory. In addition, an equal number of control fruits were inoculated with sterile water served as a negative control treatment. White mycelium and soft rot symptoms similar to those observed on naturally infected field were observed on all inoculated fruits after 5 days, whereas no symptoms developed on control fruits. The same fungi were consistently reisolated from the inoculated crown tissues and confirmed as the specie according to the same methodologies used for initial identification. To confirm the identity of the causal agent, we used morphological characters and multi-gene molecular analyses. The DNA was extracted and used as template for amplify ITS, *Tub*, EF1A, RPB, HIS3 and LSU with a set of primers ITS1/ITS4 (M Gardes et al., 1993), T1/T2b (O'Donnell and Cigelnik, 1997), TEF1-728F/TEF1-986R (Carbone and Kohn, 1999), RPB2for+/RPB2rev+ (Yajuan et al., 1999), CYLH3F/CYLH3R (Crous et al., 2004) and NL1/NL4 (Kurtzman C P and Robnett C J, 1998), respectively. The amplicon sequences were sequenced and blasted using the BLAST in GenBank. The results showed all the 17 colonies belong to the genus *Didymella*. But the different gene sequence identity just ranged from 84% to 99% with different *Didymella* species, and all the strains showed the same results. The next main objective of the present study is to identify and describe the new species of *Didymella* associated with fruit disease of *Eriobotrya japonica* in China. To our knowledge, this is the first report of a new species of *Didymella* causing soft rot on *Eriobotrya japonica*. This report provides a basis for further research on this disease.

Key words: *Eriobotrya japonica*; *Didymella*; fruit spot

---

[*] 基金项目：安徽省果树产业技术体系（皖农科函〔2021〕711号）；国家现代农业产业技术体系项目（CARS-24-G-09）
[**] 第一作者：杨雪，副研究员，主要从事植物病害诊断与防治研究；E-mail：yangxue2121@163.com
[***] 通信作者：谷春艳，副研究员，主要从事植物病害诊断与防治研究；E-mail：guchunyan0408@163.com

草莓枯萎病菌 RPA-LFD 可视化快速检测方法的建立[*]

杨 雪[1][**]，潘 锐[1]，徐会永[1]，孔晶晶[2]，臧昊昱[1]，宁志怨[2]，谷春艳[1][***]

(1. 安徽省农业科学院植物保护与农产品质量安全研究所，合肥 230001；
2. 安徽省农业科学院园艺研究所，合肥 230001)

摘 要：草莓枯萎病菌是世界范围内对草莓产业造成巨大危害的一种重要病原菌，被列为我国的检疫性有害生物检测对象。建立一种特异性强、快速、准确简便的检测诊断草莓枯萎病的技术方法，有助于该病的早期检测和预防。本研究将重组酶聚合酶扩增（recombinase polymerase amplification，RPA）和胶体金侧流试纸条技术（lateral flow strip，LF）相结合。根据尖孢镰刀菌草莓专化型特异基因 SIX1 序列保守区设计 RPA 特异性引物和特异性探针，建立了一种可视化快速检测草莓枯萎病菌的 RPA-LF 方法。本研究检测方法与其他病原菌无交叉反应，特异性强，检测灵敏度达 10 pg/μL，为尖孢镰刀菌草莓专化型的早期预警和检验检疫提供了技术支撑。

关键词：尖孢镰刀菌草莓专化型；LFD-RPA；可视化快速检测

---

[*] 基金项目：安徽省果树产业技术体系（皖农科函〔2021〕711号）；国家现代农业产业技术体系项目（CARS-24-G-09）
[**] 第一作者：杨雪，副研究员，主要从事植物病害诊断与防治研究；E-mail：yangxue2121@163.com
[***] 通信作者：谷春艳，副研究员，主要从事植物病害诊断与防治研究；E-mail：guchunyan0408@163.com

响应吲哚-3-甲醇的尖孢镰刀菌转录因子功能研究

孙 萌*，黄宇飞，高增贵**

(沈阳农业大学植物保护学院，沈阳 110866)

摘 要：甜瓜枯萎病是由尖孢镰刀菌（*Fusarium oxysporum*）引起的一种真菌性土传病害，主要危害甜瓜的叶、茎和果实，是一种重要的世界性甜瓜病害，对甜瓜的产量和品质均影响很大。本试验通过实验室前期经吲哚-3-甲醇处理后的尖孢镰刀菌转录组数据库进行分析，筛选出参与细胞膜构成、转运和分解代谢功能的转录因子（ABC3）（MFS1）。在致病过程中，寄主植物由于防卫反应会产生很多对病原真菌有毒的物质，防止病原物侵入。而 ABC 转运蛋白大部分参与多药抗性，参与病原菌对有毒化合物的外排作用，有利于真菌在天然毒性环境中生存并定殖。在植物病原真菌中，有研究表明，ABC 转运蛋白则参与对细胞毒性化合物或杀菌剂的抗性，以促进其侵染。其中 ABC3 的敲除突变体不能穿透寄主表面，对氧化压力高度敏感。MFS 转运蛋白可转运糖类、氨基酸、维生素、药类分子、神经递质等众多小分子，此外一些家族成员还与病毒入侵、病原菌抗性等功能问题密切相关。

通过基因敲除技术分别获得 2 个敲除突变体，将野生型和敲除突变体，进行生长表型测定、胁迫压力表型测定和经吲哚-3-甲醇处理后的表型测定。结果发现：①在 PDA 培养基中野生型和敲除突变体的菌丝直径没有明显区别；②在胁迫压力表型中，加入过氧化氢的 PDA 培养基，野生型和敲除突变体的菌丝直径有明显区别；③将配制好的吲哚-3-甲醇溶液加入 PDA 培养基中使其最终浓度为 25 μg/mL、50 μg/mL、100 μg/mL、200 μg/mL、400 μg/mL、600 μg/mL。发现在吲哚-3-甲醇浓度为 50 μg/mL 和 100 μg/mL 时，野生型和敲除突变体的菌丝直径差异最为明显。此外，FoABC3 和 FoMFS1 转录因子在尖孢镰刀菌中参与侵染过程和致病机制还有待进一步研究。

关键词：尖孢镰刀菌；吲哚-3-甲醇；转录因子；ABC 转运蛋白；MFS 转运蛋白

---

* 第一作者：孙萌，硕士研究生，主要从事甜瓜枯萎病相关研究
** 通信作者：高增贵，研究员，博士生导师；E-mail: gaozenggui@syau.edu.cn

转录因子调控拟轮枝镰孢菌产毒机制研究

金潇*，黄宇飞，高增贵**

(沈阳农业大学植物保护学院，沈阳 110866)

摘 要：拟轮枝镰孢菌（*Fusarium verticillioides*）是一种重要的植物病原真菌，可侵染玉米、水稻等作物，并产生伏马毒素（fumonisins，如 FB1），严重威胁农产品安全和人类健康。伏马毒素的生物合成受多层次的调控，其中转录因子（TFs）在毒素合成途径中发挥核心作用。本研究系统综述了拟轮枝镰孢菌中关键转录因子对伏马毒素合成的调控机制，并探讨了环境因素如何通过影响转录因子活性调节毒素的产生。研究发现，多个转录因子通过直接或间接调控伏马毒素合成基因簇（FUM 基因簇）的表达来影响毒素产量。例如，钙信号通路相关转录因子 FvCrz1B 的缺失会导致伏马毒素合成显著降低，同时削弱菌株对 Ca^{2+} 的耐受性和致病力，表明 FvCrz1B 在毒素合成和环境适应性中具有双重功能。此外，MAPK 信号通路中的 FvMK1 通过激活 FUM1 和 FUM8 等关键基因的表达，正向调控 FB1 的生物合成。还有一类重要的调控因子，如 FvMbp1-Swi6 复合体，通过影响碳源代谢和氧化应激反应，间接调节毒素合成相关基因的表达。

环境因素（如温度、水活度、pH 值及营养条件）可通过改变转录因子的表达或活性来调控毒素合成。例如，低氧条件可诱导 FvSreA 等转录因子的表达，进而上调 FUM 基因簇的转录水平。此外，部分全局调控因子（如 FvAreA、FvPacC）通过响应氮源和 pH 变化，影响伏马毒素的积累。这些研究不仅揭示了转录因子在拟轮枝镰孢菌产毒过程中的核心调控网络，也为开发基于转录因子干扰的真菌毒素防控策略提供了潜在靶点。

关键词：拟轮枝镰孢菌；转录因子；伏马毒素；产毒机制

---

* 第一作者：金潇，博士研究生，主要从事玉米病害研究
** 通信作者：高增贵，研究员，博士生导师；E-mail：gaozenggui@syau.edu.cn

*ZmCCR*1 基因对玉米大斑病的抗性机制研究

祁泽潭*,黄宇飞,高增贵**

(沈阳农业大学植物保护学院,沈阳 110866)

摘 要:玉米大斑病(Northern corn leaf blight,NCLB),是由凸脐蠕孢菌(*Setosphaeria turcica*)侵染导致的玉米叶部病害。姊妹系是来源于同一亲本组合的同胞自交系,其遗传背景绝大部分相同,只有少数性状不同,具有遗传稳定性高、同质性强、重复性好等优点。本研究用到的玉米姊妹系 NDX206 和 NDX201 除对玉米大斑病的抗性不同外,其他性状均基本相同。对该玉米姊妹系做接菌处理,于未接菌(0 h)、接菌后 12 h 采样,通过转录组数据分析筛选出该姊妹系之间的差异表达基因,探究目标基因功能及其对玉米大斑病发病初期的抗性机制。转录组结果显示:NDX206 在接菌 12 h 后共有 7 327 个 DEGs 上调,2 935 个 DEGs 下调,而 NDX201 在接菌 12 h 后共有 6 866 个 DEGs 上调,1 609 个 DEGs 下调,说明这些 DEGs 都响应了凸脐蠕孢菌的侵染。我们继续对比了 NDX206 12 h vs NDX206 0 h 和 NDX201 12 h vs NDX201 0 h 两个比较组中的数据,共筛选出 6 440 个共有的 DEGs。这表明有大量的基因参与了抗病品系和感病品系的转录重编程。这 6 440 个共有 DEGs 中上调的基因显著富集于"免疫效应过程""二萜类生物合成""植物-病原体相互作用""MAPK 信号通路"等免疫相关通路。证明两品系的免疫系统在凸脐蠕孢菌的侵染下均被激活。相比之下,下调基因在"光合作用""光合作用-天线蛋白""光合生物中的碳固定"等能量代谢途径富集。这一结果与植物免疫与生长之间的权衡是一致的。经过筛选确定了 11 个与 NDX206 抗大斑病有关的候选基因。其中有肉桂酰辅酶 A 还原酶 1(*ZmCCR* 1)和肉桂酰辅酶 A 还原酶 2(*ZmCCR* 2)。肉桂酰辅酶 A 还原酶是木质素合成中的一个关键酶。通过 VIGS 沉默验证 *ZmCCR*1 和 *ZmCCR*2 对玉米大斑病的抗性,筛选出 *ZmCCR*1 的上游转录因子,并验证其功能。以上研究为探寻玉米大斑病的新型抗性机制奠定了基础,为防治玉米大斑病和抗病品种选育提供了有效参考。

关键词:凸脐蠕孢菌;基因组;效应蛋白;荧光定量 PCR

---

* 第一作者:祁泽潭,硕士研究生,主要从事玉米病害研究
** 通信作者:高增贵,研究员,博士生导师;E-mail: gaozenggui@syau.edu.cn

拟轮枝镰孢菌组蛋白去乙酰化酶基因 $FvRpd3$ 和 $FvPhd1$ 功能研究

赖晓妹*，黄宇飞，高增贵**

(沈阳农业大学植物保护学院，沈阳 110866)

摘　要：拟轮枝镰孢菌（*Fusarium verticillioides*）侵染引起的玉米茎腐、穗腐病给农业经济带来巨大的损失。本研究聚焦玉米茎腐病和穗腐病的主要病原菌——拟轮枝镰孢菌，旨在解析其组蛋白去乙酰化酶基因 $FvRpd3$ 和 $FvPhd1$ 的生物学功能及其在致病过程中的分子机制。研究通过同源重组技术构建 $FvRpd3$ 敲除突变体、$FvPhd1$ 敲除突变体及 $FvRpd3$ 回补体、$FvPhd1$ 回补体。结合表型测定结果分析，发现 $FvRpd3$ 和 $FvPhd1$ 的缺失导致拟轮枝镰孢菌的生长速率、产孢能力有所下降；$\Delta FvRpd3$ 对金属离子、渗透、细胞壁等胁迫环境更加敏感，$\Delta FvPhd1$ 对金属离子、渗透、细胞壁等胁迫环境抗性增强；通过玉米茎秆、果穗接种实验，发现 $\Delta FvRpd3$、$\Delta FvPhd1$ 接种病斑面积与 WT 相比明显减小，致病力显著降低。通过观察 GFP 荧光亚细胞定位，发现 RPD3 和 phd1 都定位在细胞核上。通过 Western blot 技术对 WT、$\Delta FvRpd3$、$\Delta FvPhd1$、$\Delta FvRpd3-C$、$\Delta FvPhd1-C$ 进行乙酰化水平测定，发现 $\Delta FvRpd3$ 在 H3K9、H3K18、H3K56、H4K5、H4K8 位点的乙酰化水平显著提高；$\Delta FvPhd1$ 在 H3K18、H3K27、H4K5 位点的乙酰化水平显著提高。本研究将进一步研究 $FvRpd3$ 和 $FvPhd1$ 调控组蛋白去乙酰化水平从而影响拟轮枝镰孢菌生长发育、产孢、致病力的具体机制。

关键词：拟轮枝镰孢菌；基因敲除；组蛋白去乙酰化酶

---

* 第一作者：赖晓妹，硕士研究生，主要从事玉米病害研究
** 通信作者：高增贵，研究员，博士生导师；E-mail：gaozenggui@syau.edu.cn

拟轮枝镰孢菌转录因子 *FvSpt7* 基因功能研究

钱江潮*，金 潇，赖晓妹，黄宇飞，高增贵**

(沈阳农业大学植物保护学院，沈阳 110866)

摘 要：拟轮枝镰孢菌（*Fusarium verticillioides*）可以引起玉米穗腐病、玉米茎腐病，导致玉米产量下降。除此之外，拟轮枝镰孢菌可以产生伏马毒素等真菌毒素，影响玉米的质量安全，并对人畜健康带来严重危害。在酵母中 Spt7 作为一种多功能蛋白复合物 Spt-Ada-Gcn5-乙酰转移酶（SAGA）复合体的核心蛋白，负责维持 SAGA 复合物的稳定和细胞内 10% 以上的基因转录。而在丝状真菌中关于 Spt7 功能的研究很少，在拟轮枝镰孢菌中的作用尚未明确。本研究以野生型拟轮枝镰孢菌为出发菌株，利用同源重组敲除 *FvSpt7* 基因，通过观察其在不同培养基上的表型与野生型的差异，推测 Spt7 在拟轮枝镰孢菌中的功能。敲除突变体 Δ*FvSpt7* 生长速率、菌丝长度均低于野生型 WT，产孢结构消失，Δ*FvSpt7* 的缺失影响了分生孢子梗形态。胁迫表型测定结果显示，与野生型 WT 相比，Δ*FvSpt7* 对氧化胁迫和细胞壁胁迫更加敏感，而对渗透胁迫和金属胁迫条件表现为不同程度的抗性。因此，*FvSpt7* 可能影响拟轮枝镰孢菌的生长速率、产孢能力、细胞壁完整性、胁迫抗性等生物学功能。

关键词：拟轮枝镰孢菌；基因功能研究；基因敲除；*FvSpt7*

---

* 第一作者：钱江潮，硕士研究生，主要从事玉米病害研究
** 通信作者：高增贵，研究员，博士生导师；E-mail: gaozenggui@syau.edu.cn

玉米大斑病菌原生质体制备以及原生质体遗传转化条件优化

郑玲玲[*]，钱江潮，赖晓妹，黄宇飞，高增贵[**]

(沈阳农业大学植物保护学院，沈阳 110866)

摘 要：玉米大斑病菌是由凸脐蠕孢菌（*Setosphaeria turcica*）侵染引起的真菌叶部病害，玉米大斑病的流行将会对玉米生产造成严重威胁。关于玉米大斑病菌致病机制的研究多集中于病原菌本身的生长发育，次生代谢，信号转导以及压力响应等方面。玉米大斑病菌原生质体制备以及原生质体遗传转化方面研究有待进一步优化。本研究通过对不同浓度的细胞壁降解酶崩溃酶、纤维素酶、溶壁酶和蜗牛酶的酶组合进行探究，探究不同温度、菌龄和培养基转速等对原生质体制备的影响，从而对玉米大斑病原生质体制备条件以及原生质体遗传转化条件进行优化。结果显示，取 PDA 培养基培养 14 d 后的玉米大斑病菌，研磨后于 Tris 液体培养基在 100 r/min，培养 24 h，玉米大斑病菌产生孢子最多。采用 20 mg/mL 崩溃酶、20 mg/mL 纤维素酶、20 mg/mL 蜗牛酶和 20 mg/mL 溶壁酶制成酶解液，30℃，100 r/min 裂解产生原生质体为 8.0×10^8 个/mL。在原生质体遗传转化过程中，80 r/min，25℃复苏 24 h，可获取正确的玉米大斑病菌转化子。以上研究结果为玉米大斑病菌原生质体制备以及遗传转化提供了重要的理论依据，为防治玉米大斑病和抗病品种的遗传育种提供了有效的参考。

关键词：原生质体制备；玉米大斑病菌；原生质体遗传转化；酶裂解液

---

[*] 第一作者：郑玲玲，博士研究生，主要从事玉米病害研究
[**] 通信作者：高增贵，研究员，博士生导师，E-mail: gaozenggui@syau.edu.cn

禾生炭疽菌辅助活性酶基因家族的全基因组鉴定及生化特性

王亚飞[**]，苌嘉鑫，张 迪，李金瑶，刘梦瑾，王琼琼[***]

(河南农业大学植物保护学院，郑州 461101)

摘 要：禾生炭疽菌引起的玉米炭疽病和玉米茎腐病严重危害玉米产业健康发展。辅助活性酶是碳水化合物活性酶中的重要一类，也是真菌降解木质纤维素的有益辅助蛋白。本研究从禾生炭疽菌菌株 TZ-3 基因组中鉴定到 127 个辅助活性酶基因，并进一步对这些基因编码的蛋白进行亚细胞定位、保守基序和结构域预测分析。这些禾生炭疽菌辅助活性酶基因在基因结构上存在显著差异，其编码的蛋白质结构基序也有差异。亚细胞定位显示它们主要位于细胞外空间，说明他们可能被分泌到细胞外发挥作用。禾生炭疽菌辅助活性酶基因家族含有丰富的保守结构域，表明禾生炭疽菌辅助活性酶可能具备多样功能，以多种形式参与真菌的生物过程。在这些禾生炭疽菌辅助活性酶基因的启动子区域发现了与生物和非生物胁迫反应以及植物激素相关的众多顺式调控元件，表明禾生炭疽菌辅助活性酶可能与逆境胁迫反应和植物抗病反应存在关联。本研究通过转录组数据结合定量 PCR 验证分析了禾生炭疽菌辅助活性酶基因在禾生炭疽菌-玉米宿主相互作用中的表达模式，发现多数禾生炭疽菌辅助活性酶基因在禾生炭疽菌侵染玉米时是差异表达的。转录组数据结合 GO 功能分析结果显示禾生炭疽菌辅助活性酶与病原菌的致病机制密切相关，深度参与禾生炭疽菌与玉米作物的相互作用，并可能在真菌感染的起始和病变扩大中发挥重要作用。

关键词：禾生炭疽菌；基因家族；辅助活性酶；表达模式

---

[*] 基金项目：国家自然科学基金（32102159）
[**] 第一作者：王亚飞，讲师，主要从事农业病原菌致病机制研究；E-mail：yafeiwang2019@163.com
[***] 通信作者：王琼琼，讲师，主要从事玉米主要病害抗性机制研究；E-mail：qqwang@henau.edu.cn

不同地区玉米南方锈菌的致病型分化

范博佳**，马 玥，王清娅，蒋佳芮，马占鸿***

(中国农业大学植物病理系，农林生物安全全国重点实验室，北京 100193)

摘 要：玉米南方锈病由多堆柄锈菌（*Puccinia polysora* Underw.）侵染引起，在我国主要发生在山东、河南、湖北、安徽、河北、浙江和江苏等省份，在贵州、云南、湖南、陕西、山西等一些地区也有零星发生报道。有大量研究表明玉米南方锈病的暴发流行可引起严重的产量损失。而目前病原菌的致病型和生理小种等众多未知性原因阻碍了玉米南方锈病的综合防治体系核心的完善发展。

为明确不同地区玉米南方锈病的致病型分化，将 2022—2024 年采集自 9 个主要发生省份的玉米南方锈菌进行单孢分离，分离纯化得到了 187 个单孢系接种于笔者课题组前期建立的鉴别寄主体系裕丰 303、登海 605、登海 685、美玉糯 11 号。根据样品在鉴定品种上的致病表现，对其表型进行记录，如登海 685 感病、登海 605 感病、裕丰 303 抗病、美玉糯 11 号抗病，则定为致病型 SSRR。结果将其划分为 15 个致病型。其中 RRRR、SSSS 和 SRSS 为主要的致病型，占比分别为 40.64%、19.79%和 4.28%，其中 SSSS 几乎在主要发生地均有分布。本研究结果可更好地为各地区的玉米品种推广和抗病品种科学布局提供依据。

关键词：玉米南方锈病；鉴别品种；致病型分化

---

* 基金项目：国家重点研发计划（2023YFD1400800）
** 第一作者：范博佳，硕士研究生，研究方向为植物病害流行学，E-mail：S20243193505@cau.edu.cn
*** 通信作者：马占鸿，教授，研究方向为植物病害流行与宏观植物病理学，E-mail：mazh@cau.edu.cn

核盘菌基因 SsPX1 的功能研究

王淑蒙**，钱肖肖，魏倩倩，王鹏辉，潘月敏，羊国根***

(安徽农业大学植物保护学院，作物有害生物综合治理安徽省重点实验室，合肥 230036)

摘 要：由核盘菌（Sclerotinia sclerotiorum）引起的菌核病是油菜生产中的重要病害，严重影响油菜籽的产量及品质。由于菌核病的土传特性及核盘菌致病机理的复杂性，加上缺乏菌核病的抗病或耐病品种菌核病的彻底防治十分困难。目前，主要采用农业栽培措施及化学农药防治菌核病。因此，深入研究核盘菌的致病机制，对筛选防治菌核病的杀菌剂作用靶标及作物分子育种具有重要意义。本研究从核盘菌侵染植物的转录组数据库中，发现基因 SsPX1 在侵染阶段显著上调表达，SsPX1 在核盘菌侵染油菜叶片 36 h 时上调表达 3.24 倍。SsPX1 基因全长 710 bp，编码 174 aa，无信号肽，含有一个 phox homolog（PX）结构域，可能参与调控蛋白质转运及信号转导过程。利用分割标记法在核盘菌 1980 菌株中敲除基因 SsPX1，获得纯合敲除突变体；生物学特性分析结果表明，敲除突变体的菌丝生长速率及菌核数量与野生型菌株相比无显著差异，但菌核干重显著低于野生型，敲除突变体对高盐高渗的敏感性提高，接种敲除突变体菌株的油菜叶片病斑面积显著低于野生型。综上所述，核盘菌基因 SsPX1 在调控菌核的发育与成熟、调控核盘菌对高盐高渗的胁迫反应以及参与核盘菌侵染过程等方面发挥着重要作用。

关键词：油菜菌核病；SsPX1；基因功能；致病机制

---

* 基金项目：安徽省自然科学基金面上项目（2408085MC062）
** 第一作者：王淑蒙，硕士研究生，研究方向为植物病原真菌致病机理；E-mail：766303134@qq.com
*** 通信作者：羊国根，讲师，主要从事分子植物病理学研究；E-mail：yangguogen@ahau.edu.cn

第二部分
卵菌

纳米芦丁通过激活茉莉酸/乙烯信号通路增强辣椒对疫霉抗病机制的研究

岳膨杰**，李 洋***

（山东农业大学植物保护学院，泰安 271000）

摘 要：由辣椒疫霉（*Phytophthora capsici*）引起的疫霉病是制约辣椒（*Capsicum annuum* L.）产业可持续发展的主要生物胁迫因子。为克服传统化学防治引发的抗药性及环境污染问题，本研究创新性地将天然黄酮类化合物芦丁及其纳米制剂应用于植物免疫诱抗领域。通过体外抑菌试验发现，芦丁处理可显著抑制辣椒疫霉菌丝生长，但其环境稳定性差制约实际应用。基于此，本研究通过优化纳米载体制备工艺，成功构建粒径分布均一、稳定性优异的新型纳米芦丁递送系统。药效学研究表明，纳米芦丁在 1.5 mmol/L 浓度下较普通芦丁显著增强抑菌活性（菌丝直径减少量提升 30.7%），田间试验显示其可降低病情指数达 50.64%（$P<0.01$），并显著减少病原菌生物量。深入的机制研究表明，纳米芦丁通过诱导活性氧（ROS）爆发，并上调抗氧化酶基因（如 *CaPOD*1、*CaGR* 等）及早期免疫相关基因（如 *CaRBOH*1、*CaMAPK*2 等）表达水平，同时激活了茉莉酸（JA）和乙烯（ET）信号通路中的关键基因（如 *CaLOX*2.1、*CaACS*6 等），从而增强了辣椒对疫霉病的抵抗力。使用 JA/ET 合成抑制剂进行的实验进一步证实了这两条信号通路是纳米芦丁增强辣椒抗病性的核心途径。本研究为开发绿色高效的植物免疫诱抗剂提供了理论依据和技术支持，对于推动农业向更加绿色、高效、可持续的方向发展具有重要意义。

关键词：辣椒疫霉；芦丁；纳米制剂；活性氧；茉莉酸；乙烯；绿色防控

---

* 基金项目：山东省自然科学基金（ZR2023MC094）
** 第一作者：岳膨杰，硕士研究生，主要从事植物与微生物互作研究；E-mail: ypj2000@163.com
*** 通信作者：李洋，副教授，主要从事植物与微生物互作研究；E-mail: yangli1988@sdau.edu.cn

Globisporangium huanghuaiense Causing Chinese Cabbage Seedlings Damping-off and Its Biological Characteristics[*]

He Suqin[1,2][**], Wen Zhaohui[3], Bai Bin[4,5], Liu Yonggang[1,2], Zhang Haiying[1,2], Ma Yanxia[6]

(1. Institute of Plant Protection, Gansu Academy of Agricultural Sciences, Lanzhou 730070, China; 2. Scientific Observing and Experimental Station of Crop Pests in Tianshui, Ministry of Agriculture and Rural Affairs of P. R. China, Tianshui 741200, China; 3. Technical Centre of Lanzhou Customs District, Lanzhou 730010, China; 4. Gansu Academy of Agricultural Sciences, Lanzhou 730070, China; 5. Laboratory of Quality & Safety Risk Assessment for Agro-products (Lanzhou), Ministry of Agriculture and Rural Affairs of P. R. China, Lanzhou 730070, China; 6. Vegetable Research Institute, Gansu Academy of Agricultural Sciences, Lanzhou 730070, China)

Abstract: In February 2024, *Pythium* sensu lato isolates were isolated from Chinese cabbage (*Brassica rapa* var. *glabra* Regel) damping-off seedlings in Gansu Province. Koch's procedures were used to verify the pathogenicity of obtained isolates. According to morphological and molecular biological characteristics, two tested isolates (BCPY-S-2 and BCPY-R-1) were identified as *Globisporangium huanghuaiense* (Jia J. Chen & X. B. Zheng) H. D. T. Nguyen & C. F. J. Spies (Basionym: *Pythium huanghuaiense* Jia J. Chen & X. B. Zheng). Comparison of the rDNA-ITS (Nuclear rDNA, internal transcribed spacer region), rDNA-LSU (Nuclear rDNA, 28S large subunit), *cox* I (Mitochondrial DNA, cytochrome oxidase subunit 1) and *cox* II (Mitochondrial DNA, cytochrome oxidase subunit 2) genes sequences of two tested isolates (National Microbiology Data Center Acc. No. NMDCN0007R8D-NMDCN0007R8Q), confirmed the two isolates placement in the genus *Globisporangium*. Phylogenetic analysis based on the *cox* I gene showed that the two isolates were clustered in same group with *G. huanghuaiense* type strain (Chen 94). The cardinal temperatures were: minimum below 5℃, optimum 25-30℃, maximum 34℃. Two tested isolates were differences on mycelial growth rate incubated at 25 ℃ on three different media (PDA, PCA and CMA). Sporangia terminal, intercalary or lateral, globose to subglobose, (14.15-40.22) μm × (13.41-30.54) μm, or gourd shape, (24.58-66.29) μm × (14.90-26.07) μm, and irregular shaped; sporangia germinated 2 or more (nearly 10) germ tubes; oogonia smooth, terminal and intercalary, solitary or catenate, spherical, (11.92-29.05) μm × (11.92-24.58) μm; antheridia 1-2 (-4) per oogonium, predominantly monoclinous, occasionally diclinous, sometimes the antheridial stalk branched; one oospore per oogonium, occasionally 2 oospores; oospores globose, aplerotic or plerotic, (10.43-22.72) μm × (10.43-22.35) μm, wall (0.74-2.23) μm thick, mostly smooth, rarely with dactyliform, conical or tuber-

---

[*] Funding: Key Research and Development Program in Gansu Academy of Agricultural Sciences (2021GAAS21, 2022GAAS26)

[**] First author: He Suqin; E-mail: gshesuqin@sina.com

culiform protuberances; mycelial strands and ring mycelial clusters formed on PCA and CMA media. Pathogenicity test showed that, except *Brassica rapa* var. *glabra*, *G. huanghuaiense* has moderate to aggressive pathogenicity to *Brassica rapa* var. *chinensis* and *Raphanus sativus* of Brassicaceae, *Cirsium arvense* of Compositae, *Kalanchoe blossfeldiana* of Crassulaceae, *Cucumis melo*, *Cucurbita pepo* and *Cucurbita moschata* of Cucurbitaceae, *Glycine max* and *Pisum sativum* of Fabaceae, *Fallopia convolvulus* of Polygonaceae and *Solanum nigrum* of Solanaceae, and weak pathogenicity to *Peperomia obtusifolia* of Piperaceae and *Rumex patientia* of Polygonaceae. Chinese cabbage was first reported as the natural host plant of *G. huanghuaiense*.

Key words: *Brassica rapa* var. *glabra*; globose sporangia; *Globisporangium huanghuaiense*

大豆疫霉效应子 Avh85 增强水分运输与病菌水渍化

侯筱媛*，王群青**

（山东农业大学植物保护学院，泰安 271018）

摘 要：大豆疫霉（*Phytophthora sojae*）引起的大豆根茎腐病是一种毁灭性病害，可造成重大经济损失。大豆疫霉通过分泌效应子干扰寄主正常生理活动以促进自身侵染定殖。研究发现，大豆疫霉效应子 Avh85 是一个在质外体空间发挥作用的毒力因子，过表达 PsAvh85 的疫霉菌株在高湿度条件下侵染大豆叶片，表现出明显的水渍化现象。通过酵母双杂交筛选得到 PsAvh85 靶向一个运输水分子的水通道蛋白 GmPIP2;6。通过分子动力学模拟以及非变性蛋白电泳检测发现 PsAvh85 能够促进 GmPIP2;6 形成四聚体，在四个单体运输水分的基础上，四聚体形成的中间孔洞也具有运输水分的功能。每个单体与 PsAvh85 形成异源二聚体，单体孔径增大，增强了水分通过的效率。PsAvh85 从扩大单体孔径，促进形成四聚体增加一个运输孔洞两个方面来增强 GmPIP2;6 运输水分。GmPIP2;6 负调控植物免疫，水通道蛋白抑制剂根皮素处理大豆叶片后，使过表达 PsAvh85 的菌株失去促进侵染的功能。上述结果为大豆疫霉菌侵染大豆开启了病菌水渍化新视角。

关键词：大豆疫霉；效应子；水渍化；水通道蛋白

---

* 第一作者：侯筱媛，博士研究生，研究方向为植物抗病性与抗病育种；E-mail：xiaoabcyuan@126.com

** 通信作者：王群青，博士，博士生导师，研究方向为植物病原卵菌学；E-mail：wangqunqing@163.com

大豆疫霉效应子 Avh5 调控植物免疫和程序性细胞死亡的机制研究[*]

李姮静[**]，王群青[***]

（山东农业大学植物保护学院，泰安 271000）

摘　要：植物抗病基因介导的过敏性坏死反应是一种主动的程序性细胞死亡（PCD），其发生过程受到多基因的严格调控。操纵寄主 PCD 信号传递是病原菌抑制植物免疫反应、维持寄生和促进侵染的重要策略，然而目前对于病原菌效应子操纵植物 PCD 的致病机制还知之甚少。前期研究发现，大豆疫霉 RXLR 效应子 Avh5 可抑制 PCD 相关基因的表达，强烈抑制植物 PCD。通过酵母筛库发现 Avh5 与大豆中的 SLX8 互作。SLX8 是一种靶向 SUMO 的 E3 泛素连接酶（SUMO-targeted Ubiquitin ligases，STUbLs），其具有特定的 SUMO 互作基序（SUMO-interacting Motif，SIM），可以识别 SUMO 化的蛋白并将其降解。对 SLX8 的结构预测发现其具有两个 SIM 结构域。通过酵母双杂等试验发现 Avh5 与 SIM1 的 V168、S169 氨基酸残基互作。对 SLX8 的致病性进行分析，发现 SLX8 促进大豆疫霉及辣椒疫霉的侵染，且 SLX8 可以抑制 ROS 的进发。质谱鉴定发现 MPK6 与 SLX8 互作，而 MPK6 可被 PAMP（如 flg22）快速激活，通过磷酸化下游转录因子等，调控植物防御基因的表达，增强植物抗性。在烟草中过表达 MPK6 可以引起细胞坏死，而 SLX8 与 MPK6 共表达可以抑制这种坏死。通过降解实验发现，SLX8 可以降解 MPK6。这些结果表明，SLX8 可能通过抑制 MAPK 信号传导途径，抑制植物 PCD 及植物免疫，从而促进疫霉菌的侵染。

关键词：大豆疫霉；效应子；E3 泛素连接酶

---

[*] 基金项目：国家自然科学基金（3217170942）
[**] 第一作者：李姮静，博士研究生，主要从事植物抗病性与抗病育种；E-mail：lihengjing0521@163.com
[***] 通信作者：王群青，博士生导师，研究方向为植物病原卵菌学；E-mail：wangqunqing@163.com

大豆疫霉效应子 Avh109 靶向寄主 TPL-MED21 模块操纵植物生长防御权衡的分子机制

谭新伟, 王群青

(山东农业大学植物保护学院, 泰安 271000)

摘 要: 植物激活多层次的防御反应需要进行大量的基因转录重编程, 使植物由生长状态转变为抗病状态, 从而抵御病原菌的侵染, 因此转录重编程是防卫反应从信号转导到执行阶段的关键中间过程。真核生物通过保守的中介体复合物 (Mediator) 连接不同的转录因子和 RNA 聚合酶 II, 在调节基因特异性转录过程中发挥着关键作用。在这项研究中, 我们发现植物转录共抑制因子 TOPLESS (TPL) 通过干扰中介体复合物核心亚基 MED21 和 MED6 的组装, 抑制了水杨酸通路响应基因的转录激活。当植物受到病原体感染时, 会产生大量的水杨酸来激活防御信号, 从而解除 TPL 的抑制作用。有趣的是, 这种调控机制被大豆疫霉 (*Phytophthora sojae*) 劫持并抑制植物防卫反应。大豆疫霉 RxLR 效应子 PsAvh109 通过竞争结合 GmMED21, 破坏中介体复合物头部模块 GmMED6 和中部模块 GmMED21 的物理连接, 从而阻断水杨酸响应基因的转录, 干扰植物防卫反应。研究发现, Avh109 在不同的疫霉菌中高度保守, 这表明 Avh109 的调控机制可能被疫霉菌广泛用于操纵植物免疫。因此, 我们的研究揭示了病原体效应子通过模仿转录核心抑制因子干扰植物转录重编程的调控机制。

关键词: 大豆疫霉; RxLR 效应子; 中介体; 转录重编程

质外体小 RNA 对植物与疫霉互作的调控作用研究*

乔 悦**，宋子涵，侯英楠***

（上海交通大学农业与生物学院，上海市现代种业协同创新中心，上海 200240）

摘 要：小 RNA 是真核生物中调控基因表达的关键分子，广泛参与植物的生长、发育、代谢及免疫反应。研究表明，小 RNA 不仅能在细胞内调控基因表达，还能被运输至植物细胞质外体空间。质外体小 RNA 能够通过跨界运输进入病原菌，诱导其基因沉默，从而抑制病原菌侵染。然而，质外体小 RNA 是否通过其他途径调控植物-病原互作尚不清楚，其选择性胞外分选的分子机制也仍未阐明。本研究利用番茄-辣椒疫霉互作体系，系统鉴定了响应病原侵染的番茄质外体小 RNA。发现疫霉侵染会诱导番茄特定 miRNAs 和 22~24 nt siRNA 被选择性分泌至质外体。其中，一个保守的 miRNA 通过质外体途径转运至邻近细胞激活免疫反应。同时，质外体中以 24 nt siRNA 为主的小 RNA 又可进一步跨界转移至疫霉菌，其中一个特异 siRNA 能直接靶向并剪切疫霉毒力相关基因的转录本。本研究揭示了质外体小 RNA 的双重功能：既可增强植物免疫，又能削弱疫霉菌致病力。这些发现为 RNA 生物农药设计提供了新的候选分子，也进一步为卵菌病害的防控策略奠定了理论基础。

关键词：疫霉；番茄；质外体；小 RNA

---

* 基金项目：国家自然科学基金优秀青年科学基金项目（海外）
** 第一作者：乔悦，博士研究生，主要从事番茄与疫霉互作分子机理研究；E-mail：qiao_yue@sjtu.edu.cn
*** 通信作者：侯英楠，副教授，主要从事茄科植物与微生物互作研究；E-mail：yingnanh@sjtu.edu.cn

细胞分裂蛋白激酶 PlCdc15 调控荔枝霜疫霉致病力的机制研究*

陈祎[1,2]**，吕毅[1,2]，洪丹露[1,2]，廖国良[1,2]，冯婉珍[1,2]***，陈庆河[1,2]***

[1. 海南大学热带农林学院，海口 570228；
2. 海南大学南繁学院（三亚南繁研究院），三亚 572025]

摘 要：荔枝霜疫霉引起的荔枝霜疫病在荔枝生产及采后储运过程中造成的产量损失及品质下降问题，严重威胁荔枝产业健康发展。荔枝霜疫霉为二倍体病原卵菌，目前关于其致病机制研究较为有限。细胞分裂过程中各信号途径的协同调控对于病原菌生长发育及侵染寄主至关重要。本研究鉴定到了荔枝霜疫霉中细胞分裂过程关键蛋白激酶 PlCdc15，功能域预测分析其包含保守的 STKc 激酶功能域。通过 CRISPR/Cas9 基因编辑技术，获得其 N 端 STKc 功能域端缺失突变体 $\Delta Plcdc15\text{-}Stk$ 和 C 端缺失突变体 $\Delta Plcdc15\text{-}Back$，发现两个突变体的营养菌丝生长速率显著降低；孢子囊的产生能力和侵染寄主的能力均显著下降。DAPI 染色观察发现两个突变体单位菌丝长度内的细胞核显著减少，细胞分裂过程紊乱。对产生的孢子囊进行低温诱导后，发现 $\Delta Plcdc15\text{-}Stk$ 无法割裂，且丧失了产生卵孢子的能力。本研究表明 PlCdc15 的 N 端（激酶功能域端）及其 C 端（无明确功能域端）在荔枝霜疫霉生长发育及侵染寄主过程中均发挥重要功能，该研究可为病原卵菌相关研究提供新的理论基础。

关键词：荔枝霜疫霉；细胞分裂；PlCdc15；生长发育；致病机制

---

* 基金项目：海南省自然科学基金青年基金（322QN237）；海南大学科研启动基金［KYQD（ZR）-22090］；国家自然科学基金地区基金（32160614）；海南省荔枝产业技术体系（HNARS-08）
** 第一作者：陈祎，硕士研究生；E-mail：1923467210@qq.com
*** 通信作者：冯婉珍，讲师；研究方向为植物病原微生物致病机理及病原与寄主互作；E-mail：fwz@hainanu.edu.cn
陈庆河，研究员；研究方向为热带作物疫霉菌致病机制及与寄主互作；E-mail：qhchen@hainanu.edu.cn

辣椒疫霉菌内质网 PcSEC62 基因的功能分析*

张 怡**,黄玉媛,叶倩倩,王俊沣,贾晓轲,陈庆河***,梁启福***

(海南大学三亚南繁研究院,热带农林学院,三亚 572025)

摘 要:辣椒疫霉菌(*Phytophthora capsici*)是一种寄主广泛的毁灭性植物病原卵菌,其生长发育及致病机制与内质网密切相关。Sec62 是内质网易位复合体的重要组成部分,在机体生长发育及应激调节过程中具有重要作用,但其在卵菌中的生物学功能尚不明确。本研究对不同生育阶段及致病过程 PcSEC62 基因转录水平进行检测,发现孢子囊及侵染阶段 PcSEC62 转录表达显著增高。通过 CRISPR/Cas9 基因编辑获得辣椒疫霉菌 PcSEC62 基因敲除突变体 ΔPcsec62 及回补菌株 ΔPcsec62-C,并对突变体进行生物表型分析。结果表明,突变体菌丝生长及产孢能力均显著降低,同时对渗透压、氧化胁迫及内质网胁迫的敏感性显著增强,且突变体菌株致病力显著减弱。研究表明,辣椒疫霉菌 PcSEC62 参与辣椒疫霉菌的生长发育、环境胁迫以及致病过程调控中发挥关键作用,但其调控病原菌致病能力的分子机制仍有待深入解析。

关键词:辣椒疫霉;内质网;*PcSEC62*;生长发育;致病机制

---

* 基金项目:海南省高层次人才项目(325RC668);国家自然科学基金青年项目(32302311);海南大学科研启动基金项目[KYQD(ZR)23022]
** 第一作者:张怡,硕士研究生;E-mail:15004817345@163.com
*** 通信作者:梁启福,副教授,研究方向为植物病原微生物致病机理及病原与寄主互作;E-mail:qifuliang@hainanu.edu.cn
陈庆河,研究员,研究方向为热带作物疫病菌致病机制及与寄主互作;E-mail:qhchen@hainanu.edu.cn

Elongator Protein PlElp3b is Involved in Mycelial Growth, Autophagy, and Virulence of *Phytophthora litchii*

Ye Linlin, Xing Jiarui, Luo Yiqia, Zhou Zhiming,
Wang Xuejian, Wei Wenyu, Chen Qinghe[**], Yang Chengdong[**]

[*School of Breeding and Multiplication (Sanya Institute of Breeding and Multiplication), Key Laboratory of Green Prevention and Control of Tropical Plant Diseases and Pests, Ministry of Education, School of Tropical Agriculture and Forestry, Hainan University, Sanya 572025, China*]

Abstract: Litchi downy blight, instigated by the phytopathogenic oomycete *Phytophthora litchii*, represents one of the most catastrophic afflictions affecting litchi cultivation, leading to significant economic detriment. The Elongator protein complex is crucial for the growth and virulence of filamentous fungi; however, the specific role of the Elongator protein component Elp3 within oomycetes remains poorly understood. In this study, we identified and characterized two homologs of Elp3, namely PlElp3a and PlElp3b, in *P. litchii*. The targeted deletion of *PlELP3b* utilizing the CRISPR/Cas9 gene editing technique resulted in impaired vegetative proliferation and reproductive development. Furthermore, the elimination of *PlELP3b* was found to affect the sensitivity of *P. litchii* to various stressors. The protein Atg8, recognized as a marker for autophagy across multiple species, was analyzed via Western blotting, revealing that PlElp3b is integral to the maintenance of autophagic homeostasis through the modulation of mCherry-PlAtg8 degradation. Notably, PlElp3b did not exhibit any interaction with PlAtg8 in yeast two-hybrid (Y2H) assays. Additionally, virulence evaluations demonstrated that the absence of *PlELP3b* significantly diminished the virulence of *P. litchii*. Collectively, our findings underscore the critical functions of PlElp3b in regulating radial growth, stress response, sexual reproduction, autophagic equilibrium, and virulence in *P. litchii*.

Key words: PlElp3b; autophagy; virulence; *Phytophthora litchii*

---

* Funding: National Natural Science Foundation of China (32202246, 32160614), Hainan Litchi Agriculture Research System (HNARS-08), and the Scientific Research Foundation of Hainan University [KYQD (ZR) -21042, KYQD (ZR) -20080]

** Corresponding authors: Yang Chengdong; E-mail: chengdy@ hainanu. edu. cn
Chen Qinghe; E-mail: qhchen@ hainanu. edu. cn

The Autophagy-related Protein PlAtg26b Regulates Vegetative Growth, Reproductive Processes, Autophagy, and Pathogenicity in *Peronophythora litchii**

Wang Xuejian[1,2]**, Yu Ge[1,2]**, Luo Yiqia[1,2], Chen Taixu[1,2], Zhang Xue[1,2], Ye Linlin[1,2], Yang Chengdong[1,2]***, Chen Qinghe[1,2]***

(1. School of Breeding and Multiplication, Sanya Institute of Breeding and Multiplication, Hainan University, Sanya 572025, China; 2. Key Laboratory of Green Prevention and Control of Tropical Plant Diseases and Pests, Ministry of Education, School of Tropical Agriculture and Forestry, Hainan University, Haikou 570228, China)

Abstract: *Peronophythora litchii* is an oomycete pathogen responsible for litchi downy blight, a significant threat to global litchi production. Autophagy, a conserved degradation pathway crucial for the growth, development, and pathogenicity of phytopathogenic organisms, remains an area of active investigation. In this study, we characterized the function of the Atg26 homolog PlAtg26b in *P. litchii*. Using the CRISPR/Cas9 genome editing system, we generated *PlATG26b* knockout mutants and determined that PlAtg26b localizes to mitochondria under stress conditions. Although deletion of *PlATG26b* did not impair selective autophagy, it markedly reduced Atg8-PE synthesis, vegetative hyphal growth, asexual and sexual reproduction, and zoospore release. Furthermore, *PlATG26b*-deficient mutants exhibited significantly reduced virulence on litchi fruits and leaves. Collectively, our findings demonstrate that PlAtg26b plays a pivotal role in the biological development and pathogenicity of *P. litchii*.

Key words: *Peronophythora litchii*; PlAtg26b; autophagy; pathogenicity; CRISPR/Cas9

---

* Funding: Natural Science Foundation of China (32160614); Hainan Litchi Agriculture Research System (HNARS-08); Scientific Research Foundation of Hainan University [KYQD (ZR) -20080]
** First authors: Wang Xuejian, Yu Ge; E-mail: Yuge@hainanu.edu.cn
*** Corresponding authors: Yang Chengdong; E-mail: chengdy@hainanu.edu.cn
   Chen Qinghe; E-mail: qhchen@hainanu.edu.cn

黑龙江省大豆疫霉菌的致病性及精甲霜灵敏感性测定

令兆勋,董娴雅,李程瑞,周宇兰,柯希望,殷丽华

(黑龙江八一农垦大学,黑龙江省作物-有害生物互作生物学及生态防控重点实验室,农业农村部东北平原农业绿色低碳重点实验室,国家杂粮工程技术研究中心,大庆 163319)

摘 要:由大豆疫霉菌(*Phytophthora sojae*)侵染引起的大豆疫霉根腐病(Soybean *Phytophthora* Root Rot,SPRR)是大豆生产上的一种毁灭性病害。目前,大豆疫霉根腐病的防治仍以种植抗病品种和应用精甲霜灵药剂防治为主,但大豆疫霉菌田间群体极易分化出新的毒性小种,加之精甲霜灵作用位点单一,病菌容易产生抗药性,因此,对大豆疫霉菌的致病性及其对精甲霜灵的敏感性进行监测,对保障大豆安全生产具有重要意义。

笔者为探究黑龙江省大豆疫霉菌对不同大豆品种的致病性以及对精甲霜灵的敏感性,2024年在黑龙江省饶河县、鸡东县、五大连池市、双鸭山太保镇、萝北县、虎林市、克山县、友谊县8个市县采集大豆疫霉根腐病株,利用组织分离法得到12个分离株,经柯赫氏法则验证和形态学鉴定为大豆疫霉菌。利用下胚轴接种法测定了12个疫霉菌株对来自黑龙江省30个大豆品种的致病性,结果显示11个大豆疫霉菌株对70%以上的品种具有致病性,其中4个菌株对90%以上的品种有致病性,表明黑龙江地区现有大豆品种普遍缺乏对大豆疫霉根腐病的抗性,亟须筛选和培育抗病品种以应对大豆疫霉菌的威胁。同时,采用菌丝生长速率法测定了12个菌株对精甲霜灵的敏感性,结果表明,12个大豆疫霉菌株的EC_{50}值范围在0.04~0.26 μg/mL,平均值为0.115 μg/mL,未发现抗药菌株,但与已有报道相比,出现了明显的耐药趋势。本研究对黑龙江省不同地区大豆疫霉菌的致病性及药剂敏感性分析结果,将为大豆疫霉根腐病的可持续控制提供重要的理论依据。

关键词:大豆疫霉菌;大豆根腐病;药剂敏感性

---

* 基金项目:黑龙江省"双一流"新一轮建设学科协同创新成果建设项目(LJGXCG2022-107);农业农村部政府购买服务项目(072507020)
** 第一作者:令兆勋,硕士研究生,主要从事植物病理学相关工作;E-mail:lingzhaoxun@163.com
*** 通信作者:殷丽华,副教授,主要从事植物病理学相关工作;E-mail:yinlhua@163.com

PsNPC1s 蛋白调控大豆疫霉的无性繁殖、侵染致病和脂质稳态*

薛昭霖[1]**，刘小飞[1]，周 鑫[1]，刘芳敏[1]，殷霜霜[1]，刘西莉[1,2]***

(1. 中国农业大学植物保护学院，北京 100193；2. 西北农林科技大学植物保护学院，干旱区作物胁迫生物学国家重点实验室，杨凌 712100)

摘 要：C 型尼曼-匹克（NPC）病是人类的一类溶酶体脂质贮积障碍和脂质运输缺陷综合征，主要由 NPC1 蛋白突变引起。大豆疫霉（*Phytophthora sojae*）基因组中存在 2 个 NPC1 同源蛋白，分别将其命名为 PsNPC1-1 和 PsNPC1-2，二者具有高度的蛋白序列一致性、保守的结构域、相似的基因表达模式及亚细胞定位。*PsNPC1-1* 或 *PsNPC1-2* 单基因的敲除均未导致大豆疫霉发生明显的表型变化，而双基因敲除能够导致大豆疫霉的菌丝生长速率和孢子囊产量下降、无法释放正常的游动孢子以及致病力减弱。此外，*PsNPC1s* 双基因的功能缺失并未完全阻断大豆疫霉吸收和利用外源甾醇。脂质组学分析显示，双敲除突变体中脂肪酸类、鞘脂类和糖脂类的脂质相对含量显著升高，并且甘油磷脂和甘油酯的代谢通路发生明显改变。进一步研究发现，甘油二酯代谢途径中一个关键的醇磷脂酰转移酶 PsCDP-AP 在双敲除突变体的转录组和蛋白组中表达量均显著下降。通过膜体系酵母双杂交、荧光素酶互补试验以及荧光共定位研究，发现 PsCDP-AP 蛋白能够分别与 2 个 PsNPC1s 相互作用，且 *PsCDP-AP* 基因的缺失同样会破坏大豆疫霉的无性繁殖和致病力。上述研究结果表明，PsNPC1s 蛋白功能冗余，可能与 PsCDP-AP 等关键蛋白互作，协同调控大豆疫霉的无性繁殖、致病力和脂质稳态。

关键词：大豆疫霉；NPC1 蛋白；无性繁殖；脂质代谢；基因功能

---

* 基金项目：国家自然科学基金（32302405）
** 第一作者：薛昭霖，博士研究生，主要从事植物病原卵菌基因功能研究；E-mail：xuezhaolin1215@163.com
*** 通信作者：刘西莉，教授，主要从事植物病原卵菌与杀菌剂互作研究；E-mail：seedling@cau.edu.cn

荔枝霜疫霉 Δ1-吡咯啉-5-羧酸合成酶 PlP5CS1 的功能研究

谢文彬, 司徒俊健, 孔广辉, 李敏慧, 姜子德, 习平根

(华南农业大学植物保护学院, 广州 510642)

摘 要: 荔枝霜疫霉（*Peronophythora litchii*）是荔枝生产链中最具破坏性的病原卵菌, 其引发的霜疫病流行规律及采后传播机制是制约产业发展的核心难题。Δ1-吡咯啉-5-羧酸合成酶（P5CS）是一种参与脯氨酸的生物合成的限速酶, 控制着脯氨酸在体内合成的速度。前期研究发现, 荔枝霜疫霉 C_2H_2 型锌指蛋白 PlCZF1 在卵孢子形态和致病力方面起重要作用。经序列同源比对, 鉴定获得一种荔枝霜疫霉 Δ1-吡咯啉-5-羧酸合成酶的编码基因并命名为 *PlP5CS1*, 该基因在卵菌中高度保守。研究显示, PlCZF1 与 PlP5CS1 存在体外互作且 PlCZF1 正调控 *PlP5CS1*。本研究利用 CRISPR/Cas9 介导的基因组编辑技术和聚乙二醇（Polyethylene glycol, PEG）介导的原生质体转化技术, 对荔枝霜疫霉 *PlP5CS1* 进行了基因编辑并分析该基因的功能。结果表明, *PlP5CS1* 的敲除对菌丝的生长速率没有显著影响。与野生型相比, 其致病力、过氧化氢耐受性和漆酶活性显著降低, 表明 *PlP5CS1* 与荔枝霜疫霉的致病力有关。与野生型相比, 敲除突变体对细胞壁胁迫物质和高渗胁迫物质的耐受性显著降低, 表明 *PlP5CS1* 的敲除显著影响荔枝霜疫霉对细胞壁胁迫物质及高渗胁迫物质的敏感性。此外, *PlP5CS1* 还参与荔枝霜疫霉脯氨酸的生物合成, 且最适外源添加脯氨酸浓度为 0.5~3.0 mmol/L。本研究发现了荔枝霜疫霉 *PlP5CS1* 在病原菌有性生殖和致病中发挥关键作用, 这为进一步探究荔枝霜疫霉 PlP5CS1 蛋白调控途径及其病害防控提供了新的理论基础和靶标基因。

关键词: 荔枝霜疫霉; Δ1-吡咯啉-5-羧酸合成酶; 胁迫; 脯氨酸; 致病性

族系特异的基因对 XEG1/XLP1 推动疫霉菌寄主范围的扩张[*]

张奇[**]，马振川[***]，王源超[***]

(南京农业大学植物保护学院，农业农村部大豆病虫害防控重点实验室，南京 210095)

摘 要：在多种疫霉菌-植物病原互作系统中，疫霉菌分泌一种丧失酶活性的旁系同源蛋白 XLP1 (PsXEG1-like protein)，其作为"诱饵"蛋白保护木葡聚糖特异性内切葡聚糖酶 XEG1 免受宿主抑制子的抑制作用。本研究表明，XEG1/XLP1 基因对在属特异性选择压力下的进化对于疫霉菌的宿主适应性具有重要意义，并且与其宿主范围的变化密切相关。研究结果揭示，XEG1/XLP1 基因对起源于疫霉菌，并在进化过程中逐渐演化为属特异性基因，同时在"偏向性"选择的驱动下经历了功能分化。进一步分析发现，XEG1/XLP1 基因对中的正向选择位点促进其功能分化，并与疫霉菌宿主范围的变异高度相关，并通过多元统计分析验证了这一关联。此外，通过突变分析发现，大豆疫霉菌和辣椒疫霉菌中关键正向选择位点的突变显著削弱其致病性，且辣椒疫霉菌在烟草和豌豆宿主上的定殖扩展能力几乎丧失。值得注意的是，在自然疫霉菌种群中，正向选择位点上的突变存在多样性，这表明 XEG1/XLP1 基因对在进化过程中持续受到正向选择压力的作用。

关键词：疫霉属；基因对；选择压力；寄主范围

---

[*] 基金项目：国家重点研发计划 (2022YFF1001500)
[**] 第一作者：张奇，博士后，研究方向为大豆抗病机制研究；E-mail: T2025048@njau.edu.cn
[***] 通信作者：马振川，教授，主要从事抗病基因的挖掘与利用；E-mail: zhenchuan.ma@njau.edu.cn
王源超，教授，主要从事植物卵菌病害成灾机理及大豆病虫害防控研究；E-mail: wangyc@njau.edu.cn

细胞壁果胶甲酯化重塑调控抗性机制与抗病设计

夏业强*，孙广正*，肖峻华，何心怡，王源超**

(南京农业大学植物保护学院，农业农村部大豆病虫害防控重点实验室，南京 210095)

摘　要：细胞壁完整性对植物生长和发育至关重要。然而，植物如何响应病原菌侵染维持细胞壁完整性提高抗性的机制尚不清楚。本研究发现，大豆根腐病菌大豆疫霉菌通过分泌果胶甲酯酶（PsPME1）降低了大豆果胶层的甲酯化程度，进而与内聚半乳糖醛酸酶（PsPG1）协同作用破坏细胞壁完整性。细胞壁降解产物甲醇作为"警戒信号"，激活大豆 MAPKs 信号，进而上调表达果胶甲酯酶抑制子基因 *GmPMI*1，抑制病原菌和大豆分泌的果胶甲酯酶活性，重塑寄主细胞壁提高寄主的抗性。*GmPMI*1 的组成型表达显著增强了寄主抗性，但也破坏了寄主生长与防御反应之间的平衡。因此，本研究进一步利用 AlphaFold 结构复合体预测工具，精准区分了 *GmPMI*1 调控生长与抗性的关键位点，并设计了一种改良型 *GmPMI*1（*GmPMI*1R），使其特异性靶向并抑制病原体分泌的果胶甲酯酶，而不影响植物自身与植物生长发育相关的果胶甲酯酶。*GmPMI*1R 持续过表达的植株在不影响植物生长的同时显著提高了对病原卵菌和真菌的抗性。该研究首次揭示了植物细胞壁中果胶甲酯化动态重塑调控植物与病原菌互作和协同进化的作用机制，对精准设计作物抗病基因实现作物广谱、持久抗病性具有重要指导意义。

关键词：大豆疫霉；细胞壁完整性；果胶甲酯酶；抑制蛋白；AlphaFold；广谱抗性

---

* 第一作者：夏业强，博士后，主要从事植物与病原卵菌互作分子机理研究；E-mail：T2021003@njau.edu.cn
孙广正，博士后，主要从事植物与病原卵菌互作分子机理研究；E-mail：sunguangzheng@njau.edu.cn
** 通信作者：王源超，教授，主要从事植物卵菌病害成灾机理以及大豆病虫害防控技术研究；E-mail：wangyc@njau.edu.cn

PsCBP1 保护大豆疫霉细胞壁完整性的致病机制

肖峻华*，夏业强*，杨雨姮，王　燕，王源超**

(南京农业大学植物保护学院，农业农村部大豆病虫害防控重点实验室，南京　210095)

摘　要：病原菌细胞壁的完整性是其致病成功的关键因素。纤维素作为病原卵菌和植物细胞壁的共同组分，病原菌通过保护自身细胞壁中纤维素以增强致病力的分子机制尚不明确。本研究在大豆疫霉侵染早期，从大豆下胚轴中提取的总蛋白具有降解疫霉菌丝的能力，并表现出纤维素酶活性。进一步通过细胞壁蛋白质谱分析，鉴定出大豆疫霉中一个含双串联 CBM1 结构域的纤维素结合蛋白 PsCBP1。PsCBP1 在侵染早期上调表达；免疫荧光定位和体外亲和实验证实，PsCBP1 定位于菌丝细胞壁，并能特异性结合纤维素；$PsCBP1$ 基因敲除（$\Delta PsCBP1$）及纤维素结合位点突变显著降低了菌株的毒力，且菌丝对寄主纤维素酶的敏感性增加。综上，本研究初步揭示了大豆疫霉通过效应蛋白 PsCBP1 结合自身细胞壁中的纤维素，以抵抗寄主纤维素酶的降解，从而保护细胞壁完整性的致病机制，但植物纤维素酶在增强寄主抗性方面的具体分子机制仍需进一步研究。本研究结果可为开发靶向病原菌细胞壁完整性的病害防控策略提供理论依据。

关键词：大豆疫霉；细胞壁完整性；纤维素结合蛋白；致病机制

---

* 第一作者：肖峻华，博士研究生，研究方向为植物与病原卵菌互作分子机理研究；E-mail：2021202026@stu.njau.edu.cn
夏业强，博士后，主要从事植物与病原卵菌互作分子机理研究；E-mail：T2021003@njau.edu.cn
** 通信作者：王源超，教授，主要从事植物卵菌病害成灾机理以及大豆病虫害防控技术研究；E-mail：wangyc@njau.edu.cn

病原菌质外体胰蛋白酶切割 BAK1 抑制植物免疫的机制解析

张思聪[1,2]**，王源超[1,2]***，王 燕[1,2]***

(1. 南京农业大学三亚研究院，南京 210095；2. 南京农业大学植物保护学院，农业农村部大豆病虫害防控重点实验室，南京 210095)

摘 要：植物通过细胞膜表面的模式识别受体（Pattern recognition receptors，PRRs）感知病原微生物，从而激活模式分子触发的免疫反应（Pattern-triggered immunity，PTI）。然而，病原微生物是否以及如何在质外体中操纵 PTI 信号以突破这层免疫屏障尚不清楚。本研究通过大规模筛选抑制疫霉菌激发子 INF1 诱导免疫的疫霉质外体效应子，鉴定得到胰蛋白酶样丝氨酸蛋白酶 PsTry1，发现该蛋白能够与大豆和本氏烟中的 BAK1 结合。受体激酶 BAK1 作为多种 PRRs 的共受体，是 PTI 信号转导的核心免疫组分。研究发现 PsTry1 是疫霉菌的关键致病因子，其广泛抑制不同微生物相关分子模式（Microbe-associated molecular patterns，MAMPs）触发的免疫反应。进一步研究发现，PsTry1 可切割大豆 GmBAK1 的胞外域，且其抑制植物免疫的能力依赖于蛋白酶活性。通过蛋白质谱和系统性丙氨酸替换突变筛选，本研究证明 GmBAK1 胞外域的 Leu163 是 PsTry1 切割所需的关键残基。此外，PsTry1 在疫霉菌中高度保守，其多个同源蛋白均可通过切割 BAK1 抑制 PTI。本研究揭示了植物病原菌抑制植物质外体免疫的一种保守的全新策略。

关键词：大豆疫霉；质外体；抑制免疫；胰蛋白酶；BAK1

---

* 基金项目：国家自然科学基金项目（32322070，32172423）；国家重点研发项目（2022YFF1001500，2021YFA1300701）；中国农业科研体系（CARS-004-PS14）
** 第一作者：张思聪，博士后，研究方向为疫霉菌质外体蛋白酶的致病机制；E-mail：2018202023@njau.edu.cn
*** 通信作者：王燕，教授，主要从事作物广谱抗病基因挖掘和作物先天免疫作用机制；E-mail：yan.wang@njau.edu.cn
　　　　王源超，教授，主要从事植物卵菌病害成灾机理及大豆病虫害防控研究；E-mail：wangyc@njau.edu.cn

疫霉菌 G 蛋白信号通路的分子功能研究

仇 敏[**]，雍赛江，叶文武，王源超[***]

(南京农业大学植物保护学院，农业农村部大豆病虫害防控重点实验室，南京 210095)

摘 要：病原微生物的生存依赖于其环境信号感知能力。在真核生物中，G 蛋白信号途径作为高度保守的胞外信号转导系统，由 G 蛋白偶联受体（GPCR）、异源三聚体 G 蛋白（Gα、Gβ、Gγ）及其下游效应蛋白组成。研究发现，疫霉菌中 Gα 亚基调控游动孢子趋化性和致病性，Gβ 和 Gγ 亚基则参与孢子囊发育调控，其下游效应蛋白如组氨酸三联体核苷酸结合蛋白 PsHint1 参与调控游动孢子趋化性和致病性（Zhang et al., 2016）、蛋白激酶 PsYPK1 和蛋白磷酸酶 PsPP2C 参与调控孢子囊发育和致病性。不同于高等动物具有多样的异源三聚体 G 蛋白组合，疫霉菌基因组仅编码单一 Gα、Gβ 和 Gγ 亚基，却拥有数百个 GPCR，这提出了单一 G 蛋白如何响应众多 GPCR 信号的科学问题。研究发现疫霉菌中存在独特的双元 GPCR，除典型 7 次跨膜结构外，还在其 C 端或 N 端额外携带催化功能域，可能绕过经典异源三聚体 G 蛋白途径直接调控下游信号。大豆疫霉中共鉴定出 43 个双元 GPCR，前期功能研究表明，PsGPCR-PIPK4 特异性调控游动孢子的趋化性和休止孢萌发过程，而 PsGPCR-PIPK5 则参与卵孢子形成的调控。此外，致病疫霉 PiGPCR-PIPK4 也被证实参与调控孢子囊萌发、芽管延伸及致病性等多个关键致病过程。基于 CRISPR-Cas9 基因敲除技术对大豆疫霉中的双元 GPCR 的系统功能解析发现其参与调控菌丝生长、孢子发育及致病性等关键生物学过程，其中 5 个双元 GPCR 影响菌丝生长，4 个参与卵孢子形成调控，2 个调控孢子囊发育，3 个影响游动孢子趋化性，更有 15 个显著降低病原菌的致病力。这些重要发现不仅深入揭示了卵菌中独特的 GPCR 信号转导机制，更为开发新型病害防控策略提供了潜在的分子靶标。

关键词：疫霉菌；G 蛋白；异源三聚体 G 蛋白；G 蛋白偶联受体

---

[*] 基金项目：国家自然科学基金项目（32100160）
[**] 第一作者：仇敏，助理研究员，研究方向为卵菌功能基因组学；E-mail: minqiu@njau.edu.cn
[***] 通信作者：王源超，教授，主要从事植物卵菌病害成灾机理及大豆病虫害防控研究；E-mail: wangyc@njau.edu.cn

uORF-mediated Translational Regulation Mechanism of Virulence and Light Adaptation in *Phytophthora**

Liu Tianli[1,2]**, Zhang Zhichao[1,2]**, Luo Miaoqing[1,2], Liu Zihan[1,2], Wan Chuanxu[1,2], Wang Yuanchao[1,2]***, Ye Wenwu[1,2]***

[1. *Department of Plant Pathology, Nanjing Agricultural University, Nanjing 210095, China*;
2. *Key Laboratory of Soybean Disease and Pest Control (Ministry of Agriculture and Rural Affairs), Nanjing Agricultural University, Nanjing 210095, China*]

Abstract: Pathogens require precise gene expression regulation to adapt to host and environmental stresses. While transcriptional regulation is well-characterized, translational-level mechanisms remain poorly understood. This study established ribosome profiling (Ribo-seq) in *Phytophthora sojae*, generating the first genome-wide translation map to systematically dissect hierarchical regulatory networks. We identified ~100 genes harboring translationally active upstream open reading frames (uORFs) within their 5′ UTR, which significantly suppress downstream main open reading frame (mORF) translation. This inhibitory function was validated by dual-luciferase reporter assays. CRISPR-Cas9-mediated uORF knockout in three candidate genes demonstrated that mutants of a bZIP transcription factor and a phospholipase gene exhibited markedly reduced pathogenicity, confirming a key role of uORFs on virulence regulation. Furthermore, a CCT domain-containing transcription factor gene was identified with seven highly conserved uORFs in its 5′ UTR, conserved across *Phytophthora* species. Under darkness, enhanced uORF translation suppressed mORF expression, whereas light exposure reduced uORF translation efficiency and substantially increased mORF translation. Functional analysis revealed that uORF knockout mutants exhibited more severe growth defects under light stress, demonstrating that *P. sojae* employs uORF-mediated translational reprogramming to adapt to abiotic stressors. This work systematically deciphers the role of uORFs in translational regulation within plant pathogens, broadening our understanding of virulence mechanisms and environmental adaptation strategies.

Key words: uORF; Ribo-seq; translation regulation; *Phytophthora*; light adaptation

---

* Funding: National Natural Science Foundation of China (32172374, 31972250)
** First authors: Liu Tianli; E-mail: 2022202070@stu.njau.edu.cn
Zhang Zhichao; E-mail: 2018102056@njau.edu.cn
*** Corresponding authors: Wang Yuanchao; E-mail: wangyc@njau.edu.cn
Ye Wenwu; E-mail: yeww@njau.edu.cn

宁夏地区酿酒葡萄霜霉病菌空中孢子囊浓度与气象因素相关性及预测模型建立[*]

王兴哲[**]，张强强，闫思远，袁　麒，顾沛雯[***]

(宁夏大学农学院，银川　750021)

摘　要：为明确宁夏地区酿酒葡萄霜霉病菌空中孢子囊浓度、气象因素对酿酒葡萄霜霉病田间病情发展的影响，建立基于田间空气中孢子囊浓度的酿酒葡萄霜霉病病情预测模型。2016—2019年间在宁夏银川和永宁产区酿酒葡萄试验区连续调查葡萄霜霉病田间病情，对空气中病菌孢子囊浓度和气象因素进行定期监测，经相关性和非线性回归分析，建立酿酒葡萄霜霉病病情预测模型并检验。宁夏地区酿酒葡萄霜霉病季节性流行曲线表现为"S"形曲线，空中孢子囊浓度季节扩散动态呈先上升后下降的倒"U"形趋势。空中累积孢子囊浓度与7 d后田间病情指数呈极显著正相关（$P<0.001$），与当日平均气温（x_1）、前7 d平均风速（x_2）和前7 d平均气温（x_3）均呈显著负相关（$P<0.05$），确定上述3个气象因子是影响葡萄霜霉病菌孢子囊空气中飞散的主要气象因素。通过非线性回归分析，宁夏地区酿酒葡萄霜霉病田间病情与空中累积孢子囊浓度的关系符合三次函数关系，建立了以气象因子为自变量，空中累积孢子囊浓度为因变量的预估模型为$y=1\,275.856-10.079x_1+139.236x_2-45.622x_3$（$R^2=0.742$，$P<0.001$）。根据2016—2019年酿酒葡萄园田间试验结果，可利用累积孢子囊浓度预测酿酒葡萄霜霉病田间病情发生程度，为该病的早期预警和有效防控提供参考。

关键词：酿酒葡萄霜霉病；病情指数；空气中孢子囊浓度；气象因素；预测模型；宁夏地区

---

[*] 基金项目：宁夏回族自治区重点研发计划项目（2024BBF02006）"酿酒葡萄病虫害监测预警关键技术研究与产业化应用"；宁夏回族自治区重大科技成果转化项目（2023CJE09038）"酿酒葡萄病虫害信息化监测预警技术应用"

[**] 第一作者：王兴哲，硕士研究生，研究方向为生物防治与菌物资源利用；E-mail：1094501315@qq.com

[***] 通信作者：顾沛雯，教授，主要从事植物病理学、生物防治及微生物资源利用等研究；E-mail：gupeiwen2019@nxu.edu.cn

第三部分
病毒

Tomato Chlorotic Virus (ToCV) Minor Coat Protein (CPm) Interacts with Tomato SlPAD1 to Block 26S Proteasome Assembly to Promote Virus Infection[*]

Wang Xipan[1], Shang Kaijie[2], Wang Chenchen[1], Zhang Ting[1], Liu Hongmei[1], Zhou Shumei[1], Zhu Xiaoping[2]**, Zhu Changxiang[1]**

(1. College of Life Sciences, Shandong Agricultural University, Tai'an, 271018;
2. College of Life Plant protection, Shandong Agricultural University, Tai'an, 271018)

Abstract: Tomato chlorosis virus (ToCV) is one of the most devastating plant viruses affecting tomatoes, causing severe losses in agricultural production. As an obligate parasite, ToCV relies on the macromolecular machinery of the host cell to complete replication. The ubiquitin-26S proteasome system, which regulates intracellular protein homeostasis, plays an essential role in plant growth and stress responses. In this study, we demonstrate that the ToCV minor coat protein (CPm) facilitates viral infection by interacting with SlPAD1, a component of 26S proteasome. Notably, under physiological conditions, SlPAD1 binds SlPA4 to form functional proteasomes required for normal cellular processes. Overexpression of SlPAD1 or SlPA4 enhances plant resistance to ToCV, whereas silencing these genes compromises viral resistance. Mechanistically, ToCV CPm competitively binds SlPAD1, displaces SlPA4, and blocks 26S proteasome assembly. Collectively, our findings propose a molecular mechanism through which ToCV proteins facilitate viral infection by disrupting 26S proteasome assembly.

Key words: tomato; tomato chlorosis virus; minor coat protein; 26S proteasome assembly

---

[*] Funding: This research was funded by National Science Foundation of China (32372634)
[**] Corresponding authors: Zhu Xiaoping; E-mail: zhuxp@ sdau. edu. cn
Zhu Changxiang; E-mail: zhchx@ sdau. edu. cn

贵州安顺地区烟草病毒病的电镜诊断与 RT-PCR 鉴定[*]

黄敬耀[1,2][**]，张浪进[2]，刘小茜[1,2]，孙鹏刚[2]，李熙全[3]，方守国[2]，章松柏[2][***]

[1. 长江大学园艺园林学院，荆州　434025；2. 长江大学农业农村部长江中游作物绿色高效生产重点实验室（部省共建），荆州　434025；
3. 贵州省烟草公司安顺市公司，安顺　561000]

摘　要：安顺是贵州重要的烟草种植基地之一，其烟草的产量和品质直接影响当地烟草产业的经济效益和广大烟农利益。然而，被称为植物癌症的烟草病毒病每年给安顺烟叶生产造成大量的经济损失，成为当地烟草产业发展的一个重要制约因素。为鉴定安顺烟草病毒病病原，在烟草旺长期，从安顺主要烟区采集呈现典型病毒病症状的烟叶样品共计 37 份，症状主要包括花叶、蕨叶、明脉、斑驳、疱斑、皱缩、叶缘卷曲、脉坏死、气候斑、叶片变厚肿大等。然后采用汁液负染法于透射电镜下观察病叶样品中是否存在病毒粒子以及病毒粒子形态。随后根据病毒粒子形态对病毒进行简单归类，设计通用引物或特异性引物通过 PCR 或 RT-PCR 方法对样品进行检测，检测片段经克隆测序后，与基因数据库比对分析确定病毒种类。结果显示：在透射电镜下，在不同的样品中可观察到线形、杆状、球状和双联体结构的病毒粒子，线形病毒粒子大小多为（12~14）nm×（700~900）nm，少数（12~14）nm×（2 000~2 200）nm，球状病毒粒子大小约为 30 nm，杆状病毒粒子大小为（16~18）nm×（300~450）nm，双联体结构的病毒粒子大小为 18 nm×30 nm；PCR 或 RT-PCR 的检测显示，双联体结构的病毒粒子为烟草曲叶双生病毒（tobacco leaf curl virus，TbLCV），杆状病毒为普通烟草花叶病毒（tobacco mosaic virus，TMV），球状病毒为烟草黄瓜花叶病毒（cucumber mosaic virus，CMV），线形病毒为烟草马铃薯 Y 病毒病（potato virus Y，PVY）、辣椒脉斑驳病毒（chilli veinal mottle virus，ChiVMV）和烟草病毒 1 号（tabacco virus 1），其中烟草 1 号病毒为国内首次发现。

关键词：烟草病毒病；病毒粒子；烟草病毒 1 号

---

[*] 基金项目：贵州省烟草公司安顺市公司科技项目（2022520400140040）；长江大学大学生创新创业训练计划项目（Yz2024399）
[**] 第一作者：黄敬耀，本科生，研究方向为园艺植物保护学；E-mail：1585412304@qq.com
[***] 通信作者：章松柏，教授，研究方向为病毒监测和分子病毒学；E-mail：yangtze2008@126.com

新德里番茄曲叶病毒在广东的发生与分布[*]

汤亚飞[**]，李正刚，佘小漫，于 琳，蓝国兵，丁善文，郭 斌，何自福[***]

(广东省农业科学院植物保护研究所，广东省植物保护新技术重点实验室，广州 510640)

摘 要：新德里番茄曲叶病毒（tomato leaf curl New Delhi virus，ToLCNDV）属双生病毒科菜豆金黄花叶病毒属，自然条件下由烟粉虱以持久性方式传播，部分株系和分离物也可通过种子带毒和机械摩擦传播。该病毒最早于1995年在印度发现，目前在巴基斯坦、泰国、伊朗、西班牙、中国等国家有发生，已对多国葫芦科作物造成严重危害，被欧洲和地中海植物保护组织列入警戒名单。在我国，2007年首次在台湾甜瓜病样上检测到，2021年在浙江温室番茄上发现，目前已对浙江、上海、江苏、河南等多地瓜类作物造成严重损失。在广东，2024年6月首次在广州市增城区多块地发现丝瓜植株严重矮化、叶片皱缩、变小、黄化、卷曲，果实畸形等症状，采集病样，通过滚环扩增、酶切和克隆获得病毒广东分离物基因组全长序列。该分离物为一个双组分病毒，包含DNA-A和DNA-B两组分。DNA-A组分全长为2 739 nt，编码7个ORFs；DNA-B组分为2 693 nt，编码2个ORFs。序列分析发现，广东分离物DNA-A和DNA-B基因组全长序列与已报道的ToLCNDV中国分离物相似性均在99%以上，也与ToLCNDV中国分离物聚集在同一个分支，亲缘关系近。根据菜豆金色黄花叶病毒属病毒的最新分类标准，所获得广东分离物属于ToLCNDV分离物。进一步利用ToLCNDV的特异引物对从广东广州、惠州、江门、阳江、汕头、佛山采集的丝瓜、水瓜、南瓜、节瓜、黄瓜、白瓜、冬瓜、甜瓜、葫芦、番茄176份疑似病样进行PCR检测，其中164份样品检测为阳性，检出率为93.18%。可见，ToLCNDV已在广东多个地区有发生与分布。本文首次在广东省检测到ToLCNDV，对监测ToLCNDV在我国的扩散具有重要意义。

关键词：新德里番茄曲叶病毒；广东；分布

---

[*] 基金项目：国家自然科学基金（32072392）；广东省农业科学院协同创新中心项目（XT202210）
[**] 第一作者：汤亚飞，博士，研究员，研究方向为植物病毒学；E-mail：tangyafei@gdppri.com
[***] 通信作者：何自福，研究员，研究方向为植物病毒学；E-mail：hezf@gdppri.com

广东葫芦科作物烟粉虱传病毒调查与鉴定

奚有为**，汤亚飞，佘小漫，于 琳，丁善文，
蓝国兵，郭 斌，李正刚***，何自福***

（广东省农业科学院植物保护研究所，广东省植物保护新技术重点实验室，广州 510640）

摘 要：烟粉虱传播的病毒可使世界上多种重要作物发生毁灭性病害，每年都造成巨大经济损失。本研究调查了广东省葫芦科作物病毒病及烟粉虱传病毒病发生情况，为广东葫芦科作物病毒病的防控提供科学依据。2022—2024 年，调查和监测了广东省广州、惠州、湛江、汕头、汕尾、茂名、江门和梅州 8 个市的葫芦科作物病毒病发生情况，结果显示：南瓜、葫芦、丝瓜、黄瓜、西葫芦等作物上病毒病发生较普遍，田间病株率一般在 10%~30%，严重时达 80% 以上；病株表现为叶片卷曲、皱缩、黄化、褪绿、泡状、斑驳、花叶等症状。在采集的 143 份疑似病样中，鉴定出 4 种烟粉虱传病毒，分别是瓜类黄矮失调病毒（cucurbit yellow stunting disorder virus，CYSDV）、瓜类褪绿黄化病毒（cucumber chlorotic yellows virus，CCYV）、中国南瓜曲叶病毒（squash leaf curl China virus，SLCCNV）和新德里番茄曲叶病毒（tomato leaf curl New Delhi virus，ToLCNDV）。利用建立的多重 PCR 检测方法进行检测，结果表明，4 种病毒的检出率为 55.9%，其中复合侵染占 46.25%（2 种病毒 40%，3 种病毒 6.25%），复合侵染较普遍。

关键词：葫芦科作物；烟粉虱传病毒；种类鉴定；复合侵染

---

* 基金项目：国家重点研发计划项目（2022YFD1401200）
** 第一作者：奚有为，硕士研究生，主要从事烟粉虱传病毒致害机理研究；E-mail：xiyw1011@163.com
*** 通信作者：何自福，研究员，主要从事蔬菜病毒病研究；E-mail：hezf@gdppri.com
　　　　李正刚，副研究员，主要从事病毒与寄主互作分子机理研究；E-mail：lizhenggang@gdppri.com

葡萄浆果内坏死病毒外壳蛋白基因的原核表达及其多克隆抗体的制备[*]

邓小龙[**]，王智磊，王　念，赵海婷，秦　朗，蒋润州，袁　梦，陈夕军，贺　振[***]

(扬州大学植物保护学院，扬州　225009)

摘　要：葡萄果心坏死病毒（GINV）和灰比诺葡萄病毒（GPGV）常引发葡萄栽培中的各种常见病毒性病害，对中国葡萄产区构成重大威胁。以往的研究都强调了葡萄病毒对全球葡萄产业的危害。然而，很少有报告专门关注 GINV。在野生葡萄藤中，GINV 感染经常导致葡萄藤扇叶退化病（GFDD）。GINV 经常与其他葡萄病毒同时发生，加剧了其对中国葡萄产业的有害影响。在这项研究中，我们收集了江苏省泰州市的葡萄样本，并确诊了 GINV 感染。以葡萄 GINV 外壳蛋白（CP）基因为基础，建立了一种高通量、高灵敏度的直接抗原包被 ELISA 和 Dot blot 检测方法，用于葡萄 GINV 外壳蛋白的田间诊断。从 GINV 感染的葡萄样品中克隆了 *CP* 基因，并利用 pET30（a）载体表达了 GINV CP。用纯化后的蛋白免疫家兔制备了特异性的 CP^{GINV} 多克隆抗血清，其敏感性令人满意。利用 CP^{GINV} 抗血清的高准确性和敏感性，我们开发了一种快速、精确、可扩展的葡萄行业 GINV 诊断方法。建立的酶联免疫吸附试验（ELISA）和斑点免疫印迹法（Dot blot）成功检测到葡萄病毒感染样品。GINV 在中国的发生较为普遍，具有传播风险，威胁葡萄产业的健康发展。因此，本研究制备 CP^{GINV} 抗血清，建立一种高效、快速、灵敏、准确、高通量的诊断方法，为葡萄病毒病的预防和控制提供基础途径。

关键词：葡萄浆果内坏死病毒；外壳蛋白；原核表达；抗血清

---

[*] 基金项目：国家重点研发计划项目（2022YFE013 0900）；国家自然科学基金项目（32272485）；泰州市"丰辰人才计划"双创新引进专项支持计划；扬州大学高层次人才支持计划；扬州大学跨学科高层次青年人才培养项目

[**] 第一作者：邓小龙，硕士研究生，主要从事植物病毒学与分子进化研究；E-mail：19850508160@163.com

[***] 通信作者：贺振，教授，主要从事植物病毒学与分子进化研究；E-mail：hezhen@yzu.edu.cn

分段病毒的核苷酸组成和二核苷酸偏好更多地由片段和蛋白质编码区决定，而不是由宿主物种决定：以番茄斑点枯萎病毒为例*

赵海婷[1]**，秦　朗[1]，邓小龙[1]，王智磊[1]，蒋润州[1]，吴圣勇[2]，贺　振[1]***

（1. 扬州大学植物保护学院，扬州　225009；2. 中国农业大学植物保护学院，植物病虫害生物学国家重点实验室，北京　100193）

摘　要：番茄斑萎病毒（TSWV）是发生在番茄生长过程中的分段病毒，严重威胁着世界各地番茄的生产。本研究基于454个片段基因组序列和2 029个蛋白质编码序列，对TSWV的片段、蛋白质编码区、宿主物种的核苷酸组成和二核苷酸偏好进行了综合分析。通过核苷酸组成分析，我们发现片段A在所有病毒片段的第一密码和第二密码子位置上都具有相同的过表达。然而，核苷酸组成在第三个密码子位置显示出不同的偏好。有趣的是，病毒的核苷酸组成在由不同片段编码的蛋白质之间明显不同。然后，我们计算了16种可能的二核苷酸的比值比，发现在完整的基因组序列，不同的片段、蛋白质编码区或宿主物种中，二核苷酸UpG和CpU都呈现过度代表趋势，而二核苷酸UpA、CpG和GpU呈现代表不足趋势。此外，我们进行了判别分析，以检验病毒二核苷酸组成是否能正确识别它的病毒片段、蛋白质编码区或宿主物种。值得注意的是，尽管这里分析的数据只有67%预测到正确的病毒宿主物种，但这里调查的数据可100%预测到正确的病毒片段和蛋白质编码区。通过对2 029个蛋白质编码序列的分析，我们也发现了相同的趋势。综上所述，TSWV二核苷酸的组成对片段和蛋白质编码区的偏好性大于对宿主物种的偏好性。本研究为研究TSWV的分子进化机制提供了新的视角，为进一步研究植物分段病毒的遗传多样性提供了参考。

关键词：番茄斑点枯萎病病毒；核苷酸组成；二核苷酸偏好；片段；蛋白质编码区；寄主物种；进化

---

* 基金项目：国际科技创新合作政府间重点专项（2022YFE0130900）；国家自然科学基金（32272485）；江苏省自然科学基金（BK20211323）；扬州大学高层次人才支撑计划；扬州大学跨学科高层次青年人才培养项目

** 第一作者：赵海婷，硕士研究生，主要从事病毒进化分析研究；E-mail：19850507965@qq.com

*** 通信作者：贺振，教授，主要从事植物病毒与分子进化研究；E-mail：hezhen@yzu.edu.cn

李属坏死环斑病毒密码子使用模式、二核苷酸组成和密码子对偏好[*]

王 念[**]，赵海婷，王智磊，丁诗文，秦 朗，蒋润州，臧政屹，贺 振[***]

(扬州大学植物保护学院，扬州 225009)

摘 要：李属坏死环斑病毒（PNRSV）是一种危害观赏植物和果树的重要病毒。关于PNRSV多样性和植物检疫检测技术的研究已经有了一些报道，但关于PNRSV密码子使用模式、二核苷酸偏好和密码子对偏好的内容仍然不确定。本研究基于PNRSV的359个外壳蛋白（CP）基因序列，对PNRSV的密码子使用、二核苷酸组成和密码子对使用进行了综合分析。PNRSV CP序列的密码子使用偏倚分析表明，它不仅受自然选择的影响，还受突变的影响，且自然选择是主导因素。二核苷酸组成分析显示CpC/GpA二核苷酸过表达，UpA/GpC二核苷酸过表达。PNRSV CP基因的二核苷酸组成与病毒谱系和宿主有较弱的相关性，但与病毒密码子位置有较强的相关性。另外，PNRSV CP基因的密码子对偏好性较低，与二核苷酸偏好、密码子使用模式有关。本研究为进一步研究PNRSV遗传多样性及基因进化机制提供参考。

关键词：李坏死环斑病毒；密码子使用偏好；系统发育分析；自然选择；二核苷酸偏好；密码子对偏好

---

[*] 基金项目：国家科学自然基金（32272485）；国际科技创新合作政府间重点专项（2022YFE0130900）；泰州市"丰城人才计划"双创新引进专项支持计划；扬州大学高层次人才支持计划；扬州大学跨学科高层次青年人才培养项目

[**] 第一作者：王念，硕士研究生，主要从事植物病毒进化分析研究；E-mail：18013036060@163.com

[***] 通信作者：贺振，教授，主要从事植物病毒与分子进化研究；E-mail：hezhen@yzu.edu.cn

Hijacking the Unfolded Protein Response (UPR) Pathway: Balancing Viral Infection and Host Cell Survival[*]

Chen Haoyu[1][**], Liu Duxuan[1], Hua Jing[1], Wu Mingjie[1], Hua Yanhong[1], Feng Chenwei[1], He Zhen[1], Zhang Kun[1,2][***]

(1. *College of Plant Protection, Yangzhou University, Yangzhou 225009, China*;
2. *Joint International Research Laboratory of Agriculture and Agri-Product Safety of Ministry of Education of China, Yangzhou University, Yangzhou 225009, China*)

Abstract: The unfolded protein response (UPR) in the endoplasmic reticulum (ER) is a conserved mechanism activated in response to ER stress, typically aimed at restoring ER homeostasis by regulating protein folding, degradation, and metabolism. However, many viruses hijack the host UPR, transforming its role into that of a "murder" to promote viral replication and infection. Different types of viruses activate specific UPR pathways (such as IRE1, PERK, ATF6, and bZIP17/28), upregulating ER chaperone proteins (such as BiP) to aid in the proper folding and assembly of viral proteins, while also remodel the ER membrane to provide space for viral replication. In this review, we analyzed how mammal and plant viruses enhance their infection by modulating the UPR. Moreover, viruses further optimize their infection process through interactions between the UPR and cellular clearance mechanisms, such as autophagy and ERAD. Although the UPR plays a critical role in viral replication, its excessive activation can lead to programmed cell death (PCD) in host cells. Thus, viruses often fine-tune the activation levels of the UPR through "braking" mechanisms, balancing viral replication with host cell survival. This review reveals the complex interactions between viruses and the host UPR, offering new potential targets for antiviral strategies.

Key words: ER stress; Unfold protein response (UPR); virus; apoptosis; programed cell death (PCD)

---

[*] Funding: National Natural Science Foundation of China (32372486); Excellent Youth Fund of Jiangsu Natural Science Foundation (BK20220116); the "National Foreign Experts Project" of Ministry of Human Resources and Social Security (H20240527); the Agricultural Science and Technology Independent Innovation Fund of Jiangsu Province (CX〔24〕3012)

[**] First author: Chen Haoyu; E-mail: mx120230827@stu.yzu.edu.cn

[***] Corresponding author: Zhang Kun; E-mail: zk@yzu.edu.cn

Molecular Detection and Identification of Pathogens of *Cucurbita moschata* Viral Disease in Chongqing[*]

Wei Zihan[**], Shen Xi, Zhou You, Gan Liping, Chen Jingsheng, Sun Miao[***]

(*College of Biology and Food Engineering, Chongqing Three Gorges University, Chongqing 404100, China*)

Abstract: Pumpkin (*Cucurbita moschata*), a vegetable with high nutritional value, is widely cultivated and favored. However, the incidence of pumpkin viral diseases in recent years has led to significant declines in yield and quality, causing substantial losses in production. To identify the pathogens and investigate the occurrence of viral diseases in pumpkins in Chongqing, China, pumpkin leaves exhibiting viral symptoms, such as mosaic, chlorosis, distortion, and yellowing, were collected from Tongnan, Bishan, Kaizhou, Fengjie, and Wushan districts. Using reverse transcription-polymerase chain reaction (RT-PCR) with species-specific primers targeting five plant viruses, cucumber mosaic virus (CMV), turnip mosaic virus (TuMV), Zucchini yellow mosaic virus (ZYMV), watermelon mosaic virus (WMV), and squash mosaic virus (SqMV), molecular detection and identification were performed. Among the 24 collected samples, ZYMV exhibited the highest positive detection rate (75.0%), followed by CMV (62.5%). Subgroup analysis revealed that 83.3% of CMV-positive samples belonged to subgroup II. SqMV and WMV showed detection rates of 57.1% and 50.0%, respectively, while TuMV had the lowest rate (41.7%). Mixed infections were observed in 70.8% of samples, with the most prevalent being ZYMV+WMV+SqMV (37.5%) and the least common being CMV+ZYMV+WMV+SqMV (12.5%). The coat protein (CP) gene of ZYMV, the virus with the highest detection rate, was cloned for sequence alignment and phylogenetic analysis. Results indicated that the nucleotide sequence similarity between the Chongqing ZYMV isolate and previously reported ZYMV isolates ranged from 92% to 98%, with the highest similarity (97.3%) to a ZYMV isolate from Hainan, China (GenBank accession no. AF486823). Phylogenetic analysis revealed that the Chongqing isolate shared the closest genetic relationship with a ZYMV isolate from Zhejiang, China (AF486822). These findings provide a scientific basis for the management and control of ZYMV in pumpkins in Chongqing.

Key words: *Cucurbita moschata*; viral disease; molecular detection and identification; phylogenetic analysis

---

[*] Funding: Scientific and Technological Research Program of Chongqing Municipal Education Commission (KJQN202301253)
[**] First author: Wei Zihan, master degree, mainly engaged in plant virology research; E-mail: 1393448053@qq.com
[***] Corresponding author: Sun Miao, doctor, mainly engaged in plant virology research; E-mail: sunmiao4458@163.com

湖北宜都柑橘黄化衰退病病原的初步鉴定*

王小茜[1,2]**，黄敬耀[1,2]，张绍辉[2]，张长城[2]，方守国[2]，章松柏[2]***

［1. 长江大学园艺园林学院，荆州 434025；2. 长江大学农业农村部长江中游作物绿色高效生产重点实验室（部省共建），荆州 434025］

摘 要：柑橘是我国重要的水果之一，具有广泛的种植面积和产量。湖北省宜都市地处长江中游鄂西南部，是农业农村部农业区划的宽皮柑橘生产优势区域。近年来，宜都市在推进柑橘产业做大做强的过程中，碰到了一些限制性因素，其中病毒病问题尤为显著，如柑橘黄化衰退病（图1a）的发生和流行。为鉴定其病原，利用 dsRNA 技术提取病叶中的 dsRNA（图1b），通过随机 RT-PCR 方法获得该 dsRNA 对应的随机片段克隆，测序后比较分析，最终初步确定病原种类。结果显示：柑橘病叶中存在弥散性的 dsRNA 条带，其中 2 条 dsRNA 条带较为清晰；获取随机片段的阳性克隆 14 个，其序列经过 BLASTn 比对，匹配柑橘衰退病毒（citrus tristeza virus，CTV）、柑橘黄化脉明病毒（citrus yellow vein clearing virus，CYVCV）、大肠杆菌、柑橘等基因组的分别有 4 个、1 个、2 个和 7 个克隆，说明病株中含有 CTV 和 CYVCV 两种病毒。这两种病毒引起的症状与湖北宜都柑橘发病病株症状相似，可能为湖北宜都柑橘黄化衰退病的病原。

关键词：柑橘黄化衰退病；dsRNA；柑橘衰退病毒；柑橘黄化脉明病毒

 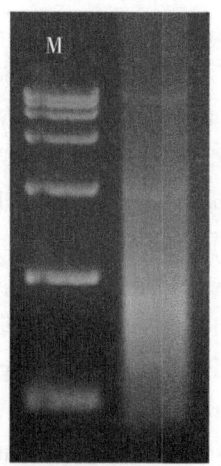

a. 柑橘黄化衰退病症状　　b. 病叶中的dsRNA

图1 湖北宜都柑橘黄化衰退病症状及病叶中的 dsRNA
注：M. DNA marker DL15000（TAKARA）。

---

* 基金项目：国家自然科学基金面上项目（31972243）；长江大学大学生创新创业训练计划项目（Yz2024404）
** 第一作者：王小茜，本科生，研究方向为园艺植物保护学，E-mail：1428839870@qq.com
*** 通信作者：章松柏，教授，研究方向为病毒监测和分子病毒学，E-mail：yangtze2008@126.com

最大的植物 RNA 病毒目——马铃薯病毒目的组成偏好性与进化*

秦 朗[1]**，丁诗文[1]，贺 振[1,2]***

(1. 扬州大学植物保护学院，扬州 225009；
2. 中国农业与农产品安全教育部国际联合研究实验室，扬州 225009)

摘 要：马铃薯病毒目是最大的植物 RNA 病毒目，仅包含马铃薯 Y 病毒科。马铃薯 Y 病毒科病毒占所有已知植物病毒的 30%，其成员的宿主范围很广，包括 57 个科的植物。动物 RNA 病毒和几种植物 RNA 病毒的组成偏好性已经确定。然而，迄今为止尚未对植物 RNA 病毒的核酸组成、密码子对使用模式、二核苷酸偏好和密码子对偏好进行研究。本研究利用 3 732 个完整的基因组编码序列，对马铃薯 Y 病毒科的核酸组成、密码子使用模式、二核苷酸组成和密码子对偏好进行了综合分析和讨论。马铃薯 Y 病毒科病毒的核酸组成明显富含 A/U，人类和动物 RNA 病毒也有类似发现。有趣的是，在马铃薯 Y 病毒科病毒的 18 个首选密码子中，有 16 个以 A/U 结尾。此外，UpG 和 CpA 二核苷酸也被过度表达。我们发现，马铃薯 Y 病毒科病毒的首选密码子和二核苷酸似乎深受核酸组成的影响。此外，马铃薯 Y 病毒科病毒的密码子使用模式和密码子对偏向与其核酸组成显著相关。这些结果表明，富含 A/U 的核酸组成对马铃薯 Y 病毒科病毒的起源和进化至关重要。此外，与宿主相比，病毒的密码子使用模式、二核苷酸组成和密码子对偏倚更依赖于病毒自身的分类。本研究为今后研究马铃薯病毒目的起源和进化模式提供了更好的理解。

关键词：马铃薯 Y 病毒科；核酸组成；密码子使用模式；二核苷酸偏好；密码子对偏好；病毒进化

---

* 基金项目：国家自然科学基金（32272485）；国家科技创新合作重点政府间专项（2022YFE0130900）；江苏省自然科学基金（BK20211323）；扬州大学跨学科高层次青年人才培养项目；扬州大学高层次人才支持计划
** 第一作者：秦朗，博士研究生，研究方向为植物病毒学；E-mail：qinlanguihi@163.com
*** 通信作者：贺振，教授，研究方向为植物病毒学；E-mail：hezhen@yzu.edu.cn

广西水稻病毒病种类鉴定及区域分布[*]

梁小在[1,2][**]，王井园[1,3]，谢慧婷[1]，陈锦清[1]，刘丽辉[1]，
秦碧霞[1]，莫翠萍[1]，蔡健和[1]，许雄彪[2]，李战彪[1][***]

(1. 广西壮族自治区农业科学院植物保护研究所，广西作物病虫害生物学重点实验室，农业农村部华南果蔬绿色防控重点实验室，南宁 530007；2. 广西大学农学院，南宁 530004；3. 广西民族大学海洋与生物技术学院，广西民族大学海洋生物资源开发与利用国际合作重点实验室，南宁 530007)

摘 要：水稻病毒病是危害水稻生产最为严重的病害之一。该类病害具有暴发性、间歇性和迁移性等特点，极易给水稻种植带来毁灭性危害，而明确区域内病毒种类及发生分布将为病害的防控提供理论指导。2023—2024 年，课题组从广西 14 个地市的主要水稻种植区采集 1 161 份水稻材料，采用 RT-PCR 等方法进行检测鉴定，结果显示，1 161 份样品中共包含 7 种病毒，分别为：南方水稻黑条矮缩病毒（southern rice black-streaked dwarf virus，SRBSDV）、水稻齿叶矮缩病毒（rice ragged stunt virus，RRSV）、水稻条纹花叶病毒（rice stripe mosaic virus，RSMV）、水稻瘤矮病毒（rice gall dwarf virus，RGDV）、水稻条纹病毒（rice stripe virus，RSV）、水稻黑条矮缩病毒（rice black-streaked dwarf virus，RBSDV）和水稻矮缩病毒（rice dwarf virus，RDV）。不同种植区水稻病毒种类呈现明显的差异，其中南宁市检出 7 种病毒，分别为 SRBSDV、RRSV、RSMV、RGDV、RSV、RBSDV 和 RDV，复合侵染类型有 SRBSDV+RRSV、SRBSDV+RSMV、SRBSDV+RBSDV、SRBSDV+RSV、SRBSDV+RGDV、RRSV+RSMV、SRBSDV+RDV、SRBSDV+RSV+RGDV、SRBSDV+RSMV+RSV、SRBSDV+RRSV+RSMV+RSV；柳州市检出 3 种病毒，分别为 SRBSDV、RRSV 和 RSV，复合侵染类型有 SRBSDV+RSV；桂林市检出 5 种病毒，分别为 SRBSDV、RRSV、RSV、RBSDV 和 RDV，复合侵染类型有 SRBSDV+RRSV、SRBSDV+RBSDV、SRBSDV+RSV；梧州市检出 4 种病毒，分别为 SRBSDV、RRSV、RSMV 和 RGDV，复合侵染类型有 SRBSDV+RSMV、SRBSDV+RGDV+RSMV、SRBSDV+RRSV+RSMV；北海市检出 3 种病毒，分别为 SRBSDV、RRSV 和 RSV，复合侵染类型有 RRSV+RSV；崇左市检出 3 种病毒，分别为 SRBSDV、RRSV 和 RSMV，复合侵染类型有 SRBSDV+RSMV、RRSV+RSMV；来宾市检出 5 种病毒，分别为 SRBSDV、RRSV、RSMV、RGDV 和 RSV，复合侵染类型有 SRBSDV+RSV、RGDV+RSMV；贺州市检出 4 种病毒，分别为 SRBSDV、RRSV、RSMV 和 RGDV，复合侵染类型有 SRBSDV+RRSV、SRBSDV+RSMV、SRBSDV+RGDV、SRBSDV+RGDV+RSMV；玉林市检出 4 种病毒，分别为 SRBSDV、RSMV、RGDV 和 RDV，复合侵染类型有 SRBSDV+RSMV、RSMV+RGDV+RDV；百色市检出 4 种病毒，分别为 SRBSDV、RRSV、RSMV 和 RGDV，复合侵染类型有 SRBSDV+RRSV、SRBSDV+RSMV、SRBSDV+RGDV；河池市检出 2 种病毒，分别为 SRBSDV 和 RSMV，复合侵染类型有 SRBSDV+RSMV；钦州市检出 2 种病毒，分别为 SRBSDV 和 RGDV，复

---

[*] 基金项目：广西科技基地和人才专项（桂科 AC22035090）；广西作物病虫害生物学重点实验室基金（22-035-31-24ST07）；国家重点研发计划（2023YFD2302003）；广西农业科学院科技发展基金项目（桂农科 2020ZX13）；广西农业科学院基本科研业务专项（桂农科 2025ZX01，桂农科 2025YP004）

[**] 第一作者：梁小在，硕士研究生，主要从事植物病毒学研究，E-mail：liangxiaozai0883@sina.com

[***] 通信作者：李战彪，研究员，主要从事植物病毒与寄主互作研究，E-mail：lizhanbiao8410@sina.com

合侵染类型有 SRBSDV+RGDV；防城港市检出 2 种病毒，分别为 SRBSDV 和 RRSV，复合侵染类型有 SRBSDV+RRSV；贵港市检出 4 种病毒，分别为 SRBSDV、RSMV、RGDV 和 RSV，复合侵染类型有 SRBSDV+RSMV、RGDV+RSMV、RSMV+RSV、SRBSDV+RGDV+RSMV。上述结果证实，广西稻区水稻病毒病种类多样，复合侵染类型复杂，防控难度较大，但各病毒在广西的发生流行规律仍不是很清楚，应加大科技投入，为制定精准的病毒病害防控策略提供技术支撑。

关键词：广西；水稻病毒病；种类鉴定；区域分布

小西葫芦绿斑驳花叶病毒侵染性克隆的构建及生物学特性研究[*]

袁梦[1]**, 秦朗[1], 王念[1], 赵海婷[1], 邓小龙[1], 郭书巧[2], 贺振[1,3]***

(1. 扬州大学植物保护学院,扬州 225009;2. 江苏省农业科学院经济作物研究所,南京 210014;3. 中国农业与农产品安全教育部国际联合研究实验室,扬州 225009)

摘 要:瓜蒌已被栽培用作中药材。在本研究中,我们从瓜蒌植物中分离到 2 株小西葫芦绿斑驳花叶病毒(ZGMMV),属于烟草花叶病毒属。我们测定了 ZGMMV 分离株的全基因组序列。ZGMMV 的 RNA 片段长度为 6 517 nt,两条序列之间仅检测到一个核苷酸变异。序列分析表明,本研究获得的 ZGMMV 分离株的核苷酸序列与 GenBank 中其他 5 株分离株的核苷酸序列一致性在 88.07%~91.62% 之间,序列分析表明,ZGMMV 可分为两组。这两个基因组片段与从南宁分离的 ZGMMV(MF066176)具有最高的序列相似性,位于 II 组。我们接着构建全长 cDNA 侵染性克隆。此外,构建的 ZGMMV 侵染性克隆能够系统感染本氏烟和黄瓜,并在农杆菌注射后引起典型症状。ZGMMV 侵染性克隆的建立有助于进一步研究病毒蛋白功能、植物与病原体的相互作用以及制定有效的 ZGMMV 治理策略。

关键词:小西葫芦绿斑驳花叶病毒;烟草花叶病毒属;侵染性克隆;本氏烟;瓜蒌

---

[*] 基金项目:国家重点科技发展计划(2022YFE0130900)政府间重点专项;国家自然科学基金(32272485);扬州大学高层次人才支撑计划;扬州大学跨学科高层次青年人才培养项目

** 第一作者:袁梦,硕士研究生,研究方向为植物病毒学;E-mail:yuanmeng20020612@163.com

*** 通信作者:贺振,教授,研究方向为植物病毒学;E-mail:hezhen@yzu.edu.cn

On-site and Visual Detection of TelMV, EAPV and PaMoV Based on Reverse Transcription-Recombinase-aided Amplification and CRISPR/Cas12a

Li Youcong[1,2**], Mo Cuiping[1], Chen Jinqing[1], Xie Huiting[1], Cui Lixian[1], Qin Bixia[1], Cai Jianhe, Li Zhanbiao[1***]

(1. *Plant Protection Research Institute, Guangxi Academy of Agricultural Sciences, Key Laboratory of Green Prevention and Control on Fruits and Vegetables in South China Ministry of Agriculture and Rural Affairs, Guangxi Key Laboratory of Biology for Crop Diseases and Insect Pests, Nanning 530007, China;*
2. *College of Agriculture, Guangxi University, Nanning 530004, China*)

Abstract: Rapid, sensitive and visual detection of plant viruses is conducive to effective prevention and control of plant viral diseases. Therefore, combined with reverse transcription and recombinase-aided amplification, we developed a CRISPR/Cas12a-based visual nucleic acid detection system targeting telosma mosaic virus (TelMV), East Asian Passiflora virus (EAPV), and passion fruit mottle virus (PaMoV) which cause harm to passion fruit production in field. When the RT-RAA products were recognized by crRNA and formed a complex with LbCas12a, the ssDNA labeled with a quenched green fluorescent molecule will be cleaved by LbCas12a, and then a significant green fluorescence signal will appear. The entire detection process can be completed within 30 min without using any sophisticated equipment and instruments. The primer concentration for RT-RAA reaction selected in TelMV, EAPV, and PaMoV detection systems was 0.4μmol/L, the reaction temperature was 37℃, and the reaction times were 20 min, 15 min, and 30 min, respectively. The detection system of TelMV and EAPV could detect samples at a dilution of 10^6, about 10^4-fold improvement over RT-PCR; and the detection system of PaMoV could detect samples at a dilution of 10^6, about 10^2-fold improvement over RT-PCR. so those system were successfully to detect TelMV, EAPV and PaMoV. Finally, the CRISPR/Cas12a-based detection system was utilized to on-site detect the three viruses in the field, and the results were fully con-

---

* Funding: The Natural Science Foundation of Guangxi (2024GXNSFBA010326); The Key Research and Development Program of Guangxi (GuinongAB23026068); The Basic Scientific Research Foundation of Guangxi Academy of Agricultural Sciences (Guinongke2024YP063, Guinongke2021YT071, Guinongke2024ZX08).

** First author: Li Youcong; E-mail: 1641256314@qq.com

*** Corresponding author: Li Zhanbiao; E-mail: lizhanbizo8410@sina.com

sistent with that we obtained by RT-PCR in laboratory, demonstrating that it has the application prospect of detecting important crop viruses in the field.

Key words: passion fruit; telosma mosaic virus; east asian passiflora virus; passion fruit mottle virus; On-site detection; visual detection

兼抗马铃薯纺锤块茎类病毒和黄瓜花叶病毒突变型质粒的构建及防效验证

李佐泽,辛同乐,谢文卓,迟胜起*,曹欣然*

(青岛农业大学植物医学学院,山东省马铃薯技术创新中心,青岛 266109)

摘 要：植物病毒病是仅次于真菌病害的第二大植物病害,马铃薯纺锤块茎类病毒（potato spindle tuber viroid,PSTVd）严重影响马铃薯产量。本研究以黄瓜花叶病毒（cucumber mosaic virus,CMV）为弱毒疫苗骨架,在 CMV RNA2 链的 2 682 位与 2 683 位之间插入双终止密码子（TA-ATAG）以阻断 2b 蛋白翻译,并插入 PSTVd 的 1-200 位保守核苷酸片段,构建弱毒突变体质粒 $pCB_FR2-2bPT-PSTVd_{1-200}$。针对 CMV_{Fny} RNA3 外壳蛋白的蚜传关键位点第 129 位和第 162 位实施定点突变,构建蚜传缺陷型突变体 $pCB_FR3-\Delta apno$,蚜传缺陷型突变体使蚜虫带毒率从野生型的 93.3%降至 26.6%,显著降低病毒媒介传播风险。将弱毒突变体与 CMV_{Fny} RNA1、RNA3-$\Delta apno$ 混合接种马铃薯品种夏波蒂和克新一号,结果显示,接种弱毒突变体的植株生长指标与健康对照组无显著差异。接种 PSTVd 强毒株系后,弱毒疫苗在夏波蒂和克新一号上的防效分别为 67.9%与 68.2%；通过荧光定量 PCR 检测病毒复制量,接种 12 d 后,PVY 处理组病毒复制量仅为对照组的 0.440 倍,PVX 处理组为对照组的 0.466 倍,差异显著。结果表明弱毒疫苗在马铃薯中有良好的防控效果,弱毒疫苗可诱导马铃薯对 PSTVd 强毒株产生交叉保护效应,病毒攻毒组植株出现明显系统性矮化症状,薯块有典型皲裂,处理组植株未呈现显著矮化表型,薯块正常。本研究为马铃薯病毒病提供了高效、安全的绿色防控策略,为多病毒交叉保护研究提供了可鉴技术模式。

关键词：PSTVd；CMV；交叉保护；弱毒疫苗；马铃薯

---

* 基金项目：山东省现代农业产业体系（薯类创新团队）（SDAIT-16-06）；国家自然科学基金（32001867）；山东省自然科学基金（ZR2020QC129）

中国甘草（*Glycyrrhiza uralensis* Fisch.）卷叶病相关的新型双生病毒[*]

马智博[1][**]，李舒瑛[1][**]，代 毅[1]，吉杉丹[1]，
吐逊艾力·艾孜提力[2]，麦合木提江·米吉提[1][***]

[1. 新疆农业大学，农业农村部西北荒漠绿洲农林外来入侵生物防控重点实验室（部省共建），乌鲁木齐 830052；2. 清华大学生命科学学院，清华-北大生命科学联合中心植物生物学中心生物信息学教育部重点实验室，北京 100084]

摘 要：甘草（*Glycyrrhiza uralensis* Fisch.）是豆科甘草属植物，是一种重要的传统草药，在水土保持中发挥着重要作用。本研究通过对表现卷叶症状的甘草植株进行总 RNA 高通量测序以鉴定其携带的病毒。通过对测序数据重叠群的分析，发现甘草样品中至少存在一种双生病毒。基于序列同源性比较，该病毒可能为新种。利用特异性引物进行 PCR 扩增和 Sanger 测序验证，确认该病毒为具有双组份基因组的双生病毒，建议命名为甘草曲叶相关病毒（licorice leaf curl associated virus，LLCaV）。该病毒基因组由 DNA-A 和 DNA-B 两个组份构成。系统发育分析表明，不同地区 LLCaV 分离物间相似性较高（96%~100%），与菜豆金色花叶病毒属（*Begomovirus*）、芜菁曲顶病毒属（*Turncurtovirus*）和曲顶病毒属（*Curtovirus*）成员亲缘关系较近但存在明显差异。我们建议将 LLCaV 归为双生病毒科新成员。这是中国境内首次报道甘草属植物病毒侵染现象。

关键词：甘草；双生病毒；基因组结构；系统发育分析

---

[*] 基金项目：国家自然科学基金项目（32260660）
[**] 第一作者：马智博，硕士研究生，主要从事分子植物病毒学研究；E-mail：1677853997@qq.com
李舒瑛，硕士研究生，主要从事分子植物病毒学研究；E-mail：iris_lishuying@163.com
[***] 通信作者：麦合木提江·米吉提，副教授，主要从事分子植物病毒学研究；E-mail：287600102@qq.com

甘薯潜隐病毒 HC-Pro 蛋白的关键结构域在其 RNA 沉默抑制及致病决定性中的机制研究

盛双羽[1]**,赵海婷[2],王凌琪[1],李良俊[1]***,贺振[2]***

(1. 扬州大学园艺园林学院,扬州 225009;2. 扬州大学植物保护学院,扬州 225009)

摘 要：RNA 沉默是植物中普遍存在的抗病毒防御机制。在长期的进化过程中,植物病毒通过编码基因沉默抑制蛋白来抵抗宿主的基因沉默。尽管甘薯潜隐病毒（sweet potato latent virus, SPLV）的辅助组分蛋白酶（helper-component proteinase, HC-Pro）在当前已有研究,但其基因沉默抑制活性及致病决定因子仍不甚明确。本研究通过农杆菌介导的瞬时表达技术,发现 HC-Pro^{SPLV} 可作为 RNA 沉默抑制子（RNA silencing suppressor, RSS）在野生型本氏烟中表达,农杆菌浸润后在紫外光下可以观察到荧光反应。在感染马铃薯 X 病毒（potato virus X, PVX）的植株中异位表达 HC-Pro^{SPLV} 可显著提高病毒积累量,表明 HC-Pro^{SPLV} 是一种致病决定因子。亚细胞定位显示 HC-Pro^{SPLV} 分布于细胞质和细胞核中,当其预测的核定位信号 nlsI 与 nlsII 发生突变后,其 RNA 沉默抑制活性及致病性均显著降低。蛋白质互作实验表明,HC-Pro^{SPLV} 并非通过自身互作发挥作用。戊二醛交联实验表明,HC-Pro^{SPLV} 可能通过与小干扰 RNA（small interfering RNAs, siRNA）互作形成多聚体。序列分析发现,HC-Pro^{SPLV} 中存在 WG 基序,突变该基序会显著降低其 RNA 沉默抑制活性,但不会影响其亚细胞定位或致病性。通过互作分析,我们可初步阐明 HC-Pro^{SPLV} 作为 RSS 的作用机制,并从分子层面深入理解 SPLV 的致病机理,为病毒的有效防控提供理论依据。

关键词：甘薯潜隐病毒；HC-Pro 蛋白；RNA 沉默抑制子；致病性

---

* 基金项目：国家自然科学基金项目（32272485）；海南省作物遗传育种重点实验室开放基金（YCYZ202404, YCYZ202403, HAAS2023PT0203）；泰州市"凤城英才计划"双创引才专项；扬州大学高层次人才支撑计划；扬州大学跨学科高层次青年人才培养项目

** 第一作者：盛双羽,硕士研究生,主要从事植物病毒研究；E-mail: shengshuangyuyzu@163.com

*** 通信作者：贺振,教授,主要从事植物病毒与分子进化研究；E-mail: hezhen@yzu.edu.cn
李良俊,教授,主要从事水生蔬菜种质创新及重要性状分子生物学研究；E-mail: ljli@yzu.edu.cn

Cytokinin Regulates Plant Immunity Against Virus Infection[*]

Ling Li[**], Wang Yue, Zhao Kezheng, Zeng Hong, Zhu Feng[***]

(*College of Plant Protection, Yangzhou University, Yangzhou 225009, China*)

Abstract: Cytokinin (CK) is an important developmental regulator, having activities in many aspects of plant life. CK also plays a significant role in plant biotic and abiotic stress responses. However, the mechanism that CK regulates plant immunity against virus infection is not entirely known. In this study, a combination of chemical and virus-induced gene silencing (VIGS)-based genetics approach are adopted to investigate the role of cytokinin in plant immunity against viral pathogens. Exogenous application of a synthetic cytokinin 6-benzyladenine (6-BA) activated the salicylic acid (SA) signaling pathway, reduced oxidative damage and the accumulation of reactive oxygen species (ROS) after viral infection at late stages, promoted plant growth and development and enhanced the broad-spectrum resistance of plants to various plant viruses. In addition, the external application of the cytokinin synthesis inhibitor lovastatin inhibited the SA signaling pathway, increased virus induced oxidative damage and ROS accumulation, and reduced plant resistance to tobacco mosaic virus (TMV). We also used virus-induced gene silencing (VIGS)-based genetics approach to inhibit endogenous cytokinin signal transduction in plants and found that silencing the cytokinin receptor gene *NbHK*4 in *Nicotiana benthamiana* significantly reduced plant resistance to TMV, indicating that cytokinin signaling is crucial in plant defense against viral infection. Taken together, our evidence shows that CK can enhance the immunity of plants to defend against viral infection.

Key words: Cytokinin (CK); plant immunity; Tobacco mosaic virus (TMV); salicylic acid

---

[*] Funding: Natural Science Foundation of Jiangsu Province of China (BK20241933); Yangzhou City of Policy Guidance Program (International Science and Technology Cooperation) Project in China (YZ2024276); Yangzhou University of "High-end Talent Support Program"

[**] First author: Li Ling, graduate student, mainly engaged in the research of plant viruses; E-mail: 874434194@qq.com

[***] Corresponding author: Feng Zhu, professor, mainly engaged in the mechanism of plant immunity against virus infection; E-mail: zhufeng@yzu.edu.cn

浓核病毒对桃蚜传播 BrYV 的影响*

何梦君**，王 云，左登攀，张宗英，王 颖，韩成贵***

（中国农业大学植物病理学系，农林生物安全全国重点实验室与农业农村部作物有害生物监测与绿色防控重点实验室，北京 100193）

摘 要：芸薹黄化病毒（Brassica yellows virus，BrYV）是由本实验室分离并鉴定的一种马铃薯卷叶病毒属新病毒，在田间主要由介体桃蚜传播。在分析无毒蚜和携带 BrYV 桃蚜的转录组测序数据时，发现本实验室饲养的桃蚜体内存在一种高丰度的浓核病毒（myzus persicae densovirus，MpDNV）。已有研究表明，浓核病毒（DNV）在感染桃蚜后，能够提高蚜虫的活跃度和繁殖能力，从而促进非持久型病毒马铃薯 Y 病毒（potato virus Y，PVY）的传播。然而，DNV 能否促进持久循回型病毒 BrYV 的传播，目前仍不清楚。

为了探索 DNV 对桃蚜获取及传播 BrYV 的影响，本研究利用体外饲喂法从实验室饲养的桃蚜种群中成功分离出不含 DNV 的桃蚜单克隆系，命名为 Df。将 Df 及 DNV 感染的桃蚜分别置于携带 BrYV 全长 cDNA 的转基因拟南芥 412 株系上取食 48 h，随后将蚜虫转移至芜菁幼苗上进行肠道清理。72 h 后检测发现，Df 及 DNV 感染的桃蚜获毒效率分别为 83.6% 和 85.5%，二者无显著差异。qRT-PCR 定量检测结果表明，两组桃蚜体内的 BrYV 积累量也无显著差异。进一步对 Df 及 DNV 感染桃蚜取食的拟南芥系统叶进行检测，发现二者的系统侵染效率分别为 63.6% 和 73.6%，无显著差异，证明 MpDNV 不显著影响桃蚜对 BrYV 的传播效率。Western-blot 检测结果表明，与 Df 相比，DNV 感染的桃蚜取食的拟南芥系统叶中 BrYV 积累量显著增加，暗示 DNV 可能促进 BrYV 病毒粒子在寄主植物体内的转运和积累。综上所述，MpDNV 不影响桃蚜的获毒和传毒能力，但能够显著增强寄主植物体内病毒积累量，从而促进 BrYV 的扩散。该研究为深入理解浓核病毒对持久循回型病毒的影响提供重要的数据参考。

关键词：芸薹黄化病毒；桃蚜浓核病毒；桃蚜；病毒传播

致 谢：感谢中国农业大学生物学院李大伟、于嘉林、王献兵、张永亮和杨萌等对本研究的建议。

---

* 基金项目：国家自然科学基金项目部分资助（32272494，31972240）
** 第一作者：何梦君，博士研究生，主要从事植物病毒介体传毒研究；E-mail：S20193192583@cau.edu.cn
*** 通信作者：韩成贵，教授，主要从事植物病毒学与抗病毒基因工程研究；E-mail：hanchenggui@cau.edu.cn

BrYV 编码的 RNA 沉默抑制子 P0 是引起本生烟接种叶发生内质网胁迫的主要因子[*]

刘玉姿[**], 陈家奇, 左登攀, 张宗英, 王 颖, 韩成贵[***]

(中国农业大学植物病理学系, 农林生物安全全国重点实验室与农业农村部作物有害生物监测与绿色防控重点实验室, 北京 100193)

摘 要: 内质网（ER）是真核生物中至关重要的细胞器, 在肽链的折叠与加工、蛋白质的合成与翻译后修饰、磷脂的合成、钙离子的储存与稳态、葡萄糖的浓度调控等方面发挥着至关重要的作用。植物在生长发育过程中, 可能会遭受多种生物胁迫或非生物胁迫, 此时 ER 附近会聚集大量未被折叠或发生错误折叠的蛋白, 超出其自身正常的承载力度, 引起内质网胁迫（ER stress）。植物为了维持机体正常的生理功能, 在内质网胁迫发生时, 会通过促进 mRNA 的降解、抑制蛋白质的翻译与装载、提高 ER 加工蛋白的能力、激活 ER 相关的自噬通路等来缓解 ER 的压力, 使其尽快恢复正常的工作状态, 维持机体正常的生命活动。非折叠蛋白响应（UPR）是缓解 ER stress 的重要通路, 在植物中分别由 IRE1/bZIP60 与 bZIP17/bZIP28 介导, UPR 激活后会促进蛋白的降解, 减少 ER 周围蛋白的聚集。而当内质网胁迫持续存在时, UPR 不能帮助 ER 恢复稳态, 则会启动程序性细胞死亡（PCD）。

芸薹黄化病毒（BrYV）属于南方菜豆一品红花叶病毒科（*Solemoviridae*）马铃薯卷叶病毒属（*Polerovirus*）病毒。BrYV 侵染本生烟 2 d 后会诱发接种叶发生 PCD, 其 RNA 沉默抑制子 P0 瞬时表达 2 d 后也会引起强烈的 PCD。为研究 BrYV 及其 P0 引发 PCD 的机制, BrYV 接种本生烟, 2 d 后采集接种叶进行实时荧光定量（qPCR）检测, 结果发现 BrYV 的局部侵染显著上调 bZIP60 剪切形式的 mRNA 水平, 说明 UPR 被激活。对 BrYV 编码的 7 个蛋白进行筛选, 发现只有 P0 能够显著激发 UPR 的发生。由于 BrYV 与 P0 均会导致本生烟接种叶发生 PCD, 利用 P0 的加速坏死发生的突变体 LP、不引起坏死的突变体 Q2A 以及延缓坏死的突变体 F228L 进行研究, 结果发现 LP 能显著上调 bZIP60 剪切形式的 mRNA 水平, 而 Q2A、F228L 不会激活 UPR。本研究说明 BrYV 及其 P0 在本生烟接种叶引发的 PCD 与其引起的内质网胁迫持续存在有关, 为进一步研究 BrYV 在本生烟接种叶引起的 PCD 的具体机制打下坚实的基础。

关键词: 芸薹黄化病毒; RNA 沉默抑制子; 内质网胁迫 ER stress; 非折叠蛋白响应 UPR; 程序性细胞死亡 PCD

致 谢: 感谢中国农业大学生物学院李大伟、于嘉林、王献兵、张永亮和杨萌等对本研究的建议。

---

[*] 基金项目: 国家自然科学基金项目部分资助（32272494, 31972240）
[**] 第一作者: 刘玉姿, 博士研究生, 主要从事植物病毒研究; E-mail: ZB20203190927@cau.edu.cn
[***] 通信作者: 韩成贵, 教授, 主要从事植物病毒学与抗病毒基因工程研究; E-mail: hanchenggui@cau.edu.cn

甜菜上 VIGS 载体构建及其在甜菜基因功能研究的应用[*]

聂张尧[1][**]，郭志鸿[1]，秦鑫宇[1]，刘 琪[1]，周明龙城[1]，
叶 健[2]，张宗英[1]，韩成贵[1]，王 颖[1][***]

(1. 中国农业大学植物病理学系，农林生物安全全国重点实验室与农业农村部作物
有害生物监测与绿色防控重点实验室，北京 100193；
2. 中国科学院微生物研究所，植物基因组学国家重点实验室，北京 100101)

摘 要：甜菜（*Beta vulgaris* L.）是世界上重要的糖料作物，占据了全球约 25%的糖料供应。甜菜的遗传转化操作困难，且育种周期长。由于缺乏合适的研究工具，缺少对甜菜基因功能的研究，亟须一个简单且高效的研究体系。甜菜曲顶病毒（*Curtovirus betae*）是一种单链环状 DNA 病毒，属于双生病毒科（*Geminiviridae*），曲顶病毒属（*Curtovirus*）。本研究构建了基于 35S 启动子的甜菜严重曲顶病毒（beet severe curly top virus，BSCTV）1.2 拷贝基因组的侵染性克隆，随后将其改造为病毒诱导的基因沉默（Virus-induced gene silencing，VIGS）载体。首先以 *BvPDS* 为靶标基因，结果显示插入 180 bp 或 300 bp 靶标序列片段均可在甜菜系统叶上诱导白化表型，其中 300 bp 插入片段出现基因沉默的时间更早，效率更高，四次独立试验显示 BSCTV-*BvPDS* 载体在甜菜上具有 82%的沉默效率，靶基因表达量相较于对照下调 86%。同时，BSCTV VIGS 载体能在 8 个不同的甜菜品种上实现基因沉默。进一步构建了 BSCTV-*BvMYB1* 载体并在红甜菜上验证其功能。结果显示 BSCTV-*BvMYB1* 接种的红甜菜叶片和茎的颜色由暗红色变为绿色，根则呈现白色，RT-qPCR 检测表明根茎叶各组织中 *BvMYB1* 相对表达水平与对照相比均显著下调，成功验证了 *BvMYB1* 基因参与甜菜红素的合成。

以上结果表明，BSCTV VIGS 载体可在多个甜菜品种上高效诱导基因沉默，并且该载体也可沉默甜菜根部基因。该系统为甜菜基因功能研究，尤其是为根发育相关的基因研究提供了一个操作简单且高效的工具。

关键词：甜菜；甜菜严重曲顶病毒；基因沉默；VIGS 载体

致 谢：感谢中国农业大学于嘉林、李大伟、王献兵、张永亮和杨萌等专家对本研究的指导和建议，感谢南京农业大学陶小荣教授提供的 pCB301 载体，感谢内蒙古农牧科学院张惠忠研究员提供的供试甜菜品种。

---

[*] 基金项目：国家自然科学基金面上项目（32270165）；国家糖料现代农业产业技术体系（CARS-170304）部分资助
[**] 第一作者：聂张尧，硕士研究生，主要从事植物病毒研究；E-mail: niezhangyao@cau.edu.cn
[***] 通信作者：王颖，副教授，主要从事植物病毒学及甜菜病害绿色防控研究；E-mail: yingwang@cau.edu.cn

芸薹黄化病毒不同基因型寄主范围的测定[*]

王云[**]，时晶晶，何梦君，左登攀，张宗英，王颖，韩成贵[***]

（中国农业大学植物病理学系，农林生物安全全国重点实验室与农业农村部作物有害生物监测与绿色防控重点实验室，北京 100193）

摘　要：芸薹黄化病毒（Brassica yellows virus，BrYV）是由笔者实验室发现的一种新病毒，属于南方菜豆—品红花叶病毒科（*Solemoviridae*）马铃薯卷叶病毒属（*Polerovirus*），是一种韧皮部局限性病毒，田间通过桃蚜进行传播，主要危害十字花科植物，造成严重的经济损失。笔者实验室前期分离得到该病毒的 3 种基因型，分别是 BrYV-A、BrYV-B 和 BrYV-C，并构建了其相应的侵染性 cDNA 克隆，由于 BrYV-B 侵染性 cDNA 克隆没有侵染性，因此构建了 BrYV-5B3A 侵染性 cDNA 克隆，即 BrYV 全长 cDNA 的前 3 494 bp 为 B 型的序列，后半部分则使用 A 型序列。病毒 3 种基因型的序列存在差异，主要集中在病毒的 5′端，然而病毒不同基因型的寄主范围是否存在差异尚不清楚。

本研究利用根癌土壤杆菌介导 BrYV-A、BrYV-5B3A 和 BrYV-C 侵染性 cDNA 克隆接种本生烟，12 d 后采取本生烟系统叶进行病毒 RT-PCR 检测，获得阳性本生烟植株后，通过桃蚜获毒-传毒体系获取阳性拟南芥植株，并以拟南芥为毒源开展寄主范围的测定。测试寄主为油菜、小白菜、甘蓝、芥菜、萝卜等植物材料，具体方法为：将无毒桃蚜接入拟南芥毒源取食 3 d（获毒），获毒完成后将带毒桃蚜接入寄主植物进行传毒 3 d，传毒完成后喷施农药将桃蚜杀灭，9 d 后采取寄主植物系统叶进行病毒 RT-PCR 检测。结果表明，这 3 种基因型病毒寄主范围存在差异。BrYV-A、BrYV-5B3A 都可以侵染油菜、小白菜、甘蓝、芥菜，不能侵染萝卜；BrYV-C 可以侵染白菜、甘蓝、芥菜，不能侵染油菜和萝卜。然而影响 BrYV 寄主范围的关键基因还不清楚，推测病毒的 5′端的序列影响其寄主范围，需要进行进一步的深入研究。

关键词：芸薹黄化病毒；寄主范围；十字花科植株；桃蚜

致　谢：感谢中国农业大学生物学院李大伟、于嘉林、王献兵、张永亮和杨萌等对本研究的建议。

---

[*] 基金项目：国家自然科学基金项目部分资助（32272494，31972240）
[**] 第一作者：王云，植物病理学硕士生，主要从事植物病毒研究；E-mail：S20233193286@cau.edu.cn
[***] 通信作者：韩成贵，教授，主要从事植物病毒学与抗病毒基因工程研究；E-mail：hanchenggui@cau.edu.cn

蚕豆坏死黄化病毒侵染甜菜的首次报道及其全基因组序列分析

张瑞琦**，聂张尧，秦鑫宇，张　林，张宗英，韩成贵，王　颖***

（中国农业大学植物病理学系，农林生物安全全国重点实验室，农业农村部作物有害生物监测与绿色防控重点实验室，北京　100193）

摘　要：甜菜（*Beta vulgaris* L.）是全球最重要的糖料作物之一，在我国北方农业生产中占据重要地位。在甜菜生产过程中，病虫害的发生会使甜菜的产量和品质受到严重影响。蚕豆坏死黄化病毒（*Nanovirus necroflaviviciae*）属矮缩病毒科（*Nanoviridae*）矮缩病毒属（*Nanovirus*），基因组由 8 个单独包裹的环状单链 DNA 组分组成。该病毒可引发植株矮化、坏死、花叶及卷叶等症状，严重时导致植株死亡，自然条件下仅由特定蚜虫传播。

2024 年，笔者课题组采集了来自新疆伊犁农科所的具有明显黄化、卷叶症状的甜菜叶片样品，提取 RNA 进行高通量测序和生物信息学分析，比对到蚕豆坏死黄化病毒（faba bean necrotic yellows virus，FBNYV）的 8 个基因组组分及 1 个卫星 DNA 组分。基于高通量测序拼接的 contigs 序列设计特异性引物对，通过 PCR 扩增获得病毒各组分全长序列（暂命名 FBNYV-XJ）。为明确该病毒的进化关系，进一步探究该病毒的来源和传播途径，笔者对测序得到的 FBNYV-XJ 全基因组序列进行系统发育分析，系统发育分析显示，FBNYV-XJ 与伊朗分离株（GenBank：MH113430-MH113437）亲缘关系最近。

值得注意的是，FBNYV 此前几乎仅在豆科植物中被报道，本研究首次证实其可侵染甜菜这一重要经济作物，或为阐明该病毒寄主适应性进化及传播机制提供关键证据。

关键词：甜菜；蚕豆坏死黄化病毒；系统发育分析；自然寄主范围

致　谢：感谢中国农业大学生物学院李大伟、于嘉林、王献兵、张永亮和杨萌等专家对本研究的指导和建议。

---

* 基金项目：现代农业产业技术体系建设项目糖料-甜菜病害防控（CARS-170304）
** 第一作者：张瑞琦，硕士研究生，主要从事甜菜病害诊断和绿色防控研究；E-mail：18066096853@163.com
*** 通信作者：王颖，副教授，主要从事植物病毒学及甜菜病害绿色防控研究；E-mail：yingwang@cau.edu.cn

芸薹黄化病毒研究进展

左登攀**，刘玉姿，何梦君，张宗英，王　颖，韩成贵***

(中国农业大学植物病理学系，农林生物安全全国重点实验室和农业农村部作物有害生物监测与绿色防控重点实验室，北京　100193)

摘　要：芸薹黄化病毒（Brassica yellows virus，BrYV）属南方菜豆花叶病毒科（*Solemoviridae*）马铃薯卷叶病毒属（*Polerovirus*），是一种严重危害十字花科作物并造成严重经济损害的正单链 RNA 病毒，能引起植物卷叶、矮化和叶片变黄变紫等症状。利用 RT-PCR 和多重 PCR 检测结果表明，BrYV 在我国广泛分布，在田间主要侵染十字花科作物，如油菜、菜花、大白菜、萝卜和芥菜等。此外，有报道称 BrYV 可以侵染烟草、豇豆、草莓、小麦和黄芩等其他科属植物。BrYV 在田间至少存在 3 种基因型（BrYV-A、BrYV-B 和 BrYV-C），不同基因型分离物的寄主范围存在差异，利用构建的三种基因型侵染性 cDNA 克隆进行大片段基因重组试验初步结果表明决定其寄主范围的关键区域为病毒 5′端编码 P0、P1-P2 的序列。

笔者实验室对 BrYV 编码蛋白功能及其与寄主植物互作开展了一系列研究。BrYV 主要包含 7 个开放阅读框，其中 P0 蛋白是病毒的 RNA 沉默抑制子，能抑制基因沉默，揭示了 P0 通过与寄主 SKP1 蛋白互作从而维持自身稳定的新机制；P0 通过与 RAF2 互作改变其定位促进病毒侵染；发现 P0 羧基末端 15 个氨基酸对病毒系统侵染至关重要。P3a 蛋白对病毒的系统运动是必须的，发现在马铃薯卷叶病毒属病毒中 P3a 保守的第 18 位脯氨酸对 BrYV 系统运动至关重要。研究显示病毒运动蛋白（MP）引起花青素积累导致植物紫叶症状发展，不表达 MP 的病毒不能系统侵染本生烟；以 MP 为诱饵筛选 BrYV 寄主酵母 cDNA 文库获得与其互作蛋白丙糖磷酸转运器（TPT），TPT 与 MP 互作于叶绿体上，TPT 能够抑制 BrYV 的侵染，其转运的底物三磷酸甘油醛（GAP）能激活植物免疫系统，抑制多种病原物侵染。

自然条件下，BrYV 由介体桃蚜以持久循回型方式进行传播，笔者实验室建立了桃蚜传毒实验体系和基于人工饲料的饲养实验体系，明确了携带 BrYV 桃蚜的转录组、蛋白组和小 RNA 组特征，并利用 BrYV 编码的 CP 和 RTP 筛选了桃蚜酵母 cDNA 文库，所获候选互作蛋白对发现和鉴定参与 BrYV 在桃蚜体内循环过程的关键因子及解析 BrYV 传播的分子机制提供重要理论基础。

关键词：芸薹黄化病毒；P0；MP；P3a；桃蚜

---

* 基金项目：国家自然科学基金项目部分资助（32272494，31972240）
** 第一作者：左登攀，博士后；E-mail：b20173190806@cau.edu.cn
*** 通信作者：韩成贵，教授，主要从事植物病毒学与抗病毒基因工程研究；E-mail：hanchenggui@cau.edu.cn

大湄公河次区域地区稻飞虱及其携带病毒动态特征

康娜[1]**，吴阔[2]，尹艳琼[2]，董家红[1]***

(1. 云南中医药大学，昆明 650500；2. 云南省农业科学院，昆明 650205)

摘　要：笔者于2018—2021年在大湄公河次区域地区稻飞虱及其传播的水稻病毒动态开展调查，发现稻飞虱发生面积大，但种群小，百株虫量低（平均<10头），且携带水稻病毒（SRBSDV、RRSV）带毒率较低（<0.1%），境外样品未检测到SRBSDV、RRSV；白背飞虱是云南稻飞虱主要种群，褐飞虱的发生与风向、风力等气候因子有关。稻飞虱携带的病毒种类多样性丰富，发现30个病毒科，包括212种病毒，其中新病毒种类近120种，主要属于传染性软化症病毒科（*Iflaviridae*）、南方菜豆花叶病毒科（*Solemoviridae*）、植物杆状病毒科（*Virgaviridae*）、弹状病毒科（*Rhabdoviridae*）、呼肠孤病毒科（*Reoviridae*）以及RNA卫星病毒，为研究稻飞虱传播的水稻病毒的起源、遗传进化提供了数据。检测到的SRBSDV、RRSV遗传多样性单一。稻飞虱携带共生病毒遗传多样性丰富，具有稻飞虱种的专性特征和地理区域特征；关联分析稻飞虱携带的类南方菜豆花叶病毒目的Sobemo-like病毒种类与地理区域的关系，初步发现该类病毒可以用作稻飞虱及其传播的水稻病毒的毒源及传播路径预测依据，预测结果与用气象轨迹、线粒体DNA分析预测的稻飞虱及其传播病毒的毒源及路径较一致，云南广南的白背飞虱主要来源于缅甸、越南北部，勐海来源老挝、缅甸，云南元江、寻甸来源缅甸；云南元江、寻甸的褐飞虱主要起源于柬埔寨，经泰国、越南入境。本研究为云南地区稻飞虱传播病毒境外源头的异地监测、预警提供了依据。

关键词：稻飞虱；大湄公河次区域；病毒；动态特征

---

* 基金项目：国家自然科学基金（31760502）；国家重点研发计划（2016YFE0117400）
** 第一作者：康娜，硕士研究生，从事病毒与药用植物互作研究，E-mail: kangna0229@163.com
*** 通信作者：董家红，研究员，从事病毒与植物互作研究，E-mail: dongjhn@126.com

黄瓜绿斑驳花叶病毒编码具有特定亚细胞定位和毒力功能的小蛋白*

陈雅琳[1]**, 王逍冬[1], 周雪平[2], 李方方[2]***

(1. 河北农业大学植物保护学院, 华北作物改良与调控国家重点实验室, 保定 071000;
2. 中国农业科学院植物保护研究所, 植物病虫害生物学国家重点实验室, 北京 100193)

摘 要: 黄瓜绿斑驳花叶病毒 (cucumber green mottle mosaic virus, CGMMV) 是一种对全球葫芦科产业造成重要危害的植物病毒。其具有正义单链 RNA (positive-sense single stranded RNA, +ssRNA) 基因组, 编码四个已知蛋白。由于病毒基因组相对很小, 可能会进化出更加巧妙的致病方式, 使其最大化利用蛋白编码区域产生更多的病毒蛋白。本研究首先通过对 CGMMV 的序列进行的相关生物信息学分析, 发现 CGMMV 基因组上存在着大量未知的开放阅读框 (ORFs)。对其中两个来自负链 RNA 的 ORFs (rORF1 和 rORF2) 进行了分析, 发现这两个 rORFs 在 Tobamovirus 家族中的 36 个病毒成员中比较保守。此外 rORF1 和 rORF2 分别在过氧化物酶体以及核仁中存在特殊定位。使用马铃薯 X 病毒 (Potato X virus, PVX) 重组载体表达 rORF1/rORF2 发现其可以促进 PVX 的侵染积累。同时构建了 rORF1 和 rORF2 的突变侵染性克隆 CGMMV-mrORF1 和 CGMMV-mrORF2 并接种本氏烟和黄瓜, 发现 rORF1 和 rORF2 的突变可减弱 CGMMV 的侵染, 而 rORF1/rORF2 转基因过表达材料可以回补 CGMMV 侵染性克隆突变造成的侵染力下降。进一步发现 rORF1 与 CGMMV 编码的 126 kDa 复制蛋白 (RdRp-S) 相互作用, 其形成的互作复合物特异性地定位于过氧化物酶体中, 与 rORF1 本身的亚细胞定位一致。同属的烟草花叶病毒 (tobacco mosaic virus, TMV) 编码的 rORF1 和 rORF2 也展现出与 CGMMV rORF1, rORF2 相似的亚细胞定位。这些结果表明, 烟草花叶病毒属病毒 rORFs 编码的蛋白可能通过与植物编码蛋白相互作用促进其特定的亚细胞定位, 并可能影响正常的宿主生理过程从而致病。综上所述, 本研究通过研究 CGMMV 编码新小蛋白的功能揭示了 CGMMV 具有新的毒力策略, 为鉴定病毒编码小蛋白的功能探究与病毒如何促进自身侵染提供了新思路。

关键词: 黄瓜绿斑驳花叶病毒; 新型毒力策略; 新型微小 ORF; 过氧化物酶体

---

* 基金项目: 国家自然科学基金 (32320103010, 32172385); 中国博士后科学基金 (BX20220345); 云南省科技项目 (202202AE090022)
** 第一作者: 陈雅琳, 副教授, 主要从事植物与病毒互作分子机理研究; E-mail: chenyalin@hebau.edu.cn
*** 通信作者: 李方方, 研究员, 主要从事植物与病毒互作分子机理研究; E-mail: lifangfang@caas.cn

Integrated Multi-omics Analyses Reveal the Key Metabolic Pathways of Tomato in Response to Tomato Brown Rugose Fruit Virus Infection[*]

Guo Huiyan[**], Dong Xue[**], Wang Yue, Ge Qingtao,
Tan Yimin, Zhang Jiaxing, Zhuang Xueqing, Wang Zhiping,
An Mengnan, Xia Zihao[***], Yang Xueqing[***], Wu Yuanhua[***]

(*Liaoning Key Laboratory of Plant Pathology, College of Plant Protection, Shenyang Agricultural University; Key Laboratory of Major Agricultural Invasion Biological Monitoring and Control of Shenyang, Shenyang 110866, China*)

Abstract: Tomato brown rugose fruit virus (ToBRFV) infection caused mottling of leaves, browning and wrinkling of fruit, which seriously affected the quality of tomato plants. However, the study on the mechanism of tomato in response to ToBRFV infection and the screening of resistance genes are still lacking. In this study, we revealed the global network of tomato responses to ToBRFV infection based on transcriptomic, proteomic and ubiquiomic analyses. A total of 874 differentially expressed genes (DEGs) and 675 differentially expressed proteins (DEPs) were identified in ToBRFV-infected tomato plants. Most of them were involved in hormone signal transduction, MAPK signaling pathway, flavonoid biosynthesis, arginine and proline metabolism, and phenylalanine metabolism, and some of these proteins are modified by ubiquitination. Additionally, the results of virus-induced gene silencing (VIGS) assays showed that flavonoid biosynthesis-related genes *SlCCoAOMT* and *SlCHS* facilitated ToBRFV infection, while arginine and proline metabolism-related gene *SlPAO* played roles in resistance to ToBRFV infection. Our results elucidated the multiple response modes of tomato to ToBRFV infection and provided candidate genes for tomato disease resistance breeding.

Key words: tomato; tomato brown rugose fruit virus; transcriptome; proteome; ubiquitylome; resistance genes

---

[*] Funding: National Key R&D Program of China (2021YFD1400200)
[**] First author: These authors contributed equally to this work
[***] Corresponding authors: Xia Zihao; E-mail: zihao8337@syau.edu.cn
      Yang Xueqing; E-mail: xqyang@syau.edu.cn
      Wu Yuanhua; E-mail: wuyh09@syau.edu.cn

Rapid and Visual Detection of Tomato Yellow Mottle-associated Virus Using an RT-RAA-CRISPR/Cas12a-based Lateral Flow Strip Assay[*]

Zhang Jiaxing[1,**], Huang Shengjun[1,**], Gao Gui[2], Cao Yi[3], Wang Zhiping[1], An Mengnan[1], Xia Zihao[1,***], Wu Yuanhua[1,***]

(1. *Liaoning Key Laboratory of Plant Pathology, College of Plant Protection, Shenyang Agricultural University, Shenyang* 110866, *China*;
2. *Guizhou Qianxinan Prefectural Tobacco Company, Xingyi* 562400, *China*;
3. *Guizhou Academy of Tobacco Science, Guiyang* 550081, *China*)

Abstract: Tomato yellow mottle-associated virus (TYMaV), a new virus discovered in recent years, has been reported to infect a wide range of solanaceous crops, such as tomato, pepper and tobacco, which poses a serious threat to their production. Accurate detection is critical for effective prevention and control of TYMaV. In this study, we developed an RT-RAA-CRISPR/Cas12a (reverse transcription recombinase-aided amplification combined with clustered regularly interspaced short palindromic repeats and CRISPR-associated protein 12a) based lateral flow strip (LFS) assay for rapid and sensitive detection of TYMaV. The method detects TYMaV rapidly in 50 minutes under isothermal conditions (37℃ and 42℃) with a detection limit of 66 fg/μL of the total RNA, which is 10-fold higher sensitivity than that of RT-PCR. The primers ensure high specificity with no cross reaction with seven other tobacco-infecting viruses. The method can accurately detect TYMaV using only a metal bath and crude viral extracts in phosphate buffer in field. The developed RT-RAA-CRISPR/Cas12a-LFS assay is a simple, rapid and accurate technology for TYMaV detection.

Key words: TYMaV; RT-RAA; CRISPR/Cas12a; LFS; virus detection

---

[*] Funding: Science and Technology Project of Guizhou Qianxinan Prefectural Company for Controlling Plant Vector-Borne Viruses (grant number 2022-01)
[**] First authors: Zhang Jiaxing, Huang Shengjun
[***] Corresponding authors: Xia Zihao; E-mail: zihao8337@syau.edu.cn
　　　　　　　　　　　　Wu Yuanhua; E-mail: wuyh09@syau.edu.cn

中国甜菜主产区甜菜丛根病传播介体及其传播病毒检测[*]

郭志鸿[**]，张秀琪，郭宏芳，张　林，张宗英，韩成贵，王　颖[***]

（中国农业大学植物病理学系，农林生物安全全国重点实验室与农业农村部作物有害生物监测与绿色防控重点实验室，北京　100193）

摘　要：甜菜丛根病是危害甜菜生产上的重要病害，其传播介体是甜菜多黏菌。甜菜坏死黄脉病毒（beet necrotic yellow vein virus，BNYVV）是甜菜丛根病的病原，对甜菜产量和含糖量造成巨大威胁。除 BNYVV 外，甜菜多黏菌还能传播甜菜土传病毒（beet soil-borne virus，BSBV）、甜菜 Q 病毒（beet virus Q，BVQ）和甜菜土传花叶病毒（beet soil-borne mosaic virus，BSBMV）等土传病毒。目前我国甜菜主产区甜菜多黏菌的发生及其携带病毒的种类还未开展系统研究。

本实验室于 2022—2024 年在国内北方甜菜主产区共采集 174 份土壤样品，包括内蒙古 88 份、新疆 55 份、黑龙江 14 份、甘肃 13 份、河北 6 份、吉林 6 份和辽宁 1 份。每份土壤样品种植丛根病感病甜菜 beta176 作为诱饵植物，4~5 周后采集甜菜根部提取总 DNA 和总 RNA 分别进行甜菜多黏菌以及由其传播病毒的检测。检测结果显示，在伊犁、兴安盟、赤峰等甜菜地区的 46 份土壤样品中检测甜菜多黏菌呈阳性，其中伊犁检出率为 38%，赤峰检出率为 40%，兴安盟检出率为 24%。并且在伊犁、呼和浩特、乌兰察布等甜菜产区的 16 份土壤样品中检测 BNYVV 呈阳性；同时在呼和浩特、乌兰察布等甜菜产区的 9 份土壤样品中检测 BSBV 呈阳性，而在所有土壤样品中均未检测到 BVQ 和 BSBMV。

上述检测结果初步表明甜菜多黏菌在国内北方甜菜产区广泛分布，且内蒙古及新疆甜菜主产区检出率较高。甜菜土传病毒病害的病原为 BNYVV 和 BSBV，而 BSBMV 和 BVQ 在所有样品中均未检测到。由于传毒介体甜菜多黏菌在北方甜菜产区广泛分布，需加强防范以防止介体和病毒在地区间的扩散。

关键词：甜菜丛根病；甜菜多黏菌；病毒检测；甜菜主产区

致　谢：感谢各甜菜综合试验站和糖厂相关人员帮助采集土壤样品。

---

[*] 基金项目：现代农业产业技术体系建设项目糖料-甜菜病害防控（CARS-170304）
[**] 第一作者：郭志鸿，博士后，主要从事植物病毒与寄主互作因子机制研究；E-mail: guozhihong@cau.edu.cn
[***] 通信作者：王颖，副教授，主要从事植物病毒学及甜菜病害绿色防控研究；E-mail: yingwang@cau.edu.cn

二月蓝病毒病的病原鉴定与分析[*]

车文庭[**]，白清圆，田嘉玮，樊明月，聂张尧，张宗英[***]，王　颖，韩成贵

(中国农业大学植物病理学系，农林生物安全全国重点实验室，农业农村部作物有害生物监测与绿色防控重点实验室，北京　100193)

摘　要：二月蓝（*Orychophragmus violaceus* L.），学名诸葛菜，为十字花科（Brassicaceae）诸葛菜属的一年或两年生草本，花白色或紫色，生长于平原、山地、田边、路旁，单株或成片生长，具有一定的观赏价值。

2023—2025年在中国农业大学西校区周边观察到二月蓝有典型的植株矮小、叶片黄化斑驳、花朵碎色、果荚变小变少的病毒病症状。使用高通量测序和RT-PCR检测技术，对中国农业大学西校区科学园、正门外和圆明园西路3号院绿化区采集二月蓝样品进行病毒鉴定。结果显示，10份样本中，检测到黄瓜花叶病毒（cucumber mosaic virus，CMV）998 bp特异性条带，检出率70%；芜菁花叶病毒（turnip mosaic virus，TuMV）特异性条带396 bp，检出率80%；蚕豆萎蔫病毒2（broad been wild virus 2，BBWV-2）BBWV-2的特异条带552 bp，检出率100%；小西葫芦黄花叶病毒（zucchini yellow mosaic virus，ZYMV）761 bp特异性条带，检出率100%。二月蓝样品中有明显病毒病症状的7份样品中均检测到了这4种病毒；无明显病毒病症状的3份样品中没有检测到CMV，有1份检测到了TuMV，3份均检测到了BBWV-2和ZYMV。二月蓝病毒病症状与病毒种类有一定的相关性。

本研究首次报道了BBWV-2和ZYMV侵染二月蓝，研究结果为二月蓝花叶病的防治提供数据基础。

关键词：二月蓝；病毒病；RT-PCR

---

[*] 基金项目：中国农业大学大学生创新项目
[**] 第一作者：车文庭，在读本科生；E-mail：2645328550@qq.com
[***] 通信作者：张宗英，高级实验师，主要从事本科生实验教学和植物病害鉴定；E-mail：zhangzongying@cau.edu.cn

Molecular Detection of Watermelon Virus Disease in Liaoning Province of China and Identification of Resistance of Six Rootstocks to CGMMV[*]

Gu Ming[1,2], Zhao Bin[1,2], Wu Yuanhua[1,2], Wang Zhiping[1,2]

(1. ollege of Plant Protection, Shenyang Agricultural University, Shenyang 110866, China; 2. Key Laboratory of Major Agricultural Invasion Biological Monitoring and Control, Shenyang 110866, China)

Abstract: Liaoning Province is one of the main production areas for watermelons in China. As the planting scale expands, the occurrence of watermelon viral diseases becomes increasingly severe. To investigate the occurrence of watermelon virus diseases and identify the main virus types, a total of 66 watermelon samples, collected from three main producing areas in Liaoning Province (Yingkou City, Xinmin City, Chaoyang City), were analyzed by reverse transcription-PCR (RT-PCR) for the presence of CGMMV, *Cucumber mosaic virus* (CMV), *Watermelon mosaic virus* (WMV), *Tobacco mosaic virus* (TMV), *Zucchini yellow mosaic virus* (ZYMV). PCR detection results showed the incidences of CGMMV were 62.12% (41/66), followed by WMV with the incidences of 21.21% (14/66), while other viruses were not detected. Watermelon rootstock grafting is an effective means to prevent and control the disease. Here, we also evaluated the resistance of six commercially available watermelon rootstocks (Yongzhen, Jingxin Zhensheng, Jingxin Zhenwang, Jingxinzhen No. 2, Jingxinzhen No. 4, Jingxinzhen No. 9) to CGMMV. The results showed that pumpkin type rootstock (such as Jingxinzhen No. 2, Jingxinzhen No. 4, Jingxinzhen No. 9) showed strong resistance to CGMMV, and the accumulation of virus in plants after exposure was significantly reduced compared with gourd type rootstock and watermelon type rootstock. This study proved that CGMMV was the main watermelon virus disease in Liaoning Province. Selecting pumpkin-type rootstocks for grafting can effectively enhance the resistance of watermelons to CGMMV, which is of great significance for the green prevention and control of viral diseases.

Key words: watermelon; *Cucumber green mottle mosaic virus* (CGMMV); rootstock; virus resistance

---

[*] Funding: Liaoning Provincial Science and Technology Department Joint Fund Project (No. 2021-NLTS-11-04); Research on the Molecular Mechanism of Boron Element Inhibiting Watermelon Flesh Collapse Caused by CGMMV Infection

Integrated Transcriptomic and Proteomic Analysis Revealed the Regulatory Role of Fluorobenzocytidine Peptide in TMV Infection[*]

Yu Miao[1][**], Wang Yan[1], Liu He[1,2], An Mengnan[1][***], Wu Yuanhua[1]

(1. *Liaoning Key Laboratory of Plant Pathology, College of Plant Protection, Shenyang Agricultural University, Shenyang 110866, China*; 2. *National Key Laboratory of Green Pesticide, Key Laboratory of Green Pesticide and Agricultural Bioengineering, Ministry of Education, Center for Research and Development of Fine Chemicals, Guizhou University, Guiyang 550025, China*)

Abstract: This research was designed to clarify the regulatory function of fluorobenzocytidine peptide SN15 in tobacco's response to tobacco mosaic virus (TMV) infection. SN15 was synthesized via a two-step chemical reaction and its structure was characterized. Utilizing *Nicotiana tabacum* cv. NC89 plants inoculated with TMV were treated with SN15, followed by integrated transcriptomic and proteomic analyses. The transcriptomic analysis demonstrated that 9 676 differentially expressed genes (DEGs) emerged post-SN15 treatment, with 6 038 being upregulated and 3 638 downregulated. Functional enrichment analysis indicated that these DEGs were predominantly enriched in pathways such as the ribosome pathway and plant hormone signal transduction pathway. In the proteomic analysis, 216 differentially expressed proteins (DEPs) were identified, with 71 upregulated and 145 downregulated. The DEPs were mainly associated with stress responses and metabolic activities. KEGG pathway analysis showed significant enrichment in metabolic pathways, photosynthesis, and other pathways. Subsequent gene silencing experiments revealed that silencing the *VAS* gene led to a remarkable increase in TMV RNA accumulation. Conversely, silencing the *POXN*1 and *UBE*3-*CIP*8 genes resulted in a reduction of TMV accumulation. These findings from integrated transcriptomic and proteomic analyses offer comprehensive insights into the regulatory mechanism of SN15 in tobacco's response to TMV infection, contributing to the understanding of plant antiviral research.

Key words: fluorobenzocytidine peptide; TMV; transcriptome; proteome; gene silencing

---

[*] Funding: National Natural Science Foundation of China (32172454); National Natural Science Foundation of China (01031020002)

一种具有 E3 泛素连接酶活性的转录因子协同调控双重抗病毒防御以抵御草莓镶脉病毒侵染

杨先初[1]**, 芮鹏环[1], 蒋磊[1,2,3,4,5]***, 江彤[1,2,3,4,5]***

(1. 安徽农业大学植物保护学院，合肥 230036；
2. 作物有害生物综合治理安徽省重点实验室，合肥 230036；
3. 植物病虫害生物学与绿色防控安徽普通高校重点实验室，合肥 230036；
4. 农产品质量与生物安全教育部重点实验室，合肥 230036；
5. 植物病虫害综合治理全国重点实验室合肥研究中心，合肥 230036)

摘要：病毒与植物"军备竞赛"过程中，植物进化出了各种抗病毒免疫防御反应，其中最直接有效的方式是破坏病毒核酸和蛋白的积累，从而抑制病毒侵染。目前，草莓抗病毒蛋白基因的报道较少。本研究利用草莓镶脉病毒（strawberry vein banding virus，SVBV）编码的致病蛋白 P6 筛选出一种锌指蛋白 FvZFP1，它可与 SVBV P6 蛋白互作，SVBV 侵染可上调 $FvZFP1$ 表达，过表达 FvZFP1 蛋白可诱导 26S 蛋白酶体途径降解 P6 蛋白，破坏 P6 蛋白沉默抑制子功能，抑制病毒侵染。进一步研究发现，FvZFP1 具有 E3 泛素连接酶活性，并且在体内体外均可促进 P6 泛素化降解。P6 Gln-174 和 FvZFP1 Glu-146 是二者互作的关键氨基酸，FvZFP1 促进 P6 的泛素化降解依赖于二者互作，突变体 $FvZFP1^{E146A}$ 不可诱导 P6 的泛素化和蛋白酶体降解，病毒突变体 $SVBV-P6^{Q174A}$ 的侵染性增强。此外，FvZFP1 还是一种转录因子，FvZFP1 可与 SVBV 启动子结合，抑制 SVBV 启动子的转录活性，降低病毒复制水平。总的来说，本研究证明 FvZFP1 不仅可以诱导泛素化途径降解 SVBV P6 蛋白，而且可与 SVBV 启动子结合，阻碍病毒转录，下调 SVBV 核酸和蛋白的积累水平，抑制病毒侵染，这是一种新的高效的草莓抗病毒机制。

关键词：草莓；FvZFP1 蛋白；草莓镶脉病毒；P6；泛素化；转录因子

---

* 基金项目：国家自然科学基金项目（32472518，32072386）；安徽省高等院校科研基金（2022AH050920）
** 第一作者：杨先初，博士研究生，主要从事植物与病毒互作分子机制研究；E-mail：yangxc1020@163.com
*** 通信作者：蒋磊，副教授，主要从事葫芦科作物与病毒互作分子机制研究；E-mail：jianglei062x@ahau.edu.cn
江彤，教授，主要从事草莓与病毒互作分子机制研究；E-mail：jiangtong4650@sina.com

P2 自噬降解一种调控自噬途径与激素通路的"开关蛋白"，促进病毒侵染[*]

徐凯[1][**]，余维琪[1]，韩金成[1]，杨先初[1]，蒋磊[1,2,3,4,5][***]，江彤[1,2,3,4,5][***]

(1. 安徽农业大学植物保护学院，合肥 230036；
2. 作物有害生物综合治理安徽省重点实验室，合肥 230036；
3. 植物病虫害生物学与绿色防控安徽普通高校重点实验室，合肥 230036；
4. 农产品质量与生物安全教育部重点实验室，合肥 230036；
5. 植物病虫害综合治理全国重点实验室合肥研究中心，合肥 230036)

摘　要：自噬是一种保守的降解途径，自噬在寄主与病毒之间的"军备竞赛"过程中至关重要。然而，自噬途径与其他抗病通路之间的关系报道较少。本研究利用转录组学测序筛选出乙烯（ethylene，ET）通路负调节因子甲硫氨酸 γ-裂解酶（methionine γ-lyase，MGL）蛋白，草莓镶脉病毒（strawberry vein banding virus，SVBV）侵染草莓 FvMGL 下调表达，过表达 FvMGL 抑制 SVBV 侵染。SVBV P2 促进 ATGs 蛋白互作，且 P2 依赖于 FvATG7 诱导自噬降解 FvMGL。此外，寄主因子 FvMGL 破坏 ATGs 蛋白的互作抑制自噬。进一步研究发现，P2 与 FvMGL 竞争性结合 FvATG7，P2 破坏 FvMGL 与 FvATG7 的结合，诱导自噬降解 FvMGL。本研究发现，ET 促进 SVBV 侵染，水杨酸（salicylic acid，SA）抑制 SVBV 侵染，过表达乙烯负调节因子 FvMGL 诱导 ET 下调 SA 上调抑制 SVBV 侵染。本研究证实 SVBV P2 蛋白诱导自噬降解 FvMGL，破坏 FvMGL 调控的自噬途径和激素信号的抗病机制，促进 SVBV 侵染。研究结果揭示了一种新的抗病毒机制，即病毒利用自噬途径调控激素之间的串扰，揭示草莓抵御病毒侵染的新抗病途径。

关键词：FvMGL 蛋白；草莓镶脉病毒；P2 蛋白；细胞自噬；乙烯

---

[*] 基金项目：国家自然科学基金项目（32472518，32072386，31801700）
[**] 第一作者：徐凯，博士研究生，主要从事植物与病毒互作分子机制研究；E-mail：1016202623@qq.com
[***] 通信作者：蒋磊，副教授，主要从事分子植物病毒学研究；E-mail：jianglei062x@ahau.edu.cn
　　　　江彤，教授，主要从事分子植物病毒学研究；E-mail：jiangtong4650@sina.com

Transcriptomic Analysis of Genes Differentially Expressed in Maize in Response to MCMV and SCMV Co-infection[*]

Xie Jinhao[**], Du Kaitong, Wang Pei, Zang Lianyi, Peng Dezhi,
Yan Qin, Wang Hao, Wang Xinyu, Muhammad Junaid,
Chen Xifeng, Dong Laihua, Lin Weihong, Hu Junxia, Wang Liping,
Fan Zaifeng, Zhou Tao[***]

(Department of Plant Pathology, China Agricultural University, Beijing 100193, China)

Abstract: Maize lethal necrosis (MLN), caused by the co-infection of maize chlorotic mottle virus (MCMV) from the *Tombusviridae* family and viruses such as sugarcane mosaic virus (SCMV) from the *Potyviridae* family, is a devastating disease. To investigate the host response to viral co-infection, we performed a comprehensive transcriptomic analysis of MCMV- and SCMV-co-infected maize plants. Using high-throughput RNA sequencing (RNA-seq) and bioinformatics tools, we identified differentially expressed genes (DEGs) between infected and healthy samples. Gene Ontology (GO) enrichment analysis revealed that these DEGs were significantly associated with cellular components such as cellular anatomical entity, as well as molecular functions including transporter activity and catalytic activity. Kyoto Encyclopedia of Genes and Genomes (KEGG) pathway analysis highlighted enrichment in key biological processes, including energy metabolism, carbohydrate metabolism, and amino acid metabolism, suggesting their critical roles in virus-host interactions. Overall, this study enhances our understanding of the host response to viral co-infection.

Key words: maize lethal necrosis; transcriptomic analysis; differentially expressed genes; host-pathogen interaction

---

[*] Funding: Research on the Disaster Mechanisms and Prevention and Control Technologies of Major Corn Diseases (2022cXPt007); China Agriculture Research System of MOF and MARA of China (CARS-02)

[**] First author: Xie Jinhao, master student, major in plant virus disease and green control; E-mail: jinhaoxie2001@163.com

[***] Corresponding author: Zhou Tao, professor, major in plant virus disease and green control; E-mail: taozhoucau@cau.edu.cn

The Proviral Role of Light-Harvesting Chlorophylla/b Binding Protein 13 During Infection of Pepper Mild Mottle Virus[*]

Lin Weihong[1][**], Chen Xifeng[1], Zhang Shugen[2], Deng Xiaomei[2], Dong Laihua[1], Hu Junxia[1], Xing Yongping[2], Wang Zhenquan[2], Zhang Qin[2], Yan Qin[1], Xie Jinhao[1], Zang Lianyi[1], Zhang Junmin[2][***], Zhou Tao[1][***]

(1. Department of Plant Pathology, China Agricultural University, Beijing, 100193, China;
2. Laboratory of Plant Tissue Culture Technology of Hadian District, Beijing, 100080, China)

Abstract: Pepper mild mottle virus (PMMoV), a member of the genus *Tobamovirus*, causes severe damage on pepper worldwide. Despite its impact, the pathogenicity mechanisms of PMMoV and the pepper plant's response to infection remain poorly understood. Notably, the expression level of the *chlorophyll a-b binding protein* 13 (*CAB*13) gene was significantly up-regulated in resistant line 21C385 following PMMoV infection and it interacted with PMMoV coat protein (CP). Functional analysis through silencing of *CAB*13 in pepper and *Nicotiana benthamiana* demonstrated a reduction in PMMoV accumulation, suggesting that CAB13 plays a positive role in facilitating PMMoV infection in pepper plants. The results demonstrate the proviral role of CAB13 in pepper during viral infection and suggest a possible mechanism by which PMMoV CP modulates the plant defense to facilitate viral infection.

Key words: pepper mild mottle virus; chlorophyll a-b binding protein 13; virus-induced silencing; coat protein

---

[*] Funding: Haidian District Finance Bureau of Beijing Municipality (11010823T000002111976); Beijing Innovation Consortium of Agriculture Research System (BAIC12-2025-11)

[**] First author: Lin Weihong, PhD student, major in plant-virus interactions; E-mail: weihonglin105@163.com

[***] Corresponding authors: Zhang Junmin, professor, major in plant biology; E-mail: fenghuang1975@126.com
Zhou Tao, professor, major in plant virusdisease and green control; E-mail: taozhoucau@cau.edu.cn

Preliminary Identification of Pepper Proteins in Promoting Infection of Pepper Mild Mottle Virus

Chen Xifeng[1][**], Zhang Shugen[2], Lin Weihong[1], Hao Ruihua[1], Deng Xiaomei[2], Xing Yongping[2], Wang Zhenquan[2], Zhang Qin[2], Dong Laihua[1], Yan Qin[1], Hu Junxia[1], Wang Liping[1], Xie Jinhao[1], Wang Hao[1], Du Kaitong[1], Zhang Junmin[2][***], Zhou Tao[1][***]

(1. Department of Plant Pathology, China Agricultural University, Beijing, 100193, China;
2. Laboratory of Plant Tissue Culture Technology of Hadian District, Beijing, 100080, China)

Abstract: Pepper mild mottle virus (PMMoV), a member of the genus *Tobamovirus*, can infect pepper, tobacco, and other solanaceous crops, causing symptoms like chlorosis, leaf crinkling, and smaller, deformed fruits. In recent years, PMMoV has become widespread, restricting the development of the pepper industry in the world. Currently, there are limited and ineffective measures for controlling PMMoV, and there is an urgent need to develop novel breeding materials for conferring resistance to PMMoV. Based on the proteomic data of PMMoV-infected resistant/sensitive *Capsicum annuum* varieties, we selected four pepper proteins: chorismate mutase (CM), plastocyanin (PC), plastoquinol-plastocyanin reductase (QC), and DEAD-box ATP-dependent RNA helicase 50 (RH50). Using firefly luciferase complementation imaging assays, we preliminarily demonstrated that CaCM, CaPC, and CaQC interact with the coat protein (CP) and movement protein (MP) of PMMoV in *Nicotiana benthamiana*, while CaRH50 shows weaker interactions with PMMoV CP and MP. Subsequently, we used the gene silencing mediated by tobacco rattle virus to silence the *NbPC* in *N. benthamiana*. PMMoV carrying GFP was inoculated after silencing *NbPC* for 4 days. Three days post-inoculation, the relative accumulation levels of PMMoV genomic RNA and CP were detected by real-time quantitative reverse transcription PCR and western blotting, respectively. The results showed that the silencing of *NbPC* decreased the expression level of PMMoV genomic RNA and the accumulation level of PMMoV CP. These findings indicated that silencing *NbPC* inhibited PMMoV infection, suggesting that *NbPC* might be a susceptibility factor for PMMoV, although its specific mechanism of action requires further investigation.

Key words: pepper mild mottle virus; plastocyanin; susceptibility factor

---

* Funding: Haidian District Finance Bureau of Beijing Municipality (11010823T000002111976)
** First author: Chen Xifeng, master student, major in plant virus disease and green control; E-mail: cxfyuzuru1110@163.com
*** Corresponding authors: Zhang Junmin, professor, major in plant biology; E-mail: fenghuang1975@126.com
Zhou Tao, professor, major in plant virus disease and green control; E-mail: taozhoucau@cau.edu.cn

新德里番茄曲叶病毒在菜豆上的首次报道

韩科雷，马 超，赵 伟，严丹侃*

(安徽省农业科学院植物保护与农产品质量安全研究所，合肥 230000)

摘 要：菜豆（*Phaseolus vulgaris*）是全球种植面积最大的豆类蔬菜，在我国各地广泛栽培。2023年3月，安徽省蒙城县发现菜豆出现叶片卷曲、植株矮化等病毒样症状。为了明确该病害的致病因子，将采集的8株发病菜豆叶片样品混合后进行高通量测序。对测序结果进行拼接与组装，BLASTx比对至NCBI病毒数据库，结果显示存在2条contigs与新德里番茄曲叶病毒（ToLCNDV）DNA-A和DNA-B具有极高的序列相似性，未检测到其他病毒。为验证高通量测序结果，利用phi 29 DNA聚合酶对该菜豆分离物进行滚环扩增，分别用 *Sac* I 和 *Hind* III 单酶切DNA-A和DNA-B后克隆至Litmus 28i载体进行DNA测序，获得ToLCNDV菜豆分离物（ToLCNDV-HF23BC）DNA-A全长为2 739 nt（登录号：PP937118）和DNA-B全长为2 693 nt（登录号：PP937119）。BLASTn分析结果显示：ToLCNDV菜豆分离物DNA-A与侵染浙江番茄和上海黄瓜的株系相似性最高（2735/2739），DNA-B与来自上海甜瓜分离物的相似性最高（99.70%，2685/2693）。基于DNA-A序列构建的系统发育树显示：ToLCNDV-HF23BC与亚洲其他国家的分离物亲缘关系较近，但与欧洲分离物的亲缘关系较远。为验证ToLCNDV菜豆分离物的侵染性，成功构建其侵染性克隆，并通过农杆菌浸润法接种本氏烟草和菜豆，接种后10 d和25 d（dpi），本氏烟和菜豆植株均表现出典型的叶片卷曲症状。ToLCNDV属于双生病毒科（Geminiviridae）菜豆金色花叶病毒属（*Begomovirus*），可侵染茄科、葫芦科和大戟科等多种作物，导致全球范围内严重的产量损失和经济损失。据我们所知，这是中国首次报道ToLCNDV可以感染菜豆。菜豆作为中国重要的豆类作物，需进一步研究ToLCNDV的传播和致病机制，以保障我国菜豆的安全生产和稳定供应。

关键词：菜豆；新德里番茄曲叶病毒；序列分析；侵染性克隆

---

* 通信作者：严丹侃，副研究员；E-mail：dkyan2011@163.com

三种草莓病毒侵染对草莓品质的影响分析

贺宇阳**，黄雅琪，任俊达***，尚巧霞***

（北京农学院生物与资源环境学院，农业农村部华北都市农业重点实验室，北京 102206）

摘 要：草莓（*Fragaria × ananassa* Duch.）为多年生蔷薇科的草本植物，具有较高的营养价值，是我国重要的经济作物。草莓生产受到多种病害威胁，尤其严重的是病毒病。草莓病毒种类多，引起的症状复杂，会不同程度地影响个体生长，最直观的影响是造成减产，进而影响果实品质。

本研究对受病毒侵染以及健康的草莓植株进行生长指标测定，发现感染 SVBV 和 SMoV 的草莓植株呈现出相较于健康植株更为明显的矮化现象；其叶长均明显低于受 SMYEV 侵染的叶片，所有感染病毒的草莓植株叶片宽度与健康对照植株均无明显差异。3 种病毒侵染均对草莓叶片叶绿素含量产生了一定程度的影响，其中 SMYEV 侵染的影响最为突出，在叶绿素 a、叶绿素 b、叶绿素总含量 3 个指标上均表现为最低，尤其是叶绿素 b 含量显著降低约 20%。测定受病毒侵染及健康草莓果实相关指标，感染 SVBV 和 SMoV 的草莓果实中苹果酸、柠檬酸、草酸这 3 种主要有机酸的含量均显著低于健康植株，降幅均接近 50%，而感染 SMYEV 的草莓果实中苹果酸、柠檬酸以及草酸含量虽略高于健康植株，但差异并不显著。SMoV 与 SMYEV 侵染显著抑制了草莓果实的 SOD 活性，而 SVBV 的侵染未明显影响草莓果实的 SOD 酶活。受不同病毒侵染的草莓果实可溶性固形物含量与健康对照果实相比均无显著差异。

关键词：草莓；病毒病；果实品质；调查

---

* 基金项目：北京市昌平区"科技副总"专项资助；北京市乡村振兴农业科技课题（NY2502060125，NY2401150324）
** 第一作者：贺宇阳，硕士研究生，主要从事植物病毒学研究；E-mail: 1660490220@qq.com
*** 通信作者：任俊达，副教授，主要从事植物病毒学与植物抗病遗传研究；E-mail: renjd@bua.edu.cn
尚巧霞，教授，主要从事植物病毒学与植物病害综合防控研究；E-mail: shangqiaoxia@bua.edu.cn

第四部分
细菌

A Novel Method for Detecting *Ralstonia solanacearum* Based on RAA and Aerolysin Nanopore

Li Bin[1], Zhang Neng[1], Wang Xiaoqiang[2], Xi Dongmei[1], Wang Ying[1]*

(1. *Shandong Provincial Key Laboratory of Detection Technology for Tumor Markers, College of Life Science, Linyi University, Linyi 276005, China*; 2. *Plant Protection Research Center, Tobacco Research Institute of Chinese Academy of Agricultural Sciences, Qingdao 266101, China*)

Abstract: *Ralstonia solanacearum* is a soil-borne plant pathogenic bacterium that causes bacterial wilt disease, leading to significant economic losses in over 250 crops, including tomatoes, tobacco, and potatoes. Here we combine Recombinase-Aided Amplification with wild-type Aerolysin nanopore sensing for the specific detection of *Ralstonia solanacearum*. The probe Target-16 is hybridized with one strand of the RAA product, allowing the nicking endonuclease Nb. BsrDI to recognize specific cleavage sites and subsequently cleave it into two short strands of DNA. Following this, these newly generated short DNA strands dissociate, enabling more Target-16 probes to hybridize with this strand of the RAA product in a cycle of hybridization and enzymatic cleavage, resulting in the production of a substantial amount of the short DNAs. As these short DNAs pass through the aerolysin nanopores, they produce distinct current blockage signals that are markedly different from those generated by Target-16, thereby enabling on-site detection of *Ralstonia solanacearum*. This method demonstrates high specificity and can be utilized for detecting *Ralstonia solanacearum* in tobacco samples, yielding results consistent with DNA sequencing outcomes. This approach offers new insights and technologies for the detection of *Ralstonia solanacearum*.

Key words: aerolysin nanopores; *Ralstonia solanacearum*; translocation; RAA; detection

---

* Corresponding author: Wang Ying; E-mail: wangying@ lyu. edu. cn

槟榔黄化病株种果植原体感染及其在种果中的分布特征

王娜娜[1,2]**，Hassan A. Gouda[1,3]，孟秀利[1]，
林兆威[1]，黄山春[1]，唐庆华[1]***，朱小琼[2]***

[1. 中国热带农业科学院椰子研究所，国家重要热带作物工程技术研究中心（椰子分中心），文昌 571339；2. 中国农业大学三亚研究院，三亚 572025；3. Plant Pathology Research Institute, Agricultural Research Center, Giza 12619, Egypt]

摘 要：植原体是一类专性寄生于植物韧皮部的病原微生物，其传播途径包括媒介昆虫、寄主植物的无性繁殖体（如砧木、接穗、块根、块茎等）和寄生植物。最近，研究表明植原体可通过种子/种果垂直传播。引人关注的是，胚作为种子的核心部分，其感染直接关系到种苗的健康和病害传播的可能性。如果植原体能够侵入胚组织，则可能通过种子直接传播给下一代植株，这无疑将显著增加病害扩散的风险。目前，在槟榔黄化病研究中尽管前期研究发现种果植原体可以侵染种果。然而，种果的植原体感染率、各组织的分布特征及含量变化等问题尚不明确。深入解析黄化病槟榔所产种果的感染情况及植原体在种果中的分布特征，对于阐明槟榔黄化病通过种果传播的机制具有重要意义。本项目组于2024年在海南省万宁、定安、文昌3个市县采集了16株发病槟榔的种果，采用qPCR技术对99个种果进行了植原体检测。结果显示，植原体检出率为50.5%（50/99），种果的外果皮、中果皮、内果皮、胚乳及胚均检测到植原体；植原体在种果不同部位的检出率存在差异，外果皮的检出率最高（23.2%），内果皮检出率相对较低（16%），而中果皮、胚乳和胚的检出率相近，均在20%左右。qPCR检测定量分析结果显示，槟榔种果的内果皮和胚乳中植原体含量显著高于其他部位。本研究是首次在槟榔种果的胚组织中检测到植原体，进一步为槟榔种果种苗传播槟榔黄化植原体提供了科学依据。

关键词：槟榔黄化病；槟榔黄化植原体；槟榔种果；植原体检测

---

* 基金项目：海南省重点研发项目（ZDYF2025XDNY118，ZDYF2022XDNY208）
** 第一作者：王娜娜，硕士研究生；E-mail：1021825594@qq.com
*** 通信作者：唐庆华，副研究员，主要从事棕榈作物植原体病害综合防治研究；E-mail：tchuna129@163.com
朱小琼，副教授，主要从事植物病原真菌及致病机理研究；E-mail：mycolozhu@cau.edu.cn

双条拂粉蚧传播植原体特性研究

王娜娜[1,2]**，林兆威[1]，孟秀利[1]，黄山春[1]，
宋薇薇[1]，刘俊龙[1,2]，唐庆华[1]，朱小琼[2]***

[1. 中国热带农业科学院椰子研究所，国家重要热带作物工程技术研究中心（椰子分中心），文昌　571339；2. 中国农业大学三亚研究院，三亚　572025]

摘　要：槟榔黄化病是由槟榔黄化植原体（areca palm yellow leaf phytoplasma，AYLP）引起的一种致死性病害，严重制约了中国和印度槟榔产业的可持续发展。笔者课题组前期研究已证实双条拂粉蚧（*Ferrisia virgata* Cockerell）是传播 AYLP 的一种媒介昆虫，并对其获菌传菌时间和昆虫数量进行了研究，但关于其植原体传播方式是否为持久增殖型方式尚不明确。前期研究发现，苦楝（*Melia azedarach*）是 AYLP 的一种潜在中间寄主。2024 年对文昌市感染植原体的黄化苦楝树进行了调查和植原体检测，首次发现双条拂粉蚧能够危害苦楝。巢式 PCR 扩增及 16S rDNA 序列系统发育树分析结果显示，黄化苦楝植原体与 AYLP 同属于 16SrI-B 亚组。槟榔是槟榔黄化植原体的自然寄主，但研究发现植株内植原体浓度较低，尤其每年 11 月至翌年 3 月槟榔植株中 AYLP 非常低，难以稳定检测，不利于构建高质量的稳定带菌双条拂粉蚧种群，从而开展 *F. virgata* 传播 AYLP 特性研究。研究发现，黄化苦楝树中植原体浓度高且较为稳定，故本研究利用苦楝为槟榔替代寄主探究了双条拂粉蚧植原体传播特性。结果显示，在双条拂粉蚧体内植原体呈现三阶段增殖动态；从若虫期至成虫期直至死亡，整个生命周期内该虫均能携带植原体；植原体可经双条拂粉蚧卵垂直传播；在双条拂粉蚧消化系统、血淋巴、马氏管和卵巢中均有植原体分布，其中消化系统中的植原体含量显著高于其他器官组织，与先前研究消化系统是植原体在介体昆虫体内增殖的关键场所一致。本研究证实双条拂粉蚧与半翅目其他媒介昆虫（如叶蝉、蜡蝉、飞虱、木虱）一样，以持久增殖型方式传播植原体。该发现首次系统阐明了粉蚧类昆虫介体传播植原体的特性，对完善植原体媒介昆虫传播机制及揭示槟榔黄化病流行规律和制定防控策略具有重要意义。

关键词：槟榔黄化病；植原体；双条拂粉蚧；传播特性；经卵传播

---

* 基金项目：海南省重点研发项目（ZDYF2025XDNY118，ZDYF2022XDNY208）
** 第一作者：王娜娜，硕士研究生；E-mail：1021825594@qq.com
*** 通信作者：唐庆华，副研究员，主要从事棕榈作物植原体病害综合防治研究；E-mail：tchuna129@163.com
朱小琼，副教授，主要从事植物病原真菌及致病机理研究；E-mail：mycolozhu@cau.edu.cn

Constructed Rice Tracers Identify the Major Virulent Transcription Activator-Like Effectors of the Bacterial Leaf Blight Pathogen

Liu Linlin, Li Ying, Wang Qi, Xu Xiameng, Yan Jiali, Wang Yong, Wang Yijie, Syed Mashab Ali Shah, Peng Yongzheng, Zhu Zhangfei, Xu Zhengyin*, Chen Gongyou*

(Shanghai Collaborative Innovation Center of Agri-Seeds/State Key Laboratory of Microbial Metabolism, School of Agriculture and Biology, Shanghai Jiao Tong University, Shanghai 200240, China)

Abstract: *Xanthomonas oryzae* pv. *oryzae* (Xoo) injects major transcription activator-like effectors (TALEs) into plant cells to activate susceptibility (S) genes for promoting bacterial leaf blight in rice. Numerous resistance (R) genes have been used to construct differential cultivars of rice to identify races of Xoo, but the S genes were rarely considered. Different edited lines of rice cv. Kitaake were constructed by using CRISPR/Cas9 gene-editing, including single, double and triple edits in the effector-binding elements (EBEs) located in the promoters of rice S genes *OsSWEET*11a, *OsSWEET*13 and *OsSWEET*14. The near-isogenic lines (NILs) were used as the tracers to detect major TALEs (PthXo1, PthXo2, PthXo3 and their variants) in 50 Xoo strains. The pathotypes produced on the tracers determined six major TALE types contained in these 50 Xoo strains. The presence of the major TALEs in Xoo strains was consistent with the expression of S genes in the tracer, and it was also confirmed by known genome sequences. The EBE editing had little effects on agronomic traits, which was conducive to balancing yield and resistance. The rice-tracers generated here provide a valuable tool to track major TALEs of Xoo in Asia which then shows what rice cultivars are needed to combat Xoo in the field.

Key words: bacterial leaf blight; EBE-edited tracer; Major TALE; *Xanthomonas oryzae* pv. *oryzae*; rice

---

* Corresponding authors: Xu Zhengyin; E-mail: xuzy2015@sjtu.edu.cn
Chen Gongyou; E-mail: gyouchen@sjtu.edu.cn

基于丝状噬菌体的青枯菌多功能遗传工具包开发及其应用*

黄颖颖[**], 舒芳玲, 郑德洪[***]

(广西大学农学院, 广西农业环境与农产品安全重点实验室, 南宁 530004)

摘 要: 青枯雷尔氏菌复合种 (*Ralstonia solanacearum* species complex, RSSC) 是一种极具破坏性的土传植物病原细菌, 侵染范围广、危害大、防控难。青枯菌致病机制的解析亟需良好有效的分子生物学工具。丝状噬菌体是一类无头尾结构的温和噬菌体, 可持续侵染而不裂解宿主细菌。本研究开发了一种基于青枯菌丝状噬菌体 RSCq 的多功能质粒系统——pRSCq 工具包。通过基因组最小化与基因工程改造, 本研究系统性删除了噬菌体组装和分泌相关基因, 成功构建了 4 个可以在大肠杆菌和青枯菌中复制的质粒 (pRSCq1-4)。这些质粒兼具多种抗生素抗性标记及金门克隆 (Golden Gate) 兼容性, 在无抗生素选择条件下表现出良好的遗传稳定性, 并对宿主青枯菌的生长、运动性、生物膜形成以及致病力无影响。本研究进一步验证了该工具包的应用价值, 成功将该工具包应用于青枯菌关键调控因子 (*phcA*、*hrpG*) 和 *clpP* 蛋白酶的基因回补实验、宿主植物体内外的青枯菌基因表达动态检测、宿主植物体内外的青枯菌繁殖侵染动态实时监测。此外, pRSCq 工具包与 pBBR1 系列质粒及基因组整合系统具有兼容性, 为青枯菌中多基因协同表达提供了灵活的技术方案。该工具包将有望成为青枯菌研究者手中的利器, 为解析青枯菌致病机理研究提供重要技术支撑。

关键词: *Ralstonia solanacearum*; 丝状噬菌体; 遗传工具包; 生物发光报告系统; 青枯病

---

* 基金项目: 丝状噬菌体递送无毒基因: 一种防控植物青枯病的新方法研究 (32260713)

** 第一作者: 黄颖颖, 硕士研究生, 主要从事植物病原细菌的分子致病机理研究; E-mail: 1760268241@qq.com

*** 通信作者: 郑德洪, 副教授, 主要从事噬菌体对植物青枯病的生物防治以及植物病原细菌的分子致病机理研究; E-mail: dehong@gxu.edu.cn

Unraveling the Genetic Complexity of *Xanthomonas translucens*: Insights into Diversity, Effector Dynamics, and Pathovar Evolution in Small-Grain Cereals[*]

Moein Khojasteh[1][**], Wang Qi[1], Syed Mashab Ali Shah[1], Liu Linlin[1], Li Ying[1], Wang Yong[1], Xu Xiameng[1], Xu Zhengyin[1], S. Mohsen Taghavi[2], Ebrahim Osdaghi[3], Chen Gongyou[1][***]

(1. School of Agriculture and Biology/State Key Laboratory of Microbial Metabolism, Shanghai Jiao Tong University, Shanghai 200240, China; 2. Department of Plant Protection, College of Agriculture, Shiraz University, Shiraz 71441-65186, Iran; 3. Department of Plant Protection, University of Tehran, Karaj 31587-77871, Iran)

Abstract: *Xanthomonas translucens*, the causal agent of bacterial leaf streak (BLS), represents the most significant seed-borne bacterial disease threatening global small-grain cereal production. Our integrated study reveals critical insights into the pathogen's genetic diversity and virulence mechanisms, with particular focus on transcription activator-like effectors (TALEs). Molecular investigations of 65 Iranian strains — from the hypothesized center of origin in the Iranian Plateau — identified two pathovars pv. *undulosa* (Xtu) and pv. *translucens* (Xtt) showing remarkable genetic diversity through MLSA/MLST analysis, exceeding that observed in global populations. Among 65 strains, Southern blot analysis of TALE genes classified strains into 13 genotypes, with 57 Xtu and 7 Xtt strains grouped into genotypes 1-12. One strain (XtKm7, genotype 13) lacked TALEs and only infected barley. The virulence and aggressiveness of the strains under greenhouse conditions aligned with their TALE-based classification at the pathovar level, while differences in aggressiveness were noted among *X. translucens* pv. *undulosa* strains. Whole genome sequencing of seven strains uncovered 26 unique *tal* genes classified into three structural types, along with novel genetic elements including previously unreported plasmids in Xtu strains and unique repeat variable diresidues (HE, YI). These comprehensive genomic insights fundamentally advance our understanding of *X. translucens* virulence mechanisms, establishing a transformative framework for future research into pathogen evolution and host adaptation strategies. The identified genetic markers and effector profiles provide powerful new tools for developing science-based solutions to mitigate BLS threats in modern cereal production systems.

Key words: *Xanthomonas translucens* pv. *undulosa*; bacterial leaf streak; wheat; genome sequence; transcription activator like efector (TALE)

---

[*] Funding: National Natural Science Foundation of China (32350410395); National Foreign Expert Program (QN2023134006); Morning Star Postdoctoral Incentive Program by Shanghai Jiao Tong University; Shanghai Postdoctoral Excellence Program (2023339)

[**] First author: Moein Khojasteh, Postdoctoral fellow, mainly focused on the molecular mechanisms of cereal-bacterial pathogen interactions

[***] Corresponding author: Chen Gongyou, Professor, mainly investigating the molecular basis of interactions between plants and bacterial pathogens

野油菜黄单胞菌感应和外排宿主植物水杨酸信号的分子机制

宋凯，崔莹，何亚文*

(上海交通大学生命科学技术学院微生物代谢全国重点实验室，上海 200240)

摘 要：野油菜黄单胞菌野油菜致病变种（*Xanthomonas campestris* pv. *campestris*，Xcc）是十字花科植物黑腐病的病原菌，也是分子植物病理学研究的模式细菌之一。在 Xcc 侵染过程中，寄主植物会在侵染邻近区域大量合成水杨酸（Salicylic acid，SA），导致 Xcc 完全暴露较高浓度 SA 的环境中。Xcc 无法利用和降解 SA，Xcc 如何感应和拮抗较高浓度的 SA 有待进一步研究。本研究以 Xcc 致病株 XC1 为研究对象，首先通过 RNA-seq 分析发现了基因簇 *hepRABCD* 受 SA 显著诱导表达。其中，*hepR* 编码一个 MarR 家族转录因子，*hepABCD* 编码一个 RND 家族外排转运系统。*hepR* 与 *hepABCD* 位于同一操纵子中，共用一个启动子。HepR 特异性结合 *hep* 基因簇启动子的一个富含 AT 区域，负调控 *hepABCD* 的表达。HepR 是一个新型 SA 感应蛋白，SA 与 HepR 结合诱导 HepR 从 *hep* 基因簇启动子区域释放，进而激活 *hepABCD* 的表达。HepABCD 不仅负责 SA 的外排，还参与调控胞内 pH 和 DSF 群体感应信号水平。进一步研究发现，Xcc 通过 HepR 还能感应植物体内具有抑菌活性的酚酸类化合物，激活 HepABCD 对这些化合物的外排，同时提高 Xcc 的抗氧化活性。缺失 *hepABCD* 显著降低了 XC1 侵染甘蓝和大白菜的致病力。该研究揭示了 Xcc 在 SA 胁迫下的分子适应机制，为 SA 的功能机制提供了新的研究视角，丰富了我们对黄单胞菌侵染植物过程中分子互作机制的理解。

关键词：野油菜黄单胞菌；水杨酸；感应蛋白；RND 外排泵

---

* 通信作者：何亚文；E-mail：yawenhe@sjtu.edu.cn

野油菜黄单胞菌在侵染过程中利用宿主激素吲哚-3-乙酸调节自身支链氨基酸合成和活性氧产生促进致病性

李思南*，宋 凯，张明磊，何亚文**

(上海交通大学生命科学技术学院，微生物代谢全国重点实验室，
代谢与发育科学国际合作联合实验室，上海 200240)

摘 要：吲哚-3-乙酸 (Indole-3-acetic acid, IAA) 是重要的植物激素，调控多种生理过程。许多微生物也可以合成与分泌 IAA，IAA 在植物与微生物相互作用过程中发挥着重要作用。野油菜黄单胞菌野油菜致病变种 (*Xanthomonas campestris* pv. *campestris*, Xcc) 是十字花科植物黑腐病的致病菌，Xcc 侵染拟南芥后会诱导宿主植物局部产生大量 IAA。Xcc 是否能合成 IAA，以及 IAA 对 Xcc 生理功能的影响及其分子机制尚不清楚。本研究以 Xcc 致病株 XC1 为研究对象，首先发现 XC1 在营养丰富的培养基 (NYG 和 NA) 中可以合成 IAA，在营养贫瘠的 XYS 培养基中添加 L-色氨酸可以显著促进 IAA 生物合成，添加吲哚-3-乙醇有助于 IAA 生物合成。但是，Xcc 中 L-色氨酸依赖的 IAA 生物合成途径与目前已报道的途径不同，关键基因有待进一步鉴定。外源添加 IAA 显著提高 XC1 菌落形成单位 (Colony forming units, CFUs) 数量、胞外多糖合成、蛋白酶活性以及在甘蓝叶片上的致病性，同时显著降低胞内活性氧 (Reactive oxygen species, ROS) 水平。转录组测序分析发现，基因簇 *ilvCGM-leuA* 的表达受 IAA 负调控，*ilvCGM-leuA* 编码的酶参与支链氨基酸生物合成。高效液相色谱 (High performance liquid chromatography, HPLC) 分析证实外源添加 IAA 显著降低 XC1 胞内缬氨酸与亮氨酸水平。敲除 *ilvC* 基因显著提高 XC1 菌株的 CFUs 数量，降低 ROS 水平；外源补充支链氨基酸可恢复敲除菌株 Δ*ilvC* 的 CFUs 和 ROS 水平至野生型水平。这些结果表明 XC1 中存在一个 IAA 信号通路，XC1 感应 IAA 后，负调控 *ilvCGM-leuA* 基因簇表达，导致 Xcc 胞内的支链氨基酸水平下降，抑制 ROS 的产生，减少 ROS 在 XC1 胞内的积累进而提高活力，增强 XC1 对寄主植物的致病性。

关键词：野油菜黄单胞菌；吲哚-3-乙酸；支链氨基酸；活性氧；致病性

---

* 第一作者：李思南，博士研究生，主要从事微生物群体感应与通讯联络机制研究；E-mail：lisinan77@sjtu.edu.cn
** 通信作者：何亚文，教授，主要从事微生物群体感应与通讯联络机制以及代谢产物农药合成生物学研究；E-mail：yawenhe@sjtu.edu.cn

The Conserved *Xanthomonas* Effector XopM Targets Allene Oxide Synthase OsAOS3 and Interferes with Jasmonate-mediated Defense in Rice[*]

Li Ying[**], Liu Linlin, Wang Qi, Wang Yong, Yan Jiali, Moein Khojasteh, Syed Ma Shah, Xu Zhengyin[***], Chen Gongyou[***]

(*Shanghai Collaborative Innovation Center of Agri-Seeds/State Key Laboratory of Microbial Metabolism, School of Agriculture and Biology, Shanghai Jiao Tong University, Shanghai 200240, China*)

Abstract: Bacterial blight (BB) of rice caused by the phytopathogenic bacterium *Xanthomonas oryzae* pv. *oryzae* (Xoo) is a disease of global importance. Xoo utilizes the type III secretion system (T3SS) and its effectors for virulence, and XopM is a conserved T3SS effector in *Xanthomonas* spp. However, the virulence function of XopM is largely unknown. In this study, we show that XopM contributes to Xoo virulence in rice. We demonstrate that XopM interacts with allene oxide synthase OsAOS3, a key enzyme involved in jasmonic acid (JA) biosynthesis. The expression levels of *OsAOS3* and three homologues of *OsAOS* were elevated after Xoo infection. Knockout mutants of *OsAOS3* exhibited decreased JA accumulation and reduced resistance to Xoo and *X. oryzae* pv. *oryzicola*. Moreover, JA-related defense genes were downregulated in *osaos3* mutants during Xoo infection. Based on our results, we propose a model showing how XopM hijacks OsAOS3 to interfere with JA-mediated defenses, leading to a suppression of rice immunity. Our findings reveal a novel virulence strategy where *Xanthomonas* pathogens interfere with the JA pathway and modulate the host defense response.

Key words: *Xanthomonas*; XopM; allene oxide synthase; jasmonic acid; plant immunity

---

[*] Funding: National Natural Science Foundation of China (31830072, 32102147)
[**] First author: Li Ying; E-mail: dighjd@sjtu.edu.cn
[***] Corresponding author: Xu Zhengyin; E-mail: xuzy2015@sjtu.edu.cn
   Chen Gongyou; E-mail: gyouchen@sjtu.edu.cn

番茄溃疡病菌中（pp）pGpp 合成和水解调控机制初探

石 佳[*]，许晓丽，李慧敏，蒋 娜，李健强，罗来鑫[**]

(中国农业大学植物病理学系，种子病害检验与防控北京市重点实验室，北京 100193)

摘 要：番茄溃疡病菌是我国重要的检疫性有害生物，也是革兰氏阳性（Gram-positive，G^+）植物病原细菌的代表，其学名为密执安棒形杆菌（*Clavibacter michiganensis*，Cm）。鸟苷四磷酸（Guanosine tetraphosphate，ppGpp）、鸟苷五磷酸（Guanosine pentaphosphate，pppGpp）和近两年新报道的鸟苷 5′-单磷酸-3′-二磷酸（guanosine 5′-monophosphate-3′-diphosphate，pGpp）[以下简称（pp）pGpp]，均是细菌体内重要的抗逆信号分子，可在逆境胁迫时大量积累并触发严紧反应（stringent response），调控细菌的生长、存活、代谢、毒力等一系列生理过程。细菌体内（pp）pGpp 的合成和水解主要由一类广泛保守的 RelA/SpoT 同源蛋白家族（RelA/SpoT Homologs，RSH）完成。在受到营养缺乏等逆境胁迫时，细菌通过调控 RSH 酶的合成和水解活性，维持其体内（pp）pGpp 的稳态。RSH 酶一般可分为 3 种，即同时具有合成和水解酶活性的长 RSH 酶 Rel，只具有合成酶活性的 RelA 和具有较强的水解酶活性和较弱的合成酶活性的 SpoT。其中 RelA 和 SpoT 一般存在于 β 和 γ 变形菌门中，而其他变形菌门及革兰氏阳性菌中一般只存在 Rel。除此之外，部分菌中还含有短 RSH 酶，即小分子警报素合成酶 SAS 和小分子警报素水解酶 SAH。

研究发现，细菌主要通过三种方式调控 RSH 酶的合成与水解活性，在氨基酸饥饿条件下 Rel/RelA 通过在停滞核糖体上的变构调节激活其合成酶活性、Rel/RelA 酶通过与（pp）pGpp 小分子的结合完全激活其合成酶活性、在不同逆境条件下 RSH 酶通过与某些蛋白质互作调控其酶活性的变化，其中前两种方式已被证明在不同细菌中高度保守。实验室前期研究发现，Cm 中（pp）pGpp 的合成与水解仅依赖于唯一的长 RSH 酶 Rel，而 *rel* 基因的敲除会导致菌体内（pp）pGpp 的缺失，进而影响番茄溃疡病菌的生长、菌落形态、胞外多糖的分泌、致病力和逆境条件下的生存能力。低浓度铜离子处理野生型 Cm，会导致 *rel* 基因迅速上调表达，菌体内的（pp）pGpp 含量先升高后降低，意味着 *rel* 基因存在蛋白水平的调控。本研究利用生物信息学技术分析了 Cm 中与（pp）pGpp 合成和水解调控相关的蛋白。结果发现，CMM_1617、CMM_1491 分别与大肠杆菌 ACP 和 CgtA 有 28.05%、29.07%的氨基酸序列相似性，保守结构域功能注释分别为 Acyl carrier protein（ACP）和 GTPase（CgtA）。利用酵母双杂交试验和体外 GST pull down 的方法均证明，CMM_1491 可与 Rel 互作，CMM_1617 不与 Rel 互作。后期将对 CMM_1491 如何影响 Rel 酶活性进而影响菌体内（pp）pGpp 的合成与水解以及调控菌体抗逆等方面进行深入研究。

关键词：番茄溃疡病菌；（pp）pGpp；合成与水解；Rel 酶

---

[*] 第一作者：石佳，博士研究生，主要从事植物病原细菌抗逆机制研究；E-mail：qwer1768004860@163.com

[**] 通信作者：罗来鑫，博士生导师，主要从事种子病理学及植物病原细菌抗逆机制研究；E-mail：luolaixin@cau.edu.cn

Two TAL Effectors of *Xanthomonas citri* pv. *malvacearum* Target Susceptible *GhSWEET*14 Genes for Bacterial Blight of Cotton[*]

Syed Mashab Ali Shah[**], Fazal Haq, Huang Kunxuan, Wang Qi,
Liu Linlin, Li Ying, Wang Yong, Asaf Khan, Yang Ruihuan,
Moein Khojasteh, Xu Xiameng, Xu Zhengyin, Chen Gongyou[***]

(Shanghai Collaborative Innovation Center of Agri-Seeds/State Key Laboratory of Microbial Metabolism, School of Agriculture and Biology, Shanghai Jiao Tong University, Shanghai 200240, China)

Abstract: Bacterial Blight of Cotton (BBC) caused by *Xanthomonas citri* pv. *malvacearum* (*Xcm*) is an important and destructive disease affecting cotton plants. Transcription activator-like effectors (TALEs) released by the pathogen regulate cotton resistance to the susceptibility. In this study, we sequenced the whole genome of *Xcm* Xss-V_2-18 and identified eight *tal* genes; seven on the plasmids and one on the chromosome. Deletion and complementation experiments of Xss-V_2-18 *tal* genes demonstrated that Tal1b is required for full virulence on cotton. Transcriptome profiling coupled with TALE-binding element prediction revealed that Tal1b targets *GhSWEET*14A04/D04 and *GhSWEET*14D02 simultaneously. Expression analysis confirmed the independent inducibility of *GhSWEET*14A04/D04 and *GhSWEET*14D02 by Tal1b, whereas *GhSWEET*14A04/D04 is additionally targeted by Tal1. Moreover, GUS (β-glucuronidase) and Xa10-mediated HR (hypersensitive response) assays indicated that the EBEs are required for the direct and specific activation of the candidate targets by Tal1 and Ta1b. These insights enhance our understanding of the underlying mechanisms of bacterial blight in cotton and might lead to improved resistance through EBEs disruption or a TALE-trap strategy.

Key words: *Xanthomonas* spp.; bacterial blight of cotton (BBC); novel major TALEs; SWEET sucrose transporter

---

[*] Funding: National Natural Science Foundation of China (32361143515); National Foreign Expert Program (QN2023134007) by Ministry of Science and Technology of the People's Republic of China

[**] First author: Syed Mashab Ali Shah, primarily involved in understanding the molecular interactions between plants and pathogenic bacteria; E-mail: masabalee@ sjtu. edu. cn

[***] Corresponding author: Chen Gongyou, Professor, specializes in the molecular mechanisms underlying *Xanthomonas*-host interactions; E-mail: gyouchen@ sjtu. edu. cn

番茄溃疡病菌细胞分裂蛋白 Wag31 的磷酸化通路初步研究

于铖偎*，蒋 娜，李健强，罗来鑫**

（中国农业大学植物病理学系，种子病害检验与防控北京市重点实验室，北京 100193）

摘 要：番茄溃疡病由密执安棒型杆菌（*Clavibacter michiganesis*，Cm）引起，在全世界各主要番茄生产国均有发生，可造成严重的经济损失。番茄溃疡病菌是一种革兰氏阳性细菌，无鞭毛，不产芽孢，其细菌细胞壁对于维持菌体形态及致病力具有重要作用。青霉素结合蛋白（PBPC）作为一种 A 类高分子量蛋白，在 Cm 细胞壁肽聚糖合成过程中发挥糖基转移酶及转肽酶功能，进而完成肽聚糖的交联。在 PBPC 的互作蛋白筛选过程中发现，Wag31 蛋白与 PBPC 蛋白存在相互作用，Wag31 是 Cm 中的一种细胞分裂蛋白，参与细菌细胞壁的合成及细胞分裂，具有作为杀菌剂作用靶点来研制番茄溃疡病特异性防控药剂的潜力。

本研究靶向 Wag31 的上游磷酸化通路，在 Cm 基因组中发现了一种蛋白激酶（pknB），对该激酶的自磷酸化能力、磷酸化缓冲离子适配能力及磷酸化 Wag31 能力的研究结果表明，pknB 具有自磷酸化能力，Mg^{2+} 与 Ca^{2+} 有利于其发生磷酸化，Mn^{2+} 不利于其发生磷酸化，且 pknB 能够在体外磷酸化 Wag31。结合磷酸化质谱分析与杆菌肽处理 Cm 后 Wag31 蛋白的磷酸化水平试验证实，Y22、S54、T62、T67 四个位点突变为丙氨酸后，Wag31 的磷酸化水平显著下降。后期将围绕 pknB 磷酸化 Wag31 的能力及二者互作的关键氨基酸位点展开进一步探究。

关键词：番茄溃疡病；Wag31；pknB；磷酸化

---

* 第一作者：于铖偎，博士研究生，研究方向为植物病原细菌抗逆机制；E-mail：yu18846183781@163.com

** 通信作者：罗来鑫，博士生导师，研究方向为种子病理学及植物病原细菌抗逆机制；E-mail：luolaixin@cau.edu.cn

TALome and Phenotypic Analysis of Pakistani *Xanthomonas oryzae* pv. *oryzae* Population Revealed Novel Virulent TALEs Contributing to Bacterial Blight of Rice[*]

Syed Mashab Ali Shah[1**], Rafia Ahsan[2], Liu Linlin[1], Li Ying[1], Wang Qi[1], Wang Yong[1], Yan Jiali[1], Moein Khojasteh[1], Xu Xiameng[1], Xu Zhengyin[1], Awais Rasheed[2], Muhammad Zakria[2], Chen Gongyou[1***]

(1. *Shanghai Collaborative Innovation Center of Agri-Seeds / State Key Laboratory of Microbial Metabolism, School of Agriculture and Biology, Shanghai Jiao Tong University, Shanghai 200240, China*; 2. *Crop Diseases Research Institute, National Agricultural Research Center, Islamabad 45500, Pakistan*)

Abstract: Bacterial blight (BB) of rice caused by *Xanthomonas oryzae* pv. *oryzae* (*Xoo*), is an important disease in rice-growing countries, including Pakistan, where it was first reported in the mid-1970s. Transcription activator-like effectors (TALEs) play vital roles in many plant diseases caused by *Xanthomonas* spp.; however, Pakistani *Xoo* TALome diversity and their contribution to pathogenicity is largely unknown. In this study, 101 *Xoo* strains were screened using specific PCR primers. The genomic DNA from these strains underwent *Bam*HI digestion and hybridized with the internal *Sph*I fragment of *PthXo*1. Southern blot analysis revealed 16 to 20 putative *tale* fragments among the tested strains. These strains were further classified into 11 genotypes based on the number and size of the hybridizing bands. Genotypes 1, 2, 3, and 4 represented 24, 2, 51, and 17 strains, respectively. Pathogenicity assays on near-isogenic lines (NILs) containing different resistance (*R*) genes exhibited that CBB23 was incompatible with all tested Pakistani-*Xoo* genotypes, whereas IRBB5 and IRBB4 showed resistance against specific genotypes. In contrast, paddy trails on NILs containing single, double, and triple mutants of *OsSWEET*11*a*, *OsSWEET*13, and *OsSWEET*14 in the effector binding elements (EBEs) of cv. Kitaake revealed that KP-22 and LD-5 harbor novel virulent TAL effector/s. Interestingly, the expression analysis of six clade-III *OsSWEET* genes suggests that novel TALE/s targeting unidentified susceptibility gene/s. Altogether, this study highlights gene-for-gene relationships between tested rice lines and Pakistani-*Xoo* strains. This is the first report providing the diversity of TALEs and their relationship to *R* and *S* (susceptibility) genes. Further identification of novel virulent TALE/s and their cognate target/s is warranted to precisely elucidate their role in BB.

Key words: *Xanthomonas oryzae* pv. *oryzae*; bacterial blight; TALome diversity; Major TALEs EBE edited susceptibility genes; NILs containing *R* gene

---

* Funding: National Natural Science Foundation of China (32361143515); National Foreign Expert Program (QN2023134007) by Ministry of Science and Technology of the People's Republic of China

** First author: Syed Mashab Ali Shah, primarily involved in understanding the molecular interactions between plants and pathogenic bacteria; E-mail: masabalee@ sjtu. edu. cn

*** Corresponding author: Chen Gongyou, Professor, specializes in the molecular mechanisms underlying *Xanthomonas*-host interactions; E-mail: gyouchen@ sjtu. edu. cn

马铃薯环腐病菌适冷相关基因的挖掘

楚文清*，郭峰，石佳，李健强，罗来鑫**

(中国农业大学植物病理学系，种子病害检验与防控北京市重点实验室，北京 100193)

摘 要：马铃薯环腐病（Potato ring rot）是马铃薯生产中的一种重要病害，造成马铃薯植株萎蔫、薯块开裂和环腐等，可引起严重的经济损失。该病的病原菌为环腐棒形杆菌（*Clavibacter sepedonicus*, Cs），被列入我国进境植物检疫性有害生物，主要通过种薯调运远距离传播，引起种薯烂窖及下一生长季病害的发生。课题组前期研究发现，Cs较其他常见植物病原细菌更能耐受低温。

为探明Cs适应低温的机制，本研究利用RNA-Seq技术分析了Cs在低温处理前后的差异基因表达情况，筛选响应低温的部分关键基因，通过基因敲除和回补对Cs的适冷机制进行了初步探究。RNA-Seq和RT-qPCR结果表明，Cs经4℃低温处理后，冷休克蛋白家族中 *csp*1、*csp*2 表达量显著上调，*csp*3无明显变化；两组双组分信号转导系统的基因 *CMS*_0338-*CMS*_0339、*CMS*_2758-*CMS*_2759 表达量均显著上调。测定Cs野生型和各突变体在低温下的生长速率和在0.85% NaCl溶液中（寡营养条件）的存活能力，结果显示 Δ*csp*1 和 Δ*CMS*_2758 在4℃下的生长速率显著低于野生型和其他突变体，而 Δ*csp*2、Δ*csp*3 和野生型生长速率无显著差异；将各个突变体在寡营养条件下低温处理21 d，其可培养菌量均与野生型无显著差异。测定各 *csp* 基因在4℃低温处理不同时间后的表达量，结果发现 Δ*csp*1 菌株中 *csp*2 的表达量相较于野生型显著上调，而 Δ*csp*2 中 *csp*1 的表达量没有差异，说明 *csp*1 为Cs主要的适冷基因，且两个基因之间可能存在功能互补。

关键词：马铃薯环腐病菌；低温存活；冷休克蛋白；双组分信号转导系统

---

* 第一作者：楚文清，博士研究生，主要从事植物病原细菌抗逆机制研究；E-mail：cwq17330909761@163.com
** 通信作者：罗来鑫，博士生导师，主要从事种子病理学及植物病原细菌抗逆机制研究；E-mail：luolaixin@cau.edu.cn

西瓜噬酸菌中四个毒素基因的鉴定

唐菁薇[*]，宋　爽，石　佳，蒋　娜，李健强，罗来鑫[**]

（中国农业大学植物病理学系，种子病害检验与防控北京市重点实验室，北京　100193）

摘　要：细菌性果斑病（Bacterial fruit blotch）是葫芦科作物上一种严重的种传病害，由西瓜噬酸菌（*Acidovorax citrulli*，Ac）引起。当环境条件适宜发病时，产量损失将达90%。前期研究表明，毒素-抗毒素系统（Toxin and antitoxin，TA）在细菌响应逆境、耐受抗生素和适应环境变化等过程中发挥着重要作用。TA系统在致病微生物中广泛存在，通常由两个共转录的基因组成，一个编码不稳定的抗毒素分子，另一个编码稳定的毒素分子，毒素与抗毒素的距离通常在-20~150 bp之间，并且在基因组位置上没有明确的先后顺序。

本研究以西瓜噬酸菌AAC00-1为研究材料，用TADB/TAfinder软件预测了AAC00-1中存在的假定毒素-抗毒素系统。通过构建pBAD表达载体，在大肠杆菌TOP10中异源表达毒素、抗毒素以及毒素-抗毒素的共表达体，最后进行点板验证。结果表明，异源表达所预测的毒素基因 *Aave_2264*、*Aave_2265*、*Aave_2346*、*Aave_3587* 抑制了大肠杆菌的生长，抗毒素基因不影响大肠杆菌的生长，但 Aave_2264-Aave_2265、Aave_2345-Aave_2346、Aave_3588-Aave_3587 的共表达体生长并未得到恢复，因此推测 *Aave_2264*、*Aave_2265*、*Aave_2346*、*Aave_3587* 为毒素基因，但抗毒素基因并未正常表达。以预测的抗毒素基因 *Aave_3588* 为例，RT-qPCR证实其在大肠杆菌中正常表达，因此，推断 *Aave_3588* 不是 *Aave_3587* 对应的抗毒素基因。毒素基因 *Aave_2264*、*Aave_2265*、*Aave_2346*、*Aave_3587* 分别对应的抗毒素基因有待继续深入研究。

关键词：西瓜噬酸菌；细菌性果斑病；毒素-抗毒素系统

---

[*] 第一作者：唐菁薇，硕士研究生，研究方向为细菌性果斑病菌毒素-抗毒素系统；E-mail：1834815295@qq.com
[**] 通信作者：罗来鑫，博士生导师，主要从事种子病理学及植物病原细菌抗逆机制研究；E-mail：luolaixin@cau.edu.cn

番茄溃疡病菌新质粒 pCM3 上疑似毒素-抗毒素系统的鉴定

宋 爽*，唐菁薇，李 浩，刘 敏，夏侯智娴，李健强，罗来鑫**

(中国农业大学植物病理学系，种子病害检验与防控北京市重点实验室，北京 100193)

摘 要：毒素-抗毒素（toxin-antitoxin，TA）系统在细菌和古菌中广泛存在，参与细菌中质粒稳定性的维持、抵抗噬菌体侵染和应对环境逆境等多种重要的生命活动过程。番茄溃疡病菌是重要的植物病原细菌，通常携带 2 个质粒（pCM1 和 pCM2），实验室前期通过抗性筛选得到了一株具有链霉素抗性的菌株 TX0702，其具有一个全新质粒 pCM3，该质粒上携带有与抗生素抗性、转座酶、假定的 TA 系统等相关的诸多重要基因。

本研究采用 PROKKA 软件预测了番茄溃疡病菌菌株 TX0702 的质粒 pCM3 中存在的假定毒素-抗毒素系统。采用大肠杆菌异源表达系统鉴定质粒 pCM3 上的两对 TA 系统 pCM3_29-pCM3_30 和 pCM3_32-pCM3_65：通过构建 pBAD 表达载体，在大肠杆菌 TOP10 菌株中分别异源表达预测到的基因，随后进行点板验证，鉴定其是否为毒素-抗毒素系统，并进一步研究其在维持质粒稳定性中的作用。

生物信息学分析显示，pCM3_29 预测为 VbhA 家族抗毒素蛋白，pCM3_30 预测为 Fic/DOC 家族蛋白，pCM3_32 预测为核苷酸转移酶 AbiEii/AbiGii 家族的毒素蛋白，pCM3_65 预测为 VbhA 家族抗毒素蛋白。点板验证结果表明，在添加 0.2% 的阿拉伯糖诱导基因表达时，假定的毒素基因 *pCM*3_30、*pCM*3_32 均未出现抑制大肠杆菌生长的情况，暂不能证实 pCM3_29-pCM3_30 和 pCM3_32-pCM3_65 是毒素-抗毒素系统，后期需要进一步通过蛋白纯化及功能分析测定上述两对基因是否为毒素-抗毒素系统，并解析其在质粒稳定性中的功能。

关键词：番茄溃疡病菌；毒素-抗毒素系统；质粒稳定性

---

* 第一作者：宋爽，博士研究生，研究方向为细菌性果斑病菌抗逆机制；E-mail：songshuang0611@163.com

** 通信作者：罗来鑫，博士生导师，主要从事种子病理学及植物病原细菌抗逆机制研究；E-mail：luolaixin@cau.edu.cn

Challenges in Identifying *Erwinia amylovora* and *Erwinia pyrifoliae* Stem from High Similarity[*]

Liu Wei[1,2**], Qin Haiwen[2], Gao Wenna[3], Wang Xiqiao[4], Chen Jingsheng[1***], Sun Tao[2***]

(1. College of Biology and Food Engineering, Chongqing Three Gorges University, Chongqing 404020, China; 2. Chongqing Customs Technology Center, Chongqing 400020, China; 3. Science and Technology Research Center of China Customs, Beijing 100026, China; 4. Lanzhou Customs Technology Center, Gansu 730030, China)

Abstract: *Erwinia amylovora* and *Erwinia pyrifoliae* cause fire blight and black-shoot blight, posing a significant threat to plants within the Rosaceae family, particularly impacting commercial pear cultivation and apple production sectors. The disease manifestations encompass floral blight, branch necrosis, fruit mummification, and root rot, presenting as tissue darkening, foliar wilting, and fruit lignification. Once the disease breaks out, the pathogen will spread rapidly throughout the entire park along with the air current, causing extensive damage to fruit trees. *E. amylovora* exhibits significant virulence and a broad host spectrum, presenting challenges in establishing uniform phytosanitary control measures. The evolution of resistant strains further complicates disease management strategies. In contrast, *E. pyrifoliae* demonstrates a narrower host specificity, however, its growth rate under low-temperature conditions demonstrates a twofold increase compared to *E. amylovora*, posing a substantial phytopathological risk to apple producing areas in northern China. Furthermore, the pathogenicity mechanisms of both bacterial species exhibit multifaceted complexity, mediated by a diverse array of virulence determinants (including but not limited to exopolysaccharides [EPS] and type III secretion systems), with significant gaps persisting in current understanding of their molecular pathogenesis. *E. amylovora* and *E. pyrifoliae* exhibit marked similarities in phytopathological characteristics including symptomatology, epidemiological patterns, and pathological manifestations. Both pathogens are taxonomically classified within the genus *Erwinia*, demonstrating a close phylogenetic relationship that positions them as sister species. These entities demonstrate significant homology in molecular biological characteristics. However, due to their overlapping morphological and biochemical characteristics, these two pathogenic species remain challenging to differentiate in phytosanitary identification procedures. Current molecular detection methodologies, including conventional conventional polymerase chain reaction (PCR) gel electrophoresis and real-time fluorescence quantitative PCR (qPCR), possess intrinsic constraints. False-positive results may persist even when employing these techniques, thereby compromising the precision and reliability of diagnostic outcomes. The accuracy of National Standard conventional

---

[*] Funding: Chongqing Technical Innovation and Application Development Special General Project (CSTB2022TIAD-GPX0056)
[**] First author: Liu Wei; E-mail: verailgd@163.com
[***] Corresponding authors: Chen Jingsheng; E-mail: jingshengchen@sanxiau.edu.cn
Sun Tao; E-mail: suntaocq@126.com

PCR and qPCR identification methods (GB/T 43160-2023 and GB/T 36852-2018) for detecting both target pathogens was systematically validated through multiple experimental repetitions under controlled laboratory conditions. The validated primer sets comprised both those specified in national molecular diagnostic standards and additional widely utilized detection systems. The 14 groups of primers/probes included 8 groups of conventional PCR primers (5 groups of *E. amylovora* and 3 groups of *E. pyrifoliae*) and 6 groups of qPCR primers/probes (5 groups of *E. amylovora* and 1 group of *E. pyrifoliae*). Verification results demonstrated that among the 14 primers/probes groups analyzed, 9 exhibited false positives, with reproducibility testing showing consistent outcomes. Within conventional PCR primer sets, FER1-F/rgER2-R and REA/FEA primers targeting *E. amylovora*, along with HrcC-F/R primers specific to *E. pyrifoliae*, were identified to possess superior specificity. Regarding qPCR systems, both PA-F/R and ITS15F/ITS93R primer pairs for *E. amylovora* detection displayed relatively favorable specificity profiles. Prior investigations have demonstrated that conventional identification methodologies exhibit substantial limitations in differentiating these two bacterial species due to their high similarity of genetic homology.

Key words: *Erwinia amylovora*; *Erwinia pyrifoliae*; high similarity; PCR identification method

Comparative Transcriptomics and Metabolomics Analysis of Resistant and Susceptible Peach Cultivars Infected by *Xanthomonas arboricola* pv. *pruni*[*]

Zhu Pengxiang [1,**], Lu Tailiang [1], Li Haiyan [1], Wan Baoxiong [1,***]

(*Guangxi Laboratory of Germplasm Innovation and Utilization of Specialty Commercial Crops in North Guangxi/Guangxi Academy of Specialty Crops*, *Guilin* 541004, *China*)

Abstract: This study investigated the molecular responses of peach trees to *Xanthomonas arboricola* pv. *pruni* (Xap) infection using enzyme activity, transcriptomics, and metabolomics. Key defence enzymes (PAL, POD, SOD and CAT) showed significant increases in a resistant cultivar one day after inoculation, indicating a strong defence response. Transcriptome analysis revealed 3,886 common differentially expressed genes (DEGs) using a Venn diagram, with functional analysis highlighting biological processes such as RNA modification and peptide biosynthesis. KEGG pathway analysis identified significant pathways, including secondary metabolite biosynthesis and flavonoid biosynthesis. Notably, resistant cultivars were enriched in the MAPK pathway and brassinosteroid biosynthesis, while susceptible cultivars showed galactose metabolism. Metabolomic analysis by UPLC-MS/MS identified 938 metabolites, with Principal Component Analysis (PCA) indicating distinct clustering. Correlation analysis between differentially accumulated metabolites (DAMs) and DEGs revealed both positive and negative correlations. This integrated approach sets the stage for future studies aimed at enhancing peach resistance to Xap and related pathogens.

Key words: peach; transcriptomics; metabolomics; *Xanthomonas arboricola* pv. *pruni*

---

[*] Funding: National Natural Science Foundation of China (No. 32060661); China Agriculture Research System of MOF and MARA (CARS-30)

[**] First author: Zhu Pengxiang; E-mail: zhu202204@126.com

[***] Corresponding author: Wan Baoxiong; E-mail: wan77118@163.com

基于多光谱成像技术的西瓜噬酸菌快速识别研究

辛怡诺[1,2]*，罗来鑫[1]，邱艳红[2]，徐秀兰[2]**

(1. 中国农业大学植物病理学系，种子病害检验与防控北京市重点实验室，北京 100193；
2. 北京市农林科学院蔬菜研究所，北京 100097)

摘 要：瓜类果斑病是威胁瓜类作物安全生产的重要种传细菌性病害。在种子分离培养检测中，由于病原菌西瓜噬酸菌（*Acidovorax citrulli*）生长缓慢、杂菌干扰较多，难以通过菌落形态加以区分和鉴别。近年来，快速、无损、高效的光谱技术在细菌种类识别中展现出良好的应用前景。本研究以西瓜噬酸菌为研究对象，提取特征光谱结合图像识别算法建立了菌落识别模型。在多种细菌混杂的背景下，采用马氏距离（Mahalanobis Distance）算法对 *A. citrulli* 和其他5种分离自西瓜种子的细菌进行分类分析，对 *A. citrulli* 菌落的识别正确率达到100%。进一步利用标准化典型判别分析（nCDA）算法处理图像，分别建立了在LB和PF两种培养基上的 *A. citrulli* 与同属近缘种燕麦噬酸菌（*A. avenae* subsp. *avenae*）菌落识别模型。结果显示，模型对LB培养基上目标菌落的鉴别正确率为95.7%，对PF培养基上目标菌落的鉴别正确率为100%。实测发病组织中分离得到的疑似 *A. citrulli* 菌落，将菌落图像代入模型，可准确识别目标菌单菌落。本研究基于光谱技术建立 *A. citrulli* 菌落识别模型，结合多光谱数据与图像识别算法，能够实现目标菌在多菌混杂培养中的高效识别，为病原菌菌落快速识别鉴定与种子健康检测提供了技术支撑。

关键词：西瓜噬酸菌；无损检测；多光谱；菌落识别

---

* 第一作者：辛怡诺，硕士研究生，研究方向为基于多光谱成像的种子健康无损检测；E-mail：xinyinuo2001@163.com
** 通信作者：徐秀兰，硕士生导师，主要从事种子健康检测与种子处理研究；E-mail：xuxiulan@nercv.org

野油菜黄单胞菌的 3 种不同 L-甲硫氨酸合成机制及其在共存与侵染生活方式中的适应策略

崔莹[1]*，宋凯[1]，周莲[2]，何亚文[1]**

(1. 上海交通大学生命科学技术学院，微生物代谢全国重点实验室，
代谢与发育科学国际联合合作实验室，上海 200240;
2. 上海交通大学致远学院致远创新研究中心，上海 200240)

摘　要：L-甲硫氨酸（methionine，L-Met）是生命体必需的含硫氨基酸，参与调控蛋白质、核酸、脂类等生物合成，调控细胞分裂分化、凋亡、稳态和基因表达等生长与发育过程。大多数的植物和微生物能够合成 L-Met。大肠杆菌与谷氨酸棒状杆菌中的 L-Met 生物合成途径研究比较深入，主要包括酰化、硫化和甲基化 3 个主要步骤。其中甲基化是指细菌同型半胱氨酸甲基转移酶（Homocysteine Methyltransferase，HMTase）以同型半胱氨酸为底物，利用不同来源的甲基化前体，合成甲硫氨酸的过程，是细菌中 L-Met 生物合成过程中的关键步骤。

野油菜黄单胞菌（*Xanthomonas campestris* pv. *campestris*，Xcc）是十字花科植物黑腐病的致病菌，严重威胁十字花科作物的生产。Xcc 也是分子植物病理学研究的模式菌株之一，具有理论研究价值。甲硫氨酸是 Xcc 生存和致病等生活方式所必需的氨基酸。Xcc 基因组编码三类 HMTases。①MetH：依赖维生素 B_{12} 辅因子，以 5-甲基四氢叶酸为甲基供体。②MmuM：非辅因子依赖型，利用 S-甲基-甲硫氨酸（S-methyl-methionine，SMM）为甲基供体。③MesD：甲基供体由自身代谢合成，但生化机制尚不明确。为了验证这些 HMTase 在 Xcc L-Met 生物合成过程中的生物学功能，分别构建了 3 个基因敲除突变体（Δ*mesD*、Δ*mmuM* 和 Δ*metH*）和 3 个基因转录水平的报告菌株，在不同条件下检测生长曲线及表达水平。

结果表明：①在未添加任何补充物的培养基中，Xcc 依赖 MesD 途径合成 L-Met，保障 Xcc 正常生长。②在侵染甘蓝叶片过程中，Xcc 主要使用 MesD 途径合成 L-Met；同时也利用植物体内的 SMM 作为甲基供体，通过 MmuM 途径合成 L-Met，共同促进其致病性。③在多个微生物共存的环境中，Xcc 能够利用其他微生物产生的维生素 B_{12} 作为辅因子，通过 MetH 途径合成 L-Met，增强其生存能力与环境适应性。综上，本研究发现 Xcc 使用 3 种不同的 HMTase 合成 L-Met 适应共存与侵染等生活方式，为基于 L-Met 合成途径为靶点开发新型病害防治策略奠定了基础。

关键词：野油菜黄单胞菌；甲硫氨酸；同型半胱氨酸甲基转移酶；致病性

---

* 第一作者：崔莹，博士研究生，研究方向为黄单胞菌甲硫氨酸合成及其调控机制研究；E-mail: cuiying1526@sjtu.edu.cn
** 通信作者：何亚文，教授，主要从事黄单胞菌群体感应与合成生物学研究；E-mail: yawenhe@sjtu.edu.cn

菠萝泛菌蛋白 PotF 调控水稻抗条斑病机理研究*

范佳佳**，张海淼，丁新华***

（山东农业大学植物保护学院，泰安 271018）

摘 要：水稻是重要的经济粮食作物。水稻细菌性条斑病是由稻黄单胞菌稻生致病变种（Xanthomonas oryzae pv. oryzicola，Xoc）引起的具有流行性和暴发性的检疫性病害，也是水稻的第四大病害。水稻细菌性条斑病在水稻的整个生长周期内均可发生，主要为害叶部，严重影响水稻种植效益，可导致水稻减产甚至绝收。植物的先天免疫系统主要包括病原相关分子模式激发的免疫反应（PTI）和效应蛋白激发的免疫反应（ETI）。PAMP 被 PRR 识别会触发 PTI，引起活性氧的爆发以及病程相关基因上调表达。菠萝泛菌是革兰氏阴性菌，可作为水稻内生菌促进水稻的生长和定殖。近些年从拮抗细菌中寻找天然产物用于病害的绿色高效防治已成为生物农药的研发趋势。我们对菠萝泛菌的发酵上清液进行质谱分析，从中筛选含有信号肽的外泌蛋白作生防蛋白进行探索性研究。进展如下：水稻外源喷施表达纯化的蛋白后接种病原菌，发现与对照组相比外源喷施蛋白 PotF 能够提高水稻对细菌性条斑病菌 RS105 的抗性，而且能诱导防御基因的上调表达。此外，活性氧爆发和胼胝质沉积实验结果显示 PotF 能够激发水稻的自身免疫。平板抑菌试验显示蛋白 PotF 对 RS105 没有抑菌效果，表明蛋白 PotF 不作用于病原菌而是作用于水稻。通过 IP-MS、pull-down、BiFC 实验发现 PotF 与水稻中的蛋白 OsCUB9 互作。以 ZH11 为背景构建 OsCUB9 的超量和敲除株系进行后续对菠萝泛菌蛋白 PotF 调控水稻抗条斑病机理的研究。

关键词：水稻细菌性条斑病；内生菌；植物免疫

---

* 基金项目：国家自然科学基金（32072500）
** 第一作者：范佳佳，硕士研究生，主要从事植物与微生物互作研究；E-mail：JJfande@outlook.com
*** 通信作者：丁新华，教授，主要从事植物与微生物互作研究；E-mail：xhding@sdau.edu.cn

桑树质膜水通道蛋白 MnPIP1;2 在响应青枯菌侵染中的功能研究

王思怡[1]**，代 薛[1]，唐青青[1]，李 萍[1,2]***

(1. 江苏科技大学生物技术学院，江苏省蚕桑与畜禽生物技术重点实验室，镇江 212100；2. 农业农村部蚕桑遗传改良重点实验室，中国农业科学院桑蚕科学研究中心，镇江 212100)

摘 要：由青枯雷尔氏菌（*Ralstonia pseudosolanacearum*）引起的青枯病是桑树上的一种重大细菌性病害，给蚕桑产业可持续发展造成了重大经济损失。质膜水通道蛋白家族（Plasma membrane intrinsic proteins，PIPs）作为调控植物水分运输与逆境响应的关键因子，在植物抵御病原菌胁迫中发挥重要作用。然而，其在桑树抵御青枯病侵染过程中的功能机制尚未明确。为进一步明确 MnPIP1;2 在响应青枯菌侵染过程中的功能，本研究通过病毒诱导的基因沉默（Virus-induced gene silencing，VIGS）技术沉默了桑苗的 *MnPIP1;2* 基因，沉默效率达 65%。与对照组相比，*MnPIP1;2* 沉默植株的叶片面积减少 50%，鲜重下降 40%~60%，根系分布较为稀疏，但根系长度未出现显著变化。一系列生理指标测定显示，*MnPIP1;2* 沉默植株与对照组植株相比叶绿素含量保持稳定，根系活力代偿性提高 30%，可溶性蛋白和糖含量分别降低 70% 和 30%，游离脯氨酸含量显著升高。此外，*MnPIP1;2* 沉默植株生长素合成相关基因（*MnTAR2*、*MnOASA1* 和 *MnILR1*）和 *MnPIPs* 亚家族基因（*MnPIP1;1*、*MnPIP1;3*、*MnPIP2;1* 和 *MnPIP2;7*）的表达均受到了显著的抑制，但类黄酮合成途径相关基因 *MnCH4* 表达量较对照组显著上调。接种青枯菌后，*MnPIP1;2* 沉默植株对青枯菌的抗性显著增强，叶片萎蔫程度降低，其叶片中过氧化氢酶（Catalase，CAT）、过氧化物酶（Peroxidase，POD）和超氧化物歧化酶（Superoxide dismutase，SOD）活性较对照组显著提高，丙二醛（Malondialdehyde，MDA）含量无显著变化。此外，在青枯菌侵染后 0~72 h 内，*MnPIP1;2* 沉默植株体内激素信号通路被广泛激活，其中水杨酸（Salicylic acid，SA）通路相关基因（*MnPR1* 和 *MnPAL1*）在侵染初期显著上调表达，茉莉酸（Jasmonic acid，JA）和乙烯（Ethylene，ET）通路关键基因（*MnJAZ4* 和 *MnWRKY33*）在侵染的各个阶段均上调表达。本研究证明 MnPIP1;2 作为多功能水通道蛋白，参与植株生长素信号传导、次生代谢调控、抗氧化酶和激素防御等多条通路，在桑树生长发育和抗青枯菌侵染中发挥关键作用。

关键词：桑树青枯病；MnPIP1;2；病毒诱导的基因沉默（VIGS）；抗氧化酶；激素信号通路

---

* 基金项目：江苏省自然科学基金（BK20210878）；江苏省研究生实践创新计划（SJCX24_2565）
** 第一作者：王思怡，硕士研究生，主要从事桑树与病原菌互作的分子机理研究；E-mail: 15988586341@163.com
*** 通信作者：李萍，讲师，硕士生导师，主要从事桑树与病原菌互作的分子机理研究；E-mail: lee_ping2020@163.com

植物病原黄单胞菌中菌黄素的生物合成及修饰机制研究

胡文达，郑哲麟，曹雪强，何亚文*

(上海交通大学生命科学技术学院，微生物代谢全国重点实验室，上海 200240)

摘 要：菌黄素是一种主要由黄单胞菌（Xanthomonas spp.）生产的黄色附膜色素，在黄单胞菌植物叶表生存和致病过程中发挥重要作用。除黄单胞菌外，菌黄素也存在于叶缘焦枯病菌（Xylella fastidiosa）、假黄单胞菌（Pseudoxanthomonas）等多种植物病原菌中。菌黄素是一类独特的含有芳香多烯链结构的磷脂类大分子化合物，其芳香多烯链上具有不同程度的溴化与甲基化修饰。野油菜黄单胞菌中菌黄素的生物合成由一段 18 kb 左右大小的 xan 基因簇编码产物，通过一类独特的 II-型聚酮合酶途径合成，后经过糖基化、甲基化、溴化、酰基化等多种修饰，形成完整的菌黄素。然而，人们对菌黄素合成途径，尤其是各种修饰途径的机制和原理的理解目前仍不清晰。

为探究不同黄单胞菌来源菌黄素芳香多烯链的结构及修饰特征，本研究收集了来源于不同国家与地区的 24 个黄单胞菌菌株，包括 12 株野油菜黄单胞菌（Xcc）、5 株水稻白叶枯病菌（Xoo）、3 株水稻细菌性条斑病菌（Xoc）、2 株甘蔗白纹病菌（Xal）和 2 株柑橘溃疡病菌（Xcci）。提取上述菌株菌黄素后，制备了芳香多烯甲酯（Methyl Ester of Aryl Polyene，MEAP）。高效液相质谱与四级杆飞行质谱分析发现上述 24 株黄单胞菌包含三种主要的 MEAP。其中，MEAP-1 是 17-（4-溴-3-甲基苯）-17-溴-2,4,6,8,10,12,14,16-烯-十七酸甲酯，包含 1 个甲基化修饰和 2 个溴化修饰；MEAP-2 是 17-(4-溴-3-苯酚)-17-溴-2,4,6,8,10,12,14,16-烯-十七酸甲酯，包含 2 个溴化修饰，无甲基化修饰；MEAP-3 是 17-（3-甲基苯）-17-溴-2,4,6,8,10,12,14,16-烯-十七酸甲酯，只含有 1 个溴修饰，无甲基化修饰。根据三类 MEAP 的相对含量，24 个黄单胞菌可以分为三类：第 I 类以 MEAP-1 为主，包括 7 个 Xcc 菌株、3 个 Xoc 菌株；第 II 类以 MEAP-2 为主，包括 5 个 Xcc 菌株、5 个 Xoo 菌株和 2 个 Xal 菌株。第 III 类包括 2 个 Xcci 菌株，MEAP-1、MEAP-2 和 MEAP-3 同时存在。本研究还从浙江东阳水稻叶片表面采集到了 Xoo 侵染产生的菌脓，从中提取得到 MEAP，进行了对比分析，发现菌脓中的 MEAP 与 Xoo 在 YEBB 培养基中合成的 MEAP 结构一致，主要是 MEAP-2。

为了进一步探究芳香多烯链的合成与修饰机制，本研究以 Xcc 菌株 XC1 与 8004 为出发菌株，单个敲除了 xan 基因簇的全部基因，并分析了所有敲除突变株的 MEAP 结构特征。结果表明，10 个基因（xanA2、xanB2、xanC、xanE、xanF、xanG、xanH、xanK、xanL、xanM）是 MEAP 生物合成必需的；敲除 xanB1 导致 Xcc 只能生产单溴化的 MEAP-3；敲除 xanJ 同时影响到 MEAP 溴化与芳香多烯链生物合成；敲除 xanD 降低了 MEAP-1 的生物合成；敲除 xanN、xanO 或 xanQ 导致 Xcc 合成具有 3 个溴原子修饰的 MEAP-4 和 MEAP-5。

综上所述，这些研究结果进一步阐明了黄单胞菌菌黄素的结构多样性，明确了 xan 基因在菌黄素生物合成过程中的功能，鉴定了参与 MEAP 溴化修饰与甲基化修饰的基因，为全面解析菌黄素完整结构与合成机理奠定了基础。

关键词：黄单胞菌；菌黄素；生物合成；修饰机制

---

* 通信作者：何亚文；E-mail: yawenhe@sjtu.edu.cn

桑树糖转运蛋白 MaSWEET 在响应丁香假单胞菌侵染中的功能研究[*]

代薛[1][**]，王思怡[1]，唐青青[1]，李萍[1,2][***]

(1. 江苏科技大学生物技术学院，江苏省蚕桑与畜禽生物技术重点实验室，镇江 212100；2. 农业农村部蚕桑遗传改良重点实验室，中国农业科学院桑蚕科学研究中心，镇江 212100)

摘要：由 *Pseudomonas syringae* pv. *mori* 引起的桑疫病是桑树生产中主要的细菌性病害，严重时可致桑园减产 80% 以上，给蚕桑产业可持续发展造成了重大经济损失。SWEET（Sugars Will Eventually be Exported Transporters）是一类糖转运蛋白家族，已有研究表明其通过调控细胞内糖类物质的动态平衡，在寄主与病原菌互作中起至关重要的作用，然而，其在桑树抵御 *P. syringae* 侵染过程中的功能机制尚不清楚。本研究重点解析了 *MaSWEETs* 在不同组织及病原菌侵染过程中的表达模式，发现接种 *P. syringae* 后显著诱导了多个 *MaSWEETs* 基因上调表达（*MaSWEET1a*、*MaSWEET1b*、*MaSWEET2b*、*MaSWEET3*、*MaSWEET3*、*MaSWEET11b*、*MaSWEET15*）。酵母异源互补实验，结果表明 MaSWEETs 蛋白均具有转运葡萄糖的能力。利用病毒诱导的基因沉默（Virus-induced gene silencing，VIGS）技术沉默桑苗 *MaSWEETs* 基因，一系列生理指标测定结果显示，沉默株系较对照组叶面积、叶绿素含量及可溶性糖含量均显著下降，此外，沉默株系叶片中过氧化氢酶（Catalase，CAT）和过氧化物酶（Peroxidase，POD）活性均产生显著变化。表明 *MaSWEET* 在桑树生长发育及响应丁香假单胞菌侵染过程中发挥关键作用，但其具体作用机制仍需进一步探索。

关键词：丁香假单胞菌；桑疫病；MaSWEET 蛋白；病毒诱导的基因沉默（VIGS）；抗氧化酶

---

[*] 基金项目：江苏省自然科学基金（BK20210878）；江苏省研究生实践创新计划（SJCX24_2565）
[**] 第一作者：代薛，硕士研究生，主要从事桑树与病原菌互作的分子机理研究；E-mail：Daix1218@163.com
[***] 通信作者：李萍，讲师，硕士生导师，主要从事桑树与病原菌互作的分子机理研究；E-mail：lee_ping2020@163.com

甘薯丛枝植原体 TaqMan 探针实时荧光定量 PCR 检测方法的建立与应用*

李华伟[1]**，许泳清[1]，李国良[1]，张　鸿[1]，崔纪超[2]，
林赵淼[1]，邱永祥[1]，汤　浩[1]，邱思鑫[1]***

(1. 福建省农业科学院作物研究所，农业农村部南方薯类科学观测实验站，福州　350013；
2. 莆田市农业科学研究所，莆田　351106)

摘　要：为实现灵敏、快速地检测甘薯丛枝植原体（sweet potato witches'-broom phytoplasma）及其传播虫媒体内植原体，笔者根据甘薯丛枝植原体 *secY* 基因序列设计并合成特异性引物和 TaqMan 探针，建立基于 TaqMan 实时荧光定量 PCR 检测方法，并对采集的甘薯病样、虫媒和感染植原体的不同甘薯组织进行检测。结果表明，建立的 TaqMan qPCR 检测方法可对甘薯丛枝植原体进行灵敏、快速精确检测，检测下限为 $1.71×10^1$ copies/μL，可特异性区分苦楝丛枝植原体（16SrⅠ-B）、槟榔黄化植原体（16SrⅠ-B）、长春花小叶植原体（16SrⅠ-A）、甘薯病毒病和甘薯其他病害。利用该方法定量检测感染植原体的甘薯不同组织病原体含量，病原体含量范围为 $3.98×10^4 \sim 6.03×10^6$ copies/μL，明确了植原体含量最高的组织为甘薯茎和茎基部。利用该检测方法对田间虫媒进行定量检测，确定网室叶蝉为甘薯丛枝病植原体的传播媒介。综上，本研究建立的实时荧光定量 PCR 检测方法灵敏度高、特异性强、重复性好，不仅能够实现对甘薯丛枝植原体的快速检测，而且为实现从病原定量水平上对甘薯丛枝病病情分级奠定了基础。

关键词：甘薯；甘薯丛枝病；植原体；荧光定量

---

* 基金项目：福建省自然科学基金面上项目（2021J01495）；国家现代农业产业技术体系（CARS-10-B14）；福建省政府 5511 协同创新工程-薯类分子育种技术创新与特色材料创制（XTCXGC2021005）
** 第一作者：李华伟，硕士，副研究员，主要从事薯类病害研究；E-mail：hwlpoto@126.com
*** 通信作者：邱思鑫，博士，研究员，主要从事植物病理学研究；E-mail：qiuqing886@139.com

广东省菜心软腐病病原菌多样性

丁善文*，马紫君，蓝国兵，汤亚飞，李正刚，于 琳，何自福，佘小漫**

(广东省农业科学院植物保护研究所，广东省植物保护新技术重点实验室，广州 510640)

摘 要：菜心（*Brassica parachinensis* L.）是我国华南地区特色经济作物。菜心软腐病在适宜条件下可造成大范围流行，是一种重要的土传病害。既往研究认为该病由果胶杆菌属（*Pectobacterium*）引起，但具体种类仍不清楚。本研究于 2021—2022 年间对广东省 3 个地级市的 7 个区县开展病害调查，发现其田间发病率为 1.5%~45%。从发病植株中分离获得 72 株代表性菌株，综合运用表型特征分析、16S rRNA 基因测序、多位点序列分析（MLSA）等，鉴定出 *P. brasiliense*（63 株）、*P. carotovorum*（4 株）、*P. aquaticum*（2 株）、*P. quasiaquaticum*（1 株）、*P. colocasium*（1 株）和 *P. aroidearum*（1 株）。寄主范围试验表明，除 *P. aquaticum* GDPAq2 菌株对冬瓜不致病外，其余菌株在增城菜心、四九菜心、马铃薯（植株/块茎）、番茄及冬瓜上均能诱导典型水浸状软腐病征。据我们所知，这是首份详细阐明菜心软腐病病原菌鉴定结果及其多样性的研究报告，将为今后防治策略制定提供重要依据。

关键词：病原多样性；菜心；鉴定；细菌性软腐病；果胶杆菌

---

* 第一作者：丁善文，助理研究员，主要从事青枯菌致病机制和绿色防控技术研究；E-mail：dingshanwen@gdppri.com
** 通信作者：佘小漫，研究员，主要从事青枯菌致病机制和绿色防控技术研究；E-mail：shexiaoman@gdppri.com

革兰氏阳性菌 Clavibacter michiganensis 核酸提取方法的优化

李慧敏[*]，许晓丽，石　佳，李健强，罗来鑫[**]

(中国农业大学植物病理学系，种子病害检验与防控北京市重点实验室，北京　100193)

摘　要：番茄溃疡病菌是我国重要的检疫性有害生物，也是革兰氏阳性（Gram-positive，G^+）植物病原细菌的代表，其学名为密执安棒形杆菌（Clavibacter michiganensis，Cm）。随着高通量测序技术日益成熟，微生物全基因组 DNA 的完成图测序和重测序已成为微生物生物学与代谢组学研究中的重要手段，但是微生物的基因组 DNA 的质量对测序结果影响很大。本实验利用 Oxford Nanopore Technologies（ONT）开发的纳米孔三代测序对所提取的 Cm DNA 样品进行全基因组测序，其核心是通过电场驱动 DNA 分子穿过纳米孔，通过电流变化识别碱基。纳米孔测序读长超长，可读取数十 kb 甚至 Mb 级别的 DNA 片段，能跨越重复序列和复杂结构变异区域，显著提升基因组组装质量，尤其在动植物基因组、癌症基因组和结构变异分析中至关重要；进行实时测序与快速分析，适合需要快速反馈的场景（如病原体即时检测、疫情监控），甚至可在野外（如 MinION 设备）实现实时测序；直接测序，不需要 PCR 扩增，直接读取天然 DNA/RNA 分子，避免 PCR 扩增偏好性导致的覆盖不均或序列错误，保留表观遗传修饰信息（如甲基化）。但正因为是直接测序，对样品的起始量和纯度要求较高，常规文库制备需数百 ng DNA；纯度要求 A260/A280 为 1.8~2.0，A260/A230 达到 2.0~2.2，不然会有堵住纳米孔的风险，减少测序芯片的寿命，而普通商品化试剂盒的核酸提取方法难以达到三代测序的样品要求。

革兰氏阳性细菌的细胞壁由厚而致密的肽聚糖层与磷壁酸构成，其肽聚糖基本单元中，N-乙酰胞壁酸连接的四肽侧链通过五肽交联桥（如甘氨酸五肽）高度交联，形成坚韧网状结构，因而不易裂解。而目前通行的分子生物学操作指南均以革兰氏阴性菌大肠杆菌为例建立提取基因组总 DNA 的方法，在高效提取革兰氏阳性菌基因组 DNA 方面具有一定的局限性。因此，优化 Cm 的 DNA 提取方法对后续的全基因组测序至关重要。本方法在总结已建立的盐酸胍裂解法的基础上进行了优化和创新，摸索出最适 Cm 溶菌酶处理浓度和处理时间、最佳的裂解浓度和裂解时间，并结合操作过程中的经验总结，最终得到了片段长度在 15 000 bp 以上、纯度和浓度均达到三代测序标准的 DNA 样品。优化步骤：2 mL 约 10^9 CFU/mL 的菌液需要用浓度为 10 mg/mL 的 1 mL 溶菌酶溶液在 37 ℃条件下处理 45 min，3 mol/L 的盐酸胍裂解液在 50 ℃条件下处理 35~45 min，随后在常温条件下放置 2 h，在整个提取的过程中要尽量轻轻颠倒保证得到长片段的 DNA 样品。其余操作与分子生物学操作指南保持一致。后期将对所提取的 DNA 样品进行三代测序，进行基因组学相关的分析，对番茄溃疡病菌的致病和抗逆机制进行深入研究。

关键词：番茄溃疡病菌；纳米孔测序；革兰氏阳性菌；细菌基因组 DNA

---

[*] 第一作者：李慧敏，硕士研究生，主要从事植物病原细菌致病和抗逆相关研究；E-mail：lhm@cau.edu.cn

[**] 通信作者：罗来鑫，博士生导师，主要从事种子病理学及植物病原细菌抗逆机制研究；E-mail：luolaixin@cau.edu.cn

华南地区稻黄单胞菌基因组特点与病理基因组学研究及其在病害防控中的应用[*]

李一鸣[1][**]，李天娇[1]，马修国[1]，徐小梅[1]，
姜 伟[2]，黄 胜[2]，唐纪良[2][***]，何勇强[1][***]

(1. 广西大学农学院，南宁 530004；2. 广西大学生命科学与技术学院，南宁 530004)

摘 要：稻黄单胞菌（*Xanthomonas oryzae*）种下包括三个致病变种：水稻致病变种（pv. *oryzae*）、稻生致病变种（pv. *oryzicola*）和假稻致病变种（pv. *leersiae*），分别引起水稻白叶枯病、水稻条斑病和水稻短条斑病（在假稻属上，引起假稻条斑病）。目前，白叶枯病在世界范围内各大稻区均有发生，条斑病主要发生在亚洲、非洲和大洋洲的热带、亚热带稻区，水稻短条斑病在热带、亚热带个别稻区发生。华南地区是我国重要的水稻种植区，稻黄单胞菌的流行和危害尤为突出。由于该地区的气候条件适宜，水稻种植密度大，且种植品种较为单一，使稻黄单胞菌更容易传播和繁殖，病害发生频繁且严重，给水稻生产带来了巨大的经济损失。传统的化学防治方法存在一定的环境问题和健康风险，亟待开发高效安全的防治技术。基因组学为水稻病害的有效防控提供了更准确、更高效的方法和策略。笔者课题组以华南地区稻黄单胞菌代表菌株为研究对象，采用植物病理学方法、分子生物学技术和基因组学测序、转录分析等技术，系统地开展了稻黄单胞菌基因组系统进化分析与病理基因组学研究，开展了基于病原菌基因组信息的病害防控策略与方法的探索。本报告的主要内容包括：①稻黄单胞菌基因组统一注释平台与致病系统基因数据库的构建；②华南地区稻黄单胞菌基因组特点与系统进化分析；③水稻白叶枯病菌与条斑病菌病理基因组的比较分析；④基于基因组信息的水稻黄单胞菌病的诊断与溯源；⑤基于基因组信息的水稻白叶枯病与条斑病精准防控的靶向选择。研究结果可为水稻病害的检疫、水稻品种布局、抗病育种和病害绿色防控提供参考和指导。

关键词：稻黄单胞菌；基因组系统进化；病理基因组学；病害的诊断与溯源；精准防控

---

[*] 基金项目：国家重点研发计划（2018YFD002003）；国家自然科学基金（32060600）
[**] 第一作者：李一鸣，博士研究生，主要从事植物病原细菌基因组学研究；E-mail：2017402004@st.gxu.edu.cn
[***] 通信作者：何勇强，教授，主要从事分子植物病理学研究；E-mail：yqhe@gxu.edu.cn
  唐纪良，教授，主要从事分子遗传学、微生物与植物分子互作研究；E-mail：jltang@gxu.edu.cn

核桃细菌性黑斑病菌 LUX 发光标记菌株的构建及其在核桃抗性评价中的应用[*]

徐海娇[**]，赵文诗，于秋香，贺丽敏[***]

（河北省农林科学院昌黎果树研究所，昌黎 066600）

摘　要：为便于核桃细菌性黑斑病菌黄单胞杆菌（*Xanthomonas arboricola* pv. *juglandis*）的早期定量检测、侵染过程观察以及核桃品种的抗性评价，将发光杆菌（*Photorhabdus luminescens*）的 *luxCDABE* 操纵子转入到黄单胞杆菌野生型菌株 *Xaj* 细胞中，构建了组成性表达 *lux* 基因的黄单胞杆菌发光标记菌株 *Xaj*-LUX，测定该菌株中 LUX 光信号的稳定性及其生长曲线和致病性，并对核桃叶片中菌株 *Xaj*-LUX 发光值与黄单胞杆菌浓度进行相关分析，基于此对 71 份核桃种质资源进行抗性评价。结果显示：*luxCDABE* 的转入不影响黄单胞杆菌野生型菌株 *Xaj* 的菌落形态、生长及致病力；在侵染核桃叶片过程中，菌株 *Xaj*-LUX 发光值与黄单胞杆菌浓度呈显著线性相关，表明发光值能准确反映叶片中黄单胞杆菌浓度；在 71 份核桃种质资源中，高抗种质资源 17 份，中抗种质资源 23 份，低抗种质资源 18 份，分别占总数的 23.9%、32.4% 和 25.4%，而中感和高感种质资源所占比例分别为 11.3% 和 7.0%。表明菌株 *Xaj*-LUX 可用于核桃细菌性黑斑病菌的快速定量检测及在植物体内的高通量检测。

关键词：核桃；细菌性黑斑病菌；发光标记菌株；生物发光；抗性评价

---

[*] 基金项目：河北省农林科学院科技创新人才队伍建设项目（C24R0601）；农业农村部园艺作物种质资源利用重点实验室基金（NYZS202403）

[**] 第一作者：徐海娇，助理研究员，主要从事分子植物病理学研究；E-mail：xuhaijiao1234@sina.cn

[***] 通信作者：贺丽敏，研究员，主要从事果树病虫害综合防控技术研究；E-mail：helimin122@163.com

一种新记录病害：芒果细菌性回枯病[*]

韩珍玉[1,2**]，郑慧盈[1,2]，林雨晴[1,2]，谢昌平[1,2]，缪卫国[1,2]，吴　薇[1,2***]，林春花[1,2***]

(1. 海南大学热带农林学院，热带农林生物灾害绿色防控教育部重点实验室，
儋州　571737；2. 海南大学三亚南繁研究院，三亚　572025)

摘　要：芒果（*Mangifera indica* L.）是世界五大水果之一，是我国热带和亚热带地区重要的经济水果作物。2024 年 9 月台风"摩羯"后，在海南省三亚市的两个芒果种植园发现一种新记录细菌病害。果园一种植芒果约 6 000 株，感病植株达 3 000 余株，发病率约占 50%。果园二种植芒果 3 000 余株，有 600~700 株染病，发病率约 20%。两果园田间病株症状一致，主要表现为：叶脉基部出现水渍状黑斑，病斑沿叶脉向叶缘、叶尖扩增；枝条病斑呈水渍状，维管束变褐坏死，湿度大时病部伴有白色菌脓；病害蔓延迅速，可引发整株果树自上而下回枯，严重时整株枯死。收集病样分离得到 3 个细菌菌株（MG2-2、MG3-1 和 MG3-2），均呈短杆状、革兰氏阴性、兼性厌氧生长，可利用 D-葡萄糖、蔗糖、D-(+)-半乳糖，不利用 D-山梨糖醇和麦芽糖。采用 11 个基因（*16S rRNA*、*dnaX*、*fusA*、*gapA*、*gyrA*、*purA*、*recA*、*rplB*、*rpoB*、*rpoD* 和 *rpoS*）联合序列构建系统发育树，结果显示菌株为方中达迪克氏菌（*Dickeya fangzhongdai*）。致病力回接实验显示该分离菌株可致芒果叶片和枝条产生类似田间症状，且从病部再分离获得的菌株形态和分子鉴定与接种菌一致。这说明 *D. fangzhongdai* 是该芒果病害的病原菌。我们将其命名为芒果细菌性回枯病，这是芒果上一种新记录的细菌性病害。*D. fangzhongdai* 还是其他多种经济作物的重要病原菌，可引起梨锈水病、芋头软腐病、香蕉软腐病、兰科植物软腐病。本研究田间调查显示，天气适宜时芒果细菌性回枯病蔓延迅速，危害严重，是个值得注意防范的一种芒果新记录病害。

关键词：芒果；方中达迪克氏菌；芒果细菌性回枯病；细菌病害

---

[*] 基金项目：海南省芒果产业技术体系专项（HNARS-07-G03）
[**] 第一作者：韩珍玉，硕士研究生；E-mail：hanzhenyu2207@163.com
[***] 通信作者：吴薇，副教授；E-mail：weiwu2023@hainanu.edu.cn
　　林春花，教授；E-mail：lin3286320@hainanu.edu.cn

菠萝泛菌引起的水稻新型细菌性叶枯病病原鉴定、分布特征及防控技术研究*

臧昊昱[1,6]**，徐会永[1,6]，郑兆阳[2]，杨 雪[1,6]，潘 锐[1,6]，冯晓霞[3]，石 珊[2]，张启生[4]，王 慧[5]，万谦山[5]，戚仁德[1,6]***，谷春艳[1,6]***

(1. 安徽省农业科学院植物保护与农产品质量安全研究所，合肥 230031；
2. 安徽省植物保护总站，合肥 230091；3. 霍邱县植物保护植物检疫站，六安 237400；4. 霍邱县长集镇农业综合服务站，六安 237400；
5. 安徽荃银高科种业股份有限公司，合肥 230088；
6. 粮食和蔬菜病虫害抗药性治理安徽省重点实验室，合肥 230031)

摘 要：自 2020 年以来，一种由菠萝泛菌（*Pantoea ananatis*）引起的新型细菌性叶枯病对水稻在安徽省多地暴发，对水稻安全生产构成严重威胁。本研究通过科赫氏法则验证和三年田间监测，确定 *P. ananatis* HQ01 为优势病原菌，其致病力极强，在低接种浓度（10^2 CFU/mL）下也能侵染致病。对该菌株进行全基因组测序（ONT 平台）分析，揭示其具备多种毒力相关特征，包括 III/IV/VI 型分泌系统（T3SS/T4SS/T6SS）、铁载体合成及转运相关基因以及与植物细胞壁降解相关的 160 种碳水化合物活性酶（CAZymes）。为建立快速检测方法，本研究基于 *acnA* 基因设计了特异性引物，可同时特异性区分检测 *P. ananatis* 和传统叶枯病菌（*Xanthomonas oryzae* pv. *oryzae*），灵敏度达 1 pg/μL。应用此方法连续 3 年对安徽省 16 个地区水稻样本进行检测，明确了该病害的地理分布和流行情况。为有效防控该病害，进一步开展了防控该病害的化学药剂室内和田间药剂筛选及安徽省常见水稻品种材料的室内抗性鉴定工作。结果表明 21 个水稻品种/亲本材料中仅 1 个品种表现出中抗水平，噻唑锌、四霉素和噻霉酮表现出较好的室内和田间防效。

本研究首次系统报道了 *P. ananatis* 作为安徽省水稻新型细菌性叶枯病的病原，揭示了其高毒力遗传基础、快速扩散性及现有品种的普遍感病性。尽管筛选出部分药剂作为有效的化学防控选择，但面对该病害的严重暴发，当前防控策略仍显不足，亟需选育高抗品种和开发可持续的防病策略以应对这一新兴病害的紧迫性。

关键词：菠萝泛菌（*Pantoea ananatis*）；新型细菌性叶枯病；病原鉴定；分布监测；品种抗性；化学防治

---

* 基金项目：国家自然科学基金青年项目（32202392）；国家重点研发计划（2024YFD1400701）；安徽省农业科学院人才项目（XXBS-202212）；安徽省现代农业产业技术体系专项资金（皖农科函〔2021〕711 号）
** 第一作者：臧昊昱，副研究员，主要从事植物免疫诱抗和生物防治研究；E-mail：zhy880118@126.com
*** 通信作者：戚仁德，研究员，主要从事植物病害综合防控技术研究；E-mail：rende7@126.com
谷春艳，副研究员，主要从事植物病害诊断与防控技术研究；E-mail：guchunyan0408@163.com

第五部分
线虫

Present Occurrenceand of Biological Control Strategies *Bursaphelenchus xylophilus* in Chongqing[*]

Gu Yu, Gu Xin, Liu Jinchen, Sun Miao, Li Fangfang, Xiao Guosheng, Shi Rujie[**], Chen Jingsheng[**]

(College of Biology and Food Engineering, Chongqing Three Gorges University, Chongqing 404100, China)

Abstract: The pinewood nematode (PWD), *Bursaphelenchus xylophilus*, is a serious threat to forests. It caused significant economic loss in China. Furthermore, PWD has a negative impact on not only animals and plants, but also the human environment. PWD was spread to Chongqing in 2001. Pine wood nematode disease poses a threat to forest resources mainly in *Pinus massoniana*. In accordance with the epidemiological cycle of pine wilt disease (*Bursaphelenchus xylophilus*), particularly in non-endemic regions beyond North America where this phytopathological threat is designated as a regulated quarantine pest, current integrated management strategies primarily encompass: 1) implementation of phytosanitary quarantine protocols; 2) establishment of comprehensive surveillance systems for early pathogen detection; 3) prompt eradication of infected host materials through sanitation felling; 4) implementation of vector suppression measures targeting Monochamus beetles; 5) application of preventive trunk injection of nematicides in high-risk areas; and 6) development of long-term solutions through genetic improvement programs focusing on cultivation of resistant tree varieties. Currently, there are 31 county-level epidemic areas in Chongqing, with an epidemic area of 1.776 5 million acres. Using satellite remote sensing monitoring, automatic extraction of suspected squads, drone aerial surveys, original image interpretation, and artificial ground inspections, sampling and detection of abnormal dead pine trees were carried out in Chongqing. Native broad-leaved tree species were planted on the epidemic control plot. At the same time, mixed forests have been applied to improve the forest's disaster resistance and disease resistance. Perforating and injecting medicine were adopted to protect famous ancient trees and important landmark pine trees.

Due to the requirements of low toxicity and environmental friendliness, many chemical agents are limited to use. In recent years, biological control methods for plant parasite nematodes have gained increasing attention and show great potential for future development. In order to determine the broad-spectrum insecticidal activity of three highly effective biocontrol bacteria. To evaluate the nematicidal spectrum of highly efficient biocontrol bacterial strains, the effects of these bacteria on various nematode were assessed. The results showed that the highly efficient biocontrol bacteria GZ5, H14, and L16 exhibited nematicidal activity against *Heterodera glycines*, *Bursaphelenchus xylophilus*, *Aphelenchoides besseyi* and

---

[*] Funding: Specialized Research Program of Chongqing Forest Disease Prevention and Quarantine Station (CQS25C00177-3); Chongqing Wanzhou District Forestry Science Research Institute

[**] Corresponding authors: Shi Rujie, Chen Jingsheng

Caenorhabditis elegans compared to the control group. Among them, L16 has the best nematicidal activity on soybean cyst nematodes, with a corrected mortality rate of 91.20%, followed by H14 and GZ5, with corrected mortality rates of 87.45% and 60.25%, respectively; The best contact killing effect on pine wood nematodes is also L16, with a corrected mortality rate of 85.65%, followed by H14, with a corrected mortality rate of 85.25%. GZ5 has lower toxicity, only 60.25%; The best contact killing effect on rice stem tip nematodes is H14, with a corrected mortality rate of 87.72%, followed by L16, with a corrected mortality rate of 84.05%. GZ5 has lower toxicity, only 60.96%; The most significant impact on *Caenorhabditis elegans* is L16, with a corrected mortality rate of 88.43%, followed by H14 and GZ5, with corrected mortality rates of 86.39% and 61.22%, respectively. Through morphological observation, Gram staining, physiological and biochemical determination combined with 16S rDNA sequence phylogenetic analysis. GZ5 was identified as *Staphylococcus warneri*, H14 was identified as *Priestia megaterium*, and L16 was identified as *Bacillus zanthoxyli*. A greenhouse pot experiment using 2-year-old *Pinus densiflora* seedlings inoculated with *Bursaphelenchus xylophilus* is currently in progress to evaluate the nematode suppression efficacy of *Bacillus zanthoxyli* strain L16, with assessments based on nematode mortality and host physiological responses.

Key words: pine wood nematode; *Bursaphelenchus xylophilus*; biocontrol bacteria; management strategies

腐烂茎线虫（*Ditylenchus destructor*）基因组中效应因子的预测和分析[*]

陈晶伟[1,2][**]，马居奎[1,2]，高方园[1]，唐伟[1,2]，杨冬静[1]，
张成玲[1]，梁昭[1]，佟聪[1]，孙厚俊[1,2][***]

(1. 江苏徐淮地区徐州农业科学研究所，农业农村部甘薯生物学与遗传育种重点实验室，徐州 221131；2. 江苏师范大学生命科学学院，徐州 221131)

摘要：腐烂茎线虫（*Ditylenchus destructor*）是危害甘薯的一种重要迁移性内寄生病原线虫。在线虫侵染过程中效应因子发挥着重要作用，本研究依据甘薯茎线虫全基因组信息，利用SignalP、Deep-TMHMM、PredGPI和WoLF PSORT等生物信息学软件对甘薯茎线虫效应因子进行预测和分析。结果表明，从 *D. destructor* 全基因组21 283个蛋白序列共筛选到1 788个分泌蛋白，利用eggNOG-mapper分析，有316个分泌蛋白具有功能注释，主要涉及在碳水化合物转运和代谢、翻译后修饰、蛋白质周转、分子伴侣等生理过程。利用HMMER、DIAMOND和eCAMI 3个软件对分泌蛋白进行碳水化合物活性酶类（CAZymes）分析，结果发现了40个蛋白属于CAZymes，其中GHs有13个和PLs有17个，合计占比达75%。然后将对上述分泌蛋白进行半胱氨酸含量和多个串联重复等分析，共获得33个候选效应因子，其中20个为功能未知的假定蛋白，其余为类毒液过敏蛋白、C型凝集素结构域蛋白、锌指双结构域蛋白和果聚糖蔗糖酶等。通过qRT-PCR检测10个候选效应因子基因在 *D. destructor* 侵染过程中的相对表达水平，其中发现8个候选效应因子在侵染过程中上调。本研究成果为深入理解甘薯茎线虫效应因子提供了线索，有助于解析其致病机制，寻找宿主抗性基因并开发针对性农药。

关键词：腐烂茎线虫；分泌蛋白；效应因子；基因功能分析

---

[*] 基金项目：国家现代农业产业技术体系（CARS-10）
[**] 第一作者：陈晶伟，助理研究员，主要从事甘薯与病原线虫互作机理研究；E-mail：ibcjw0825@126.com
[***] 通信作者：孙厚俊，研究员，主要从事农作物病虫害综合防控；E-mail：sunhoujun1980@163.com

谷子线虫病的药剂筛选[*]

刘佳[**]，董志平[***]，白辉，张梦雅，王永芳，马继芳，宣佩雪，李志勇[***]

[河北省农林科学院谷子研究所，农业农村部特色杂粮遗传改良与利用重点实验室（省部共建），河北省杂粮研究重点实验室，石家庄 050035]

摘要：谷子线虫病是我国夏谷产区重要的种传病害，在河北中南部、山东、河南等地发生普遍，严重地块可减产50%~80%，甚至绝收。由于近年来春夏谷融合育种，夏谷区的品种打破光温敏感性，广泛向春谷区推广，2017年线虫病传入春谷区，并迅速蔓延扩散，目前在多省份发生，特别是在吉林省西部的局部地区发生严重，2024年因为雨水大，在赤峰等主产区发生更加严重。在夏谷区以往利用40%辛硫磷乳油按种子量的0.3%进行湿闷种，防效很好，广泛应用。但是，该药在春谷区低温播种的情况下影响谷子芽率。为了解决生产上这一急需问题，笔者收集了目前市场上相关药剂进行筛选。分别利用种子量0.3%的75.0%乙酰甲胺磷可溶粉剂、40%辛硫磷乳油、1.8%阿维菌素乳油、98%杀螟丹可溶粉剂、41.7%氟吡菌酰胺悬浮剂和20%噻唑膦水乳剂对带线虫的谷子种子进行处理。结果表明，除乙酰甲胺磷外，其余5种药剂对谷子线虫的防效均高于93%。进一步证明了阿维菌素和氟吡菌酰胺在低温情况下不影响芽率，可以替代辛硫磷进行应用。据此解决了春谷区线虫病的防控难题。

关键词：谷子线虫病；种子处理；辛硫磷；阿维菌素；氟吡菌酰胺

---

[*] 基金项目：国家现代农业产业技术体系专项（CARS-06-14.5-A25）；河北省现代农业产业技术体系建设专项资金（HBCT2024080204）
[**] 第一作者：刘佳，博士，副研究员，主要从事谷子病虫害研究；E-mail: 15031210252@126.com
[***] 通信作者：董志平，硕士，研究员，主要从事粮食作物病虫害研究；E-mail: dzping001@163.com
李志勇，博士，研究员，主要从事谷子病害研究；E-mail: lizhiyongds@126.com

土壤理化特性与甘薯腐烂茎线虫种群密度对甘薯茎线虫病发生规律的协同调控机制研究

蒲昊帅[1*]，袁国亮[2]，卫佳明[1]，刘雪[1]，王利荣[1]，
苗圃[4]，侯文邦[3]，赵哲[3]，徐建强[1]，成泽珺[1**]

(1. 河南科技大学园艺与植物保护学院，洛阳 471000；2. 洛阳薯乡薯业科创园有限公司，洛阳 471000；3. 河南科技大学农学院，洛阳 471000；4. 中国烟草公司洛阳分公司，洛阳 471000)

摘 要：甘薯作为我国重要的粮食和经济作物，其安全生产直接关系到国家粮食安全和农民经济收入。由甘薯腐烂茎线虫（*Ditylenchus destructor* Thorne）引起的茎线虫病是制约甘薯产业可持续发展的主要因素，每年造成20%~30%的产量损失。本研究利用实时荧光PCR定量法，系统研究了线虫种群密度以及土壤理化特性对甘薯茎线虫病发生的协同调控机制。结果显示，甘薯收获期线虫密度与土壤pH呈显著负相关（$y=-1.743\ 1x+12.568$，$R^2=0.6028$，$P<0.05$）。当土壤pH值介于5.6~6.8，且线虫密度低于（160±30）条/20 g土时，收获期甘薯茎线虫病的发病率为0。研究表明线虫密度和土壤pH值，与病害严重程度显著相关。土壤有机质含量与线虫存活率呈非线性关系，最适范围为2.5%~3.8%。本研究建立的甘薯茎线虫病害预测模型，为甘薯茎线虫病的早期预警提供了可靠工具。该技术已在河南、山东等主产区示范应用，取得了显著的防病增产效果，具有广阔的推广应用前景。

关键词：甘薯腐烂茎线虫；土壤理化特性；病害预测模型；经济阈值

---

* 第一作者：蒲昊帅，本科生，主要从事线虫分子检测技术的开发与应用；E-mail：17396379596@163.com
** 通信作者：成泽珺，讲师，主要从事土壤线虫种群分布特征的研究；E-mail：chengzj@haust.edu.cn

基于实时荧光定量 PCR 技术的甘薯腐烂茎线虫精准定量检测体系的构建与应用

柴静雯[1]*,陈思远[2],蒲昊帅[1],苗 圌[4],侯文邦[3],赵 哲[3],徐建强[1],成泽珺[1]**

(1. 河南科技大学园艺与植物保护学院,洛阳 471000;2. 洛阳丰之源农业科技有限公司,洛阳 471000;3. 河南科技大学农学院,洛阳 471000;4. 中国烟草公司洛阳分公司,洛阳 471000)

摘 要:甘薯茎线虫病是中国甘薯生产中最具毁灭性的土传病害,其主要病原线虫为甘薯腐烂茎线虫(*Ditylenchus destructor* Thorne)。本研究成功构建了一种基于实时荧光定量 PCR 技术的 *D. destructor* 快速检测体系。通过对河南省 28 个主要甘薯产区茎线虫种群的 ITS 区序列分析,发现所有分离株呈现 100% 的序列一致性。基于此设计的特异性引物 PRNf / PRNr,与中国 3 个地理种群 *D. destructor* 完全匹配,但与来自 9 个国家的其他 *Ditylenchus* sp. 物种存在显著差异,特别是与近缘种 *D. africanus* 和 *D. gallaeformans* 分别存在 2 个和 13 个碱基错配。通过人工接种建立了甘薯腐烂茎线虫的土壤定量曲线,线虫接种量对数 $\log_{10}(x+1)$ 与 Ct 值呈显著负相关($y=-1.0859x+432.025$,$R^2=0.9866$,$P<0.01$)。将该定量体系对农田样本进行分析表明,非寄主作物的小麦连作田未检出 *D. destructor*,而甘薯连作田的线虫种群密度范围为 0~13 300 条/20 g 干土。本研究建立的实时荧光 PCR 检测方法具有高度特异性和灵敏性,可实现土壤中甘薯腐烂茎线虫的快速定量检测,为甘薯茎线虫病的早期预警和科学防控提供技术支撑。

关键词:实时荧光定量 PCR;特异性引物;种群密度;病害预警

---

* 第一作者:柴静雯,本科生,主要从事线虫分子检测技术的开发与应用;E-mail: 2261528831@qq.com
** 通信作者:成泽珺,讲师,主要从事土壤线虫种群分布特征的研究;E-mail: chengzj@haust.edu.cn

玉米孢囊线虫寄主适应性特征研究

何和良[**], 王媛, 吴海燕[***]

(广西农业环境与农产品安全重点实验室, 广西大学农学院, 南宁 530004)

摘　要: 玉米孢囊线虫 (*Heterodera zeae*) 是重要的经济植物寄生线虫, 据报道, 在印度因玉米孢囊线虫造成玉米的产量损失达到 17%~29%, 该线虫曾被美国农业部马里兰州列为检疫对象。前期试验发现, 种植苏丹草 (*Sorghum sudanense*) 能降低土壤中孢囊线虫的种群数量。因此本试验以玉米、水稻、甘蔗、苏丹草为对象, 探究这 4 种植物的根系分泌物和根系汁液对 *H. zeae* 行为的影响。经研究发现, 玉米、水稻、甘蔗的根系分泌物能促进 *H. zeae* 孢囊孵化, 且对白色孢囊的孵化促进效果较好。苏丹草的根系分泌物对 *H. zeae* 孢囊孵化无促进效果。但经视觉评估分析 (VAA) 发现苏丹草的根系分泌物对二龄幼虫 (J2) 的活动能力有抑制效果, 16 h 时 J2 的 VAA 值与对照相比下降了 73.20%。根系分泌物浓度 (RGH) 为 0.625、2.5 时, 处理 4 h 后玉米根系分泌物对 J2 吸引力显著高于其他 3 种供试植物根系分泌物, 吸引率分别为 35.87%、35.31%。4 种供试植物的根系汁液对白色孢囊自由卵均表现为较高浓度 (2×) 抑制卵孵化, 较低浓度 (40×) 促进卵孵化。但处理褐色孢囊自由卵时, 水稻和苏丹草表现与白色雌虫卵相同趋势, 玉米根系汁液则表现为较高浓度促进卵的孵化, 甘蔗根系汁液对褐色孢囊自由卵孵化无影响。

关键词: 玉米孢囊线虫; 根系分泌物; 根系汁液; 趋性

---

[*] 基金项目: 广西自然科学基金 (2025GXNSFAA069691)
[**] 第一作者: 何和良, 硕士研究生, 研究方向为植物线虫病害及其防治; E-mail: 2317304009@st.gxu.edu.cn
[***] 通信作者: 吴海燕, 教授, 主要从事植物线虫病害及其防治研究; E-mail: wuhy@gxu.edu.cn

多样篮状菌（*Talaromyces versatilis*）的鉴定及其杀线虫活性研究[*]

莫意雪[**]，林静雯，吴海燕[***]

（广西农业环境与农产品安全重点实验室，广西大学农学院，南宁 530004）

摘　要：植物寄生线虫寄主范围广，严重威胁全球农作物安全生产并造成重大经济损失。生物防治因其安全高效的特性，在植物寄生线虫防治领域备受关注，其中利用生防真菌是重要策略之一。本研究分离获得一株对孢囊线虫具有强寄生能力的菌株 C1，经形态学与分子生物学鉴定为多样篮状菌（*Talaromyces versatilis*）。该菌株对玉米孢囊线虫和大豆孢囊线虫的寄生率均高达 96.67%，能定殖于孢囊并破坏内部卵的结构，导致其丧失孵化能力。室内浸泡法测定表明，其浓度为 50% 的发酵滤液处理玉米孢囊线虫、大豆孢囊线虫和象耳豆根结线虫二龄幼虫 72 h 的死亡率分别为 79.68%、81.43% 和 55.87%；死亡的虫体内含物被分解并空泡化，表皮与内含物分离，虫体僵直呈微弯曲状。透明圈法证实该菌株能分泌蛋白酶、几丁质酶、纤维素酶及脂肪酶。研究结果表明 *T. versatilis* C1 在植物寄生线虫生物防治中具有一定的应用潜力。

关键词：植物寄生线虫；发酵滤液；蛋白酶；几丁质酶；脂肪酶

---

[*] 基金项目：广西自然科学基金（2025GXNSFAA069691）；公益性行业（农业）科研专项（201503114）
[**] 第一作者：莫意雪，博士研究生，主要从事植物线虫病害及其防治研究；E-mail：mo-yixue@st.gxu.edu.cn
[***] 通信作者：吴海燕，教授，主要从事植物线虫病害及其防治研究；E-mail：wuhy@gxu.edu.cn

第六部分
抗病性

Single-cell RNA-sequencing of Soybean Reveals Transcriptional Changes and Antiviral Functions of GmGSTU23 and GmGSTU24 in response to SMV[*]

Zhou Jiaying[1,2**], Wang Jing[1], Chen Qingshan[1], Xin Dawei[1], Song Shuang[1,2***]

(1. College of Agriculture, National Key Laboratory of Smart Farm Technologies and Systems, Northeast Agricultural University, Harbin 150030, China; 2. College of Plant Protection, Northeast Agricultural University, Harbin 150030, China)

Abstract: Soybean mosaic virus (SMV) stands as a prominent and widespread threat to soybean. Attaining a thorough comprehension of the alterations in the transcriptional network of soybeans in response to SMV infection is imperative for a profound insight into the mechanisms of viral pathogenicity and host resistance. A total of 50 294 protoplasts were isolated from the newly developed leaves of soybean plants subjected to both SMV infection and mock inoculation. We utilized single-cell RNA sequencing (scRNA-seq) to construct the transcriptional landscape at a single-cell resolution. Nineteen distinct cell clusters were identified based on the transcriptomic profiles of scRNA-seq, and three cell types—epidermal cells, mesophyll cells, and vascular cells—were annotated based on the expression of orthologs to reported marker genes in *Arabidopsis thaliana* and verified by RNA *in situ* hybridization. It was also verified that *Glyma.*17G166600, *Glyma.*15G057600 and *Glyma.*10G039800 can be used as new cell type marker genes of soybean leaf for epidermal cells, mesophyll cells and vascular cells, respectively. The differentially expressed genes (DEGs) between the SMV- and mock-inoculated samples were analyzed for different cell types. A total of 2 920, 2 414 and 3 064 DEGs were identified in epidermal cells, mesophyll cells and vascular cells, respectively. The vascular cells showed the highest number of cell type-specific DEGs, which were enriched to glutathione metabolism pathway by KEGG analysis. Therefore, our investigation delved deeper into the tau class of glutathione S-transferases (GSTUs), known for their significant contributions to plant responses against abiotic and biotic stress. A total of 57 *GSTU* genes were identified by a thorough genome-wide investigation in the soybean genome *Glycine max* Wm82.a4.v1. Two specific candidates, *GmGSTU*23 and *GmGSTU*24, exhibited distinct upregulation in all three cell types in response to SMV infection. The transient overexpression of GmGSTU23 or GmGSTU24 in *Nicotiana benthamiana* resulted in the inhibition of SMV infection, indicating the antiviral function of soybean GSTU proteins.

Key words: soybean mosaic virus; soybean; single-cell RNA sequencing; glutathione S-transferase

---

* Funding: Natural Science Foundation of China (32301897)
** First author: Zhou Jiaying
*** Corresponding author: Song Shuang; E-mail: songshuang.000@163.com

Development of Novel Genotypes of Peanut with Resistance to Stem Rot, Large Pod and Seed[*]

Song Wanduo[**], Yu Dongyang, Kang Yanping, Wang Qianqian, Lei Yong, Wang ZHihui, Huai Dongxin, Wang Xin, Liao Boshou, Chen Yuning[***], Yan Liying[***]

(*Oil Crops Research Institute, Chinese Academy of Agricultural Sciences/ Key Laboratory of Biology and Genetic Improvement of Oil Crops, Ministry of Agricultural and Rural Affairs, Wuhan 430062, China*)

Abstract: Stem rot caused by *Agroathelia rolfsii* (syn. *Sclerotium rolfsii*) is one of the major biotic constraints to peanut production in many countries, in high temperature and humidity conditions. Developing cultivars with disease-resistant is a better strategy for sustainable management of this disease. To generate peanut germplasm integrating stem rot resistance and elite yield traits, this study employed a recombinant inbred line (RIL) population, comprising 242 lines, derived from a cross between Zhonghua 212 (medium-seeded, resistant parent), and Zhonghua 21 (large-seeded, susceptible parent). A multi-environment evaluation was conducted for disease resistance profiling in the fields with artificial inoculation, and for yield-related traits assessment. The results indicated that twenty-two RIL lines exhibited consistent moderate resistance across all tested locations. Fifty RILs consistently expressed large pod (100-pod weight >180 g) and large seed (100-seed weight > 80 g) phenotypes in two environments. Three elite RIL lines (BJF66, BJF119 and BJF137) combined moderate resistance with superior pod/seed traits, providing valuable genetic sources for breeding programs targeting both disease resistance and productivity. This study established a foundational germplasm pool for advancing stem rot resistant, high-yielding peanut varieties, aligning with sustainable agricultural practices to mitigate *A. rolfsii* threats.

Key words: Peanut; recombinant inbred line; resistance to stem rot; large pod and seed

---

[*] Funding: National Key Research and Development Program (2023YFD1202800); National and Natural Science Foundation of China (31971820); Central Public-interest Scientific Institution Basal Research Fund (1610172024001); the earmarked fund for CARS-13 and Innovation Team of Hubei Agricultural Science and Technology Innovation Center (2024620000001031)
[**] First author: Song Wanduo; E-mail: songwanduo@caas.cn
[***] Correspongding authors: Chen Yuning; E-mail: Chenyuning@caas.cn
Yan Liying; E-mail: yanliying2002@126.com

稳定抗白绢病的花生种质发掘

于东洋[1][**]，宋万朵[1][**]，王前前[1]，康彦平[1]，程志勇[1]，王朝欢[1,2]，张珍珍[2]，雷永[1]，王志慧[1]，淮东欣[1]，王欣[1]，廖伯寿[1]，陈玉宁[1][***]，晏立英[1][***]

(1. 中国农业科学院油料作物研究所，油料作物生物学与遗传育种重点实验室，武汉　430062；2. 南充市农业科学院，南充　637000)

摘　要：为系统评价花生对白绢病菌的抗性表现及其在不同环境条件下抗病的稳定性，本研究采用温室人工接种、田间人工接种及田间病圃自然发病三种方法，对供试的 30 份花生材料进行了抗白绢病鉴定。结果表明，温室人工接种条件下共鉴定出 5 份抗病材料，田间人工接种条件下鉴定出 18 份抗病材料，田间病圃自然发病条件下鉴定出 11 份抗病材料。进一步分析发现，在温室和田间人工接种两种鉴定方法中均表现抗性的材料有 3 份，在田间人工接种和病圃自然发病两种鉴定方法中均表现抗病的材料有 8 份，3 种抗性鉴定方法中均表现为抗病的材料 1 份，为中花 34，表明其抗病性具有较高的稳定性。本研究结果系统评价了花生对白绢病抗性的稳定性，并发掘了稳定的抗病种质，为花生抗白绢病育种提供了稳定的抗源材料。

关键词：花生；白绢病；抗性鉴定

---

* 基金项目：国家重点研发计划项目（2023YFD1202800）；财政部和农业农村部国家现代农业产业技术体系建设专项（CARS-13）；中央级公益性科研院所基本科研业务费专项资金重点项目（1610172024001）；中国农业科学院农业科技创新工程（CAAS-ASTIP-2013-OCRI）；湖北省农业科技创新中心创新团队（2024620000001031）

** 第一作者：于东洋，助理研究员，从事花生病害研究；E-mail：yudongyang0730@aliyun.com
　　　　　宋万朵，助理研究员，从事花生病害研究；E-mail：songwanduo@caas.cn

*** 通信作者：陈玉宁，副研究员，从事花生病害研究；E-mail：Chenyuning@caas.cn
　　　　　晏立英，研究员，从事花生病害研究；E-mail：yanliying2002@126.com

稻曲病抗性种质资源鉴定与全基因组关联分析

周曾冉**，刘 杨，魏松红***

(沈阳农业大学植物保护学院，水稻病害研究室，沈阳 110866)

摘 要：水稻作为全球近半数人口的主粮作物，其高产、稳产对于保障国家粮食安全具有重要意义。稻曲病（Rice False Smut）是由稻绿核菌（*Ustilaginoidea virens*）引起的一种水稻穗部真菌病害，广泛分布于全球水稻种植区，不仅影响水稻产量和品质，稻曲病菌产生的多种真菌毒素还会威胁人畜安全。近年来，受种植结构调整、氮肥施用量增加和全球变暖等因素的影响，稻曲病的发生范围和危害程度显著增加，已上升为威胁水稻生产的主要病害之一。

抗病种质资源鉴定和抗病基因的挖掘是开展稻曲病绿色防控的基础和前提。本研究基于连续3年的系统性抗病种质资源鉴定，通过病穗率（DPR）、每穗稻曲球数（DBPDP）、病情指数（DI）、最高稻曲球数（HDS）和综合抗病指数（CDRI）进行综合评价，筛选出抗性水平稳定的种质资源256份；其中，高抗种质（HR）72份，包括北粳1705、铁粳香3号等；高感种质（HS）35份，包括五优稻4号、锦稻104等。为进一步发掘与稻曲病抗性关联的遗传位点，本研究以256份抗性水平稳定的种质资源构成的自然群体，进行了全基因组关联分析（GWAS）。在第4、5、6、7、8号染色体上共检测到13个SNP与CDRI相关；在第2、4、5、6、8、11号染色体上共检测到18个SNP与DPR相关；在第1、3、5、6、12号染色体上共检测到18个SNP与HDS相关；在水稻12条染色体上检测到186、321个SNP分别与DBPDP和DI相关。其中，S5_1977210、S4_35783750、S1_859030、S11_3034612等4个SNP在多个稻曲病抗性表型下均被检测到，是关键的热点区间。结合功能注释和GO、KEGG富集分析，在关键SNP附近确定了一些与水稻防御反应相关的候选基因，包括MYB转录因子、蛋白激酶、NB-ARC抗病蛋白等。本研究通过多年的系统性抗病鉴定与全基因组关联分析，筛选出了稳定的抗病种质资源与关键候选基因，对推动稻曲病绿色防控具有重要价值。

关键词：稻曲病；抗病鉴定；全基因组关联分析

---

* 基金项目：国家水稻产业技术体系（CARS-01）；"兴辽英才计划"农业专家项目（XLYC2213046）
** 第一作者：周曾冉，博士研究生，研究方向为植物病原真菌学
*** 通信作者：魏松红，教授，研究方向为植物病原真菌学

水稻抗纹枯病转录因子的筛选及功能初步研究*

王奕鸣**，王梦雨，张亚昭，姜懿桐，王　妍，魏松红***

（沈阳农业大学植物保护学院，水稻病害研究室，沈阳　110866）

摘　要：水稻是三大禾谷类作物之一，是我国第一大粮食作物。由于病原物引起的各种水稻病害造成水稻减产，人们对水稻的需求情况不断恶化。其中，由立枯丝核菌（*Rhizoctonia solani* Kühn）AG1-IA 融合群引起的水稻纹枯病是最严重的真菌性水稻病害之一，在中国是仅次于稻瘟病的第二大病害。目前，水稻纹枯病的防治高度依赖化学杀菌剂和栽培措施，但是由于纹枯病菌具有极强的遗传变异性，广泛的寄主亲和性以及病原体通过形成休眠菌核形成了从一个作物季节到下一个作物季节存活的能力，增加了控制病原菌的难度。从环保和节约成本的方面来看，培育稳定的抗纹枯病的水稻品种是最根本的防治方法。

本研究通过转录组测序数据库以及纹枯病菌接种水稻 ZH11 不同时间点取样进行 qRT-PCR，二者结合筛选到对纹枯病侵染有响应的 NAC 家族转录因子 *ONAC*015（Os07g0684800）和 C2H2 家族转录因子 Os05g0286100。对两个转录因子基因进化分析，通过构建系统发育树推测基因功能。随后对两个基因的时空表达进行研究，结果表明 *ONAC*015 主要在叶片和叶鞘中表达，在根中表达量低。Os05g0286100 主要在根中表达，叶片和叶鞘中表达量低。烟草亚细胞定位结果表明，*ONAC*015 和 *Os*05g0286100 定位在细胞核，表明两个基因在细胞核行使功能。通过酵母实验表明 *ONAC*015 的 *N* 端，NAC 端结构域不具有转录激活活性，*C* 端具有转录抑制活性，说明 *ONAC*015 是一个具有转录抑制活性的转录因子。后续实验将对 *Os*05g0286100 的转录活性进行分析，并对二者基因功能进行研究，对 *ONAC*015 和 Os05g0286100 的突变体接种纹枯病菌，观察表型验证功能。

关键词：水稻纹枯病；转录因子；功能研究

---

* 基金项目：国家水稻产业技术体系（CARS-01）；"兴辽英才计划"农业专家项目（XLYC2213046）
** 第一作者：王奕鸣，硕士研究生，研究方向为植物病原真菌学
*** 通信作者：魏松红，教授，研究方向为植物病原真菌学

水稻抗稻瘟病种质资源鉴定和抗病相关基因挖掘

宋宇, 韩可欣, 魏松红

(沈阳农业大学植物保护学院,水稻病害研究室,沈阳 110866)

摘要：由稻梨孢（*Pyricularia oryzae*）引起的稻瘟病被认为是水稻生产中最具破坏性的真菌病害之一，严重威胁水稻产量和稻米品质。目前分离出的稻瘟病抗性基因多属小种特异性抗性，由于稻瘟病菌遗传的复杂性和易变性，有些抗性品种应用3~5年后抗性丧失。因此，筛选稻瘟病抗性优异资源，挖掘具有广谱和持久抗性的抗性基因对稻瘟病的防治至关重要。本研究对329份水稻品种采用幼苗期离体叶片戳伤接种和孕穗期田间注射接种的方法进行抗性评价，并选取256份水稻品种进行重测序，对稻瘟病表型性状进行全基因组关联分析，挖掘与稻瘟病抗性相关联的SNP位点，并分析由显著SNP组成的数量性状基因座关联得到的候选基因。

利用7株稻瘟病菌进行幼苗期离体叶片戳伤接种和孕穗期田间注射接种试验，鉴定了329份水稻品种抗瘟性。结果表明，抗病资源有3份、中抗87份、中感143份、感病92份、高感4份。通过对256份材料进行重测序结果分析，根据系统发育分析和PCA分析，256份水稻种质被分为粳稻亚群和籼稻亚群。在第2、5、10和12号染色体上共检测到4个SNP与平均病级相关。通过对SNP附近100 kb的基因进行功能注释，结合GO、KEGG富集分析，确定了一些与水稻防御反应相关的候选基因，其中S5_26379134附近的含CCCH结构域的锌指蛋白37（LOC4339379）、光系统I组装因子PSA3（LOC4339380）与烯酰辅酶A δ异构酶3（LOC4339402）可能是关键候选基因。

关键词：稻瘟病；种质资源；抗性鉴定；全基因组关联分析

---

* 基金项目：国家重点研发计划项目（2024YFD1201005-05）；国家水稻产业技术体系（CARS-01）；"兴辽英才计划"农业专家项目（XLYC2213046）
** 第一作者：宋宇，硕士研究生，研究方向为植物病原真菌学
*** 通信作者：魏松红，教授，研究方向为植物病原真菌学

大豆疫霉模式分子 PsGH7a 识别受体的筛选与功能分析

李文秀*，王群青**

(山东农业大学植物保护学院，泰安 271000)

摘 要：大豆疫霉菌（*Phytophthora sojae*）是一种卵菌（*Oomycetes*），在田间致病力强、变异快，引起的大豆根腐病具有毁灭性，难以防控，严重威胁全球大豆生产安全。大豆疫霉在入侵寄主植物时，首先会穿透植物细胞壁，在这一过程中，疫霉菌会分泌多种细胞壁降解酶（CWDEs）帮助其破坏寄主植物细胞壁。植物的先天性免疫分为病原相关模式分子（Pathogen-Associated Molecular Patterns，PAMPs）触发的免疫反应（PAMP-Triggered Immunity，PTI）和效应子触发的免疫（Effector-Triggered Immunity，ETI），PTI 作为植物抵御病原菌入侵的首道防线，具有广谱性和持久性的特点，可以提高植物的非寄主抗性，对于植物抵御病原菌的入侵具有重要意义。实验室前期研究发现大豆疫霉分泌的糖苷水解酶家族 7 成员 PsGH7a 在侵染前期显著上调表达，敲除突变体毒力显著下降，是大豆疫霉的一个重要毒力因子。PsGH7a 通过水解植物细胞壁 β-1, 4-葡聚糖破坏宿主细胞壁结构，重组蛋白注射植物后可引起植物细胞死亡，推测植物中存在识别 PsGH7a 的受体。本研究发现，PsGH7a 和 PsGH7a^{E236A} 重组蛋白在大豆和烟草上外施后均具有诱导抗性，可引起 ROS 爆发，诱导防御基因上调表达等免疫反应，表明 PsGH7a 作为 PAMPs 引起植物免疫。进一步通过大豆毛状根过表达 PsGH7a，IP-MS 筛选潜在模式识别受体。质谱结果共鉴定到 656 个潜在互作蛋白，通过酵母双杂交、GST-pull down、荧光素酶互补实验和免疫共沉淀（CO-IP）验证出一个 LRR-RLK 和两对含有 LRR 结构域的同源蛋白与 PsGH7a 存在互作。本研究将进一步研究靶标蛋白功能，鉴定识别 PsGH7a 的受体，解析受体激活免疫的机制，为设计改造基于受体的人工抗病系统奠定理论基础。

关键词：大豆疫霉；PTI；细胞壁降解酶；受体

---

* 第一作者：李文秀，硕士研究生，主要从事植物抗病性研究；E-mail：lwx0820xiu@163.com
** 通信作者：王群青，教授，主要从事植物病原卵菌致病机理及病害控制应用；E-mail：wangqunqing@163.com

2016—2020 年谷子品种（系）抗锈病评价*

白 辉**，张梦雅**，刘 佳，马继芳，董志平***，李志勇***

[河北省农林科学院谷子研究所，农业农村部特色杂粮遗传改良与利用重点实验室（省部共建），河北省杂粮研究重点实验室，石家庄 050035]

摘 要：谷锈病是影响谷子生产的重要病害之一，培育抗病品种是谷子锈病防控最经济、有效和环保的策略。本研究以我国 2016—2020 年国家谷子高粱产业技术体系抗病性鉴定任务中 1 119 份参试品种（系）的锈病鉴定数据进行分析。结果表明，华北夏谷区、西北春谷早熟区、西北春谷中晚熟区和东北春谷区四个生态区的锈病抗性级别以感和高感为主，这 2 个级别分别占各区品种（系）总数的 92.01%、88.40%、91.30% 和 87.00%，4 个生态区达中抗（MR）以上的材料分别为 45 个、29 个、10 个和 26 个，分别占各生态区组总参试品种（系）数量的 7.99%、11.60%、8.70% 和 13.00%，其中，仅有西北春谷早熟区和东北春谷区的材料达到高抗（HR）水平，分别占 1.20% 和 1.50%，达到抗（R）的材料分别占 1.24%、0.00%、0.87% 和 5.00%，达到中抗（MR）的材料分别占 6.75%、10.40%、7.83% 和 6.50%。本研究明确了"十三五"以来我国谷子育成品种（系）的锈病抗性水平，为今后品种选育、登记与示范推广提供参考依据。

关键词：2016—2020 年；谷锈病；谷子；抗病性评价

---

* 基金项目：国家现代农业产业技术体系专项（CARS-06-14.5-A25）；河北省自然科学基金（C2024301092）；河北省现代农业产业技术体系建设专项资金（HBCT2024080204）；河北省农林科学院基本科研业务费试点经费包干制项目（HBNKY-BGZ-02）

** 第一作者：白辉，研究员，主要从事谷子抗病分子生物学研究；E-mail：baihui_mbb@126.com
张梦雅，助理研究员，主要从事谷子病害研究；E-mail：1348108060@qq.com

*** 通信作者：董志平，研究员，主要从事农作物病虫害研究；E-mail：dzping001@163.com
李志勇，研究员，主要从事谷子病害研究；E-mail：lizhiyongds@126.com

水稻 TF1 蛋白调控稻曲病抗性的机制研究[*]

杨武[1][**]，高涵[1]，方安菲[1]，赵国盛[1]，孙文献[1,2][***]

(1. 中国农业大学植物保护学院，农林生物安全全国重点实验室，北京 100193；
2. 吉林农业大学植物保护学院，吉林省作物病虫害绿色防控重点实验室，长春 130118)

摘 要：稻曲病菌（*Ustilaginoidea virens*）主要侵染水稻的穗部，在穗部产生稻曲球，分泌真菌毒素，严重危害水稻的产量和人类的健康。目前，对稻曲病菌侵染及其与水稻互作的分子机制知之甚少。本研究通过酵母双杂交、pull-down 和免疫共沉淀等方法验证了水稻蛋白 TF1 与稻曲病菌关键效应蛋白 SCRE2 互作。通过水稻原生质体瞬时表达实验，发现 TF1 定位于细胞核，并且 SCRE2 可与 TF1 在细胞核中共定位。此外，分析了稻曲病菌接种水稻后 *TF1* 的表达模式，发现其在稻曲菌侵染过程中上调表达。最后，检测了水稻 *tf1* 突变体的 PTI 免疫反应，结果表明，*tf1* 突变体经 chitin 处理后的 *PR* 基因上调表达及 MAPK 级联信号的激活均较野生型品种下降。以上结果表明，TF1 正调控水稻的免疫反应。TF1 蛋白调控水稻免疫的机制有待进一步研究。

关键词：TF1 蛋白；细胞定位；表达模式；PT1

---

[*] 基金项目：水稻抗病虫高产基因挖掘与育种应用（2024YFD1200600）
[**] 第一作者：杨武，博士研究生，研究方向为植物与病原真菌互作的分子机理研究；E-mail：1986609107@qq.com
[***] 通信作者：孙文献，教授，主要从事水稻与病原细菌、真菌的互作分子机理研究；E-mail：wxs@cau.edu.cn

DIP1 参与水稻先天免疫的机制研究[*]

何松恒[1][**]，杨济云[1]，徐嘉擎[1]，侯德钟[1]，汪激扬[1]，孙文献[1,2][***]

(1. 中国农业大学植物保护学院，农林生物安全全国重点实验室，北京 100193；
2. 吉林农业大学植物保护学院，吉林省作物病虫害绿色防控重点实验室，长春 130118)

摘 要：水稻在生长过程中往往会遭受各类病原菌的侵害，当病原菌侵染水稻时，会触发水稻一系列先天免疫反应，如 H_2O_2 的积累，MAPK 级联信号的激活以及 *PR* 基因的上调表达。H_2O_2 是植物响应生物胁迫和非生物胁迫中重要的第二信使，先前有研究报道水稻 DIP1（DBF1-interactor protein 1）能够调控 ABA 诱导的 H_2O_2 积累，预示着 DIP1 可能在水稻先天免疫过程中发挥着重要作用。DIP1 是一类具有 R3H 和 SUZ 结构域的蛋白，具有结合 DNA 和 RNA 的能力。为进一步深入探究 DIP1 是否参与水稻先天免疫，实验室前期通过酵母双杂交筛选出 DIP1 与水稻 ATP 酶 XB24 互作，后经过免疫共沉淀、荧光素酶互补实验、GST Pull-down、亚细胞共定位等试验证实了 DIP1 与 XB24 在体内外发生互作。此外，前期通过 PONDR 网站预测 DIP1 可能发生相分离，并且使用 PEG 能够体外诱导 DIP1 的相分离产生，在水稻原生质体内同样能够观察到液滴状聚集。推测 DIP1 的相分离可能参与到水稻的生物学过程。

关键词：DIP1；H_2O_2；ATP 酶；XB24；水稻免疫；相分离

---

[*] 基金项目：水稻抗病虫高产基因挖掘与育种应用（2024YFD1200600）
[**] 第一作者：何松恒，博士研究生，研究方向为植物抗病性；E-mail：songhenghe@163.com
[***] 通信作者：孙文献，教授，主要从事水稻与病原细菌、真菌的互作分子机理研究；E-mail：wxs@cau.edu.cn

小麦水通道蛋白 TaPIP1;6 和 TaPIP2;10 协同提高籽粒产量与病虫抗性的机制[*]

亓 硕[1][**]，钱永波[2]，安子扬[1]，夏盛豪[3]，董汉松[1]，卢 凯[1][***]

(1. 山东农业大学植物保护学院，小麦育种全国重点实验室，泰安 271018；
2. 扬州大学商学院，扬州 225127；3. 山东农业大学食品科学与工程学院，泰安 271018)

摘 要：小麦（*Triticum aestivum*）是我国最重要的粮食作物之一，产量和质量直接影响我国粮食安全。水通道蛋白在植物生长发育和抗病虫害中具有重要作用，但多数研究集中于单一蛋白的功能解析，不同水通道蛋白间的协同作用机制及其在作物抗病增产中的作用仍不明确。本研究发现小麦水通道蛋白 TaPIP1;6 与 TaPIP2;10 协同促进 CO_2 运输，增强光合作用，提高籽粒产量。进一步研究发现，TaPIP1;6 与 TaPIP2;10 协同促进 H_2O_2 转运，激活植物免疫反应，提高小麦对白粉病菌和麦长管蚜抗性。本研究为破解植物生长-防卫博弈关系，同步改良植物的产量和免疫性状提供理论支撑。

关键词：水通道蛋白；光合作用；H_2O_2 转运；植物免疫反应

---

[*] 基金项目：国家自然科学基金项目（32402395）
[**] 第一作者：亓硕，硕士研究生，研究方向为植物病理学；E-mail: 2022110107@sdau.edu.cn
[***] 通信作者：卢凯，副教授，研究方向为植物生长与免疫信号传导与利用；E-mail: lukai@sdau.edu.cn

谷子种质资源抗锈病遗传位点全基因组关联分析[*]

张梦雅[**]，刘 佳[**]，董志平，马继芳，宣佩雪，白 辉[***]，李志勇[***]

[河北省农林科学院谷子研究所，农业农村部特色杂粮遗传改良与利用重点实验室（省部共建），河北省杂粮研究重点实验室，石家庄 050035]

摘 要：谷子（*Setaria italica*）为禾本科狗尾草属作物、是我国重要的杂粮作物，其抗病稳产直接关系到谷子产业的健康发展。谷子锈病属于气传流行性病害，在各谷子产区均有发生，流行年份一般减产30%以上。抗病种质资源鉴定与遗传位点挖掘对于培育抗病品种防治谷子锈病具有重要意义。本研究针对已收集的300份谷子种质资源进行了初步的抗锈病表型鉴定，获得了一批抗病优异种质资源，研究结果表明，有19%的谷子材料在成株期表现出对锈病的较高抗性水平。进一步结合重测序开发的高密度分子标记数据，利用Fast-LMM软件进行抗病遗传位点的全基因组关联分析（GWAS）。GWAS结果表明，在谷子3、8、9染色体关联到多个抗锈病SNP位点，关联物理区段内含有24个抗病蛋白编码基因和15个蛋白激酶编码基因。综上所述，本研究鉴定到一批谷子抗锈病种质资源并挖掘到多个抗病遗传位点，为谷子抗病基因克隆与抗病种质创制奠定了重要基础。

关键词：谷子；种质资源；锈病；全基因组关联分析；抗病遗传位点

---

[*] 基金项目：河北省农林科学院基本科研业务费试点经费包干制项目（HBNKY-BGZ-02）；河北省自然科学基金（C2024301092）；国家现代农业产业技术体系专项（CARS-06-14.5-A25）

[**] 第一作者：张梦雅，硕士，助理研究员，主要从事谷子病害研究；E-mail：1348108060@qq.com
    刘佳，博士研究生，主要从事谷子病虫害研究；E-mail：15031210252@126.com

[***] 通信作者：白辉，博士，研究员，主要从事谷子抗病分子生物学研究；E-mail：baihui_mbb@126.com
     李志勇，博士，研究员，主要从事谷子病害研究；E-mail：lizhiyongds@126.com

水稻微管相关蛋白 OsTP 调控水稻免疫的研究[*]

侯德钟[1][**]，何松恒[1]，徐嘉擎[1]，汪激扬[1]，孙文献[1,2][***]

(1. 中国农业大学植物保护学院，农林生物安全全国重点实验室，北京 100193；
2. 吉林农业大学植物保护学院，吉林省作物病虫害绿色防控重点实验室，长春 130118)

摘 要：植物微管是细胞骨架的重要组成部分，由 α-微管蛋白和 β-微管蛋白亚基组成。植物微管在细胞形态建成、逆境响应和信号转导中发挥着关键作用，但其在植物免疫的具体功能和调控网络尚不清楚，特别是，水稻微管蛋白如何参与水稻免疫的研究较少。水稻病害严重危害着水稻的产量和质量，为挖掘新的水稻抗病基因，本课题组以蛋白质互作组学为基础，筛选一批关键蛋白，进而构建一个由 CRISPR/Cas9 基因编辑技术形成的水稻突变体库。通过接种水稻白叶枯病菌和稻瘟菌筛选出抗病表型发生显著变化的突变体，其中发现一个水稻中编码微管相关蛋白基因 *OsTP* 敲除突变体在接种白叶枯病菌后，病斑长度较野生型品种显著增长；接种稻瘟菌后，突变体叶片上的稻瘟菌相对生物量较野生型显著升高。实验还发现该突变体由细菌激发子 flg22 诱导的活性氧爆发较野生型降低；此外，该突变体由 flg22 和真菌激发子 chitin 诱导的病程相关 (*PR*) 基因的表达较野生型也降低。以上结果表明，OsTP 正调控水稻免疫反应与抗病性。综上，本研究筛选到一个正调控水稻白叶枯病和稻瘟病的微管相关蛋白 OsTP，为进一步探究其参与水稻免疫的分子机制奠定了基础。

关键词：微管蛋白；OsTP；正调控；活性氧；*PR* 基因

---

[*] 基金项目：水稻抗病虫高产基因挖掘与育种应用（2024YFD1200600）
[**] 第一作者：侯德钟，硕士研究生，研究方向为植物与病原菌互作；E-mail: 299143587@qq.com
[***] 通信作者：孙文献，教授，主要从事水稻与病原细菌、真菌的互作分子机理研究；E-mail: wxs@cau.edu.cn

水稻 E3 泛素连接酶 OsPBY 调控植物免疫的机制

刘 硕[1]**，牟保辉[1]，赵国盛[1]，汪激扬[1]***，孙文献[1,2]***

(1. 中国农业大学植物保护学院，农林生物安全全国重点实验室，北京 100193；
2. 吉林农业大学植物保护学院，吉林省作物病虫害绿色防控重点实验室，长春 130118)

摘 要：水稻作为全球近半数人口的主粮作物，其安全生产至关重要。稻瘟病等病害严重威胁水稻产量，培育或创制高产、优质并抗病的水稻品种是当前研究热点之一。E3 泛素连接酶通过泛素化修饰靶蛋白调控植物免疫。水稻 OsPBY 是 U-box 型 E3 泛素连接酶，实验室前期发现，*ospby* 敲除突变体相较于野生型品种更易感稻瘟病，其经 chitin 诱导后的活性氧爆发也显著低于野生型品种，这些结果表明 OsPBY 正调控水稻对稻瘟病的抗性。为了揭示 OsPBY 调控水稻免疫的分子机制，通过蛋白互作筛选发现 OsPBY 与水稻免疫相关的钙依赖蛋白激酶 OsCDPKs 互作，并且通过同位素放射自显影实验证明 OsCDPKs 能够体外磷酸化 OsPBY。据此推测 OsCDPKs 介导的磷酸化修饰对于 OsPBY 在水稻免疫信号转导中起到重要的作用，但是其中的分子机制有待进一步探索。本研究的预期结果将为阐明植物免疫调控网络提供新线索，并为抗病分子设计育种提供潜在基因靶点。

关键词：E3 泛素连接酶；钙依赖蛋白激酶；磷酸化；水稻免疫

---

* 基金项目：水稻抗病虫高产基因挖掘与育种应用（2024YFD1200600）
** 第一作者：刘硕，博士研究生，研究方向为水稻抗病机理；E-mail：lsall999@163.com
*** 通信作者：孙文献，教授，主要从事水稻与病原细菌、真菌的互作分子机理研究；E-mail：wxs@cau.edu.cn
汪激扬，副教授，主要从事水稻与病原细菌、真菌的互作分子机理研究；E-mail：aqwjy@cau.edu.cn

苹果 MdRLKT1-MdRAX2-MdMKS1 模块正向调控腐烂病抗性的分子机制

唐亚楠[**]，李光耀，冯 浩[***]，黄丽丽[***]

(作物抗逆与高效生产国家重点实验室，西北农林科技大学植物保护学院，杨凌 712100)

摘 要：腐烂病（Apple tree Valsa Canker）是苹果最具毁灭性的病害。蛋白质翻译后修饰是植物免疫的重要调控机制，磷酸化修饰是其中最广泛的形式之一。本研究揭示了苹果类受体激酶 MdRLKT1 通过磷酸化修饰转录因子 MdRAX2 调控腐烂病菌抗性的分子机制。在本研究中，首先证明了苹果类受体激酶基因 *MdRLKT1-RNAi* 株系比野生型更容易受到腐烂病菌的侵染，表明 MdRLKT1 正向调控苹果免疫。研究发现，MdRLKT1 与 R2R3-MYB 类转录因子 MdRAX2 存在互作关系。通过体外磷酸化研究，发现 MdRLKT1 对 MdRAX2 的磷酸化位点位于 147 位丝氨酸，并且磷酸化位点失活后 MdRAX2^{S147A} 降低了对腐烂病的抗性。进一步分析发现，MdRAX2 可以与 *MdMKS1* 的启动子区域结合，转录抑制 *MdMKS1* 的表达，但 MdRAX2^{S147A} 不能与 *MdMKS1* 启动子区域结合，从而丧失了对 *MdMKS1* 的转录调控。苹果过表达 MdMKS1 后降低了对腐烂病菌的抗性，表明 MdMKS1 负调控苹果的免疫。上述结果表明，MRLKT1-MdRAX2-MdMKS1 模块对苹果抗腐烂病发挥正向调控作用，MdRLKT1 基因通过磷酸化激活 MdRAX2 的转录抑制功能，进而解除 MdMKS1 基因对抗病性的负向调控，最终增强苹果对病原菌的防御能力。

关键词：苹果树腐烂病菌；类受体激酶；磷酸化；转录调控

---

[*] 基金项目：国家自然科学基金项目（32172375）
[**] 第一作者：唐亚楠，博士研究生，主要从事苹果与腐烂病菌互作分子机理研究；E-mail：tangyanan0516@163.com
[***] 通信作者：冯浩，教授，主要从事果树病害防控基础与技术方面的研究工作；E-mail：xiaosong04005@163.com
黄丽丽，教授，主要从事果树重大病害防控理论和技术方面的研究；E-mail：huanglili@nwsuaf.edu.cn

E3 泛素连接酶 OsSRLD 平衡水稻抗病性与耐盐/耐旱性的分子机制解析

程亚普，方柯兴，杨梦妮，白清圆，陈旭君，彭友良，赵文生*

(农林生物安全全国重点实验室，中国农业大学植物保护学院，北京 100193)

摘 要：多种生物胁迫（如稻瘟病、白叶枯病等病害）和非生物胁迫（如盐碱化、干旱等环境因素）严重威胁水稻生产。解析水稻抗病抗逆机制进而创制抗性新种质，对于保障水稻安全生产十分重要。大量研究表明，E3 泛素连接酶参与植物中的多种生物和非生物胁迫，但其协同调控生物和非生物胁迫的机制还少有报道。

本研究通过筛选水稻 T-DNA 插入突变体库，获得了一个叶片卷曲、株高变矮的显性突变体 *srl-D*（semi-rolled leaf-dominant）。通过 Sitefinding-PCR 获得了突变体 *srl-D* 插入位点的侧翼序列。序列比对和表达分析发现 T-DNA 插入在 E3 泛素连接酶 *OsSRLD* 的启动子区域，导致 *OsSRLD* 表达量升高。*OsSRLD* 受稻瘟菌、盐和干旱诱导表达。为解析 *OsSRLD* 在抗病抗逆中的作用机制，我们创建了 *OsSRLD*-OE 和 *OsSRLD*-KN 株系。*OsSRLD*-OE 株系表现出与突变体一致的表型，说明其表型突变是由 *OsSRLD* 基因过表达所致。接种实验发现突变体 *srl-D* 和 *OsSRLD*-OE 株系对水稻稻瘟病和白叶枯病的抗性减弱且伴随着防卫基因的表达显著下调，而 *OsSRLD*-KN 株系对水稻稻瘟病和白叶枯病的抗性增强且伴随着防卫基因的表达显著上调，表明 *OsSRLD* 负调控水稻对稻瘟病和白叶枯病的抗性。同时发现，*OsSRLD* 还能够正向调节水稻对盐和干旱胁迫的耐受性。在正常条件和脱水 2 h 后，突变体 *srl-D* 叶片的气孔显著变小，而气孔闭合率显著升高，表明 *OsSRLD* 能够通过调控气孔形态增强水稻对干旱胁迫的耐受性。为进一步解析其调控抗病抗逆的分子机制，我们通过 IP-MS 与酵母筛库筛选到了正向调控水稻耐盐和耐旱的 OsDIP1 及正向调控水稻免疫的 OsIMα1a 为 OsSRLD 的互作蛋白。酵母截断实验表明 OsSRLD 的各个结构域均与 OsDIP1 的 R3H 结构域互作，而 OsSRLD 通过其 C 端与 OsIMα1a 的 ARM 结构域互作。进一步，通过荧光素酶互补实验、双分子荧光互补实验和免疫共沉淀实验确认了 OsSRLD 与 OsDIP1 和 OsIMα1a 在体内和体外互作。后续将系统阐释 OsSRLD 与 OsDIP1 及 OsIMα1a 的互作机制，以期明确 OsSRLD 在平衡水稻抗病性与耐盐/耐旱性中的作用机制。

关键词：OsSRLD；水稻抗病性；耐盐/耐旱性；分子机制

---

* 通信作者：赵文生，教授，主要研究方向植物抗病抗逆资源的发掘与利用；E-mail：mppzhaws@cau.edu.cn

水稻剪接因子 OsFIP3 调控抗病性的分子机制初步研究

邱天成，张　曼，方柯兴，冯亚艳，李丽雯，杨　俊，彭友良，赵文生*

(农林生物安全全国重点实验室，中国农业大学植物保护学院，北京　100193)

摘　要：水稻是我国主要的粮食作物之一，解析其抗病的分子遗传机制对于创制新的品质资源、保障粮食安全具有重要意义。剪接因子通过调控基因表达在植物生长发育以及生物和非生物胁迫应答中发挥重要作用。*OsFIP3* 编码一种高度保守的蛋白，含有精氨酸（R）、谷氨酸（E）和天冬氨酸（D）的重复序列。该蛋白发挥剪接因子的功能。然而，目前尚未见该类蛋白参与植物抗病性调控的研究。

实验室的前期研究发现，水稻 E3 泛素连接酶 OsFBX388 负调控水稻抗病性。我们以 OsFBX388 为诱饵蛋白筛选到一个与其互作的剪接因子蛋白 OsFIP3，免疫共沉淀实验、双分子荧光实验以及荧光素酶互补实验均证明 OsFBX388 与 OsFIP3 在植物体内互作。酵母截断实验表明 OsFIP3 与 OsFBX388 的全长及其各部分截断体均互作。在烟草细胞中，OsFBX388 介导 OsFIP3 泛素化，并通过 26S 蛋白酶体将其降解。*OsFIP3* 基因在水稻的各个组织中均有表达且受稻瘟菌侵染诱导。进一步，我们创制了 *OsFIP3* 基因的过表达及敲除株系。接种实验发现，*OsFIP3*-OE 株系对稻瘟病的抗性增强并伴随着防卫基因的显著上调表达，而 *OsFIP3*-KN 株系与野生型无明显表型差异。这说明 OsFIP3 是植物抗病性的正调控因子。此外，我们通过组织化学染色（NBT 和 DAB 染色）分析发现，*OsFIP3*-OE 叶片周围积累大量活性氧（ROS）。有研究表明，丝氨酸-苏氨酸激酶 ATM（Ataxia Telangiectasia Mutated）蛋白缺失的哺乳动物细胞中存在 ROS 爆发，而 *ATM* 基因的可变剪接被 OsFIP3 的同源蛋白调控。为进一步揭示 OsFIP3 在 *OsATM* 基因剪接中的作用，我们分析发现 *OsFIP3*-OE 植株中，*OsATM* 的剪接效率和表达水平显著提高。与此相一致，在 *OsFBX388*-KN 植株中，*OsATM* 的表达量相较于野生型也显著上调，暗示 OsFIP3 介导的 *OsATM* 的可变剪接可能参与了 ROS 爆发。综上，本研究初步证明，剪接因子 OsFIP3 正调控水稻 ROS 爆发和抗病性，其潜在的机制可能通过调控 *OsATM* 的剪接，而其本身则受到泛素化调控。

关键词：OsFIP3；可变剪接；抗病性；分子机制

---

*　通信作者：赵文生，教授，主要研究方向植物抗病抗逆资源的发掘与利用；E-mail：mppzhaws@cau.edu.cn

转录因子 OsHHO3 参与油菜素内酯信号传导调控水稻抗性机制研究

方柯兴，程亚普，杨清雅，叶丰源，杨　俊，彭友良，赵文生*

（农林生物安全全国重点实验室，中国农业大学植物保护学院，北京　100193）

摘　要：油菜素内酯（BRs）是一类植物类固醇激素，参与植物生长、发育和应激反应等多种生物学过程，在塑造植物株型及响应环境刺激中起重要作用。OsHHO3 是 GARP/G2 转录因子家族的 NIGT1/HHO 亚家族的成员，该家族在氮磷吸收利用、生长发育和非生物胁迫等方面起着重要的协调调节作用，但是否参与 BR 信号途径及调控抗病性尚未明确。

本研究通过筛选 T-DNA 插入突变库，获得了一个类似于 BR 缺陷、具有直立叶片表型的显性突变体 hho3-D，进而利用 Sitefinding-PCR 获得 T-DNA 两侧的序列。序列比对和表达分析发现 T-DNA 整合到 3 号染色体上 OsHHO3 的启动子区域，导致 OsHHO3 的表达量升高。为确认 OsHHO3 基因的生物学功能，我们在中华 11 号（ZH11）背景下创建了 OsHHO3-OE 和 OsHHO3-KN 株系。OsHHO3-OE 株系表现出与突变体相似的直立叶片表型，说明其表型突变是由 OsHHO3 基因过表达所致。接种实验发现突变体 hho3-D 和 OsHHO3-OE 株系对水稻稻瘟病和白叶枯病的抗性减弱，而 OsHHO3-KN 株系对水稻稻瘟病和白叶枯病的抗性增强，表明 OsHHO3 负调控水稻对稻瘟病和白叶枯病的抗性。同时发现，OsHHO3 还能够正向调节水稻对干旱胁迫的耐受性。OsHHO3 表达受 24-epiBL、稻瘟菌、干旱诱导。酵母和原生质体瞬时表达实验证明 OsHHO3 是一个转录抑制因子。进一步分析发现 hho3-D 和 OsHHO3-OE 株系中 OsBZR1、OsPR5 和 OsABAOX2 表达显著下调，而这些基因的启动子区域均含有多个 OsHHO3 的结合基序（5′-GAATC-3′）。为明确 OsHHO3 对这些基因的直接调控，我们在烟草和水稻原生质体中利用双荧光素酶报告基因实验证明 OsHHO3 可以直接抑制 OsBZR1、OsPR5 和 OsABAOX2 基因的表达，同时利用 EMSA 实验证明了 OsHHO3 可以直接结合 OsBZR1、OsPR5 和 OsABAOX2 基因的启动子片段。此外，OsHHO3 蛋白序列中含有多个 OsGSK2 的磷酸化位点（S/TXXXS/T），可能是 OsGSK2 的磷酸化底物。酵母双杂交、荧光素酶互补实验、免疫共沉淀和 pull-down 实验确认了 OsHHO3 与 OsGSK2 在体内和体外互作。后续将系统阐释 OsHHO3 与 OsGSK2 的互作机制，以明确 OsHHO3 在 BR 信号通路以及水稻抗病性中的作用。

关键词：OsHHO3；BR 信号通路；水稻抗病性；分子机制

---

* 通信作者：赵文生，教授，主要研究方向为植物抗病抗逆资源的发掘与利用；E-mail：mppzhaws@cau.edu.cn

SlNAC83-SlCDPKs Module Confers Resistance Against *Phytophthora infestans* in Tomato[*]

Lv Ruili[**], Luan Yushi[***]

(*School of Bioengineering, Dalian University of Technology, Dalian 116024, China*)

Abstract: Tomato is an essential horticultural and commercial crop, with increasingly *Phytophthora infestans* encroached, which seriously restrict the quality and productivity. Prior studies have reported that many transcription factors (TFs) play a crucial role in plant responses to pathogen. However, the function of NAC TFs in tomato resistant to *P. infestans* remain to be explored. Here, we revealed the role and regulatory network of a *P. infestans*-inducible *SlNAC83* in tomato immunity, which localized to both uncles and cytoplasm. We discovered that the C-terminal region is indispensable for transcriptional activation activity of SlNAC83. Gain/loss of function assay demonstrated that *SlNAC83* negatively regulates tomato resistance to *P. infestans*, with overexpression-*SlNAC*83 exhibiting enhanced disease susceptibility (Severe lesion area and disease index) and knockout-*SlNAC*83 displaying improved resistance. DNA-Seq and RNA-Seq were performed for screen the target genes of SlNAC83, we found that the expression of two calcium-dependent protein kinases, *SlCDPK*20 and *SlCDPK*25 were regulated by SlNAC83. Further yeast one hybrid (Y1H) and dual-luciferase (Dual-Luc) assays validated that SlNAC83 could bind with the promoter of *SlCDPK*20 and *SlCDPK*25 to repressed their expression. Moreover, we investigated that the function of SlCDPK20 and SlCDPK25, found that both of them as positive regulators to enhance tomato resistance to *P. infestans*. These results elucidated that SlNAC083 negatively contributes to tomato resistance against *P. infestans* by directly suppressed the expression of *SlCDPK*20 and *SlCDPK*25. Overall, our study provides new insight into the molecular regulatory network of NAC TFs in tomato immunity, offering potent genes for resistance breeding.

Key words: tomato; transcription factors; Calcium-dependent protein kinases; regulatory network; resistance breeding

---

[*] 基金项目：国家自然科学基金资助项目（32230091）
[**] 第一作者：吕睿丽，博士后，园艺作物遗传育种研究方向；E-mail：lvrl@dlut.edu.cn
[***] 通信作者：栾雨时，教授，主要从事植物与微生物互作研究；E-mail：ysluan@dlut.edu.cn

利用核酸酶介导的引导编辑技术对水稻基因进行高效的原位表位标记[*]

李雪琪[1,2**]，张素杰[1,3**]，王晨阳[1]，任 斌[1,3]，严 芳[1]，
李少芳[4]，Carl Spetz[5]，黄金光[6]，周雪平[1,7]，周焕斌[1,2,3***]

[1. 中国农业科学院植物保护研究所，植物病虫害综合治理全国重点实验室，北京 100193；
2. 农业农村部基因编辑技术重点实验室（海南），中国农业科学院国家南繁研究院，三亚 572024；3. 农业农村部桂林作物有害生物科学观测实验站，桂林 541399；
4. 北京市农林科学院蔬菜研究中心，国家蔬菜工程技术研究中心，北京 100097；
5. 挪威生物经济研究院生物技术与植物健康研究所，挪威 1432；6. 青岛农业大学植物医学学院，青岛 266109；7. 浙江大学生物技术研究所，水稻生物学国家重点实验室，杭州 310058]

摘 要： 标签蛋白有助于研究蛋白质互作、信号通路和分子机制，广泛应用于分子生物学、细胞生物学等。相较于传统转基因技术可能导致的外源标签蛋白过量表达问题，基因编辑技术标记内源基因更能准确反映其生理和生化功能。长期以来，如何突破高效的植物内源基因标签技术桎梏一直都是生物技术研究人员关注的重要课题。

在该研究中，研究人员首先借助多种优化策略在水稻上建立了高效的引导编辑系统，测试靶位点的编辑效率高达95.83%。通过不同DNA修复途径（非同源介导的末端连接/NHEJ和微同源介导的末端连接/MMEJ），进一步探索了基于CRISPR/Cas核酸酶的引导编辑系统（NM-PE/NN-PE）在水稻内源基因精准标记中的潜力。结果表明两种策略均能实现水稻内源基因的精准FLAG标记，但MMEJ介导的NM-PE策略在精准性和效率上比NHEJ介导的NN-PE策略更优。此外，借助SpRY和ScCas9核酸酶，PAM序列限制松弛型的引导编辑器通过NM-PE策略成功实现内源基因 *OsMPK3*、*OsMPK6*、*OsMPK7*、*OsMPK10*、*OsMPK11* 的精准标记，编辑效率高达70.83%，大大扩展了NM-PE标签策略在水稻基因组中的靶向范围。最后，研究人员探索了NM-PE在水稻内源双基因标签中的潜力，结果表明后代基因编辑群体拥有大量单、双基因精准标签植株以及基因敲除植株。综上，基于CRISPR/Cas核酸酶介导的双链DNA切割和微同源介导的末端连接途径的NM-PE策略，可以实现水稻靶基因的多核苷酸精准操作、精准标签及敲除等，在未来水稻蛋白标记组学研究、基因功能研究和遗传改良方面具有很大的潜力，也为其他农作物和经济作物相关研究提供全新的思路。

关键词： 内源基因标签；引导编辑技术；核酸酶；微同源介导的末端连接；水稻

---

[*] 基金项目：生物育种重大项目（2023ZD04074）；国家重点研发计划（2023YFD1202905）；中国农业科学院南繁专项基金（YBXM2313）；海南省种业重点实验室（B23CJ0208）；中国农业科学院创新工程项目

[**] 第一作者：李雪琪，博士研究生，主要从事基因编缉技术开发与应用研究；E-mail：lxq_8764@163.com
张素杰，博士研究生，主要从事基因编缉技术开发与应用研究；E-mail：zhangsujie79@gmail.com

[***] 通信作者：周焕斌，研究员，主要从事水稻与白叶枯病原菌的分子互作、基因组编辑技术开发与应用研究；E-mail：zhouhuanbin@caas.cn

生防菌 L-14 介导水稻对水稻细菌性条斑病抗性机理初步解析[*]

王子昊[**]，路冲冲，丁新华[***]

(山东农业大学植物保护学院，泰安 271000)

摘　要：水稻作为全球种植最广的主粮作物，是我国重要的主粮作物。由 Xoc (*Xanthomonas oryzae* pv. *oryzicola*) 引发的细菌性条斑病（条斑病）严重威胁水稻生产。近年因连作、病原抗药性增加等因素导致该病害频繁发生，显著降低了水稻产量与品质。当前国内防治条斑病研究主要集中于化学防治，生物防治研究相对薄弱。化学杀菌剂虽能快速控制病害，但存在污染环境和诱导抗药性等弊端。在环保需求驱动下，开发环境友好的微生物源防控制剂成为关键，筛选鉴定高效生防菌株及抗病蛋白尤为重要。

本研究从水稻细菌性条斑病病区健康的水稻植株根际土壤中分离有益菌株，筛选、鉴定到一株对 Xoc 生长有拮抗效果的生防菌株副干酪乳酸菌 L-14。研究发现培养基的碳氮成分组成会显著影响菌株的生长和外泌肽的产生，改变培养基碳氮成分发现能够显著影响菌株上清液的抑菌活性，表明 L-14 可能分泌抑制 Xoc 生长的蛋白。通过硫酸铵沉淀法提取 L-14 的蛋白并进行质谱分析，通过生物信息学分析得到了上百个 L-14 的外泌蛋白，通过蛋白结构域功能预测以及平板抑菌实验发现蛋白 PT-28 对 Xoc 具有明显抑制效果。另外，接种生防菌 L-14 的水稻能激活植物基础免疫响应，包括 ROS 爆发、胼胝质沉积等，显著提高水稻对条斑病的抗性，DAB 和 NBT 试验表明 PT-28 能够提高水稻叶片中过氧化物和超氧化物积累。目前正通过酵母筛库、IP-MS 等试验进一步寻找外泌蛋白的互作蛋白，并对作用机制进一步研究。综上所述，本研究从水稻根际微生物中筛选到条斑病生防菌 L-14，并利用质谱分析进一步筛选、鉴定到 L-14 的外泌蛋白 PT-28 具有免疫抗病作用。本研究将为条斑病的防治提供有益的思路，并为后期研制生防制剂提供菌种、免疫抗病蛋白支持。

关键词：PGPR；抗菌蛋白；植物免疫

---

[*] 基金项目：山东省自然科学基金重大基础研究项目（ZR2022ZD23，ZR2024ZD07）
[**] 第一作者：王子昊，硕士研究生，主要从事植物与微生物互作研究
[***] 通信作者：丁新华，教授，主要从事植物与微生物互作研究

类受体蛋白 OsCRLP1 调控水稻抗条斑病的机制研究[*]

杜谦[**]，路冲冲，丁新华[***]

(山东农业大学植物保护学院，泰安 271000)

摘 要：水稻细菌性条斑病（条斑病）由稻黄单胞菌稻生致病变种（*Xanthomonas oryzae* pv. *oryzicola*，Xoc）引发的水稻上危害较重的细菌性病害之一，严重时致使水稻减产 50%以上。目前条斑病抗性基因匮乏，其防治严重依赖化学药剂，易造成环境污染和粮食安全问题。因此，挖掘抗病基因解析免疫机制，培育、种植抗病品种是最为经济有效的解决方式。

笔者课题组前期对接种过水稻细菌性条斑病菌的中花 11 转录组进行分析，发现 *OsCRLP1* 受 *Xoc* 诱导上调高量表达，通过生物信息学分析发现 OsCRLP1 具有信号肽和跨膜结构域，但无胞内激酶结构域，属于富含半胱氨酸的类受体蛋白（RLP）。目前已经获得超量表达及 CRISPR-CAS9 基因敲除植株，接种实验表明 OsCRLP1 正向调控水稻对 *Xoc* 的抗性。进一步通过 IP-MS 鉴定得到 OsCRLP1 互作靶标膜蛋白 OsTSGR，OsTSGR 具有信号肽和跨膜结构域及胞内激酶结构域，可能属于膜受体激酶蛋白（RLK），猜测其与 OsCRLP1 互作共同介导水稻免疫抗性。目前已经取得的结果如下：①烟草瞬时表达显示 OsCRLP1 定位在细胞膜和细胞核；②酵母双杂交、双分子荧光互补实验证明 OsTSGR 与 OsCRLP1 互作；③烟草瞬时表达显示 OsTSGR 定位在细胞膜上；④*OsCRLP1* 正向调控水稻对 *Xoc* 的抗性。

综上所述，OsCRLP1 作为类受体蛋白，可能将 RS105 的信号传递给 OsTSGR，进而传递至胞内，进一步激发水稻免疫反应。以上研究将揭示细菌性条斑病致病的机制，为水稻细菌性条斑病绿色防控提供全新靶标蛋白。

关键词：OsCRLP1；RLP；水稻与条斑病互作

---

[*] 基金项目：山东省自然科学基金重大基础研究项目（ZR2022ZD23，ZR2024ZD07）
[**] 第一作者：杜谦，硕士研究生，主要从事植物与微生物互作研究
[***] 通信作者：丁新华，教授，主要从事植物与微生物互作研究

高粱抗炭疽病基因 SbAr3 的克隆与功能研究

韩君如*，张继伟，李金洋，常新雅，余志凡，夏敬阳，王文明**

（四川农业大学，西南作物基因资源发掘与利用国家重点实验室，成都 611130）

摘 要：高粱 [Sorghum bicolor (L.) Moench] 是我国白酒酿造的主要原料，具有高光合效率、耐旱、耐盐碱等优良生物学特性，在世界范围内被广泛种植。由疏纹刺盘孢（Colletotrichum sublineola）引起的高粱炭疽病成为西南地区危害高粱生长的主要病害之一。防治炭疽病最经济有效的措施就是筛选抗病资源，挖掘抗病基因，培育抗病品种。笔者课题组前期广泛收集了 400 余份国内外不同地区、不同用途的高粱资源材料。通过对这些资源材料进行戳伤接菌、喷雾接菌和大田调查综合评估了其炭疽病抗性。最终筛选出极端抗感材料 B289 和 B220。我们将其作为抗病亲本及感病亲本构建 F_2 群体，结合 BSA-Seq 和精细定位成功挖掘到一个隐形抗病基因 SbAr3，该基因编码花青素还原酶，可以将花青素还原为原花青素。对 SbAr3 进行结构分析发现，在抗病材料 B289 中 SbAr3 的第三个编码外显子中缺失了一个碱基 C，导致 cDNA 序列从 542 处发生移码突变，并使翻译提前终止，无法正常行使功能。推测该蛋白功能的改变正是 B289 具有炭疽病抗性的原因，且该基因在西南糯高粱中普遍功能正常。抗病材料 B289 中的黄酮积累量显著高于 B220 的，表明 SbAr3 的功能缺失会导致高粱体内黄酮类物质积累。我们对 B289 和 B220 喷菌后 24 h 进行代谢组分析发现，在 B289 中一个黄酮类物质（7-Hydroxy-4H-chromen-4-one），含量远高于其他黄酮类物质，而在 B220 中该物质含量为 0。通过平板抑菌实验检测了 7-Hydroxy-4H-chromen-4-one 对高粱炭疽菌的抑制效果。抑菌试验表明，该物质在 350 μg/mL 浓度下对炭疽病的抑制率达到 70.6%，我们推测 SbAr3 影响了该物质的积累从而赋予了 B289 炭疽病抗性。下一步，我们将通过高粱遗传转化获得 SbAr3 敲除及过表达材料，验证 SbAr3 在高粱炭疽病抗性中的作用，解析 SbAr3 调控高粱炭疽病抗性的机制，为我国糯红高粱的抗性改良提供遗传基础。综上，我们的研究将为高粱抗病育种提供新的抗性基因资源和理论支撑。

关键词：高粱；炭疽病；抗性基因挖掘；SbAr3

---

* 第一作者：韩君如，硕士研究生，主要研究高粱 SbAr3 基因在高粱抗炭疽病中的作用；E-mail：junru1577233642@163.com

** 通信作者：王文明，教授，主要从事植物-病原菌相互作用机制研究；E-mail：j316wenmingwang@163.com

高粱 NLR 蛋白 SbAr1 抗炭疽病分子机制

夏敬阳*，余志凡，李金洋，韩君如，常新雅，
Yam Bahadur kami，黄锡荣，毛 浪，李紫涵，王文明**，张继伟

(四川农业大学，西南作物基因资源发掘与利用国家重点实验室，成都 611130)

摘 要：高粱 [*Sorghum bicolor* (L.) Moench] 是世界第五大谷类作物，是我国酿酒产业中的重要原料。高粱炭疽病是由疏纹刺盘孢 (*Colletotrichum sublineola*) 引起的全球性真菌病害，不仅导致高粱大幅减产，还严重影响高粱籽粒品质。因此，加强高粱炭疽病的综合治理以及建立持久有效的防控机制是刻不容缓的。筛选作物抗病种质资源、挖掘抗性基因、培育抗病品种、解析抗性基因的抗病机制有助于加速高粱的抗病育种进程。本研究前期完成 400 余份国内外高粱资源材料的谱系分析、重组群体的创制以及多年多点炭疽病抗性鉴定，通过全基因组关联分析成功定位到一个主效 NLR 基因 *SbAr1*。*SbAr1* 在炭疽菌侵染进程中显著上调表达，单倍型分析表明该基因在极端抗感材料中呈明显共分离现象，且在西南糯高粱品种中主要为感病单倍型。烟草瞬时转化 SbAr1 的 CC 结构域可以引发免疫自激活反应，表明 SbAr1 在免疫过程中发挥着功能。在此基础上，我们构建了 *SbAr1* 过表达材料，对野生型材料与过表达材料进行喷雾接种炭疽菌，结果表明过表达材料在 7 d 时产生的病斑面积相比野生型较少，菌生物量也较少；同时，也对高粱防御基因的表达量进行了检测，与野生型相比 *SbPR-1* 在过表达材料中的表达量是明显上调的。综上所述，这些结果说明 SbAr1 过表达可以增强高粱对高粱炭疽病的抗性。为了进一步探究 SbAr1 的功能，我们利用酵母筛库来筛选到与 SbAr1 互作的蛋白 SbbHLH 和 SbBLOC1S2。通过酵母双杂交实验 (Y2H)、蛋白下拉实验 (GST-Pull down)、荧光素酶互补实验 (LCA)、双分子荧光互作实验 (BIFC) 明确 SbbHLH 和 SbBLOC1S2 确实与 SbAr1 的 CC 结构域存在互作。亚细胞定位发现，SbbHLH 和 SbBLOC1S2 很可能是通过调控 SbAr1 的核质分布来影响其功能的。接下来，我们将研究 SbAr1 与靶标蛋白的相互作用的生物学意义，对 SbAr1 的抗性分子机理进行探索。预期研究结果不仅为高粱抗病分子机制提供新的认识，也将为创制抗性材料提供基因资源。

关键词：高粱；炭疽病；NLR；功能验证；转录组；蛋白互作

---

* 第一作者：夏敬阳，硕士研究生，主要研究高粱 NLR 基因在高粱抗炭疽病中的作用；E-mail：1634967566@qq.com
** 通信作者：王文明，教授，主要从事植物-病原菌相互作用机制研究；E-mail：j316wenmingwang@163.com

小麦 tRFs 的鉴定及在赤霉菌入侵过程中的功能研究

胡怡[**]，李韬[***]

（扬州大学农学院，扬州 225009）

摘 要：小麦赤霉病是由禾谷镰刀菌属引起的真菌性病害，导致小麦减产和籽粒毒素（Deoxynivalenol，DON）积累，严重威胁粮食安全。小麦-赤霉菌互作机制较为复杂。tRNA 衍生片段（tRNA derived fragments，tRFs）是一类小分子 RNA，最初在动物中发现，具有与 miRNA 相似的功能机制，能与 AGO 蛋白结合并调控靶基因。尽管在多种植物中已鉴定出 tRFs，但是否参与小麦-赤霉菌互作尚未见报道。

通过对高抗小麦赤霉病品种苏麦 3 号和中感小麦赤霉病品种中国春的小 RNA 高通量测序，发现 tRFs 在小麦中的数量与 miRNA 相当，且多数 tRFs 受禾谷镰刀菌诱导上调。通过 Northern blot，验证了 4 个高表达的 tRFs，分别是 tRF-Glu、tRF-Lys、tRF-Thr 和 tRF-iMet。荧光定量检测发现这 4 个 tRFs 在接种后被显著富集。为了探究 tRFs 在小麦-赤霉菌互作中的生物学功能，我们利用 STTM 技术构建抑制 tRF-Lys 和 tRF-iMet 的载体并转入小麦，获得阳性转基因系。接种赤霉菌后，与对照 Fielder 相比，STTM$^{tRF-Lys}$ 和 STTM$^{tRF-iMet}$ 转基因小麦病穗率显著下降，表明转 STTM$^{tRF-Lys}$ 和 STTM$^{tRF-iMet}$ 可以有效抑制赤霉病在小麦穗部的扩展。通过靶基因预测及 5′RACE 验证，初步确定了 tRF-Lys 和 tRF-iMet 的靶基因分别为糖基水解酶 *TaGH65* 和聚腺苷酸结合蛋白 *TaPABP*，这两个靶基因的保守功能均参与植物的防御反应和维持细胞的稳定性。进一步表达分析显示，靶基因的表达量与 tRFs 呈负相关，上述结果为解析小麦抗赤霉病机制提供新的视角和潜在的靶基因。

关键词：小麦赤霉病；tRFs；DON 毒素；靶基因

---

[*] 基金项目：国家自然科学基金国际（地区）合作与交流项目（32261143462）；江苏省现代农业重点项目（BE2022342）；江苏省自然科学基金（BK20220569）

[**] 第一作者：胡怡，博士研究生，主要从事小麦赤霉病抗病机制研究；E-mail: dx120220130@stu.yzu.edu.cn

[***] 通信作者：李韬，教授，主要从事小麦赤霉病遗传改良研究；E-mail: taoli@yzu.edu.cn

马铃薯响应黑胫病菌胁迫的转录组分析

罗金俊[**]，侯丽娟，王　飞，马永强[***]

(青海大学农林科学院，青海省农业有害生物综合治理重点实验室，西宁　810016)

摘　要：为探究马铃薯抗性品种陇薯19号响应黑胫病菌（黑腐果胶杆菌 *Pectobacterium atrosepticum*）侵染的分子机制，本研究选用株高40 cm左右、健康无病的植株为材料，在处理组茎秆接种10 μL浓度为10^6 CFU/mL的菌悬液，对照组接种等量无菌水，分别在接种后1 d、3 d和5 d取样，进行转录组测序及分析。结果表明，与对照组相比，处理组在1 d、3 d和5 d分别鉴定出436个、20 411个和3 759个差异表达基因（differentially expressed genes，DEGs）。对差异基因分析发现，3组差异基因中存在77个共有基因。对这些共有基因进行GO及KEGG分析发现，与糖苷水解酶相关的基因占比较高，其中18个基因富集在代谢途径。功能注释显示，这些基因编码糖苷水解酶、血红素结合过氧化物酶等蛋白酶，以及参与类黄酮生物合成与代谢的黄烷酮-3-羟化酶和查尔酮-黄烷酮异构酶。这些蛋白酶通过参与相关代谢途径响应病原菌的胁迫。对核心通路和核心基因筛选发现有1个核心基因在被注释的18个共有差异基因中。综上所述，通过转录组分析手段发掘马铃薯对黑胫病菌胁迫响应关键基因，对进一步揭示马铃薯响应病原菌侵染的分子机制具有重要意义。

关键词：马铃薯；黑腐果胶杆菌；转录组；差异基因

---

[*] 基金项目：中国科学院"西部之光"青年学者人才培养计划项目
[**] 第一作者：罗金俊，硕士研究生，主要从事植物病害研究；E-mail：19560830168@163.com
[***] 通信作者：马永强，副研究员，主要从事植物病害研究；E-mail：mayongqiang_163@163.com

The Receptor-like Kinase SlLRR-RLK94 as A Positive Regulator of Tomato Resistance to *Phytophthora infestans**

Zhu Jiaxuan**, Luan Yushi***

(*School of Bioengineering, Dalian University of Technology, Dalian 116024, China*)

Abstract: Late blight, caused by *Phytophthora infestans* (*P. infestans*), is one of the most devastating diseases affecting tomato yield and quality. Receptor-like kinases (RLKs) is an essential factor in plant sense various signaling molecules to trigger early immune signals. However, as the largest subfamily of RLKs, the function of most Leucine-rich repeat receptor-like kinases (LRR-RLKs) in tomato resistant to *P. infestans* remain elusive. Here, we performed a comprehensive identification of LRR-RLK genes in tomato using the latest genome version (SL4.0). A total of 209 LRR-RLK family members were identified and classified into 14 subfamilies based on phylogenetic analysis. SlLRR-RLK94, a member of the XI subfamily, exhibited the strongest response to *P. infestans* infection based on prior transcriptome data and qRT-PCR validation. Using transient overexpression and virus-induced gene silencing in tomato, we preliminarily demonstrated that *SlLRR-RLK94* positively regulates tomato resistance to *P. infestans* by upregulating the expression of pathogenesis-related (*PR*) genes and reactive oxygen species (ROS) scavenging genes, meanwhile boosting antioxidant enzyme activity. Furthermore, overexpressing-*SlLRR-RLK94* transgenic tomato plants showed enhanced resistance to *P. infestans*. Integrated transcriptomic and metabolomic analyses of transgenic tomato plants after *P. infestans* infection suggested that SlLRR-RLK94 mediates resistance by modulating the phenylpropanoid biosynthesis pathway. These findings establish *SlLRR-RLK94* as a key factor facilitate tomato defense signaling and offer a valuable genetic basis for its potential application in crop breeding.

Key words: tomato; LRR-RLK; *P. infestans*; ROS; phenylpropanoid biosynthesis

---

* 基金项目：国家自然科学基金（32230091）
** 第一作者：朱嘉璇，博士研究生，研究方向为生物工程；E-mail：zhujiaxuanxiao@qq.com
*** 通信作者：栾雨时，教授，主要从事植物与微生物互作研究；E-mail：ysluan@dlut.edu.cn

小麦感赤霉病因子 Qfhb.yzu-2DS 的精细定位、克隆和功能解析*

左新磊**，李 韬***

（扬州大学农学院，扬州 225009）

摘 要：小麦赤霉病是一种世界性病害，对粮食安全、食品安全和人畜健康具有严重危害。小麦赤霉病抗性是典型的数量性状，受多基因控制，抗病基因和感病基因共同决定品种的抗性，若在育种过程中引入抗病基因的同时精准剔除感病基因，可极大提高抗性改良效率和品种的抗性水平。已有研究发现，苏麦3号在2DS上携带感病QTL，我们将其命名为 Qfhb.yzu-2DS。前期研究表明，该QTL存在于包括苏麦3号及其衍生系宁7840等在内的绝大部分品种中。为了验证 Qfhb.yzu-2DS 的可靠性，本研究利用宁7840/Clark 衍生的小麦重组自交系（RILs）分离群体，结合55K SNP芯片分析和基部穗轴节间注射法鉴定，发现该QTL能够稳定地重现，并且与高置信 meta-QTL 高度重叠。我们进一步筛选了目标位点的杂合子，构建了精细作图群体，结合基因型分析和表型鉴定，将 Qfhb.yzu-2DS 精细定位到710 K 区间。同时，结合中国春与苏麦3号的转录本测序数据、亲本重测序信息以及表达的时空模式，我们在目标区间内筛选到了2个表达的基因，其中 TaGly 在中国春和苏麦3号中均受病原菌的诱导表达，并且该基因的表达量在病原菌接种前后有显著差异，因此，将 TaGly 确定为 Qfhb.yzu-2DS 的候选基因。Rht8 作为应用最广泛的小麦矮化基因之一，也位于 2DS 染色体上，与 Qfhb.yzu-2DS 连锁。我们开发了可有效区分 Qfhb.yzu-2DS 不同等位变异的鉴别标记，出乎意料的是我国长江中下游麦区高达78%的小麦品种携带感病因子 Qfhb.yzu-2DS，推测是在利用 Rht8 时，由于连锁累赘，也自然地引入了该感赤霉病QTL。因此，我们强烈建议在育种过程中引入矮化基因 Rht8 时，结合回交和标记辅助选择剔除感病QTL Qfhb.yzu-2DS，在降低株高的同时提高小麦赤霉病抗性水平。

关键词：小麦；赤霉病；感病QTL；精细定位；克隆和功能验证

---

* 基金项目：国家自然科学基金（3227150087）
** 第一作者：左新磊，硕士研究生，主要从事小麦抗病研究；E-mail：1840546022@qq.com
*** 通信作者：李韬，教授，主要从事小麦赤霉病遗传改良研究；E-mail：taoli@yzu.edu.cn

CPK3 介导的 bHLH107 磷酸化与质核穿梭调节 Cu^{2+} 激发的植物免疫[*]

夏浩然[1,2][**]，于 悦[1,2]，刘海峰[3]，储昭辉[1,2][***]

(1. 武汉大学生命科学学院，杂交水稻国家重点实验室，武汉 430072；
2. 武汉大学生命科学学院，湖北省生物学基础学科研究中心，武汉 430072；
3. 山东农业大学农学院，泰安 271018)

摘 要：铜对植物生长、发育和免疫至关重要，是植物微量营养素和铜基抗菌化合物（CBACs）的关键成分之一。CBACs 通过隔离和抑制微生物，诱导植物抗性来多层保护植物免受病原微生物的侵害。前期研究证明了低浓度的 Cu^{2+} 可依赖于铜反应顺式作用元件（CuRE）激活乙烯合成限速酶 ACS8 的表达激活植物免疫反应，但相关的识别和转录调控机制尚不清楚。本研究鉴定到一个 CuRE 结合转录因子 bHLH107，它是 Cu^{2+} 诱导 *ACS8* 表达和介导拟南芥对丁香假单胞菌（*Pst* DC3000）抗性所必需的。钙依赖性蛋白激酶 CPK3 与 bHLH107 互作并介导 Ser62 和 Ser72 位点磷酸化，进而促进 bHLH107 从细胞质易位到细胞核，并与转录因子 HY5 相互作用促进 bHLH107 与 CuRE 的结合，从而激活 *ACS8* 的转录和下游免疫反应。此外，研究也发现拟南芥中不具有单独转运 Cu^{2+} 能力的铜转运蛋白 COPT4 协同其他转运蛋白参与铜介导的植物免疫以及 CPK3-bHLH107-HY5 模块对 *ACS8* 的转录调控。综上，本研究初步揭示了拟南芥从细胞膜识别和转运铜离子，细胞质激发磷酸化反应调控转录因子入核，细胞核协同 HY5 上调 *ACS8* 转录水平的植物免疫调节网络。

关键词：铜离子；植物免疫；CuRE；bHLH107；ACS8

---

[*] 基金项目：湖北省科技创新团队（2022016）；湖北农业科技创新中心项目（2025-620-000-001-030）
[**] 第一作者：夏浩然，博士研究生，主要从事铜离子诱导植物抗性机制的研究；E-mail：sdauzbyy@163.com
[***] 通信作者：储昭辉，教授，主要从事作物抗病机制与"立体抗病"研究；E-mail：zchu77@whu.edu.cn

Calcium-dependent Protein Kinase CDPK12 Interacts with ACS11 to Modulate Resistance to Late Blight in Tomato[*]

Li Yan[**], Luan Yushi[***]

(*School of Bioengineering, Dalian University of Technology, Dalian 116024, China*)

Abstract: Late blight, caused by *Phytophthora infestans*, poses a serious threat to global tomato production, significantly impacting plant growth and yield. Developing disease-resistant varieties represents a crucial strategy for controlling this devastating pathogen. Calcium-dependent protein kinases (CDPKs) are pathogen-specific kinases known to play pivotal roles in plant immune responses. However, the specific function of CDPKs in tomato resistance to late blight remains unclear. In this study, building upon previous transcriptome analyses from our laboratory, we identified *SlCDPK*12 as being significantly upregulated post *P. infestans* infection. Through transient overexpression and virus-induced gene silencing (VIGS) assays, we demonstrated that overexpressing transiently *SlCDPK*12 exhibited markedly reduced diameters upon pathogen challenge compared to empty vector controls. Furthermore, the expression of key defense-related genes were up-regulated, whereas VIGS-mediated silencing of *SlCDPK*12 produced the opposite effects. These findings provide preliminary evidence that *SlCDPK*12 positively regulates tomato resistance to late blight. Through yeast two-hybrid screening, we identified *SlACS*11 as a candidate protein interacting with *SlCDPK*12, and this interaction was further confirmed by GST pull-down assays. Notably, transient silencing of *SlACS*11 enhanced tomato resistance to late blight. Our results suggest that *SlCDPK*12 and *SlACS*11 act cooperatively to modulate the tomato immune response to late blight, providing new insights into the molecular mechanisms underlying disease resistance in tomato.

Key words: *Phytophthora infestans*; tomato; CDPK; ACS

---

[*] 基金项目：国家自然科学基金（32230091）
[**] 第一作者：李琰，硕士研究生，生物学；E-mail：15225668210@163.com
[***] 通信作者：栾雨时，教授，主要从事植物与微生物互作研究；E-mail：ysluan@dlut.edu.cn

基于小麦赤霉病抗性相关高置信QTL的芯片研发与应用[*]

薛文婷[**]，李 磊，王 潇，花 辰，李 韬[***]

(扬州大学农学院，扬州 225009)

摘 要：小麦赤霉病（Fusarium head blight，FHB）近年来已成为威胁我国小麦安全生产的重要病害之一，培育抗病品种是最为有效和环保的防控策略。小麦赤霉病抗性是典型的数量性状，受多基因控制。分子标记辅助选择（MAS）和基因组选择（GS）与常规育种相结合可显著提高赤霉病抗性改良效率。传统MAS通量低，只能追踪个别或极少数位点。GS技术可提高育种的精准度和效率，但应用成本高，在亲本选择、杂交设计和后代选择时提供的信息有限。为进一步提高育种精准度和改良效率，我们前期利用不同元分析方法，定位了100个高置信Meta-QTL（hcMQTL），这些QTL在小麦21条染色体上均有分布，如果能在育种中同时追踪、选择和利用这些高置信QTL，将极大提高抗赤育种效率和品种的抗性水平。因此我们开发了覆盖小麦全基因组赤霉病抗性相关高置信Meta-QTL的2K SNP芯片，构建了由491份具有广泛代表性的小麦训练群体。结合表型精准快速鉴定和籽粒DON毒素测定，研发基于上述Meta-QTL的基因组选择模型，预测能力最高可达0.725；结合表型和基因型，解析了品种（系）的抗/感优势单倍型，并开发了配套的python软件。结合GS表型预测和单倍型解析，为快速聚合抗病单倍型并高效剔除感病单倍型提供育种方案，并创制低病穗率且低毒素积累的优异抗性新种质。预期研究结果将显著提高抗赤霉病育种效率和育种精准度，有利于促进粮食安全和人体及环境健康。

关键词：小麦赤霉病；高置信meta-QTL；SNP芯片；基因组预测

---

[*] 基金项目：国家自然科学基金国际（地区）合作与交流项目/国际组织间合作研究项目（32261143462）；江苏省重点研发（现代农业）重点项目（BE2022342）；江苏省农业科技自主创新项目［CX（22）2004］
[**] 第一作者：薛文婷，博士研究生，主要从事小麦抗病研究；E-mail：1143647832@qq.com
[***] 通信作者：李韬，教授，主要从事小麦赤霉病遗传改良研究；E-mail：taoli@yzu.edu.cn

类受体激酶 OsRLK40 参与调控水稻免疫的分子机制研究[*]

黄智程[1][**]，孙良鹏[2]，张佳琳[2]，周文瑄[2]，汲丽娜[2]，南　楠[2][***]，孙文献[1,2][***]

(1. 中国农业大学植物保护学院，农林生物安全全国重点实验室，北京　100193；
2. 吉林农业大学植物保护学院，吉林省作物病虫害绿色防控重点实验室，长春　130118)

摘　要：植物类受体激酶（Receptor-like Kinases，RLKs）通常正调控植物免疫，然而也有少数 RLK 负调控植物免疫，但其作用机制鲜有报道。课题组前期通过大规模筛选，鉴定出一个负调控稻瘟病和水稻白叶枯病抗性，但不影响产量的类受体激酶 OsRLK40。通过检测基础免疫反应，发现 OsRLK40 负调控病原相关分子模式诱导的病程相关基因（Pathogenesis-related gene）的表达、MAPK（Mitogen-activated protein kinase）激活和活性氧爆发。通过酵母双杂交筛选到 OsRLK40 的互作靶标 E3 泛素连接酶 OsRIEL（*Oryzea sativa* OsRLK40 Interacting E3 Ligase），进一步研究发现 OsRLK40 通过磷酸化增加 OsRIEL 的蛋白稳定性。而 OsRIEL 靶标正调控抗病的类受体胞质激酶（Receptor-like Cytoplasmic Kinase，RLCK）OsRLCK57，通过泛素化促进其降解。本研究解析了类受体激酶 OsRLK40 负调控水稻广谱抗性的分子机制，研究结果将完善 RLK 调控植物免疫的信号网络，为创制广谱抗病且不影响产量的种质提供理论依据。

关键词：水稻；广谱抗病性；类受体激酶；OsRLK40；E3 泛素连接酶；OsRIEL

---

[*] 基金项目：水稻抗病虫高产基因挖掘与育种应用（2024YFD1200600）
[**] 第一作者：黄智程，博士研究生，主要从事植物与病原菌的分子互作研究；E-mail：huangzc603@126.com
[***] 通信作者：南楠，讲师，主要从事植物与病原菌的分子互作研究；E-mail：nannan2120@163.com
　　　　　孙文献，教授，主要从事植物与病原菌的分子互作研究；E-mail：wsx@cau.edu.cn

水稻转录因子 MYBS1 调控水稻抗病的结构机制

冀丽凤[*]，王冬立，张　鑫[**]，刘俊峰[**]

（中国农业大学植物保护学院植物病理学系，北京　100193）

摘　要：稻瘟病是由稻瘟菌（*Magnaporthe oryzae*）引起的水稻重要病害，严重威胁全球水稻安全生产。R2R3-MYB 类转录因子在植物生长发育及抗病防御中发挥关键作用，且该家族成员在植物中具有高度保守性。水稻中的 R2R3-MYB 转录因子 MYBS1 通过负调控感病基因 *bsr-d1* 的表达，进而抑制 Bsr-d1 介导的过氧化氢降解酶基因转录，促进细胞内过氧化氢富集，增强水稻对稻瘟病的抗性，然而 MYBS1 与靶基因互作的结构基础还尚不明确。基于此，本研究利用原核表达系统表达 MYBS1 蛋白，通过亲和层析和凝胶过滤层析技术纯化，获得高纯度可溶性蛋白。利用坐滴气相扩散法对 MYBS1 单体蛋白进行大规模晶体条件筛选，成功获得衍射质量高的蛋白晶体，并收集到 2.6 Å 的衍射数据，最终解析其三维结构。此外，本研究已在体外获得了 MYBS1 与下游靶标 DNA 的复合物样品并初步获得了复合物晶体，目前正在进一步优化 MYBS1 与靶标 DNA 的复合物晶体条件，以期揭示 MYBS1-DNA 特异性识别的结构特征，为解析水稻抗病分子机制以及基于结构的抗病基因设计提供结构基础。

关键词：转录因子；MYBS1；启动子；晶体生长

---

[*] 第一作者：冀丽凤，博士研究生，主要从事水稻与稻瘟病菌的互作分子机制研究；E-mail：1576552439@qq.com

[**] 通信作者：张鑫，副教授，主要从事水稻与稻瘟病菌的互作分子机制研究；E-mail：zhangxin1506@126.com
刘俊峰，教授，主要从事水稻与稻瘟病菌的互作分子机制研究；E-mail：jliu@cau.edu.cn

水稻转录因子 bZIP101 调控白叶枯抗性的机制研究

张广慈[1]**，刘美彤[1]，宋 树[1]，孙文献[1,2]***，崔福浩[1]***

(1. 中国农业大学植物保护学院，农林生物安全全国重点实验室，北京 100193；
2. 吉林农业大学植物保护学院，吉林省作物病虫害绿色防控重点实验室，长春 130118)

摘 要：水稻是我国主粮作物之一，但稻瘟病、水稻白叶枯病等病害严重威胁我国水稻产量和品质，提高水稻抗病性对保障我国粮食安全具有重要意义。笔者实验室前期鉴定到一个正调控水稻白叶枯抗性的水稻 E3 泛素连接酶 XB101，并通过酵母双杂交从水稻 cDNA 文库中筛选到其互作蛋白 bZIP101，并通过荧光素酶互补、免疫共沉淀、GST Pull-down 等实验对 XB101 与 bZIP101 的互作进行了验证。bZIP101 编码一个典型的 bZIP 水稻转录因子，水稻原生质体瞬时表达实验表明，flg22 显著促进 bZIP101 蛋白的降解；田间抗病性检测发现，bZIP101 过表达水稻株系的白叶枯病抗性显著降低。推测 XB101 可能通过促进 bZIP101 的降解来正调控白叶枯病抗性。二者共同调控水稻抗性的分子机制还需深入研究，研究结果丰富了 XB101 调控水稻免疫的网络，也为 bZIP101 调控水稻白叶枯病抗性机制的探究奠定了基础。

关键词：水稻白叶枯病；E3 泛素连接酶；bZIP 转录因子

水稻钙依赖性蛋白激酶 OsCPK4 调控植物免疫的分子机制

朱琳，黄清泰，王玉，屈梦涵，孙文献，汪激扬

（中国农业大学植物保护学院，农业农村部作物有害生物监测与绿色防控重点实验室，北京 100193）

摘 要：钙依赖性蛋白激酶（Calcium-dependent protein kinases，CDPK 或 CPK）是一类 Ca^{2+} 敏感的丝氨酸/苏氨酸蛋白激酶。CDPKs 能够识别并磷酸化特异性底物，将信号传递至下游级联放大。从而调节植物病原防御，生长发育等多种过程。笔者团队前期研究发现，OsCPK4 负调控水稻对稻瘟病以及白叶枯病的广谱抗病性。为进一步揭示 OsCPK4 调控水稻免疫的分子机制，我们通过互作蛋白网络预测筛选获得 OsCPK4 的潜在互作蛋白，并通过荧光素酶互补试验进行验证。筛选获得的 OsCPK4 互作蛋白参与了蛋白质合成、维生素合成、氨基酸合成、光合作用、呼吸作用、脂肪与蛋白质分解代谢、生物与非生物胁迫响应、发育调控等多种生物学过程。其中一个与 OsCPK4 相互作用的共表达蛋白 4IC2。通过同位素实验验证 OsCPK4 可以在体外磷酸化 4IC2，结合网站预测以及质谱鉴定确定 OsCPK4 磷酸化 4IC2 的 S315 位点。同时结合体内的原生质体表达，以及半离体的 Cell free 实验，发现 OsCPK4 可以通过 26S 蛋白酶体途径促进 4IC2 的降解。本研究为揭示 OsCPK4 调控水稻抗病性信号通路提供基础。

关键词：水稻；钙依赖性蛋白激酶；磷酸化；26S 蛋白酶体

---

* 基金项目：水稻抗病虫高产基因挖掘与育种应用（2024YFD1200600）
** 第一作者：朱琳，博士研究生，主要从事植物与病原真菌互作分子机理研究；E-mail：zl1627s@163.com
*** 通信作者：孙文献，教授，主要从事水稻与病原细菌、真菌的互作分子机理研究；E-mail：wxs@cau.edu.cn
汪激扬，副教授，主要从事水稻与病原细菌、真菌的互作分子机理研究；E-mail：aqwjy@cau.edu.cn

水稻成对免疫受体识别 MAX 效应蛋白的分子机制研究

秦艺玲，易雅琦，刘 天，张 鑫，刘俊峰，彭友良

(中国农业大学植物保护学院植物病理学系，北京 100193)

摘 要：水稻存在一类重要的成对 NLR 免疫受体 RGA4/RGA5，sensor NLR（RGA5）利用金属离子结合结构域（heavy metal-associated，HMA）特异识别稻瘟菌中对应的 *Magnaporthe oryzae* AVRs and ToxB-like（MAX）-effector 效应蛋白 AVR-Pia 和 AVR1-CO39，并激活 helper NLR（RGA4）介导的抗病反应，但成对免疫受体识别效应蛋白的分子机制还不明确。为解析 RGA5 不同结构域在识别效应蛋白 AVR-Pia 的功能，本研究设计了 RGA5 不同结构域的区段，利用酵母双杂交（Y2H）验证了 AVR-Pia 分别与 CC 结构域和 HMA 结构域都存在相互作用。此外，本研究还设计了多个 RGA4 与 RGA5 的 CC 结构域（coiled-coil domain）截短体，通过酵母双杂与免疫共沉淀实验明确了 RGA4 的 CC 结构域与 RGA5 的 CC 结构域存在相互作用，基于此本研究将进一步解析 AVR-Pia 与 HMA 结构域、RGA4 以及 RGA5 的 CC 结构域之间的互作关系，为揭示 RGA4/RGA5 成对免疫受体识别效应蛋白的分子机制提供重要依据，也为水稻抗病基因的分子设计提供理论指导。

关键词：水稻；NLR；RGA5；RGA4；AVR-Pia

小豆 WAK 基因家族的鉴定及抗锈菌候选基因的挖掘

张昊然, 杨宇翀, 高永豪, 孙伟娜, 殷丽华, 柯希望

(黑龙江八一农垦大学，黑龙江省作物-有害生物互作生物学及生态防控重点实验室，国家杂粮工程技术研究中心，农业农村部东北平原农业绿色低碳重点实验室，大庆 163319)

摘 要：由豇豆单胞锈菌（*Uromyces vignae*）引起的小豆锈病，是影响小豆（*Vigna angularis*）产量和品质的重要病害之一。细胞壁相关类受体激酶（Wall-associated kinases，WAK）是一类典型的类受体激酶（Receptor like kinase，RLK），是植物感知与传导细胞壁相关信号的重要组件。本研究基于 RNA-seq 测序技术解析了小豆抗锈病品种应答锈菌侵染的表达谱，发现 VaWAK 基因家族的多个成员在接种锈菌后上调表达，为深入解析小豆中 WAK 基因家族成员在小豆抗锈病中的功能和作用机制，对小豆 WAK 基因家族进行了鉴定，结果表明，小豆基因组中共有 WAK 家族基因 56 个，分为 2 个亚家族，其中 *VaWAK* 家族成员 10 个，*VaWAKL* 家族成员 46 个，56 个 *VaWAKs* 不均匀分布在小豆 10 条染色体上。对 VaWAK 家族成员保守结构域的分析发现，WAK 亚家族成员均包含 GUB-WAK 结合域、激酶结构域和 EGF/EGF-Ca 结构域，而 WAKL 亚家族则缺失 EGF/EGF-Ca 结构域。对 *VaWAKs* 响应锈菌侵染的表达模式分析发现，*VaWAK3*、*VaWAKL7* 和 *VaWAKL8* 等表达受锈菌侵染的显著诱导，进一步分析发现，与不接种对照比，*VaWAK3*、*VaWAKL7* 在感病品种宝清红中于锈菌侵染早期（12~48 h）显著上调表达，而 *VaWAKL8* 仅在接种后 192 h 显著上调。但在抗病品种 *GN05* 中，*VaWAK3* 和 *VaWAKL7* 在接种锈菌 12 h、48 h、120 h 和 192 h 均显著上调表达，*VaWAKL8* 在接种锈菌后 48 h、120 h 和 192 h 显著上调表达。说明 *VaWAK3*、*VaWAKL7* 和 *VaWAKL8* 可能作为正调控因子参与小豆抗锈病。本研究结果将为深入解析小豆抗锈病的分子机理，加快小豆抗病资源培育和利用提供必要的理论依据。

关键词：小豆；小豆锈病；基因家族；细胞壁相关类受体激酶

---

* 基金项目：黑龙江八一农垦大学研究生创新科研项目（NXYCX2024-Y10）
** 第一作者：张昊然，硕士研究生，主要从事植物病理学相关工作；E-mail：992192561@qq.com
*** 通信作者：柯希望，副教授，主要从事植物病理学相关工作；E-mail：kexylh@163.com

小豆环核苷酸门控离子通道 VaCNGCs 基因家族鉴定与表达分析[*]

桂明月[**]，王婕，陈杰曦，孙伟娜，殷丽华，柯希望[***]

（黑龙江八一农垦大学，国家杂粮工程技术研究中心，黑龙江省作物-有害生物互作生物学及生态防控重点实验室，大庆 163319）

摘 要：小豆（*Vigna angularis*）是我国重要的杂粮作物之一，由豇豆单胞锈菌（*Uromyces vignae*）引起的小豆锈病是小豆生产中危害最为严重的病害之一。环核苷酸门控离子通道（cyclic nucleotide-gated ion channel，CNGC）参与调控 Ca^{2+} 内流和胞内环核苷酸信号转导，在植物抗病中发挥重要作用，但有关 CNGC 家族成员在植物抗活体营养型病原物侵染中的功能及调控机制鲜有报道。为深入解析小豆 CNGC 家族成员（*VaCNGCs*）在小豆抗锈病中的功能及作用机制，本研究采用生物信息学方法对其进行了鉴定，结果表明，小豆基因组中有 20 个 *VaCNGCs* 基因，分布在 8 条染色体上，根据系统发育关系和蛋白序列特征可将其分为 4 个组。保守结构域分析发现，VaCNGCs 成员同时含有 Cyclic nucleotide-binding domain（CNBD）和 Ion transport protein（ITP）两个特征结构域，部分成员还包含 KHA 结构域。启动子元件分析显示，*VaCNGCs* 包含大量逆境胁迫及生长发育相关启动子顺式作用元件 22 类 272 个，其中茉莉酸甲酯（MeJA）、水杨酸（SA）、生长素（IAA）等激素应答元件 161 个，占总数的 59.2%。应用小豆接种锈菌后不同时间的转录组数据分析发现，*VaCNGC*1、*VaCNGC*5、*VaCNGC*7 和 *VaCNGC*19 在接菌后上调表达。进一步采用 qRT-PCR 技术，分析上述基因在抗、感不同品种中应答锈菌侵染的表达模式，结果表明，与不接种对照比，*VaCNGC*5、*VaCNGC*19 和 *VaCNGC*20 在感病品种龙小豆 4 号中于锈菌侵染的 24 h 和 192 h 显著上调表达。但在抗病品种辽引红小豆中，*VaCNGC*5、*VaCNGC*19 和 *VaCNGC*20 在接种锈菌后 24 h、48 h 和 192 h 均显著上调表达，且总体表达水平高于感病品种。说明 *VaCNGC*5、*VaCNGC*19 和 *VaCNGC*20 正调控小豆抗锈病。本研究结果将为加快小豆抗病资源的培育和利用提供必要的理论依据，对小豆产业绿色可持续发展具有重要的实践意义。

关键词：小豆；小豆锈病；CNGC；基因家族

---

[*] 基金项目：黑龙江八一农垦大学研究生创新科研项目（YJSCX2024-Y10）
[**] 第一作者：桂明月，硕士研究生，主要从事植物病理学相关工作；E-mail：2385923668@qq.com
[***] 通信作者：柯希望，副教授，主要从事植物病理学相关工作；E-mail：kexylh@163.com

水稻 OsCRT3 调控水稻抗瘟性的功能研究[*]

屈梦涵[1][**]，王 玉[1]，黄清泰[1]，朱 琳[1]，汪激扬[1][***]，孙文献[1,2][***]

(1. 中国农业大学植物保护学院，农林生物安全全国重点实验室，北京 100193；
2. 吉林农业大学植物保护学院，吉林省作物病虫害绿色防控重点实验室，长春 130118)

摘 要：内质网作为细胞中重要的细胞器，负责蛋白质和脂类的合成及转运。其中，蛋白质在进入内质网的过程中及进入内质网后，需经过多种形式的折叠和修饰，以介导蛋白向正确目的地进行转运。其中钙网蛋白（Calreticulin，CRT）参与该过程并在内质网蛋白合成质量控制中起到关键作用。本研究通过水稻接种稻瘟菌后转录组数据分析，发现钙网蛋白 *OsCRT*3-2 在病原菌侵染后表达水平显著上调，通过 CRISPR/Cas9 基因编辑技术创制了两个独立的 *OsCRT*3-1/*OsCRT*3-2 基因双敲除株系，稻瘟病菌接种实验表明 *OsCRT*3-1/*OsCRT*3-2 基因双敲除株系相比于野生型发病面积与真菌生物量显著下降，表明 *OsCRT*3-1 与 *OsCRT*3-2 基因可能负调控水稻抗稻瘟病抗性。进一步通过免疫共沉淀结合 LC-MS 实验，并结合荧光素酶互补实验确定了 OsCRT3-2 与 CIP-5（MYB 家族转录因子）、CIP-11（OsCNX，内质网质量控制的重要组成部分）和 CIP-12（OsSAPK3，ABA 通路中蛋白激酶）的互作。此研究揭示 *OsCRT*3 参与调控水稻抗瘟性的分子机制，可为创制抗病新种质提供重要基础。

关键词：稻瘟病；内质网；钙网蛋白；水稻免疫

---

[*] 基金项目：水稻抗病虫高产基因挖掘与育种应用（2024YFD1200600）
[**] 第一作者：屈梦涵，博士研究生，研究方向为植物与病原真菌互作分子机理；E-mail：903017883@qq.com
[***] 通信作者：汪激扬，副教授，主要从事水稻与病原细菌、真菌的互作分子机理研究；E-mail：aqwjy@cau.edu.cn
孙文献，教授，主要从事水稻与病原细菌、真菌的互作分子机理研究；E-mail：wxs@cau.edu.cn

CRISPR/Cas9 技术在中国主要粮食作物病害抗性改良中的研究进展*

张慧颖**, 王 颖, 韩成贵***

(中国农业大学植物病理学系, 农林生物安全全国重点实验室, 农业农村部作物有害生物监测与绿色防控重点实验室, 北京 100193)

摘 要: 粮食需求量增加、耕地面积减少以及病害等问题极大地影响了作物的产量和质量, 粮食安全面临严峻挑战。通过传统育种技术或分子育种技术改良作物性状需耗费大量时间和人力, 以 CRISPR/Cas9 为代表的精准基因编辑技术应运而生, 该技术可以实现作物性状的快速改良, 具有成本效益高、操作简便、可多重基因编辑等优势, 本文对近年来通过 CRISPR/Cas9 技术提高中国主要粮食作物对病害抗性的主要研究进展进行了梳理。

CRISPR/Cas9 系统由单链引导 RNA (sgRNA) 和 Cas9 蛋白组成, 在 sgRNA 的引导下, Cas9 蛋白识别并结合目标 DNA 序列, 在 PAM 序列附近对其进行切割。切割后形成平端切口, 激活细胞的自然修复系统, 实现对靶标基因的敲入或敲除。

小麦 (*Triticum aestivum*) 在中国广泛种植, 通过 CRISPR/Cas9 技术对分离得到的感病基因进行编辑是常用的抗性品种的培育方式, 例如 Zhang 等通过敲除 *TaEDR*1 基因、Li 等通过编辑 *TaMLO* 基因培育出的小麦突变体对白粉病有较高抗性。Wang 等通过敲除 *TaWRKY*19、He 等通过敲除 *TaCIPK*14 等获得的小麦突变体对条锈菌具有广谱抗病性。Su 等通过编辑 *TaHRC* 基因使其对赤霉病抗性显著提高, Liu 等对 *TaGW*2 基因进行编辑, 获得的小麦突变体对叶锈病抗性增加的同时产量也显著升高。除此之外, Kan 等先后通过编辑 *TaPDIL*5−1、*TaeIF4E* 基因获得的三突突变体对小麦黄花叶病抗性均显著升高, 以上结果为培育高产抗病小麦品种提供了新途径。

水稻 (*Oryza sativa* L.) 和玉米 (*Zea mays* L.) 的产量与品质也是中国粮食安全的关键, 通过 CRISPR/Cas9 技术编辑感病基因在水稻和玉米的抗病害研究中也有广泛的应用。Xu 等通过编辑 *OsSWEET* 基因培育出广谱抗白叶枯病的水稻株系, Tao 等通过同时敲除 *OsPi*21、*OsBsr-d*1 和 *OsXa*5 基因、Sha 等靶向 *OsRBL*、Gong 等靶向 *OsPAH* 基因进行编辑, 培育出抗稻瘟病和白叶枯病的水稻株系。此外, Zhu 等通过精准编辑 *OsDEP*1 基因获得 *dep*1-*cys* 截短突变体对纹枯病和白叶枯病的抗性和产量均显著升高。玉米中也同样如此, Chen 等通过敲除 *ZmChSK*1 提高其对小斑病的抗性, Liu 等通过敲除 *ZmFER*1 提高其对拟轮枝镰孢穗腐病抗性, Ma 等通过敲除 *ZmCOI*1 提高其对茎腐病抗性, Li 等通过敲除 *ZmNANMT* 提高其对南方叶枯病、北方叶枯病和镰刀菌茎腐病抗性。水稻生长过程中昆虫为害也很严重, Liu 等通过敲除 *OsWRKY*36 基因提高水稻对褐飞虱、白背飞虱、灰飞虱、稻瘟病和白叶枯等主要病虫害的抗性, 以上结果为培育广谱抗病虫作物提供了潜在靶标基因和理论依据。

综上所述, 虽然 CRISPR/Cas9 技术前景广阔, 但在应用中还面临一些挑战, 如应用中存在脱靶突变问题、单一的 PAM 位点导致靶点难以寻找等。优化 sgRNA 和 PAM 位点的设计, 研发更加精准高效的基因组编辑系统以及优化突变体检测体系仍是未来技术发展方向。

关键词: CRISPR/Cas9 技术; 主粮作物; 生物育种; 抗病性

---

* 基金项目: 国家重点研发计划项目 (2023YFD1400300)
** 第一作者: 张慧颖, 博士研究生, 研究方向为小麦病毒研究; E-mail: B20223190972@cau.edu.com
*** 通信作者: 韩成贵, 教授, 研究方向为植物病毒学与抗病毒基因工程; E-mail: hanchenggui@cau.edu.com

水稻抗稻瘟病新基因的鉴定与精细定位

王瀚[1*],李大勇[1],孙文献[1,2**]

(1. 吉林农业大学植物保护学院,吉林省作物病虫害绿色防控重点实验室,长春 130118;2. 中国农业大学植物保护学院,农业农村部作物有害生物监测与绿色防控重点实验室,北京 100193)

摘　要:稻瘟病是水稻上最重要真菌病害之一,严重威胁世界各地水稻生产。为培育广谱持久的抗稻瘟病水稻品种,本研究系统开展了东北地区水稻抗瘟基因资源挖掘。采用离体叶片划伤和活体喷雾接种技术,对东北地区258份水稻品种进行抗瘟性鉴定和抗瘟基因型推导,筛选出含有潜在抗瘟新基因的高抗品种JN505。将JN505与高感品种MGD进行杂交,对F_2代作图群体进行抗性遗传分析显示,F_2代个体接种高致病力稻瘟病菌株CC-5和CRB-1后均呈现3:1抗感分离比,符合单基因显性遗传模式。运用多态性SSR标记将新抗瘟基因初步定位于3号染色体390 kb区域内,利用JN505和MGD全基因组测序后开发的分子标记(dCAPS、InDel、CAPS和SNP)将定位区间缩小至40 kb,该区间包含3个候选基因。比较抗病与感病亲本品种,发现其中一个基因存在错义突变(缬氨酸突变为谷氨酸),另外两个基因启动子区域发生插入和突变。综上,本研究通过图位克隆的方法,精细定位了1个潜在抗瘟新基因,为后续抗瘟新基因的克隆及其介导的抗瘟分子机制研究奠定了重要基础。

关键词:稻瘟病;抗瘟基因;分子标记;精细定位

---

* 第一作者:王瀚,博士研究生;E-mail:419992283@qq.com

** 通信作者:孙文献,教授;E-mail:wxs@cau.edu.cn

水稻 S-酰基转移酶 OsPATa 和 OsPATb 的功能分析[*]

徐嘉擎[1][**]，何松恒[1]，侯德钟[1]，汪激扬[1]，陈东钦[1][***]，孙文献[1,2][***]

（1. 中国农业大学植物保护学院，农林生物安全全国重点实验室，北京 100193；
2. 吉林农业大学植物保护学院，吉林省作物病虫害绿色防控重点实验室，长春 130118）

摘 要：水稻是我国主粮作物之一，在其生长周期中遭受多种病害的威胁。其中，稻瘟病是水稻常发性病害，一旦罹病，将造成大面积减产。因此，深入了解植物抵御稻瘟病的分子机制，将有助于制定科学的稻瘟病防控方案。S-酰化修饰是唯一一种可逆的脂质化修饰，通过 S-酰基转移酶催化底物，将棕榈酸酯（C16）或硬脂酸酯（C18）附着在底物蛋白的半胱氨酸残基的巯基上，形成可逆的硫酯键。水稻中含有 30 个 OsPATs 基因，本研究采用 CRISPR/Cas9 技术对水稻中同源性较高的 OsPATa 和 OsPATb 基因进行双敲除，并成功获得双敲除体水稻。在喷雾和打孔接种稻瘟菌后，ospata/b 敲除体的病斑扩展较野生型水稻显著降低。此外，chitin 处理后，ospata/b 敲除体的 MAPKs 级联反应较野生型水稻显著增强，说明这两个基因在稻瘟病菌侵染寄主水稻中发挥重要作用。此外，发现 OsPATa 和 OsPATb 过表达转基因水稻在分蘖盛期出现类病斑表型，离体划伤接种水稻，与野生型水稻 ZH11 比较，OsPATa 和 OsPATb 过表达转基因水稻的病斑扩展显著降低。chitin 处理后，与野生型水稻 ZH11 比较，OsPATa 和 OsPATb 过表达转基因水稻的 MAPKs 级联反应显著增强。值得注意的是，OsPATb 过表达转基因水稻幼苗期喷雾接种稻瘟病菌，与野生型水稻 ZH11 比较，OsPATb 过表达转基因水稻的病斑扩展显著增强，说明 OsPATa 正调控水稻对稻瘟病的抗性，然而 OsPATb 负调控水稻对稻瘟病的抗性，OsPATa 位于 OsPATb 的上游发挥功能。后续将在此研究基础上，进一步对 OsPATa 和 OsPATb 基因的功能进行探究，研究结果将加深水稻对抗稻瘟病分子机制的理解。

关键词：水稻；S-酰基转移酶；OsPATa；OsPATb

---

[*] 基金项目：水稻抗病虫高产基因挖掘与育种应用（2024YFD1200600）
[**] 第一作者：徐嘉擎，博士研究生，研究方向为植物与病原真菌互作，E-mail：136810185@qq.com
[***] 通信作者：陈东钦，教授，主要从事植物先天免疫学研究，E-mail：chendq@cau.edu.cn
孙文献，教授，主要从事植物与病原菌的分子互作研究；E-mail：wxs@cau.edu.cn

水稻类受体激酶 OsRLK55 正调控稻瘟病抗性的研究

张佳琳[1*],黄智程[2],周文瑄[1],孙良鹏[1],汲丽娜[1],南 楠[1**],孙文献[1,2**]

(1. 吉林农业大学植物保护学院,吉林省作物病虫害绿色防控重点实验室,长春 130118;2. 中国农业大学植物保护学院,农业农村部作物有害生物监测与绿色防控重点实验室,北京 100193)

摘 要:植物类受体激酶(Receptor-like kinases,RLKs)是调控生长、发育及免疫的关键因子。尽管水稻 RLK Ⅻ亚家族成员广泛参与免疫反应,但 OsRLK55 在病原相关分子模式诱导的免疫反应(PAMP-triggered immunity,PTI)及抗病中的功能尚不明确。本研究分别构建了 OsRLK55 敲除突变体与过表达转基因株系,通过抗病性鉴定,发现与野生型相比,敲除突变体对稻瘟菌(Magnaporthe oryzae)的抗性显著下降,而过表达株系对稻瘟病的抗性显著增加。通过基础免疫反应检测,发现 OsRLK55 敲除突变体中几丁质诱导的活性氧(ROS)爆发和病程相关基因的表达显著低于野生型,反之,过表达株系则明显高于野生型。通过农艺性状的测定,发现敲除突变体和过表达株系与野生型无显著差异。这些结果表明 OsRLK55 通过调控 PTI 进而正调控水稻对稻瘟病的抗性,研究结果为解析水稻抗病分子机制及类受体激酶功能分工提供了新方向。

关键词:水稻;稻瘟病;类受体激酶;OsRLK55

---

* 第一作者:张佳琳,博士研究生,主要从事水稻免疫机制研究;E-mail:jlaujialinz@163.com
** 通信作者:南楠,讲师,主要从事植物与病原菌的分子互作研究;E-mail:liuling@jlau.edu.cn
孙文献,教授,主要从事植物与病原菌的分子互作研究;E-mail:wsx@cau.edu.cn

Identification of the OsbHLH81-OsJT1 Module Confers Susceptible to Rice Bacterial Leaf Streak[*]

Yang Haocai[1,**], Geng Tiantian[1], Wen Yeying[1], Yang Wei[2,***], Chu Zhaohui[1,***]

(1. *State Key Laboratory of Hybrid Rice, College of Life Sciences, Wuhan University, Wuhan* 4300722, *China*; 2. *State Key Laboratory of Wheat Improvement, College of Agronomy, Shandong Agricultural University, Tai'an*, 271018, *China*)

Abstract: Bacterial leaf streak (BLS), caused by *Xanthomonas oryzae* pv. *oryzicola* (Xoc), is an important seed-borne and quarantine disease in China, which is severely danger to the yield and hybrid seeds production. However, it is still limited to know how rice is resistant or susceptible to BLS. Here we identified a bHLH-type gene *OsbHLH*81, which is activated expression by Xoc RS105 dependent on type III secretion system and mediated the susceptibility to BLS on rice. The *OsbHLH*81-overexpression (OE) lines enhanced the susceptibility to Xoc. While both the *OsbHLH*81-knockout (KO) and knock-down (RNAi) lines were remarkably elevated the resistance to BLS. In order to further analyze the mechanism of *OsbHLH*81 negatively regulating rice immunity, we mined putative downstream target genes for *OsbHLH*81 by performing a joint analysis of RNA-Seq and DAP-seq. And an *Oryza* specific gene *OsJT*1 was identified as one of *OsbHLH*81 targets via ChIP-qPCR and EMSA experiments. Similar to the *OsbHLH*81, the *OsJT*1 confer to Xoc-inducible expression and negatively regulated the resistance to BLS. Furthermore, the repressed OsbHLH81-OsJT1 module was identified to broadly resistant to bacterial blight and sheath blight in rice.

Key words: rice; Bacterial leaf streak; plant immunity; bHLH transcription factor

---

[*] Funding: National Natural Science Foundation of China (32272028); STI2030-Major Projects (2023ZD04070)
[**] First author: Yang Haocai; E-mail: 2023202040057@whu.edu.cn
[***] Corresponding authors: Chu Zhaohui; E-mail: zchu77@whu.edu.cn
Yang Wei; E-mail: yangw@sdau.edu.cn

类钙调素蛋白 GmCML38 在植物与核盘菌互作中的作用机制研究

徐珣[**]，刘翔宇，曹安琪，肖坤钦，潘洪玉，刘金亮[***]

(吉林大学植物科学学院，长春 130062)

摘 要：核盘菌 [*Sclerotinia sclerotiorum* (Lib.) de Bary] 是一种典型的死体营养型植物病原真菌，寄主广泛，所引起的大豆菌核病（Sclerotinia stem rot，SSR）是世界性的重大真菌病害。核盘菌致病机制复杂，可分泌草酸、细胞壁降解酶及效应因子等促进侵染。为了抵御病原菌的侵染，植物演化出复杂的免疫应答系统，其中钙离子（Ca^{2+}）作为重要的第二信使，在植物免疫中发挥关键作用。通过分析核盘菌侵染大豆糖转运蛋白 *GmSWEET*15 基因突变体的转录组数据，筛选到一个接种核盘菌 24 h 后特异性在 *Gmsweet*15 中高表达的大豆类钙调素蛋白（calmodulin-like proteins，GmCML38），利用农杆菌介导的瞬时表达系统、转基因过表达以及结合生物信息学等方法，获得了过表达 GmCML38-GFP 的转基因拟南芥植株 35*S*∶*GmCML38*，经同源比对鉴定到 GmCML38 在拟南芥中的同源蛋白 AtCBEF，获得其 T-DNA 插入突变体植株 *Atcbef*。通过致病性试验、基础免疫试验等鉴定到 GmCML38 是在植物与核盘菌互作中起着负调控植物对核盘菌抗性的蛋白，并初步揭示了 GmCML38 及其同源蛋白 AtCBEF 可能通过抑制 Ca^{2+} 信号来负调控基础免疫和对核盘菌抗性的分子机制，发现 GmCML38 和 AtCBEF 负调控植物对多种病原菌的抗性。该结果为深入解析植物与核盘菌互作机制奠定基础，为作物抗病性改良提供潜在分子靶标。

关键词：核盘菌；Ca^{2+} 信号；类钙调素蛋白 GmCML38；基础免疫

---

[*] 基金项目：国家自然科学基金（32172505）；吉林省自然科学基金（20230101156JC）
[**] 第一作者：徐珣，硕士研究生，主要从事植物病原与寄主互作分子机制研究；E-mail：mmxx83132@163.com
[***] 通信作者：刘金亮，教授，主要从事植物病原与寄主互作分子机制研究；E-mail：jlliu@jlu.edu.cn

小麦品种天选47抗条锈病基因 YrTX47 高密度遗传图谱的构建

武彩娟**，刘明杰，阙佳慧，程 蓬，王保通***，李 强***

（西北农林科技大学植物保护学院，作物抗逆与高效生产全国重点实验室，杨凌 712100）

摘 要：条锈病是世界范围内小麦上最重要的病害之一，培育和种植抗病品种是防治病害最经济、有效的措施。小麦品种天选47对条锈病表现良好抗性，为鉴定其抗条锈病基因，以感病品种铭贤169与天选47号杂交构建 $F_{2:3}$ 分离群体，分别于2022年和2023年在陕西杨凌和甘肃天水进行两年两点条锈病抗性鉴定。利用小麦16K SNP液相芯片进行亲本和 $F_{2:3}$ 分离群体基因型检测，结合两年两点抗病反应型（Infection type, IT）和最大严重度（Maximum disease severity, MDS）数据，在4个环境同时定位到1个稳定主效QTL，暂命名为 YrTX47。YrTX 定位于小麦5BS染色体，分别解释IT和MDS表型变异的34.09%~48.18%和24.88%~43.26%。在 YrTX 定位区间继续开发KASP标记，最终将 YrTX 定位于标记 k45 和 k72 之间0.45 cM遗传区间，对应中国春404.77 kb的物理区间。功能注释显示该区间存在6个具有明确功能的基因，其中编码富含甘氨酸的RNA结合蛋白（GR-RBP）、Sec61蛋白复合体β亚基、机械敏感离子通道蛋白2及PIK6-NP类抗病蛋白可作为潜在候选基因后续重点研究。单倍型分析显示，携带 YrTX 单倍型（Hap1）群体的抗性优于其他组。

关键词：小麦；条锈病；抗病基因；高密度遗传图谱

---

* 基金项目：国家重点研发计划（2021YFD1401000）；农业生物育种项目（2023ZD04025）
** 第一作者：武彩娟，博士研究生，主要从事小麦抗病性遗传研究；E-mail：1241137050@qq.com
*** 通信作者：王保通，教授，主要从事小麦病害综合治理研究；E-mail：wangbt@nwsuaf.edu.cn
李强，副研究员，主要从事小麦抗病性遗传和抗性机制研究；E-mail：qiangli@nwsuaf.edu.cn

水稻 CIP2 蛋白调控稻瘟病抗性的机制研究

宋 树[1]**, 刘美彤[1], 张广慈[1], 崔福浩[1]***, 孙文献[1,2]***

(1. 中国农业大学植物保护学院,农林生物安全全国重点实验室,北京 100193;
2. 吉林农业大学植物保护学院,吉林省作物病虫害绿色防控重点实验室,长春 130118)

摘 要:水稻是我国最重要的粮食作物,稻瘟病等病害严重威胁水稻产量和品质,水稻抗病基因的挖掘和利用,对水稻病害绿色防控至关重要。笔者实验室前期鉴定到一个水稻 E3 泛素连接酶 CIP2,对其敲除突变体接种稻瘟病后发现,CIP2 负调控稻瘟病抗性。为了进一步解析其调控稻瘟病抗性的机制,通过 IP-MS 鉴定到 CIP2 的互作蛋白 AIP8,并通过荧光素酶互补、免疫共沉淀、GST pull-down 等实验对 CIP2 和 AIP8 的互作进行了验证。*AIP8* 编码一个丝裂原活化蛋白激酶,水稻原生质体瞬时共表达实验表明,AIP8 能够增强 CIP2 的蛋白积累,推测 AIP8 通过磷酸化 CIP2 使其蛋白稳定性增强。对于两者如何共同参与调控稻瘟病抗性还需深入研究。研究结果初步揭示了 CIP2 与 AIP8 之间的关系,为探究 CIP2 调控稻瘟病抗性的机制提供了基础。

关键词:稻瘟病;E3 泛素连接酶;丝裂原活化蛋白激酶

---

* 基金项目:稻曲病菌效应蛋白 SCRE4 靶向水稻 CBSX2 蛋白抑制植物免疫的分子机制(61512009)
** 第一作者:宋树,博士研究生,研究方向为植物与病原真菌互作分子机理研究;E-mail:s498732350@163.com
*** 通信作者:崔福浩,副教授,主要从事水稻与病原细菌、真菌的互作分子机理研究;E-mail:cuifuhao@163.com
孙文献,教授,主要从事水稻与病原细菌、真菌的互作分子机理研究;E-mail:wxs@cau.edu.cn

小豆真叶基因瞬时表达体系的构建及应用[*]

杨然梅[**]，李 玥，廖思柳，殷丽华，柯希望[***]

（黑龙江八一农垦大学，国家杂粮工程技术研究中心，黑龙江省作物-有害生物互作生物学及生态防控重点实验室，大庆 163319）

摘 要：由豇豆单胞锈菌（*Uromyces vignae*）引起的小豆（*Vigna angularis*）锈病在生产上严重影响小豆的产量和品质，挖掘小豆抗锈病基因并分析其抗病的分子机理，是培育和合理利用抗病品种防治小豆锈病的重要举措。但小豆遗传转化难、功能基因分析缺乏高效验证体系的现状，严重制约了小豆功能基因的鉴定与利用。因此，为构建基于小豆叶片的基因瞬时表达体系，实现小豆基因功能的快速验证，本研究以小豆真叶为试验材料，绿色荧光蛋白（pBIN::mGFP）为报告基因，并对瞬时转化时小豆叶片的叶龄、农杆菌菌液浓度、渗透时间等条件进行了优化。结果表明，以水培 10 d 的龙小豆幼苗真叶为材料，设定农杆菌菌液 OD_{600} 为 0.6 Pa、10 Pa 压力下真空渗透 4 min 时，菌液的渗透效果最好，渗透后的幼苗继续培养 3 d 后，真叶表皮细胞中可观察到明显的绿色荧光，且表达 GFP 的表皮细胞比例为 8%~22%，表明该瞬时表达体系拥有较高的表达效率。进一步应用该体系，在真叶中瞬时表达了小豆 Dirigent 基因 *VaDIR*15，*DIR* 基因被证明可在整个细胞中表达，瞬时表达 3 d 后，可在真叶表皮的整个细胞中观察到明显的绿色荧光，说明 *VaDIR*15 被成功表达。此外，对瞬时表达后的真叶接种锈菌，接种叶片能正常发病并形成夏孢子堆。上述结果表明，本研究成功构建了基于小豆真叶的基因瞬时表达体系，且表达外源基因的小豆叶片可用于后续的锈菌接种试验，为小豆抗锈病基因功能验证提供了必要的技术支持。

关键词：小豆；豇豆单胞锈菌；瞬时表达；真空渗透

---

[*] 基金项目：黑龙江省自然科学基金（YQ2020C034）
[**] 第一作者：杨然梅，硕士研究生，主要从事植物病理学相关研究；E-mail：1123668575@qq.com
[***] 通信作者：柯希望，副教授，主要从事植物病理学相关研究；E-mail：kexylh@163.com

水稻 MFAP1 协调抗病性和产量的机制研究

杨媛，向灵，孙继粉，苏昊，熊晓玉，杨雪梅，
朱勇，胡章薇，王文明，李燕

（四川农业大学，西南作物基因资源发掘与利用国家重点实验室，成都 611130）

摘 要：miRNA 是一类长 20~24 nt 的单链非编码 RNA，通过抑制下游靶基因的表达来发挥功能。研究表明，水稻 miRNAs 响应多种病原物（如稻瘟菌、白叶枯病菌、纹枯病菌、条纹矮缩病毒等）的侵染，同时也参与调控产量性状。前期研究发现，在水稻中抑制 miR1871 的功能，可同时提高稻瘟病抗性和单株产量。miR1871 靶定 MFAP1，MFAP1 存在 2 个转录本，MFAP1.1 和 MFAP1.2。在此基础上，我们发现 MFAP1.1 恢复了 miR1871 导致的抗病性降低，增强稻瘟病抗性且不影响单株产量，其编码蛋白与 POD 在细胞壁附近互作。POD 负调稻瘟病抗性，MFAP1.1 抑制 POD 蛋白累积，负调 POD 酶活，影响 H_2O_2 累积和细胞壁木质素累积。MFAP1.2 负调稻瘟病抗性，但提高水稻有效分蘖数，其编码蛋白与 HSP17.9A 在细胞核内互作，HSP17.9A 负调稻瘟病抗性，影响水稻产量性状，且促进 MFAP1.2 蛋白累积。但是，HSP17.9A 如何调控水稻分蘖有待进一步研究。

关键词：miR1871；MFAP1；稻瘟病抗性；产量性状

Os*DSK1*基因正调水稻 PTI 增强稻瘟病抗性

郭超蓉[*]，黄衍焱，刘信娴，汪雅信，张诺文，李鹏阳，王文明[**]

(四川农业大学，西南作物基因资源发掘与利用国家重点实验室，成都 611130)

摘 要：蛋白激酶作为重要的磷酸转移酶，通过催化 ATP γ-磷酸基团转移至底物蛋白的丝氨酸/苏氨酸、酪氨酸或组氨酸残基，介导蛋白质磷酸化修饰。这类酶类不仅通过变构效应调控靶蛋白活性，还能通过级联磷酸化反应构建信号转导网络，在植物应对病原侵染、非生物胁迫及激素应答等生物学过程中发挥核心调控作用。本研究发现水稻受体样蛋白激酶 OsDSK1 受稻瘟病菌侵染特异性诱导表达，通过构建 OsDSK1 过表达株系和 CRISPR/Cas9 基因敲除突变体进行表型分析，发现 OXDSK1 株系相较于野生型表现出显著增强的稻瘟病抗性，而 *dsk*1 突变体则表现更感病。分子机制研究表明，OsDSK1 能与模式识别受体复合体关键组分 BAK1（BRI1-associated receptor kinase 1）直接互作，同时还能与 NADP 氧化酶 RBOH 家族成员存在蛋白互作，表明在传递病原相关分子模式（PAMP）触发的免疫信号和调控活性氧的爆发中发挥着关键作用，是水稻 PTI 反应的关键调控基因。本研究将进一步揭示调控水稻 PTI 的分子机制，为水稻抗性育种提供理论基础。

关键词：水稻；病原菌相关分子模式触发的免疫（PTI）；模式识别受体（PRRs）；免疫反应

---

[*] 第一作者：郭超蓉，硕士研究生，主要研究水稻基因在水稻稻瘟病中的作用；E-mail：1342793369@qq.com
[**] 通信作者：王文明，主要研究方向为稻瘟病、稻曲病及广谱抗病机理；E-mail：j316wenmingwang@163.com

基于叶片接种方法的马铃薯品种黑胫病抗性评价和相关防御基因鉴定

易苗苗[1]*，李华伟[1,2]，周 颖[1]，陈凤平[1]**，王 莫[3]**

(1. 福建农林大学植物保护学院，生物安全国家重点实验室，生物农药和化学生物学重点实验室，福州 350000；2. 福建省农业科学院作物研究所，福州 350013；3. 云南农业大学植物保护学院，昆明 650201)

摘 要：马铃薯黑胫病由果胶杆菌属（*Pectobacterium* spp.）和迪克氏菌属（*Dickeya* spp.）引起的系统性维管束病害，严重影响我国马铃薯块茎品质和产量。病原菌通过分泌果胶酶分解马铃薯茎基部组织细胞的细胞壁果胶成分，引发组织坏死和维管束堵塞，进而导致全株系统性脱水萎蔫，并快速向邻近植株传播蔓延。生产上马铃薯主要采用无性繁殖体系扩繁种薯，当块茎携带潜伏病原菌进入田间，可导致黑胫病在马铃薯各个生长时期发生。培育抗病品种是防治马铃薯黑胫病最经济、有效的途径。挖掘马铃薯抗黑胫病相关防御基因是培育抗病品种的重要手段，但是马铃薯块茎及胫基部的组织细胞功能分化程度高，导致其基因表达量相对较低（如抗病基因 *PR1*、*PAL* 等基因表达量远低于叶片），不适宜鉴定和挖掘抗黑胫病相关基因。本研究构建了接种马铃薯黑胫病（*P. carotovorum*）发病叶片为双模式接种体系（离体叶片接种法/活体植株接种法），突破茎基部/块茎接种局限。结果表明，离体叶片接种48 h 内，感病品种病斑扩展速率显著高于抗病品种，与块茎接种的结果趋势一致。活体造伤接种后 qRT-PCR 分析表明，叶部接种 *P. carotovorum* 后抗病相关基因（*PR1*、*PR5* 等）表达上调水平显著高于茎部接种，可能与叶部受侵染后水杨酸（SA）信号通路及活性氧（ROS）爆发的响应灵敏度更高有关。本研究方法体系的创制为深入研究马铃薯黑胫病抗病机制、鉴定相关防御基因以及抗病种质资源筛选提供了理论指导和新思路。

关键词：马铃薯黑胫病；*Pectobacterium carotovorum*；叶片接种；品种抗性评价

---

* 第一作者：易苗苗，硕士研究生，主要从事植物与病原菌互作分子机制研究；E-mail：yimm2001@163.com

** 通信作者：王莫，教授，主要从事作物抗病分子机理研究；E-mail：wangmo108@163.com

陈凤平，研究员，主要从事植物与病原菌互作分子机制研究；E-mail：chenfengping@fafu.edu

松针挥发物在三七体内互作蛋白的鉴定和晶体生长

王 佳*，王冬立**，刘俊峰**

(中国农业大学植物保护学院植物病理学系，北京 100193)

摘 要：三七在松树林中种植时，松针挥发物能减少三七的病害发生。松针挥发物主要是萜烯类物质，其中包括化合物 1 和化合物 2。本研究鉴定三七的互作蛋白是否为化合物 1 和化合物 2 的作用靶标。如果是作用靶标，则分析蛋白与化合物之间的互作机制。通过原核表达系统、亲和层析和凝胶排阻层析等技术，获得均一、稳定的蛋白样品。SPR 检测表明蛋白 1 和化合物 1 有结合；蛋白 2 与化合物 1 有结合，与化合物 2 可能有结合。使用坐滴气相扩散法获得了蛋白 1 的晶体、以及蛋白 1 和化合物 1 的复合物晶体，分辨率为 2.5 Å。获得了蛋白 1 的同源蛋白的晶体，以及蛋白 1 的同源蛋白和化合物 1 的同分异构体晶体，但分辨率低，之后需优化条件。结构解析结果表明蛋白 1 和化合物 1 的复合物晶体内疑似有化合物 3，需通过质谱检测等验证。蛋白 1 的同源蛋白结构里有化合物 4，化合物 4 与化合物 1 相似，可能蛋白 3 是化合物 1 的主要靶标，之后需验证。根据计算获得的模型，对蛋白 2 的氨基酸做突变，以验证这些氨基酸位点是否影响其与化合物 1 的互作。以上研究可解释靶蛋白如何与这两种化合物互作，为三七开发绿色农药提供结构基础。

关键词：三七；松针挥发物；互作；晶体生长

---

* 第一作者：王佳，博士研究生，主要从事天然活性小分子作用机制；E-mail：w16103990803@163.com

** 通信作者：王冬立，副教授，主要从事病原菌致病关键蛋白的结构解析和抑制剂的筛选研究；E-mail：wdl@cau.edu.com
刘俊峰，教授，主要从事植物 NLR 类型免疫受体基于结构的人工设计和抗病分子育种研究；E-mail：jliu@cau.edu.com

双向 GWAS 揭示小麦与白粉菌互作的遗传全貌

谢菁忠[1]**，罗巧玲[1]**，王利敏[1]**，邱丹[1]**，赵彩虹[1,2]，胡经煌[3]，张婧[1,2]，赵心宇[1,4]，陈昭庚[1,2]，王一波[1,2]，于洋[5]，罗梦真[6]，宋浩源[5]，侯玥瑄[1,2]，张志蒙[1,2]，尹谋[1,2]，王豪杰[1,2]，李轩照[1,2]，付晓萌[1]，肖蓓[1]，李亚会[7]，吴佳洁[5]，刘文轩[6]，王延鹏[1,2]，朱墨[8]，张延明[5]，Alisdair R. Fernie[9]，王巍[10]，李洪杰[3]***，贺飞[1,2,11]***

(1. 育种前沿技术实验室，中国科学院遗传与发育生物学研究所，北京 100101；2. 中国科学院大学，北京 100049；3. 湘湖实验室，杭州 311231；4. 哈尔滨师范大学生命科学与技术学院，黑龙江省分子细胞遗传与遗传育种重点实验室，哈尔滨 150025；5. 小麦育种全国重点实验室，山东农业大学农学院，泰安 271018；6. 河南农业大学生命科学学院，郑州 450046；7. 北京市农林科学院杂交小麦研究所，北京 100097；8. 河南师范大学生命科学学院，新乡 453000；9. 马克斯普朗克分子植物生理学研究所，德国波茨坦 14476；10. 作物遗传与种质创新利用全国重点实验室，生物育种钟山实验室，南京农业大学农学院，南京 210095；11. 中国科学院-英国约翰英纳斯中心植物和微生物科学联合研究中心，北京 100101)

摘 要：白粉病是危害小麦生产的主要病害之一。"小麦-白粉菌"是研究植物与病原菌互作的模式系统。目前已经发现了上百个抗小麦白粉病基因（位点），其中近 10 个抗病基因识别的无毒基因也被发现。我们对中国小麦主产区 245 个白粉菌菌株进行全基因组测序，鉴定出 120 个具有遗传多样性的代表性菌株。通过对 580 份小麦多样性种质资源进行苗期单菌株接种鉴定，为每份小麦材料生成了一张针对 120 份菌株的抗病图谱。采用全基因组关联分析，共定位到 251 个抗病基因（R）位点和 65 个无毒基因（Avr）位点，其中包括 9 个已克隆 R 基因和 8 个已克隆 Avr 基因。每个菌株平均携带 8 个 Avr 基因（1~17 个不等），且 Avr 基因及其组合无明显地域偏好性，提示抗病育种需在国家层面统筹规划。平均一个 R 基因被 2% 的小麦品种携带。小麦的抗性水平与其携带 R 基因的数量呈正相关，表明可以通过聚合更多 R 基因提高品种抗病性。通过双向 GWAS 和跨物种上位性分析，我们绘制出一张含有 212 个 R-Avr 互作的遗传网络。基于该网络，我们发现聚合 15 个 R 基因可识别绝大部分 Avr 位点。我们通过烟草实验验证了 2 对已知 R-Avr 互作与 2 个新 R-Avr 互作，并通过小麦原生质体确认了 3 个新型 Avr 基因（Bgt-50651、BgtE-5826 和 BgtE-20009）。其中 Bgt-50651 能与 Pm1a、Pm2a 以及 2B 染色体末端的 1 个未鉴定 R 基因发生互作。本研究结果对于理解作物与病原菌相互作用提供了蓝图，为抗病育种设计提供了线索和思路。

关键词：小麦白粉病；R-Avr 互作；遗传全貌；双向 GWAS；抗病育种；抗病基因；无毒基因

---

* 基金项目：科技部重点研发计划（2023YFF1000100）；生物育种（2023ZD04073，2023ZD04076）；国家自然科学基金（32302369，32172001）

** 第一作者：谢菁忠，助理研究员，主要从事小麦基因组学与抗病基因的定位与克隆研究；E-mail: jzxie@genetics.ac.cn
　　　　罗巧玲，助理研究员，主要从事小麦远缘杂交与小麦白粉病研究；E-mail: lql2014@genetics.ac.cn
　　　　王利敏，助理研究员，主要从事小麦白粉病 R-Avr 互作机制研究；E-mail: lmwang@genetics.ac.cn
　　　　邱丹，助理研究员，主要从事小麦白粉病抗病机制研究；E-mail: qiudan@genetics.ac.cn

*** 通信作者：李洪杰，研究员，主要从事小麦白粉病研究；E-mail: lihongjie@xhlab.ac.cn
　　　　贺飞，研究员，主要从事小麦基因组学与抗病育种机制研究；E-mail: fhe@genetics.ac.cn

小麦系统获得抗性关键负调控因子 *TaNPR3* 的功能初探

李梦雨[**]，赵淑清，任小鹏，袁　梦，陈雅琳[***]，王逍冬[***]

（河北农业大学植物保护学院，华北作物改良与调控国家重点实验室，保定　071000）

摘　要：系统获得抗性（systemic acquired resistance，SAR）是由水杨酸受体蛋白NPR1介导的植物先天免疫反应，具有广谱抗病特征。*NPR1* 基因及其调控的水杨酸（Salicylic Acid，SA）抗病通路同样在小麦抗叶锈病、根腐叶斑病和茎基腐病中起重要作用。NPR1 的同源蛋白 NPR3 和 NPR4 同样作为 SA 受体，以不同的亲和力结合 SA 并作为泛素 E3 连接酶的接头，以 SA 调节的方式介导 NPR1 蛋白的降解，在植物感知 SA 信号和抗病反应中起完全相反的作用。本课题组研究发现，创制获得的小麦转基因材料 *TaNPR3-OE* 表现出显著降低的 SAR 水平。本研究对小麦转基因材料 *TaNPR3-OE* 针对叶锈病、根腐叶斑病、茎基腐病的抗性进行了详细评估，结果表明过表达 *TaNPR3-OE* 基因可显著降低小麦的广谱抗病水平。进一步利用组学技术分析，明确了 *TaNPR3* 基因的转录调控网络，发现大量病程相关蛋白 *PR* 基因和植物 MAPK 信号基因在 *TaNPR3-OE* 中显著下调表达。此外，对 *TaNPR3* 进行了基因编辑突变，筛选得到了小麦 *tanpr3* 基因敲除突变体。以上结果不仅为深入解析系统获得抗性关键基因的广谱抗病特征提供了理论依据，还为小麦抗病遗传改良提供了创新性种质资源。

关键词：小麦；系统获得性抗性；水杨酸；NPR3；广谱抗病

---

[*] 基金项目：国家重点研发计划（2023YFD1201002）
[**] 第一作者：李梦雨，博士研究生，研究方向为植物病理学，E-mail：alimengyuuuu@163.com
[***] 通信作者：陈雅琳，副教授，主要从事植物病理学研究，E-mail：cyl0049@126.com
王逍冬，教授，主要从事植物病理学研究，E-mail：zhbwxd@hebau.edu.cn

小麦抗普通根腐病遗传位点全基因组关联分析

袁 梦[1]**，曾庆东[2]**，陈雅琳[1]**，吴建辉[2]，赵淑清[1]，

李梦雨[1]，任小鹏[1]，康振生[2]，韩德俊[2]***，王逍冬[1]***

(1. 河北农业大学植物保护学院，华北作物改良与调控国家重点实验室，保定 071000；
2. 西北农林科技大学，作物抗逆与高效生产全国重点实验室，杨凌 712100)

摘 要：普通小麦（*Triticum aestivum*）是全球范围内的重要粮食作物之一。随着全球气候变暖、秸秆还田、以及轮作制度和土壤微环境的变化，由麦根腐平脐蠕孢（*Bipolaris sorokiniana*）引起的小麦普通根腐病（Common Root Rot）危害呈逐年加重趋势，严重威胁华北地区小麦产量和品质。然而，受较为复杂的数量遗传位点（QTL）控制，小麦抗普通根腐病抗病遗传学研究仍相对滞后，抗病种质资源同样亟待挖掘。本研究拟针对课题组前期搜集的 1 800 余份全球普通小麦种质资源，开展抗普通根腐病表型鉴定。进一步结合上述材料已有的 660K 高密度 SNP 基因芯片数据，进行抗病遗传位点全基因组关联分析。初步研究结果表明，仅有约 6% 的小麦材料对普通根腐病具有中等以上抗性水平，全球普通小麦抗普通根腐病种质资源相对匮乏。通过全基因关联分析，关联获得多个抗普通根腐病 QTL 位点，与已报道的抗病位点比较，推测部分 QTL 位点为新位点，极具研究价值和应用潜力。综上所述，本研究将深入挖掘小麦抗普通根腐病病害优异种质资源，探索抗病位点，预测抗病候选基因，为后续抗病基因的克隆与小麦抗普通根腐病遗传改良提供重要基础。

关键词：小麦；普通根腐病；抗病种质资源；全基因组关联分析；抗病遗传位点

---

* 基金项目：中央引导地方科技发展资金项目（236Z6501G）
** 第一作者：袁梦，博士研究生，主要从事植物病理学研究；E-mail：18632258393@163.com
    曾庆东，副教授，主要从事植物免疫研究；E-mail：zengqd@nwafu.edu.cn
    陈雅琳，副教授，主要从事植物病理学研究；E-mail：cyl0049@126.com
*** 通信作者：王逍冬，教授，主要从事植物病理学研究；E-mail：zhbwxd@hebau.edu.cn
    韩德俊，教授，主要从事抗病遗传学研究；E-mail：handj@nwsuaf.edu.cn

转录因子 HvWRKY22 调控小麦抗病反应的分子机制研究*

赵淑清**，李梦雨，任小鹏，袁　梦，陈雅琳***，王逍冬***

（河北农业大学植物保护学院，华北作物改良与调控国家重点实验室，保定　071000）

摘　要：普通小麦（Triticum aestivum L.）作为主要粮食作物，其质量与产量严重影响着我国的粮食安全与社会稳定，小麦的高产与稳产对我国的农业发展有重要意义。由小麦叶锈菌（Puccinia triticina，Pt）引起的小麦叶锈病，是严重影响我国小麦生产的重要真菌病害。因此，挖掘小麦抗病关键基因，研究小麦抗病分子机制，具有重要科学意义与潜在应用价值。本研究利用水杨酸受体蛋白 NPR1 基因介导的麦类作物获得抗性（SAR）转录调控网络，筛选到转录因子 HvWRKY22，其在过表达 NPR1 的转基因材料中受病原菌诱导，表达模式特异，亚细胞定位在细胞核。并且制备了异源表达 HvWRKY22 的小麦转基因材料，其显著增强了小麦对叶锈病的抗性水平。通过外源喷施茉莉酸（JA）或苯并噻二唑（BTH），发现 HvWRKY22 转录因子对植物系统获得抗性（SAR）的调控机制。检测该基因对活性氧（ROS）的影响，测定其对水杨酸（SA）、茉莉酸（JA）、脱落酸（ABA）等激素含量有调控作用。同时，对转基因材料，定量检测病程相关 PR 基因在 SAR 反应中的表达量有所改变。同时，过表达 HvWRKY22 转基因植株在提高小麦耐旱方面具有积极作用。采用 RNA-seq 技术解析了 HvWRKY22 基因在 SAR 反应和抗干旱逆境中的转录调控网络，并且利用 ChIP-seq 技术初步明确了 HvWRKY22 蛋白在广谱抗逆反应中的转录调控下游基因，全面解析 HvWRKY22 在植物抗病反应中的抗病调控通路。综上所述，本研究明确了 WRKY 转录因子 HvWRKY22 的抗病分子机制，制备得到的小麦转基因材料有望作为创新性种质资源用于小麦抗锈病遗传改良。

关键词：系统获得抗性；转录调控；WRKY 转录因子；转基因；小麦叶锈病

---

* 基金项目：国家重点研发计划（2023YFD1201002）
** 第一作者：赵淑清，博士研究，研究方向为植物病理学；E-mail：18233283771@163.com
*** 通信作者：陈雅琳，副教授，主要从事植物病理学研究；E-mail：cyl0049@126.com
　　　　　　王逍冬，教授，主要从事植物病理学研究；E-mail：zhbwxd@hebau.edu.cn

基于全基因组关联分析挖掘水稻抗稻曲病基因

俞咪娜[1]**，高永煌[2]，王淑琛[1]，齐中强[1]，刘永锋[1,2]***

(1. 江苏省农业科学院植物保护研究所，南京 210014；2. 淮阴工学院，淮安 223001)

摘 要：水稻稻曲病是由稻曲病菌（*Ustilaginoidea virens*）侵染水稻花器引起的水稻穗期重要真菌性病害。该病害的发生不仅可导致水稻空秕率增加，千粒重下降，造成严重产量损失；病菌产生黑粉菌素等真菌毒素，污染稻米，影响稻米品质，危害人畜健康。当前稻曲病的防治主要依赖于化学防控和栽培管理措施，尽管抗性品种培育是可持续防控策略的核心，但由于水稻种质中抗稻曲病资源匮乏和病原菌遗传多样复杂，基于水稻抗性的可持续防控面临重大挑战。

本研究团队从国际水稻研究所引进 296 份水稻种质，于 2023 年通过人工注射接种和自然病圃鉴定相结合的方法进行抗性评价。通过量化分析病穗率（disease panicle rate）、穗病粒数（infected grains per panicle）和病情指数（disease index）三个关键抗性表型指标，结合覆盖全基因组的 SNP 标记，采用混合线性模型进行全基因组关联分析（GWAS）。结果共检测到 88 个显著关联位点，分布于 12 条染色体上，其中 Chr. 4 和 Chr. 10 上的 2 个位点在 2 个性状中均呈现显著关联。通过整合病原菌侵染过程的转录组数据（$|\log2FC| \geq 2$，FDR<0.05），进一步筛选出 13 个候选抗病基因，包括 1 个 NBS-LRR 类抗病基因及 3 个类受体激酶基因。

本研究通过 GWAS 和转录组学联合分析，系统鉴定了水稻抗稻曲病的遗传位点和候选基因，为分子设计育种提供了精准的靶标基因和分子标记。后续将通过 CRISPR/Cas9 基因编辑和转基因互补实验验证这些基因的功能，为培育广谱持久抗病品种奠定理论基础。

关键词：水稻稻曲病；稻曲病菌；全基因组关联分析；抗稻曲病

---

* 基金项目：海南省种业实验室资助项目（B23YQ1514，B23CQ15EP）
** 第一作者：俞咪娜，副研究员，主要从事水稻稻曲病菌致病机制研究；E-mail：20130030@jaas.ac.cn
*** 通信作者：刘永锋，研究员，主要从事水稻真菌病害致病机制和生物防治技术研究；E-mail：liuyf@jaas.ac.cn

基于转录组分析水杨酸调控番茄细菌性斑点病菌的分子机制[*]

王茂森[**]，孙梦雅，陈　焕[***]

（上海交通大学农业与生物学院，上海　200240）

摘　要：由丁香假单胞菌番茄致病变种（*Pseudomonas syringae* pv. *tomato* DC3000，*Pst* DC3000）侵染引起的番茄细菌性斑点病是番茄产业的一种极具危害性的细菌病害。水杨酸（Salicylic acid，SA）作为一种重要的植物内源性防御激素，在调控植物先天免疫和系统获得性抗性（Systemic acquired resistance，SAR）中发挥关键作用。SA 在植物抵御活体营养型病原菌中发挥关键作用。为进一步研究 SA 在番茄中调控免疫防御的分子机制，本研究利用半活体营养型病原细菌 *Pst* DC3000 和 SA 分别处理番茄（*Solanum lycopersicum* cv. Moneymaker）叶片进行转录组测序。研究表明 *Pst* DC3000 和 SA 诱导的差异基因（Differentially expressed genes，DEGs）表达具有相似的模式，DEGs 数目在 12 h 显著高于 4 h。其中，*Pst* DC3000 侵染 4 h 后共有 3 416 个 DEGs，其中上调基因 2 236 个；在 12 h 共有 7 079 个 DEGs，其中上调基因 4 568 个。SA 诱导 4 h 后共有 5 291 个 DEGs，其中上调基因 3 248 个；在 12 h 共有 6 927 个 DEGs，其中上调基因 4 801 个。基因本体（Gene ontology，GO）富集发现 *Pst* DC3000 和 SA 诱导的 DEGs 高度富集在"免疫防御""非生物胁迫""激素信号通路（SA、生长素和茉莉酸）""次生代谢（植保素）""光合作用""叶片衰老"等途径。SA 处理的 GO 富集显示 SA 能显著抑制生长素和茉莉酸等信号通路。这些表明在植物免疫防御和生长权衡中，番茄在不同时期通过调控不同激素信号间的拮抗和协同来调控植物对病原菌的抗性以及植物的生长。此外，本研究鉴定到番茄中响应 SA/SAR 的标志基因，病程相关基因 *PRs*（Pathogenesis - related genes）。结果表明番茄 *SlPR*1（Solyc01g106620、Solyc09g006005、Solyc09g007010、Solyc09g007020）和 *SlPR*2（Solyc10g079860）在 *Pst* DC3000 和 SA 处理后均显著上调。这些暗示 *PR* 基因在防御病原细菌中具有重要抗性功能。上述结果为研究 SA 调控植物免疫防御机制与病原菌的致病机理奠定了基础。

关键词：番茄细菌性斑点病；水杨酸；转录组测序；PRs

---

[*] 基金项目：国家重点研发基金项目（2023YFE0123400）
[**] 第一作者：王茂森，博士研究生，主要从事番茄与病原菌互作、植物免疫；E-mail：wang250211@ sjtu.edu.cn
[***] 通信作者：陈焕，教授，主要从事植物与微生物互作、水杨酸与系统免疫；E-mail：huan.chen@ sjtu.edu.cn

NbRAF2 Positively Regulates Host Defense Response by Interacting with NbTGA3 to Directly Activate *PR* Gene Expression in *Nicotiana benthamiana*

Dong Haonan, Zhang Qipeng, Sun Qian*, Wu Yuanhua*

(*Liaoning Key Laboratory of Plant Pathology, College of Plant Protection, Shenyang Agricultural University, Shenyang 110866, China*)

Abstract: Brassica yellows virus (BrYV), a member of the genus *Polerovirus*, infects cruciferous and tobacco plants. RAF2 localized in the chloroplasts, nucleus, and cytoplasm. In the cytoplasm, RAF2 can be recognized and degraded by E3 ubiquitin ligases, thereby participating in ABA-mediated seed germination and salt stress response regulation. In chloroplasts, RAF2 is involved in the assembly of Rubisco. Additionally, nuclear-localized RAF2 enhances plant resistance to BrYV. However, the underlying mechanism remains unclear. In this study, we found NbRAF2 interacts with transcription factor NbTGA3 in both the nucleus and cytoplasm. A dual-luciferase reporter assay showed that NbRAF2 enhanced NbTGA3-mediated *NbPR*1 transcriptional activation, whereas NbTGA3-mediated *NbPR*1 transcriptional activation was significantly reduced in *NbRAF*2-KD plants, suggesting that NbRAF2 facilitated the NbTGA3's transcriptional activity. Further, the overexpression of NbTGA3 suppressed BrYV infection in WT plants, as shown by the decreased BrYV CP levels, whereas this antiviral effect was attenuated in *NbRAF*2-KD plants. These findings demonstrated that NbTGA3-mediated antiviral defense required NbRAF2. Interestingly, NbRAF2 was also observed to directly activate *NbPR*1 transcription. Given its interaction with NbTGA3, we investigated whether NbRAF2 can independently regulate *NbPR*1 expression in a transcription factor-like manner. Yeast one hybrid assay confirmed that NbRAF2 was bound to the *NbPR*1 promoter, and *NbPR*1 expression was upregulated in *NbRAF*2-OE and downregulated in *NbRAF*2-KD plants. These findings indicated that NbRAF2 functioned as a transcriptional activator of *NbPR*1. Collectively, these data suggest that NbRAF2 and NbTGA3 form a transcriptional complex that cooperatively regulates plant immunity by co-activating *NbPR*1 expression.

Key words: Brassica yellows virus; NbRAF2; NbTGA3; NbPR1; defense response

---

* Funding: National Natural Science Foundation of China (31901857); China Postdoctoral Science Foundation (2022M712203)

Rhizoctonia solani AG3 分泌的脱乙酰酶 RsDN3377 与钙调类蛋白 NtCML19 结合促进植物免疫防御

李鑫淳[1]*, 李 岩[1], 张 成[2], 黄 嵒[2], 齐爱伟[2], 吴元华[1]**

(1. 沈阳农业大学, 沈阳 110866; 2. 丹东市烟草公司宽甸分公司, 丹东 118000)

摘 要: 立枯丝核菌（*Rhizoctonia solani*）属于担子菌门的一员, 寄主范围广泛, 可侵害水稻、玉米、甜菜和烟草等作物。*R. solani* AG3-TB 可诱发烟草靶斑病, 是导致烟草减产的关键因素。该病在中国于 2016 年首次报道, 随着该病害的传播与危害, 我国云南、贵州、四川、湖南、重庆以及东北地区烟草靶斑病已成为烟草生产的重要病害。已有报道表明, *R. solani* 侵害寄主时, 可编码大量酶和分泌蛋白, 然而这些蛋白质的作用机制尚不明确。本研究前期将高通量测序筛选的 807 条潜在分泌蛋白作为研究对象, 利用 RT-qPCR 检测 10 条分泌蛋白的基因表达量, 通过农杆菌携带的 10 条基因鉴定 RsDN3377 分泌蛋白可引起本氏烟（*Nicotiana benthamiana*）叶片坏死症状。通过质壁分离技术, 明确分泌蛋白 RsDN3377 可延伸至细胞间隙。大肠杆菌体外诱导表达和 MALDI-TOF 质谱分析证实, RsDN3377 蛋白具有脱乙酰酶活性。进一步利用喷雾诱导的基因沉默（Spray-induced gene silencing, SIGS）研究表明, *RsDN3377* 基因是 *R. solani* AG3-TB 菌丝发育的关键因子。此外, 酵母双杂交系统（Y2H）、双分子荧光互补（BiFC）和病毒诱导基因沉默系统（VIGS）分析表明, RsDN3377 蛋白与寄主钙调类蛋白 NtCML19 相互作用。基于 *NtCML19* 基因的过表达和敲除获得转基因烟草株系（云烟 87）, 鉴定 *NtCML19* 基因是重要抵御 *R. solani* 侵染的抗性基因; 通过微量热泳动技术（MST）和亚细胞定位分析表明, NtCML19 蛋白具有钙结合活性且其主要定位于叶绿体和细胞质膜。本研究阐明了一种病原体与宿主相互作用的复杂机制, 即 *R. solani* AG3-TB 可分泌多功能的脱乙酰酶 RsDN3377, 该蛋白在病原菌菌丝生长发育中扮演着重要的角色, 同时其在菌丝发育过程中可被宿主植物钙调类蛋白 NtCML19 相互识别, 从而增强了寄主对病原菌的抗性, 提升了宿主免疫。

关键词: 脱乙酰酶 RsDN3377; 病原体-宿主相互作用; 立枯丝核菌; 钙结合蛋白 NtCML19; 诱导子活性; 菌丝发育

---

* 第一作者: 李鑫淳, 博士后, 主要从事植物病原真菌学; E-mail: 291977476@qq.com
** 通信作者: 吴元华, 教授, 主要从事植物病毒学; E-mail: wuyh7799@163.com

不结球白菜响应果胶杆菌侵染的转录组与可变剪接调控特征分析

王欢[1]**,韩建军[1],李晶晶[1],王莹莹[1],刘照坤[1],过文斌[2]***

[1. 苏州市农业科学院,蔬菜研究所,苏州 215105;
2. 华智种谷智创科技(浙江)有限公司,丽水 323006]

摘 要:由果胶杆菌(*Pectobacterium* spp.)引起的细菌性软腐病是我国白菜类蔬菜生产中的重要病害。由于目前缺乏有效的防控措施,选育抗病品种已成为重要的绿色防控途径。前期研究筛选到3份不结球白菜(*Brassica campestris* ssp. *chinensis*)软腐病抗病材料,但其抗病分子机制尚未明确。本研究以抗病品种H23和感病品种金品夏秀为材料,采用转录组测序技术,系统解析接种巴西果胶杆菌SZCX后24 h的基因表达差异及可变剪接变化。结果表明:在40个、913个检测转录本中,16.37%(6 697个)呈现差异表达;鉴定到515个差异剪接基因(占总基因数的2.11%),其中33.59%表现为转录与剪接协同调控;此外,342个基因仅在剪接水平显著变化而未显示转录差异,表明可变剪接与转录调控在抗病反应中形成协同互补的调控体系。抗病品种通过组成性上调NLR受体和动态剪接调控建立防御平衡,维持氧化还原稳态,其抗坏血酸(AsA)含量提高60%,谷胱甘肽还原酶(GR)活性提升75%。相比之下,感病品种则表现为致病相关基因异常激活及剪接失调。进一步研究发现,蛋白磷酸酶2A(PP2A)基因*BraA06g039890.3.5C*在抗病品种中通过外显子跳跃产生截短变体.5,动态调控磷酸酶活性以平衡防御反应;而感病品种则因异构体.3异常积累导致活性氧信号紊乱。抗病品种还通过剪接调控苯丙烷代谢关键基因(如PAL),以限制能量消耗,并联合高水平抗氧化体系(AsA/GR)协同优化防御资源配置;而感病品种在这两方面均表现出调控缺陷。本研究首次阐明了转录-剪接协同调控在不结球白菜抗软腐病中的关键作用,揭示了PP2A剪接变体通过激酶-磷酸酶平衡调控氧化应激的新机制,为抗病育种提供了重要分子靶点和理论支撑。

关键词:不结球白菜;细菌性软腐病;果胶杆菌;转录组;可变剪切;抗病机制

---

* 基金项目:国家青年基金项目(32302321);江苏省青年基金项目(BK20220242);江苏省青年科技人才托举工程项目(JSTJ-2024-511)

** 第一作者:王欢,助理研究员,主要从事植物与病原细菌互作的机理研究;E-mail:20173005@jaas.ac.cn

*** 通信作者:过文斌,研究员,主要从事植物大数据分析与挖掘平台构建;E-mail:guowenbin@higentec.com

The Negative Regulator StBPA1 Mediates Receptor Kinase Signaling to Fine-tune Potato Resistance Against Multiple Pathogens

Li Jie[1], Ying Jiahan[1], Qin Xiuli[1], Liu Wenjie[1], Chen Zhengyu[1], Xu Guangyuan[1], Dou Daolong[1], Wang Xiaodan[1]

(1. *State Key Laboratory of Agricultural and Forestry Biosecurity*, *MOA Key Lab of Pest Monitoring and Green Management*, *College of Plant Protection*, *China Agricultural University*, *Beijing* 100193, *China*; 2. *College of Plant Protection*, *Nanjing Agricultural University*, *Nanjing* 210095, *China*)

Abstract: Plants recognize pathogen-associated molecular patterns (PAMPs) through cell membrane pattern recognition receptors (PRRs), triggering PAMP-triggered immunity (PTI). Negative feedback regulation by regulatory factors is essential for immune homeostasis, but the mechanisms controlling PRR activation remain unclear. In this study, we report that a core regulatory component named StBPA1 (BINDING PARTNER OF ACD11-1) is a molecular switch that modulates both anti-oomycete and anti-bacterial immunity. *StBPA1*-knockout displays dwarfed growth, enhanced pattern-triggered immunity (PTI), and broad-spectrum resistance to potato late blight and bacterial wilt diseases. StBPA1 negatively regulates the StSOBIR1-StBAK1/StFLS2-StBAK1 immune complex formation and inhibits StFLS2 kinase activity to prevent constitutive immune responses. In turn, StBAK1 specifically phosphorylates StBPA1, this modification is enhanced by oomycete PAMP INF1 or bacterial PAMP flg22 perception and impairs the negative regulatory role of StBPA1, thereby ensuring proper immune signaling. These findings reveal a conserved StBPA1-PRR immune complex module to ensure efficient yet strictly regulated immune responses against different pathogens, offering insights into enhancing disease resistance in potato.

Key words: potato disease resistance; PTI; PRR immune complex; StBPA1; phosphorylation

花生应答白绢病菌的 miRNAs 表达模式分析[*]

徐永菊[1][**]，刘闫静[2]，刘丽君[1]，张小红[1]，张小军[1]，
侯 睿[1]，岳福良[1]，李 爽[1]，李 燕[2][***]

(1. 四川省农业科学院经济作物研究所，成都 610300；
2. 四川农业大学，西南作物基因资源发掘与利用国家重点实验室，成都 611130)

摘 要：花生（*Arachis hypogaea* L.）是全球重要的油料和经济作物。白绢病由齐整小菌核（*Sclerotium rolfsii* Sacc.）引起，是严重危害花生产量和品质的土传病害之一。MicroRNA（miRNA）是一类20~24核苷酸的内源性非编码单链RNA，可调控植物生长发育和胁迫响应，但其在花生白绢病抗性中的作用尚不清楚。本研究通过小RNA高通量测序分析，筛选出在感病品种JT和中抗品种RZ中表达差异显著的miRNAs。RT-qPCR验证表明miR160、miR3516在接种白绢菌后可能参与调控花生白绢病抗性。体外饲喂miR160可促进花生生长，提高生物量和白绢病抗性，其靶基因 *ARF*16、*ARF*17和 *ARF*18 的表达被显著抑制。拟南芥异源过表达 *miR*160 可增强白绢病抗性，而过表达 *ARFs* 则导致感病性增强。相反，体外饲喂miR3516抑制花生生长并降低白绢病抗性，其靶基因 *ROS* 和 *NLR* 的表达被抑制。拟南芥中过表达 *miR*3516和 *ROS* 均导致白绢病抗性下降。这些结果表明，miR160正向调控花生白绢病抗性，而miR3516则负向调控其抗病性。本研究揭示了花生miRNA在白绢病抗性中的作用机制，为抗病品种培育提供了理论依据和基因资源。

关键词：花生；白绢病；抗病性；miRNA

---

[*] 基金项目：国家自然科学基金项目（32201786）
[**] 第一作者：徐永菊，副研究员，主要从事花生土传病害机理研究；E-mail：xyj20020204@163.com
[***] 通信作者：李燕，教授，主要从事水稻稻瘟病分子机理研究；E-mail：liyan_rice@sicau.edu.cn

植物响应镰刀菌激发子 FvAbn2 的关键免疫元件与互作基础

董家桐[**]，王盛楠，韩慧敏，张 昊，韩 超[***]

(山东农业大学植物保护学院，泰安 271018)

摘 要：镰刀菌（*Fusarium* spp.）引起多种作物的茎腐病和穗腐病，不仅造成作物减产，还能产生伏马毒素、单端孢霉烯族毒素等毒性物质，严重影响作物安全生产，并对人类和动物的健康构成威胁。深入解析镰刀菌与寄主植物的分子互作机制，对于创制绿色高效低毒杀菌剂和挖掘精准抗病育种基因具有重要意义。本研究发现一个 α-L-阿拉伯呋喃糖苷酶基因 *FvAbn2* 在拟轮枝镰刀菌（*Fusarium verticillioides*）侵染玉米初期显著上调表达，且该基因在镰刀菌中高度保守。利用酵母真核表达系统获得 FvAbn2 酶蛋白，实验证实 FvAbn2 能够特异性水解异质木聚糖中的 α-L-阿拉伯呋喃糖苷键。在拟轮枝镰刀菌中敲除 *FvAbn2* 基因后，突变株致病力显著降低，而原位回补菌株的致病力恢复至野生型致病力，说明 FvAbn2 是拟轮枝镰刀菌的关键致病因子。此外，本研究发现 FvAbn2 能够引起玉米、小麦、烟草、番茄等多种植物的免疫反应，并且显著提升植物对镰刀菌的抗性。通过分子筛选、Y2H、Co-IP、BiFC、GST pull-down 等方法发现 FvAbn2 与植物膜蛋白 AtFvAbn2 互作；通过分子对接结合分子动力学模拟定位到二者的关键互作位点，并通过位点突变蛋白进行了互作验证。上述研究解析了 FvAbn2 与 AtFvAbn2 的互作方式，有望阐明一种新型的镰刀菌激发子诱导植物免疫抗性的分子机制。

关键词：拟轮枝镰刀菌；细胞壁降解酶；植物免疫

---

[*] 基金项目：山东省重点研发计划（2024CXGC010907）
[**] 第一作者：董家桐，硕士研究生，主要从事作物根茎类病害成灾机制与综合治理；E-mail：dongjiatong2020z1@163.com
[***] 通信作者：韩超，副教授，主要从事作物根茎类病害成灾机制与综合治理；E-mail：hanch87@163.com

转录因子 TaNAC35 参与小麦对叶锈病抗性调控作用分析*

吴艳辉**，杨文香***，张 娜***

（河北农业大学植物保护学院，河北省农作物病虫害生物防治技术创新中心，国家北方山区农业工程技术研究中心，保定 071001）

摘 要：由小麦叶锈菌（*Puccinia triticina*）引起的小麦叶锈病是一种严重麦类病害，一般发生时可造成 10%~40% 的产量损失，严重年份时甚至造成绝收，是小麦最难以控制的病害之一，抗叶锈病品种的种植是最经济有效的方法。NAC 转录因子是一类只存在于植物中的转录因子，广泛参与调控植物的生长发育与抗逆性。因此研究 NAC 转录因子在抗叶锈病中的功能，为培育抗病品种提供理论基础具有重要意义。本研究以转录因子 TaNAC35 为研究对象，通过酵母单杂交筛选 Motif 库的方法获得了 36 个候选结合 Motif，酵母单杂交及 EMSA 试验验证发现"TCCCCGG""GGGGGGC""CGTGGCC""CAACGGC" 4 个基序能够与之结合，通过筛选小麦全基因组中所有基因的启动子区含有候选互作 Motif 的数量预选了 15 个候选下游基因。BSMV 介导的基因沉默技术与 FoMV 介导的基因过表达技术发现转录因子 TaNAC35 负调控小麦抗叶锈性。RT-qPCR 技术分析 15 个候选基因在沉默株系中与过表达株系中的表达情况，发现其中蛋白磷酸酶 2C 基因（XP_044381048.1）、ATP 依赖性锌金属蛋白酶 FTSH 5 亚型 X1 基因（XP_044365751.1）两个基因与 TaNAC35 表达趋势相同，E3 泛素蛋白连接酶 SIAH1B 基因（XP_044346660.1）与 TaNAC35 表达趋势相反，鉴定为转录因子 TaNAC35 的下游基因。

关键词：叶锈菌；NAC 转录因子；Motif；转录调控

---

* 基金项目：河北省自然科学基金（C2021204055）
** 第一作者：吴艳辉，硕士研究生，主要从事小麦病害研究；E-mail: wu203474540@163.com
*** 通信作者：张娜，副教授，主要从事小麦病害研究；E-mail: zn0318@126.com
杨文香，教授，主要从事小麦病害研究；E-mail: wenxiangyang2003@163.com

Unet 驱动的玉米叶片自动标注技术

苏红玉*，袁莉莉，张　洁，Ahsan Abdullah，吴波明**

（中国农业大学植物保护学院，北京　100193）

摘　要：随着智能农业的快速发展，实现病害叶片的自动标注成为提升科研效率的关键。针对传统人工标注耗时耗力的问题，本研究聚焦玉米叶片病害，开发了基于 Unet 的自动标注模型，旨在为农业科研工作提供高效、精准的标注技术支持。我们采集了 2 753 张真实田间环境下的玉米叶部照片，构建了高质量的标注数据集，并以此为基础对 Unet 模型进行训练与优化。模型在验证集与测试集上均展现出优异的叶片检测和自动标注性能：在验证集上，交并比（IoU）、精确率（Precision）和召回率（Recall）分别达到 0.903 3、0.930 7 和 0.968 5；在测试集上，分别为 0.900 3、0.933 9 和 0.961 5。这表明 Unet 模型能够准确识别并标注玉米叶片，有效克服田间复杂环境下的多重干扰，显著缩短了科研标注周期，为后续玉米病害研究及智能农业发展提供了重要的技术支撑，在农业科研领域具有广阔的应用前景。

关键词：自动标注；语义分割；玉米病害

---

*　第一作者：苏红玉，硕士研究生，从事植物病害图像检测研究
**　通信作者：吴波明，教授，从事病害流行的时空动态及其机理研究，以及植物病害管理策略的研究

103个河南小麦品种抗条锈性评价及分子标记检测

徐晓欢[1]**，王凤涛[2,4]***，张建周[3]，冯 晶[2,4]，李春盈[3]，蔺瑞明[2,4]***

(1. 长江大学农学院，湿地生态与农业利用教育部工程研究中心，主要粮食作物产业化湖北省协同创新中心，荆州 434025；2. 中国农业科学院植物保护研究所，植物病虫害综合治理全国重点实验室，北京 100193；3. 河南省农业科学院小麦研究所，河南省小麦生物学重点实验室，郑州 450002；
4. 国家植物保护甘谷观测实验站，甘谷 741000)

摘 要：河南省是我国小麦播种面积和产量最高的省份，近年来小麦条锈病的频发严重威胁小麦的生产。种植和选育抗锈品种是防控小麦条锈病害最经济、安全和环保的措施，河南育种家育成了一系列具有优异抗性的品种。但条锈病菌源基地存在丰富的致病变异类型，新致病类型不断产生导致主栽品种丧失抗病性。因此，亟须实现抗病育种与毒性小种发展同步，提高抗病育种的前瞻性，以充分发挥抗病品种在病害防控中的关键作用。本研究收集河南省103份主栽品种，苗期分别接种中国主要流行条锈菌生理小种CYR32、CYR33和CYR34，成株期在四川成都、湖北荆州、甘肃天水、河北廊坊设置抗性鉴定圃，系统评估对条锈病的抗性水平；并利用14个已知条锈病抗病基因[$Yr5$、$Yr9$、$Yr10$、$Yr15$、$Yr17$、$Yr18$、$YrZH22$、$Yr24$（$Yr26$）、$Yr30$、$Yr36$、$Yr61$、$YrU1$、$Yr84$、$YrSP$]的特异性分子标记，进行抗条锈病基因检测。结果表明，周麦26、周麦40号等10个品种展现出全生育期稳定抗性，花培6号等41个品种则表现出成株期抗性优势。分子标记检测结果表明，携带$Yr9$、$Yr10$、$Yr17$、$Yr22$、$Yr84$和$YrSP$基因的品种分别有40个、48个、8个、7个、9个和6个，未检测到携带$Yr5$、$Yr15$、$Yr18$、$Yr24$（$Yr26$）、$Yr29$、$Yr36$、$Yr61$、$YrU1$基因的小麦品种。但是许多品种的抗性衍生自中国小麦骨干种质周8425B，如衍生品种周麦22号、周麦26号、郑麦1354等，主要基因包括$YrZH84$、$Yr30$、$YrZH22$和$Yr9$。亟须扩大抗源的多样性利用，避免新致病类型克服抗性导致的病害大面积流行。

关键词：小麦条锈病；抗性评价；成株抗性；分子标记；基因聚合

Mechanistic Insights into VDAL-induced Wheat Resistance Against Fusarium Head Blight[*]

Cao Shulin[1,4][**], Lu Ping[2][**], Zhang Fuqiang[3], Sun Haiyan[1], Xue Jianguang[3], Deng Yuanyu[1], Zhang Xin[1], Lin Ling[1], Li Wei[1][***], Chen Huaigu[1][***]

(1. Institute of Plant Protection, Jiangsu Academy of Agricultural Sciences, Nanjing 210000, China; 2. College of Advanced Agricultural Sciences, Zhejiang A&F University, Hangzhou 310000, China; 3. Pherobio Technology Company, Yongan Road, Yangling 712100, China)

Abstract: Wheat Fusarium head blight (FHB), caused by *Fusarium graminearum*, is a destructive disease leading to significant yield losses and mycotoxin contamination worldwide. Current chemical control methods face challenges such as pathogen resistance and environmental pollution, underscoring the need for sustainable and effective alternatives. This study investigates the plant immune inducer VDAL (*Verticillium dahliae* Asp-f2 Like protein) as a promising biopesticide to enhance plant resistance against FHB. Our findings indicate that while VDAL does not inhibit the growth of *F. graminearum*, it effectively reduces FHB incidence and mycotoxin accumulation. Transcriptome analysis reveals that VDAL primarily activates pathways related to starch and sugar metabolism, plant antenna protein, and galactose metabolism, promoting nutrient accumulation in wheat grains. Additionally, VDAL enhances the biosynthesis of flavonoids, phenolics, and other compounds crucial for physical and chemical defenses. Following pathogen infection, VDAL predominantly induces the expression of various hormone signals, MAPK cascade, and genes involved in fungal and chitin responses, including TIFY, ERF, and WRKY families. Key defense-related proteins, such as SABP2, ZAT12, alpha-dioxygenase DOX1, E3 ligase ATL6 and PUB26, UDP-glucosyltransferase UGT13248, Cytochrome P450 72A15-like and heat shock proteins, are also upregulated. Furthermore, VDAL treatment downregulates genes involved (deoxynivalenol) DON biosynthesis in *F. graminearum*, contributing to reduced DON levels in wheat grains. This study highlights the potential of VDAL as a biopesticide to enhance wheat's resistance to FHB and mycotoxin contamination, and elucidates the mechanism that VDAL primes the plant for a heightened defense response upon pathogen challenge.

Key words: VDAL; Fusarium head blight; immunity; DON production

---

[*] Funding: Jiangsu Agricultural Science and Technology Innovation Fund (CX(23)3010)
[**] First authors: Cao Shulin; E-mail: caoshulin@jaas.ac.cn
   Lu Ping; E-mail: 343129339@qq.com
[***] Corresponding authors: Li Wei; E-mail: lw0501@jaas.ac.cn
   Chen Huaigu; E-mail: Huaigu@jaas.ac.cn

Plant Immune Receptor Gene Stacking Confers Broad-spectrum Resistance in *Arabidopsis*

Song Yanyue*, Zhang Shihong**

[National Agricultural Environmental Microbial Germplasm Resource Center (Liaoning), The Key Laboratory for Extreme-Environmental Microbiology, College of Plant Protection, Shenyang Agricultural University, Shenyang 110866, China]

Abstract: Plant diseases can reduce the yield of food that human beings rely on for survival and threaten food security. Therefore, employing gene-edited crops to obtain broad-spectrum disease resistance is an important approach to enhance crop disease resistance in recent studies. Plants rely on innate immunity to resist the infection of external pathogens. Due to the diverse distribution of plant immune receptors in different plant species, which directly leads to the variability in disease resistance, the interfamily transfer of receptors to introduce resistance genes in distant species is a cutting-edge strategy in crop disease resistance breeding. Pattern recognition receptors (PRRs), which recognize plant pathogens, can be genetically stacked to recognize pathogens and confer resistance. In this study, the receptor genes *SlCORE*, *SlEIX*2, and *SmELR* from crops were pyramided and transferred into the model plant Arabidopsis. We investigated the immune response to cognate ligands and broad-spectrum resistance conferred by gene-stacking to bacteria, fungi, and oomycetes infection. The successful identification and broad-spectrum resistance in transgenic Arabidopsis demonstrate that gene stacking of PRRs can function by interfamily transfer. This finding supports that plant receptor gene stacking can be utilized as an important strategy for crop disease resistance improvement and achieving broad-spectrum resistance.

Key words: Plant immunity; Gene-stacking; Broad-spectrum resistance; PRRs

---

* 第一作者：宋妍悦，博士后，主要从事植物与病原真菌互作；E-mail：songyanyue1991@163.com
** 通信作者：张世宏，教授，从事分子植物病理学及极端环境真菌资源发掘与利用研究；E-mail：zhangsh89@syau.edu.cn

Lectin-LysM 受体复合物在玉米抗病过程中的作用[*]

翟培杰[1][**]，喻炜瑛[1]，王鑫玉[1]，杨宇衡[1,2][***]

(1. 西南大学植物保护学院，重庆　400715；
2. 长江上游农业生物安全与绿色生产教育部重点实验室，重庆　400715)

摘　要：植物细胞表面的模式识别受体（Pattern recognition receptors，PRRs）作为监控病原物侵害的"前哨"，在病原体释放的 PAMPs 被识别后，植物 PRRs 通常会经历寡聚化过程或与共受体结合形成受体复合物，从而激活植物体内的下游免疫信号。本课题组前期发现，玉米 G 型 LecRLK 突变体 *zmlecrk2* 对多种真菌病害抗性显著下降，且失去了叶尖坏死这一广谱抗性的典型现象。通过 Pull down-MS 筛选发现，ZmLecRK2 能与玉米 LysM 受体 ZmCERK1 和 ZmLYK5 直接互作。随后，Y2H、BiFC 和 LUC 实验进一步验证了这种相互作用，表明三者可形成复合物，共同参与玉米抗病响应。qRT-PCR 结果显示，*ZmLecRK2* 能够被 chitin、β-葡聚糖、多堆柄锈菌（*Puccinia polysora*）及玉米柄锈菌（*P. sorghi*）诱导并显著上调，而 ZmCERK1 和 ZmLYK5 不能被多堆柄锈菌及玉米柄锈菌诱导上调表达，表明 ZmLecRK2 特异性识别并参与了玉米对病原 PAMP 信号的感知过程。MST 检测发现，ZmLecRK2 胞外域可与 β-葡聚糖特异结合，但不与几丁质结合。由于 β-葡聚糖是病原真菌细胞壁的主要成分，因此 ZmLecRK2 可能在病原诱发的玉米广谱抗性中发挥重要作用。在本氏烟中，将 ZmLecRK2、ZmCERK1 和 ZmLYK5 这 3 个蛋白分别进行瞬时表达，结果显示它们均可显著抑制病斑扩展，表明 ZmLecRK2、ZmCERK1 和 ZmLYK5 可以有效抑制植物病原侵染，且其结构域在抗病过程中具有重要作用。本研究表明，玉米 ZmLecRK2 可通过识别病原 β-葡聚糖分子来激发抗病反应，同时证明了 Lectin-LysM 二者可能存在协同作用共同参与抗病响应。然而，ZmLecRK2 与 ZmCERK1 和 ZmLYK5 在抗病响应过程中的动态调控机制仍需进一步研究。

关键词：模式识别受体；植物免疫；玉米；Lectin 受体激酶；LysM 受体激酶

---

[*] 基金项目：国家重点研发计划（2022YFD1901402）；重庆市技术创新与应用发展项目（CSTB2022TIAD-LUX0004）；重庆市大学生创新创业训练计划项目（202410635081）
[**] 第一作者：翟培杰，硕士研究生，研究方向为分子植物病理学；E-mail：549480281@qq.com
[***] 通信作者：杨宇衡，教授，主要从事分子植物病理研究；E-mail：yyh023@swu.edu.cn

小麦抗茎基腐病遗传位点 *Qfcr. hebau-7BS* 关键基因解析[*]

任小鹏[**]，陈雅琳[**]，彭若轩，赵淑清，李梦雨，袁 梦，
孙蔓莉，李在峰[***]，崔彦茹[***]，王逍冬[***]

(河北农业大学植物保护学院，华北作物改良与调控国家重点实验室，保定 071000)

摘 要：普通小麦是全球主要粮食作物之一，其抗病稳产关系我国农业生产、粮食安全和社会经济发展。近年来随着全球气候变暖、耕作制度改变和土壤微环境的变化，由假禾谷镰刀菌（*Fusarium pseudograminearum*）等多种致病镰刀菌引起的小麦茎基腐病（Fusarium crown rot, FCR）逐年加重。然而，由于该病害抗性受复杂的数量性状遗传位点（QTL）控制，相关遗传研究进展相对滞后，亟须进一步挖掘具有抗病性的种质资源。本研究对 410 余份全国普通小麦种质资源进行了茎基腐病抗性评估，发现仅有约 10% 的小麦材料表现出对茎基腐病的中等以上抗性水平。结合 660 K 高密度 SNP 芯片数据，对小麦抗茎腐病遗传位点进行了全基因组关联分析（GWAS），在普通小麦 7BS 染色体 177.74 kb 区段内关联到 11 个与性状紧密连锁的 SNPs 位点（*Qfcr. hebau-7BS*）。通过对这些 SNPs 位点的单倍型进行分析，得到了该位点的抗病基因型。将单倍型基因型联合表型抗性评估进行加性效应分析，表明含有 *Qfcr. hebau-7BS* 抗病位点的小麦种质资源抗性水平显著提高。根据相关的 SNP 开发了与 *Qfcr. hebau-7BS* 相关的 CAPS/dCAPS 分子标记，用于检测不同小麦品种中是否含有 *Qfcr. hebau-7BS* 中的 SNP 等位基因，为鉴定不同小麦基因型中的 *Qfcr. hebau-7BS* 基因座提供了可靠的工具。基于 GWAS，位于在普通小麦 7BS 染色体 177.74 kb 的物理区段内在中国春参考基因组中共有 10 个注释基因。为进一步研究这些候选基因的表达水平，我们检测了已发表的关于小麦对 FCR 抗性反应的 RNA-seq 数据，发现 FCR 感染期间显著诱导基因 *Qfcr7BS.1* 的表达水平。此外，根据小麦发育阶段的表达数据发现基因 *Qfcr7BS.1* 及其同源物在根和茎组织中高度积累。并结合上述表达模式与基因功能注释进一步探讨了基因 *Qfcr7BS.1* 的潜在功能。综上所述，本研究挖掘并鉴定了大量优质的小麦种质资源及其抗茎基腐病的遗传位点，为后续抗病基因的克隆及抗病性遗传改良奠定了坚实的理论基础。

关键词：小麦；种质资源；全基因组关联分析；抗病遗传位点；遗传改良

---

[*] 基金项目：石家庄市驻冀高校重点研发计划项目（241490012A）
[**] 第一作者：任小鹏，博士研究生，主要从事植物病理学研究；E-mail：renxiaopeng2022@163.com
陈雅琳，副教授，主要从事植物病理学研究；E-mail：cyl0049@126.com
[***] 通信作者：李在峰，教授，主要从事抗病遗传学研究；E-mail：lzf7551@aliyun.com
崔彦茹，副教授，主要从事遗传学研究；E-mail：yanrucui0427@163.com
王逍冬，教授，主要从事植物病理学研究；E-mail：zhbwxd@hebau.edu.cn

Characterization of PAMP-induced Peptides and Mechanistic Insights into SlPIP2-mediated Defense in Tomato[*]

Yang Ruirui[**], Luan Yushi[***]

(*School of Bioengineering, Dalian University of Technology, Dalian 116024, China*)

Abstract: Late blight and gray mold pose serious threats to tomato yield and quality. Traditional disease control strategies primarily rely on frequent chemical pesticide applications, however, the emergence of new pathogen strains, growing fungicide resistance, and environmental and health concerns related to pesticide use have raised significant challenges. Given these limitations and potential risks, the development of environmentally friendly and sustainable plant disease control technologies has become an urgent priority. Secretory peptides play a pivotal role by rapidly activating the plant immune system as a self-protective strategy. In this study, plant peptide SlPIP2 were identified from the tomato genome and found to exhibit a significant response to late blight pathogen infection. Through a combination of virus-induced gene silencing (VIGS) and gene overexpression, we demonstrated that SlPIP2 precursor (SlprePIP2) positively regulates tomato resistance. Notably, exogenous application of SlPIP2 enhanced plant defense responses, increasing resistance not only to late blight but also to gray mold, thereby highlighting its potential role in conferring broad-spectrum disease defense. To elucidate how SlPIP2 affected to tomato resistance, we performed transcriptomic analysis on tomato seedlings sprayed with H_2O and SlPIP2. GO and KEGG enrichment analyses revealed that SlPIP2 affects several key pathways including camalexin biosynthesis, plant-pathogen interactions, and MAPK signaling. Transcriptomic analysis further revealed that SlPIP2 regulates the expression of various transcription factors and hormone-related genes. Additionally, SlPIP2 modulates the activity of antioxidant enzymes and accumulation of key defense-related metabolites. Collectively, our findings underscore the potential of SlPIP2 to enhance disease resistance in tomato, providing valuable insights and promising strategies for crop improvement and sustainable disease management.

Key words: Tomato; Plant peptide; Pathogens; Transcriptome; Disease resistance

SlPI14, A Protease Inhibitor, Positively Regulates Tomato Resistance to Late Blight[*]

Xue Zhiyuan[**], Luan Yushi[***]

(*School of Bioengineering, Dalian University of Technology, Dalian 116024, China*)

Abstract: Tomato (*Solanum lycopersicum*) is a globally important horticultural and economic crop, yet its yield is severely affected by various stresses. Late blight caused by *Phytophthora infestans* (*P. infestans*) poses a major threat to tomato production. *P. infestans* taxonomically belongs to the class *Oomycetes*. To explore disease resistance mechanisms in tomato, identifying key resistance factors is crucial. As pathogenesis-related proteins, protease inhibitors play vital roles in plant defense against pathogens. In this study, Through gene family analysis and transcriptomic screening, we identified SlPI14, a protease inhibitor induced by *P. infestans* infection. Functional analyses showed that transient overexpression of *SlPI14* enhanced tomato resistance to late blight, while gene silencing increased plant susceptibility. Furthermore, stable transgenic lines overexpressing *SlPI14* confirmed its positive regulatory role in disease resistance, associated with the activation of pathogenesis-related (PR) proteins and a burst of reactive oxygen species (ROS). In vitro assays showed that purified SlPI14 protein exhibits trypsin inhibitory activity and can directly inhibit *P. infestans* mycelial growth. The findings demonstrate that SlPI14 plays a dual role in the tomato-*P. infestans* interaction by modulating host immunity and exhibiting direct antimicrobial activity. This highlights its potential as a target for developing disease-resistant tomato cultivars.

Key words: Tomato; SlPI14; Late blight; Protease inhibitor

---

[*] 基金项目：国家自然科学基金（32230091）
[**] 第一作者：薛志媛，硕士研究生；E-mail：2158447655@qq.com
[***] 通信作者：栾雨时，教授，主要从事植物与微生物互作研究；E-mail：ysluan@dlut.edu.cn

第七部分
病害防治

抗生素溶杆菌对水稻细菌性条斑病的防效与根际微生物群落的影响[*]

陈俊菁[1,2][**]，赵杨扬[1][***]

(1. 江苏省农业科学院植物保护研究所，南京 210014；
2. 海南大学热带农林学院，海口 570228)

摘 要：水稻细菌性条斑病（由 *Xanthomonas oryzae* pv. *oryzicola* 引起）是危害全球水稻生产的重要细菌性病害。基于微生物源天然产物的生物防治策略因其环境友好特性成为病害绿色防控的研究热点。本团队前期从抗生素溶杆菌（*Lysobacter antibioticus*）OH13 中鉴定出吩嗪类化合物 myxin，该物质对多种植物病原菌（包括 *Xanthomonas oryzae*、*Pseudomonas* spp. 等革兰氏阴性菌，以及 *Magnaporthe oryzae*、*Fusarium graminearum* 等真菌）均表现出显著抑菌活性，具有被开发为生物农药的潜力。

本研究通过盆栽以及田间试验，探究抗生素溶杆菌与 myxin 对水稻细菌性条斑病的防治效果。在温室试验中，菌株 OH13 及其发酵上清液相比于对照组能够减少病斑长度约 30% 和 50%。5 μg/mL、10 μg/mL 和 20 μg/mL myxin 处理，在接种病原菌 14 d 后与对照相比，病斑长度分别减少 38.46%、45.05% 和 62.64%，21 d 后病斑长度减少 40.81%、55.14% 和 57.57%。此外，myxin 合成缺失突变体 Δ*LaPhzB* 对水稻条斑病无显著防效，进一步验证了 myxin 是溶杆菌 OH13 中的主要抗菌物质。田间试验中，5 μg/mL、10 μg/mL、20 μg/mL myxin 对水稻条斑病的防治效果分别为 60.72%、69.05%、77.41%，OH13 菌悬液对水稻条斑病的防效为 65.26%，对照药剂 30% 噻唑锌的防效为 81.07%。方差分析结果表明，20 μg/mL myxin 与对照药剂 30% 噻唑锌的防效相当。另外，根际微生物群落分析显示 OH13 可改变水稻根际细菌群落组成，丰富了如 Myxococcia 和 Actinomycetota 等有益菌群，这表明抗生素溶杆菌可能通过直接的抗菌活性与改变微生物群落的双重机制而产生对病害的防控作用。这些研究结果为抗生素溶杆菌及其产物 myxin 开发为生物农药提供了基础。

关键词：溶杆菌；吩嗪；水稻细菌性条斑病；生物防治；微生物群落

---

[*] 基金资助：国家自然科学基金（32172492）
[**] 第一作者：陈俊菁，硕士研究生，研究方向植物病害生物防治；E-mail: 1912358283@qq.com
[***] 通信作者：赵杨扬，副研究员，硕士生导师，主要从事植物病害生物防治的研究；E-mail: yyzhao2016@163.com

桑给巴尔农业及病虫害发生现状

唐庆华[1]**，李和帅[1]，杨 扬[2]，覃新导[2]

[1. 中国热带农业科学院椰子研究所，国家重要热带作物工程技术研究中心（椰子分中心），文昌 571339；2. 中国热带农业科学院环境与植物保护研究所，海口 571101]

摘 要：桑给巴尔是坦桑尼亚联合共和国的组成部分，位于西印度洋，由安古迦岛、奔巴岛及 20 余个小岛组成，属热带季风气候。桑给巴尔气候湿热，年平均气温 25℃，年均温差仅 4℃，年降水量 1 500~2 000 mm，降水季节较均匀。其沿海多珊瑚石灰岩，土壤肥力较差。在桑给巴尔，椰子在政府主导下具有一定规模化种植（500 多万株），但植株老化严重（大多 60 龄以上）、产量低，种植水平较低。香蕉、百香果、胡椒、咖啡、辣椒、番木瓜、黄秋葵等具有小规模化种植，但种植面积较少，有些蔬菜地已采用滴灌模式。目前，桑给巴尔农业面临着产业发展落后、果树及蔬菜病虫害严重等问题。笔者团队于 2024 年 12 月对桑给巴尔农业病虫害进行了系统调查。结果发现，危害严重的病虫害有二疣犀甲（主要危害椰子）、番木瓜病毒病及果腐病、香蕉叶斑病、辣椒青枯病、番茄疫病、黄秋葵根腐病等。调查结果可为桑给巴尔全面了解其农业病虫分布及危害情况提供基础依据。

关键词：桑给巴尔；农业；病虫害

---

* 基金项目：海南省重点研发项目（ZDYF2022XDNY208）
** 通信作者：唐庆华，副研究员，研究方向为棕榈作物植原体病害综合防治及病原细菌-植物互作功能基因组学；E-mail：tchuna129@163.com

花生白绢病菌生防细菌的筛选及防效研究*

程志勇**，宋万朵，于东洋，王前前，康彦平，陈玉宁，雷　永，
淮东欣，王　欣，王志慧，廖伯寿，晏立英***

（中国农业科学院油料作物研究所，油料作物
生物学与遗传育种重点实验室，武汉　430062）

摘　要：花生是我国重要的油料和经济作物，近年来白绢病成为危害花生产量和质量的重要病害之一，严重威胁花生生产。生物防治是防控植物病害的有效手段，符合花生产业可持续、绿色发展的理念。为探索对花生白绢病菌高致病力菌株（ZY2）具有抑制作用的生防菌株，本研究从花生根和茎分离的细菌中筛选得到10株对ZY2具有显著抑制效果的细菌，平板对峙试验表明其抑制率为66%~81%；盆栽实验发现ZS5-1菌株对ZY2的防治效果最好，达60.72%；田间试验结果显示ZS5-1对ZY2的防治效果达到33.73%。通过形态学观察、生理生化和分子鉴定，鉴定ZS5-1为贝莱斯芽孢杆菌。显微观察发现ZS5-1能导致ZY2菌丝变短、扭曲缠结、顶端膨大和原生质消解。培养基测试发现ZS5-1能产生蛋白酶、淀粉酶、果胶酶、纤维素酶和木聚糖酶，不产生几丁质酶。本研究筛选获得一株对白绢病菌高致病力菌株具有良好生防潜力的贝莱斯芽孢杆菌ZS5-1，可为防控花生白绢病提供良好的生防资源。

关键词：花生白绢病；高致病力菌株；贝莱斯芽孢杆菌；生物防治

---

* 基金项目：国家重点研发计划（2023YFD202800）；国家现代农业产业技术体系建设专项（CARS-13）；中国农业科学院创新工程（CAAS-ASTIP-2013-OCRI）；中央级公益性科研院所基本科研业务费专项资金重点项目（1610172024001）；湖北省农业科技创新中心创新团队（2024620000001031）

** 第一作者：程志勇，硕士研究生，研究方向为植物保护；E-mail：17633546523@sina.cn

*** 通信作者：晏立英，研究员，主要从事花生病害研究；E-mail：yanliying2002@126.com

Preparation and Application of Suspension of 1.2% Chelerythrine Mixed with 0.8% Osthole[*]

Wei Qinghui[**], Song Weifeng[***], Shi Zhenghao, Li Zhiyong

(*Institute of Plant Protection, Heilongjiang Academy of Agricultural Sciences, Harbin 150086, China*)

Abstract: Recently, rice false smut (RFS) has become one of the main fungal diseases of rice, which not only affects the yield and quality of rice, but also produce toxins, which seriously affects food safety. Reasonable mixing of plant source pesticides can improve their control effect and effectively alleviate the production of drug resistance. In the single-agent antibacterial test of this study, EC_{50} of chelerythrine was 1.17 μg/mL and EC_{50} of osthole was 9.28 μg/mL. When the mass ratio was 6∶4, the inhibitory rate was 81.86% at 7 μg/mL, EC_{50} was 0.02 μg/mL, and the coefficient of synergism SR was 100.49. The selected formula of chelerythrine mixed with osthole was qualified for the quality control index, and the particle size distribution was generally concentrated (D_{90} = 9.683 μm), and it was evenly dispersed in water. In this study, the formula of chelerythrine mixed with osthole was screened, and the preparation for biological control of suspension formulation, the control effect reached 76.36% at 100 times the liquid, which had good control effect. Environmental protection, high efficiency, pathogenic fungi are not easy to produce drug resistance, to ensure the health of human and livestock, has far-reaching significance and huge market potential.

Key words: chelerythrine; osthole; suspension concentrate formulation; rice false smut; control effect

水稻病害生防菌株次生代谢产物的分离纯化及结构鉴定

张亚婷**，苏 心，王可心，张曦文，王 妍，魏松红***

(沈阳农业大学植物保护学院，水稻病害研究室，沈阳 110866)

摘 要：稻瘟病（病原菌 *Pyricularia oryzae*）、稻曲病（病原菌 *Ustilaginoidea virens*）和水稻纹枯病（病原菌 *Rhizoctonia solani*）是水稻生产过程中的三大病害，严重影响水稻的产量和质量。目前，化学防治仍是主要的防治方法，但化学农药的过度使用不符合现代农业的发展趋势。因此，开发高效、低毒和环境友好的新型生物源农药已成为当前研究的热点。本研究从水稻病害发生严重的田块采集浪渣，对其微生物进行分离，从中筛选水稻病害生防菌，基于形态学和 16S rDNA、*recA*、*atpD* 序列对生防菌株进行鉴定，利用多种色谱分离与波谱学技术，对目标菌株中的次级代谢产物进行了系统的分离纯化与结构鉴定，为开发防治水稻病害的新型生物源农药提供了理论依据。

从辽宁省沈阳市水稻病害发生严重的田块中捞取浪渣样本 5 份，从辽宁省沈阳市、大连市、营口市、丹东市、鞍山市、盘锦市采集土壤样品 32 份。用平板稀释涂布法对浪渣、土壤样本进行分离，共获得菌株 533 株，经统计有 31 株真菌、249 株细菌和 253 株放线菌。以稻瘟病菌、稻曲病菌和水稻纹枯病菌为靶标，用平板对峙法筛选出 56 株对 3 种病原菌有较好抑制效果的生防菌株。将筛选出的经过树脂吸附、甲醇洗脱、二氯甲烷萃取得到发酵液粗提物，薄层色谱法检测发现菌株 LZ-734、HN149F、LZ 337G 发酵液粗提物中的次生代谢产物丰富，且有明显主斑点，可进行进一步分离纯化鉴定。结合形态学和分子生物学对生防菌进行鉴定，将 LZ-734 鉴定为丝裂霉素链霉菌（*Streptomyces mutomycini*），HN149F 鉴定为纤维素链霉菌（*Streptomyces cellostaticus*），为首次报道的防治稻瘟病菌、稻曲病菌和水稻纹枯病菌的生防菌株。菌株 LZ-734 在菌丝生长速率试验中对稻瘟病菌、稻曲病菌和水稻纹枯病菌的抑菌率分别为 99.06%、85.32% 和 66.61%。菌株 LZ-734 发酵液粗提物通过"二氯甲烷-甲醇"体系进行一级硅胶柱层析，获得 A-I 九个组分。进一步分离对 3 种病原菌抑制效果最好且具有明确主成分的组分 D，通过硅胶柱层析、凝胶柱层析和 HPLC 分析与制备获得了单体化合物 D1A1，通过核磁共振波谱（1D NMR）结合已报道文献数据比对，化合物 D1A1 为已知化合物 Venturicidin X。

关键词：水稻病害；生物防治；链霉菌；次生代谢产物

---

* 基金项目：国家水稻产业技术体系（CARS-01）；"兴辽英才计划"农业专家项目（XLYC2213046）
** 第一作者：张亚婷，博士研究生，研究方向为植物病原真菌学
*** 通信作者：魏松红，教授，研究方向为植物病原真菌学

基于 CRISPR 和全内反射荧光显微镜系统技术对马铃薯干腐病早期检测的研究[*]

王煜琪[1][**]，钟阳光[1]，毛彦芝[3]，于冬梅[2][***]，王文重[3][***]

(1. 清华大学深圳国际研究生院，深圳 518055；2. 温州医科大学附属第五医院，丽水 323020；3. 黑龙江省农业科学院经济作物研究所，哈尔滨 150086)

摘 要：由镰孢菌（*Fusarium* spp.）引起的马铃薯干腐病（Potato *Fusarium* dry rot）已经成为马铃薯生产上最具威胁的病害之一，可导致马铃薯块茎在储藏期间高度腐烂，严重影响马铃薯的品质和商品性。该病害在我国各马铃薯种植区普遍发生，在马铃薯整个生育期均能造成侵染。镰孢菌不但在土壤中可存活多年，且数量随着连作年限增加，呈逐年加重的趋势。由于缺乏马铃薯干腐病的抗病品种，该病害的防治一直采取化学方式，因此造成防治成本高，病原菌产生抗药性，对环境造成污染等一系列问题。因此，开展马铃薯干腐病早期检测技术研究，对保障马铃薯产业的健康发展具有重要的战略意义。

本研究提出了一种基于马铃薯干腐病病灶分割与严重程度分级的神经符号学习模型；同时，利用 CRISPR/Cas12a 和全内反射荧光显微镜系统（total internal reflection fluorescent microscope，TIRFM）检测超灵敏芯片上报告基因，可用于马铃薯干腐病的早期检测。所获得的主要研究结果如下。

（1）建立马铃薯干腐病图像数据集，共包含 288 张图像，其中干腐病块茎图像 165 张，健康块茎图像 123 张。

（2）提出深度学习模型 GHPA-UNet，训练后的模型能够分割出块茎的健康部分和病灶区域，均交并比（mIoU）达 87.39%。根据分割结果中的病灶面积比，融入干腐病分级标准进行 5 级分级，准确率达 80.14%，且具可解释性。

（3）利用 Lba Cas12a（Cpf1）蛋白，并设计 CRISPR RNA，对镰孢菌的 DNA 和不同侵染时间马铃薯块茎 DNA 样本进行单分子荧光检测实验。荧光检测通过全内反射荧光显微镜进行成像。生物素化报告基因通过链霉亲和素固定在聚乙二醇化的超灵敏芯片上。在无扩增情况下，镰孢菌样本、染病块茎样本对应实验组的荧光值均高于空白对照，该结果说明 CRISPR/Cas12a 结合 TIRFM 单分子荧光检测技术能够实现可靠的马铃薯干腐病早期检测。

综上所述，利用深度学习模型，以及 CRISPR 和 TIRFM 技术，能够实现快速、准确识别马铃薯干腐病图像以及进行高灵敏、高特异性的镰孢菌核酸检测，助力马铃薯干腐病早期预测。

关键词：镰孢菌；马铃薯干腐病；深度学习；神经符号学习；CRISPR/Cas；TIRFM

---

[*] 基金项目：黑龙江省省属科研院所科研业务费项目（CZKYF2025-1-B003）
[**] 第一作者：王煜琪，硕士研究生，从事深度学习模型与 CRISPR 应用研究；E-mail：wangyuqi22@mails.tsinghua.edu.cn
[***] 通信作者：于冬梅，博士，副研究员，从事生物学、智慧医疗和人工智能研究；E-mail：yudongmei@sdu.edu.cn
王文重，博士，副研究员，从事马铃薯病害研究；E-mail：wenwen0331@163.com

北里孢菌 GD3-16 的分离鉴定及对香蕉枯萎病的防效分析[*]

朱 杰[1,2][**]，李华平[1,2]，李云锋[1,2]，聂燕芳[2,3][***]

(1. 华南农业大学植物保护学院，广州 510642；2. 华南农业大学广东省微生物信号与作物病害重点实验室，广州 510642；3. 华南农业大学材料与能源学院，广州 510642)

摘 要：香蕉是世界第二大水果作物，而由尖孢镰刀菌古巴专化型热带 4 号小种 (*Fusarium oxysporum* f. sp. *cubense* tropical race 4，Foc TR4) 引起的香蕉枯萎病是香蕉生产上的一种毁灭性病害，以生物防治为基础的综合防治技术是目前最重要的香蕉枯萎病防控方法，其不仅可以直接抑制 Foc TR4 的生长，还可改变土壤中微生物种类、结构和数量，达到良好的防控效果。我们从香蕉根际土壤中对 Foc TR4 具有良好抑制效果的生防菌进行了筛选，获得了 1 个生防菌株 GD3-16；通过菌落形态、生理生化特征和分子生物学方法，将其鉴定为北里孢菌 (*Kitasatospora recifensis*)；其对 For TR4 菌丝生长抑制率为 60.5%，对分生孢子萌发抑制率为 44.2%，并可导致菌丝膨大畸形。平板对扣法发现菌株 GD3-16 产生的挥发性物质对 Foc TR4 也具有很好的抑制效果，抑制率高达 91.6%；GC-MS 分析表明，该菌可产生 13 种挥发性物质。其中 3 种化合物已报道具有抑制真菌作用，分别是 2-Methylisoborneol、2-Dodecanone、Thujopsene。抑菌谱测定表明，该菌对 10 种不同的植物病原真菌都表现出了良好的抑制效果，抑菌率均在 65% 以上。盆栽试验表明，菌株 GD3-16 对香蕉枯萎病的防效可达 59.6%，且对香蕉植株具有良好的促生作用。菌株 GD3-16 还具有降解木质素，以及产生蛋白酶和铁载体的能力。本研究为香蕉枯萎病的防控提供了优良菌种资源。

关键词：香蕉枯萎病；尖孢镰刀菌古巴专化型；北里孢菌；生物防治；GC-MS

---

[*] 基金项目：广东省现代农业产业技术体系创新团队建设项目 (2024CXTD21)；国家香蕉产业技术体系建设专项 (CARS-31-09)；广东省基础与应用基础研究基金 (2022A1515140114)
[**] 第一作者：朱杰，博士研究生，主要从事植物与病原真菌互作分子机理研究；E-mail：hnzhujie2023@163.com
[***] 通信作者：聂燕芳，副教授，主要从事香蕉与病原真菌互作分子机理研究；E-mail：yanfangnie@scau.edu.cn

Design of a Nano-pesticide Combining Luvangetin and RNAi for Targeted Control, Facilitating Efficient and Eco-friendly Management of Plant Pathogens[*]

Liu Duxuan[**], Chen Haoyu, Wu Mingjie, Hua Jing, Zhang Kun[***]

(*College of Plant Protection, Yangzhou University, Yangzhou 225009, China*)

Abstract: Pesticides are essential in protecting crops from pathogens and pests. However, given that traditional formulations focus on single targets, coupled with the prevalence of various field diseases and challenges such as chemical pesticide residues and environmental pollution, there is an urgent need to develop new pesticide molecules with adjustable targets, low toxicity, high efficiency, and environmental friendliness. In this study, we developed a target-adjustable nano-pesticide, [dsRNA-Luvangetin] @ CQAS, by coupling chitosan quaternary ammonium salt (CQAS), luvangetin, and dsRNA. Taking advantage of the dsRNA binding activity of luvangetin in vitro, we loaded the small molecule onto dsRNA and then coated the luvangetin-bound dsRNA molecules with CQAS to nano-size them. [dsRNA-Luvangetin] @ CQAS has tiple-functions: First, luvangetin has broad-spectrum antifungal activity. Second, dsRNA can be designed to target any single or multiple targets as desired, demonstrating adjustability. Third, the CQAS nano-shell can act as a basic plant immune regulator, enhancing the plant's basal immunity during application. Plant disease experiments confirmed the superior efficacy of designed [dsRNA-Luvangetin] @ CQAS against Sclerotinia sclerotiorum on solanaceous crops, and simultaneously suppress the co-infection of both viruses and fungi. Transcriptomic analysis also revealed its molecular mechanism behind enhanced plant disease resistance. This study introduces a novel small molecule, luvangetin, which enhances the stability of dsRNA and contributes to the development of an innovative target-adjustable nano-pesticide. Our study presents an advanced strategy to promote sustainable crop production and reduce the overall usage of chemical pesticides.

Key words: luvangetin; fungicidal activity; RNA interference; nano-pesticide; multi-target; targeted adjustability; systemic acquired resistance (SAR)

---

[*] Funding: National Natural Science Foundation of China (32372486); Excellent Youth Fund of Jiangsu Natural Science Foundation (BK20220116); Agricultural Science and Technology Independent Innovation Fund of Jiangsu Province (CX [24] 3012)
[**] First author: Liu Duxuan; E-mail: MZ120231451@ stu. yzu. edu. cn
[***] Corresponding author: Zhang Kun; E-mail: zk@ yzu. edu. cn

菜豆壳球孢真菌病毒 MpChrV2 的克隆与分析

孙培萌[1][**]，张梦圆[1]，张慧豪[1]，宋露洋[1]，文才艺[1]，赵 莹[1][***]，王 婧[2][***]

(1. 河南农业大学植物保护学院，郑州 450046；
2. 河南省农业科学院植物保护研究所，郑州 450002)

摘 要：菜豆壳球孢菌（*Macrophomina phaseolina*）是一种广泛分布的土传病原真菌，可引起作物炭腐病和茎点枯病等，严重威胁多种作物的产量与品质。近年来，真菌病毒作为潜在的生物防治因子受到广泛关注。本研究在分离自安徽省阜阳市芝麻茎枯病样本的菜豆壳球孢菌株2012-22 中鉴定到一种新型双链 RNA 病毒。该病毒基因组由 4 个 dsRNA 片段组成，每个片段均含一个开放阅读框（ORF），分别编码病毒的 RdRp、外壳蛋白（CP）及 2 个假定蛋白。系统发育分析显示，MpChrV2 归属于 *Chrysoviridae* 科 *Betachrysovirus* 属，为该属的潜在新成员，命名为 *Macrophomina phaseolina chrysovirus 2*（MpChrV2）。盆栽试验表明，携带 MpChrV2 的 22C-8 菌株对芝麻的毒力显著降低，通过原生质体再生技术，22C-8 菌株再生菌株 22C-8-VF 中不携带 MpChrV2 时，再生菌株在幼苗和叶片上诱发更严重的病症，再生菌株生长速率上升，菌落色素沉积下降，表明 MpChrV2 感染可影响宿主的生长和毒力。以上结果表明，MpChrV2 具有典型的弱毒特性，可以开发应用于芝麻茎枯病的生物防治。

关键词：菜豆壳球孢；*Chrysoviridae*；弱毒特性；生物防治

---

* 基金项目：国家自然科学基金面上项目（32472642）；国家自然科学基金青年项目（32302445）；河南省自然基金（232300420013）
** 第一作者：孙培萌，硕士研究生；E-mail：sunpeimeng2001@163.com
*** 通信作者：赵莹，副教授；E-mail：zhaoying@henau.edu.cn
　　　　　　王婧，副研究员；E-mail：wangjingkb@163.com

Soybean Root Rot Control using a 5% Fludioxonil·Tebuconazole Nano-suspended Seed Coating

Shi Zhenghao[**], Song Weifeng[***], Wei Qinghui, Pan Yaqing, Li Zhiyong

(*Institute of Plant Protection*, *Heilongjiang Academy of Agricultural Sciences*,
Harbin 150000, *China*)

Abstract: Mycelium growth rate was measured to determine the efficacy of 99% fludioxonil, 98% tebuconazole, 99% metalaxyl-M, and 98% hymexazol against soybean root rot caused by *Fusarium oxysporum* and *Phytophthora sojae*. A 5% fludioxonil·tebuconazole nano-suspended seed coating was prepared by wet grinding, and safety and efficacy were verified by pot experiments. The synergistic effect against *F. oxysporum* was strongest at a 9∶1 fluroxonil∶pentazolol ratio, while 2∶8 metalaxyl-M∶hymexazol was most effective against *P. sojae*. The median particle size of the 5% fludioxonil·tebuconazole nano-suspended seed coating agent was 271 nm. Pot experiments showed that applying 5% fludioxonil·tebuconazole nano-suspended seed coating at 2.0 g/kg before seeding had no effect on germination or emergence, with a relative control efficiency against *F. oxysporum*-induced root rot of 88.15%, significantly higher than separate 60 g/L tebuconazole and 25 g/L fludioxonil treatments. These separate and combined seed coating formulations lay a foundation for chemical control of soybean root rot.

Key words: Soybean root rot; *Fusarium oxysporum*; *Phytophthora sojae*; seed coating agent; chemical control; nanopesticide

---

[*] 基金项目：黑龙江省农业科学院植物保护研究所青年基金项目（zbsqn2023-1）
[**] 第一作者：师正浩，研究实习员，主要从事农药学研究；E-mail：shizhenghao_haas@163.com
[***] 通信作者：宋伟丰，副研究员，主要从事农药学研究；E-mail：songweifeng2000@163.com

木犀草素增强番茄抗灰霉病的机制研究

杨 越**，王欣雨，李 洋***

（山东农业大学植物保护学院，泰安 271000）

摘 要：在番茄（Solanum lycopersicum L.）栽培过程中，由灰葡萄孢菌（Botrytis cinerea）侵染引发的灰霉病严重威胁植株生长发育，常导致番茄产量显著下降及果实品质劣变。木犀草素（Luteolin）是一种天然黄酮类化合物，广泛存在于植物中，具有多种生物活性。本研究通过平板抑菌试验证实，木犀草素对灰葡萄孢菌无直接抑菌活性；然而，外源喷施木犀草素可显著增强番茄叶片对该病原菌的抗病性。100 mg/L 木犀草素处理后，番茄叶片对灰霉的侵染面积及菌体生物量分别降低了 69.38% 和 64.32%，番茄果实的腐烂率和腐烂指数分别显著降低了 34.76% 和 32.68%，同时，木犀草素能抑制番茄抗氧化物质降解，总抗氧化能力比对照提高 3.6 倍，SOD、POD、CAT、多酚氧化酶和苯丙氨酸氨解酶活性升高，MDA 含量降低，减轻灰霉的氧化损伤，提高植株抗病性。木犀草素通过诱导茉莉酸（JA）介导的途径激活植物免疫，木犀草素处理 12 h 后，JA 路径基因 SlCOI1 和 SlMYC2 的表达量分别比对照组高 7.03 倍和 7.69 倍。综上，木犀草素作为植物源天然产物，在番茄灰霉病的绿色防控中展现出潜在应用价值，为开发环境友好型植物源抗真菌制剂、构建番茄灰霉病绿色防治技术体系奠定了重要理论与实践基础。

关键词：番茄灰霉；木犀草素；JA；绿色防治

---

* 基金项目：山东省自然科学基金项目（ZR2023MC094）
** 第一作者：杨越，硕士研究生，主要从事植物与微生物互作的研究；E-mail：yangyuezi2021@163.com
*** 通信作者：李洋，副教授，主要从事植物与微生物互作的研究；E-mail：yangli1988@sdau.edu.cn

宁夏地区酿酒葡萄溃疡病病原菌 *Lasiodiplodia theobromae* 致病力分析及生物学特性研究[*]

蒲占悦[**]，顾沛雯[***]

（宁夏大学农学院，银川 750021）

摘 要：为明确宁夏地区葡萄溃疡病的病原种类、致病力及生物学特性，本研究采集银川、永宁、青铜峡等6个县市罹病的赤霞珠和西拉酿酒葡萄植株样品，采用组织分离法进行病原分离并纯化，用烫伤法和灌根法对所分离的纯化菌株进行致病力测定。通过形态学观察和多基因（*ITS-TEF*1-*TUB*2）联合系统发育分析，确定病原菌种类。测定病原菌菌丝生长和产孢量，确定病原菌最优碳、氮源、pH值及致死温度。研究结果表明，引起宁夏地区酿酒葡萄溃疡病的菌株均为可可毛色二孢（*Lasiodiplodia theobromae*），其中致病力最强的菌株为FR2。致病菌株对葡萄枝条、果梗和根系均具有致病力，且对不同酿酒葡萄品种致病力存在较大差异。生物学特性研究显示，该菌在酵母膏为氮源、葡萄糖和蔗糖为碳源且pH值5~7时生长和产孢较好，致死温度为55℃。

关键词：葡萄溃疡病；可可毛色二孢；致病力；生物学特性

---

[*] 基金项目：贺兰山东麓酿酒葡萄根部病害生物防控专用菌剂的研制与应用（2023BCF01026）；酿酒葡萄病虫害监测预警关键技术研究与产业化应用（2024BBF02006）

[**] 第一作者：蒲占悦，硕士研究生，主要从事生物防治与菌物资源利用研究；E-mail: 2902686254@qq.com

[***] 通信作者：顾沛雯，教授，主要从事植物病害生物防治及微生物资源利用研究；E-mail: gupeiwen2019@nxu.edu.cn

10 种登记药剂对柑橘沙皮病菌的室内毒力测定*

宋晓兵**，林接英，徐翠翠，崔一平，黄 峰

(广东省农业科学院植物保护研究所，农业农村部华南果蔬绿色防控重点实验室，
广东省植物保护新技术重点实验室，广州 510640)

摘　要：柑橘沙皮病又称黑点病，是危害柑橘产业重要的真菌性病害，采前主要侵染柑橘新梢、嫩叶和未成熟果实，在其病部表面呈现许多散生或密集成片的褐色或黑褐色硬质小粒点，表面粗糙、隆起，严重影响叶部光合作用和果实外观品质。采用菌丝生长速率法测定柑橘间座壳 (*Diaporthe citri*) 对 10 种登记药剂的敏感性，以期为该病原引起的柑橘沙皮病的田间防治提供参考依据。结合试验数据分析表明，500 g/L 氟啶胺悬浮剂和 75% 多·锰锌可湿性粉剂的抑菌效果较强，在药剂浓度 1 μg/mL 时抑菌率分别为 98.06% 和 97.87%；40% 肟菌·戊唑醇悬浮剂、30% 苯甲·吡唑酯悬浮剂、35% 氟菌·戊唑醇悬浮剂、40% 吡唑·喹啉铜悬浮剂、40% 吡唑萘菌胺·戊唑醇悬浮剂的抑菌效果次之，在药剂浓度 1 μg/mL 时抑菌率分别为 82.38%、80.55%、79.29%、75.13% 和 74.35%；50% 吡唑醚菌酯水分散粒剂、80% 克菌丹水分散粒剂、80% 代森锰锌可湿性粉剂抑菌较差，在药剂浓度 10 μg/mL 时抑菌率分别为 68.35%、56.35% 和 37.20%。并对 10 种杀菌剂的抑菌效果进行分析，分别计算出 EC_{50}、EC_{90}、相关系数及毒力回归方程。研究发现 500 g/L 氟啶胺悬浮剂、75% 多·锰锌可湿性粉剂、40% 肟菌·戊唑醇悬浮剂、35% 氟菌·戊唑醇悬浮剂、40% 吡唑萘菌胺·戊唑醇悬浮剂和 30% 苯甲·吡唑酯悬浮剂 6 种药剂对柑橘沙皮病菌有较强的毒力，下一步拟开展田间药效试验评价其防治效果。

关键词：柑橘沙皮病菌；柑橘间座壳；登记药剂；毒力测定；菌丝生长速率法

---

* 基金项目：广东省现代农业产业技术体系创新团队建设项目 (2024CXTD10)；乡村振兴战略专项资金 (农业科技能力提升) (2025TS-1)

** 第一作者：宋晓兵，副研究员，研究方向为柑橘病害综合防控；E-mail: xbsong@126.com

TrichodermaGGD：木霉种质资源分子鉴定与基因组学数据库[*]

张 丽[**]，崔厚松，林润茂[***]，刘 铜[***]

(热带农林生物灾害绿色防控教育部重点实验室，海南省绿色农用生物制剂创制工程研究中心，海南大学三亚南繁研究院/热带农林学院，海口 570228)

摘 要：木霉属（Trichoderma）重要生防真菌的分子鉴定和基因组学等大量研究已被报道，但其物种鉴定存在挑战，并且缺乏综合性数据库以整合和挖掘基因组学数据资源。本研究收集了木霉424个物种（包括155个标准菌株）的DNA条形码序列、140个菌株的核基因组、60个菌株的线粒体基因组数据、93个抗菌肽物质。基于273个菌株的ITS、tef1和rpb2基因序列，本研究构建了木霉物种分子鉴定的在线分析流程；基于已有组学数据资源，本研究提供序列比对、基因搜索、基因预测以及基因组可视化等在线分析工具。最后，本研究使用Flask框架构建了首个木霉种质资源分子鉴定与基因组学数据库（TrichodermaGGD；http：//110.40.139.34）。本研究为木霉物种分子鉴定提供分析平台，有助于促进生防菌研究和重要基因资源的挖掘。

关键词：木霉；分子鉴定；基因组学；数据库

---

[*] 基金项目：国家自然科学基金面上项目（32472639）；海南省科技创新人才项目（KJRC2023C42）
[**] 第一作者：张丽，硕士研究生，研究方向为植物病理学；E-mail：LiZ0507@163.com
[***] 通信作者：林润茂，副教授，博士生导师，主要从事生物信息学和植物病理学研究；E-mail：linrm2010@163.com
 刘铜，教授，博士生导师，主要从事植物病理学与生物防治研究；E-mail：liutongamy@sina.com

TGP-WEB：木霉属物种基因预测在线分析工具[*]

张丽[**]，崔厚松[**]，于淞，颜仁兰，林润茂[***]，刘铜[***]

（热带农林生物灾害绿色防控教育部重点实验室，海南省绿色农用生物制剂创制工程研究中心，海南大学三亚南繁研究院/热带农林学院，海口 570228）

摘要：解析木霉（*Trichoderma* spp.）基因组有助于挖掘木霉重要基因在防治植物病虫害、参与生物降解，以及物种演化中的重要作用。但是，截至2024年11月，在已报道的木霉134个基因组中，有101个（~75%）基因组未公布基因序列，严重阻碍了木霉功能基因的研究与利用。此外，随着测序成本的降低和基因组组装方法的完善，未来将有大量基因组被报道。为了帮助同行准确和高效地解析木霉基因组，本研究开发木霉基因预测在线分析工具TGP-WEB（http://1.95.176.60）。该方法充分利用Augustus和Genemark从头预测基因的功能、以及Braker参考NCBI refseq真菌基因序列进行基因预测的功能。TGP-WEB接收用户提交的木霉基因组序列后，经过后台服务器计算和分析（单个基因组耗时约6 h），最后给用户的预留邮箱发送基因预测结果文件（即编码蛋白核苷酸序列cds文件、编码蛋白氨基酸序列pep文件、以及基因在基因组的位置信息gff文件）。我们利用Inparanoid方法评估TGP-WEB的预测结果，即针对已公布基因序列的33个基因组，使用TGP重新预测，并比较已报道基因和TGP预测基因的序列；分析结果发现28个（85%）基因组90%以上的基因存在于TGP-WEB的预测结果中，这表明TGP预测结果准确性较高。此外，本研究已利用TGP-WEB对尚未发布基因的101个基因组进行分析，并提供分析结果以便用户下载使用。

关键词：木霉；在线分析工具TGP-WEB；基因预测

---

[*] 基金项目：海南省自然科学基金项目（823MS034）；海南大学科研启动经费［KYQD（ZR）23023］
[**] 第一作者：张丽，硕士研究生，研究方向为植物病理学；E-mail：LiZ0507@163.com
  崔厚松，硕士研究生，研究方向为植物病理学；E-mail：1440064417@qq.com
[***] 通信作者：林润茂，副教授，博士生导师，主要从事生物信息学和植物病理学研究；E-mail：linrm2010@163.com
  刘铜，教授，博士生导师，主要从事植物病理学与生物防治研究；E-mail：liutongamy@sina.com

ThDCL2在哈茨木霉生长和诱导次生代谢物质产生中的作用研究[*]

王莉[1,2**]，陈建洋[1,2]，王君莹[1,2]，张福丽[1,2,3]，刘震[1,2,3***]

(1. 周口师范学院，河南省作物高效生产与食品质量安全重点实验室，周口 466001；
2. 河南周口农高区小麦技术创新中心，周口 477150；
3. 河南周口国家农高区现代农业产业研究院，周口 477150)

摘 要：小麦是我国重要的粮食作物，然而近年来由假禾谷镰刀菌（*Fusarium pseudograminearum*）引起的小麦茎基腐病呈现加重趋势，严重威胁小麦产业可持续发展和国家粮食安全。目前，该病害防治主要依赖化学药剂，但长期使用导致的环境污染和病原菌抗药性问题日益突出，亟需开发绿色高效的生物防治策略。木霉（*Trichoderma* spp.）作为一类具有生防潜力的微生物，其拮抗机制尚未完全阐明。Dicer酶是milRNA生物合成的核心组分，在细胞发育及抗病防御中发挥关键作用，然而*Dicer*是否参与木霉拮抗小麦茎基腐病的调控过程仍有待深入研究。前期研究发现哈茨木霉T-aloe（*Trichoderma harzianum*）对假禾谷镰刀菌生长有显著的抑制作用，通过带毒平板实验发现其代谢液能显著抑制假禾谷镰刀菌的菌丝生长和孢子萌发。为进一步明确哈茨木霉抑菌抗病的机制，通过原生质体转化技术获得ThDicer2（ThDCL2）的敲除突变体*Thdcl2Δ*，*ThDCL2*的缺失显著降低哈茨木霉的菌丝生长速度、产孢量和菌丝生物量，并且*Thdcl2Δ*对假禾谷镰刀菌的抑菌率显著低于野生型，带毒平板实验发现*Thdcl2Δ*的代谢液对假禾谷镰刀菌生长的抑制作用也显著低于野生型。综上所述，*ThDCL2*在哈茨木霉生长和拮抗假禾谷镰刀菌的过程中起关键作用。本研究有助于解析哈茨木霉对假禾谷镰刀菌的生防机制，从而为小麦茎基腐病的防治提供理论依据，但*ThDCL2*调控哈茨木霉代谢产物的具体作用机制还需要进一步探究。

关键词：哈茨木霉；假禾谷镰刀菌；*Dicer2*；代谢液；基因功能分析

---

[*] 基金项目：国家自然科学基金青年科学基金项目（32402458）
[**] 第一作者：王莉，硕士研究生，研究方向为植物病理学，E-mail: 2511714214@qq.com
[***] 通信作者：刘震，讲师，研究方向为植物病理学，E-mail: liuzhenhenan@163.com

Tomato MicroR393 Cross-kingdom Targets *BcFKS*1 of *Botrytis cinerea* and Modulates Plant Immunity in the Green Management Against Gray Mold Disease[*]

Yin Yaping[**], Wang Rui, Hou Jumei, Fu Yuhang, Wang Lin, Liu Tong[***]

(*Sanya Institute of Breeding and Multiplication, Engineering Center of Agricultural Microbial Preparation Research and Development of Hainan/School of Tropical Agriculture and Forestry, Hainan University, Haikou 570228, China*)

Abstract: *Botrytis cinerea* induces gray mold which threatens global agriculture, while excessive pesticide use to control gray mold exacerbates environmental and resistance risks. Although RNA interference (RNAi) holds potential for disease control, its application is limited by instability and ambiguous targeting. This study demonstrates that tomato microRNA393 (miR393) can cross-kingdom into *B. cinerea* and reduce its pathogenicity. RT-qPCR, GUS staining, and fluorescence microscopy confirmed that miR393 specifically targets the *BcFKS*1 gene in *B. cinerea*, inhibits its expression and compromises the fungal cell wall. The nanomaterial Star Polycation (SPc) -loading delivery system of miR393 was constructed to mitigate miRNA degradation. This nanomaterial extended miR393's degradation time by 6-fold under RNase A and III conditions (up to 1 hour) and increased delivery efficiency by 35%-65%. The miR393 loaded with SPc enhanced tomato resistance by upregulating PR1 protein expression (6.8-fold). Furthermore, inoculation assays showed that dsmiR393 reduced gray mold lesion areas by 84%, 94%, and 45% in tomato, strawberry, and grape, respectively. In this study, we revealed the dual functional mechanisms of miR393 to control gray mold, including cross-kingdom regulation for pathogenic fungi and modulation of plant immunity. This achievement provides a new strategy for disease prevention and control in sustainable agriculture.

Key words: miR393; *FKS*1; gray mold; nanomaterials; plant protection

---

[*] 基金项目：国家自然科学基金（32472639，32060609）；海南省科技人才创新基金项目（KJRC2023C42）

[**] 第一作者：尹雅萍，博士研究生，主要从事植物与真菌互作分子机理研究；E-mail：bioyapingyin@163.com

[***] 通信作者：刘铜，教授，主要从事生物防治研究；E-mail：liutongamy@sina.com

TrPHT1 在哈茨木霉拮抗禾谷镰刀菌中的功能研究

董超锋[1,2]**, 芦东旭[1,2], 杨小东[1,2], 张福丽[1,2,3], 张毅博[1,2,3]***

(1. 周口师范学院，河南省作物高效生产与食品质量安全重点实验室，周口 466001；
2. 河南周口农高区小麦技术创新中心，周口 477150；
3. 河南周口国家农高区现代农业产业研究院，周口 477150)

摘 要：小麦是我国重要粮食作物，由禾谷镰刀菌（*Fusarium graminearum*）引起的小麦赤霉病严重影响小麦产量和品质，严重威胁我国粮食安全生产。目前，该病害的防治仍以化学药剂为主，但长期使用不仅造成环境污染，还导致病原菌抗药性增强，因此亟须发展绿色高效的生物防治策略。哈茨木霉（*Trichoderma harzianum*）作为一种具有生防潜力的真菌，在植物病害防控中展现出显著效果，但是外界磷素供应状况是否参与木霉拮抗小麦赤霉病的调控过程仍有待深入研究。笔者实验室前期研究发现哈茨木霉 T-aloe 对禾谷镰刀菌生长有显著的抑制作用，其代谢液能显著抑制禾谷镰刀菌的菌丝生长和孢子萌发。为进一步研究外界磷素供应在哈茨木霉 T-aloe 拮抗禾谷镰刀菌中的作用，分别在含有不同磷素水平的平板上进行对峙实验。结果表明，随着外界磷素含量的升高，哈茨木霉 T-aloe 的抑菌效果越显著。通过 RT-qPCR 检测发现，磷酸盐转运体 *TrPHT1* 在哈茨木霉 T-aloe 拮抗禾谷镰刀菌这一过程中的表达量受到显著诱导。随后通过原生质体转化获得 *TrPHT1* 的敲除突变体 $\Delta pht1$，$\Delta pht1$ 敲除显著影响哈茨木霉菌丝生长速率、生物量以及菌丝磷素含量，并且对禾谷镰刀菌的抑菌效果显著下降。本研究揭示了磷素吸收关键基因 *TrPHT1* 在哈茨木霉生防功能中的重要作用，为深入解析木霉菌的拮抗机制及开发高效生防策略提供了重要理论依据。

关键词：禾谷镰刀菌；小麦；哈茨木霉；*TrPHT1*；拮抗机制

---

* 基金项目：周口师范学院高层次人才科研启动经费研究项目（ZKNU2023080）
** 第一作者：董超锋，硕士研究生，研究方向为植物生理学，E-mail：2021101015@stu.njau.edu.cn
*** 通信作者：张毅博，讲师，研究方向为植物营养学，E-mail：Utopiazhangyb@163.com

CMR1-VeA 介导内生砖红镰刀菌促生因子调控烟草生长[*]

查兴平[1,2**],汪健康[1,2],肖 青[1],李永杰[1],刘桂花[1],
刘蓉飞[1],何永东[1,2],何张江[1,2***],康冀川[1***]

(1. 贵州大学西南特色药用生物资源开发利用教育部工程研究中心,贵阳 550025;
2. 贵州大学农学院,贵阳 550025)

摘 要:内生真菌调控植物生长机制十分复杂,促生因子是其调节宿主植物生长的关键,然而,相关促生因子的研究却鲜有报道。笔者课题组长期从事内生菌与植物互作相关研究,筛选到一株内生砖红镰刀菌(*Fusarium lateritium*)FL617对部分茄科植物具有促生抗病的功效。本论文前期从突变体库中筛选到一株红色色素产生异常的转化子,其对烟草的促生能力减弱,表明该转化子的突变基因是调控植物生长的关键因子。基于此,对该基因进行克隆,结果发现,基因编码一个未知蛋白,其结构包括一个 DNA 结合的锌指结构域,但不具有典型的激活结构域。酵母自激活结果表明,该蛋白具有自激活活性,推测其可能是一个调控次级代谢的新型非典型转录因子,将其命名为 CMR1。敲除 *CMR1* 菌株表型与随机突变转化子一致,也产生大量的红色色素,并对烟草促生能力减弱(~25.5%,$P<0.01$),而超量表达 *CMR1* 导致菌株对烟草促生能力显著增强(~1.7-fold,$P<0.01$)。此外,无论缺失还是过表达 CMR1 均不影响菌株作用植物后期的定殖率。由此表明,CMR1 调控植物生长可能不与定殖相关,结合色素异常现象,推测 CMR1 可能通过调控代谢物作用于植物。因此,我们联合转录组和代谢组分析了 CMR1 可能调控的化合物,结果发现,N-乙酰甘露糖胺、阿拉伯糖醇和甜菜碱等化合物的产生受到 CMR1 的调控,进一步,通过外源添加试验表明这三个化合物均能促进烟草的生长,表明这些化合物可以作为植物促生因子。同时我们还发现,CMR1 与次级代谢全局调控因子 VeA 可能存在互作,并通过双分子荧光系统进行了验证,但进一步的 CO-IP 实验还在进行中。而 CMR1 如何协同 VeA 调控代谢物合成,是我们下一步探究的重点。

关键词:内生砖红镰刀菌;CMR1-VeA;促生因子;调控代谢

---

[*] 基金项目:国家自然科学基金(32160667,32460007)
[**] 第一作者:查兴平,博士研究生,主要研究方向为内生真菌与植物互作的分子机制;E-mail:1290337551@qq.com
[***] 通信作者:何张江,副教授,主要研究方向为内生真菌生物防治与真菌分子生物学;E-mail:zjhe3@gzu.edu.cn
康冀川,教授,主要研究方向为真菌系统分类学与植物病害生物防治;E-mail:jckang@gzu.edu.cn

6-戊基-2H-吡喃-2-酮与橘皮精油 pickering 乳液抑菌作用研究*

陈建洋[1,2]**, 王　莉[1,2], 王君莹[1,2], 张福丽[1,2,3], 刘　震[1,2,3]***

(1. 周口师范学院，河南省作物高效生产与食品质量安全重点实验室，周口　466001；
2. 河南周口农高区小麦技术创新中心，周口　477150；
3. 河南周口国家农高区现代农业产业研究院，周口　477150)

摘　要：我国果蔬产量和消费量均处于世界前列，但由于果蔬采摘后自身呼吸作用、病原菌侵染、贮运条件等原因，造成 20%~30% 的总产量发生腐烂。由于灰霉菌（*Botrytis cinerea*）具有广寄主和低温致病特性，是引起葡萄、草莓、番茄等多种水果和蔬菜采后病害的重要病原。因此开发针对果蔬保鲜的新技术迫在眉睫。木霉菌的代谢产物 6-戊基-2H-吡喃-2-酮（6pp）是一种高效的天然抑菌剂对引起果蔬腐烂的多种病原菌有很强的抑制作用。然而，6pp 具有较低的沸点，易挥发且难溶于水，大大限制了其发展和应用潜力。橘皮精油（tangerine peel essential oil, TEO）是具有特殊芳香气味的挥发性油状液体，价格低廉且具有抗氧化、抗菌、保鲜等生物活性，但单一组分的植物精油抑菌能力有限。本试验利用辛基希琥珀酸酐制备的改性大米淀粉（OS-淀粉）为食品级颗粒乳化剂，以 TEO 为油相，建立 6pp 的 Pickering 乳状液（TEO）运载体系。结果显示，OS-淀粉显著改善了运载体系中油相的机械性能，延缓了 6pp 的释放，提高其在番茄和葡萄储运保鲜中的作用时效。6pp 的加入提高了 Pickering 乳液的抑菌能力，显著抑制了灰霉菌的生长和孢子萌发，导致菌丝畸形。喷淋 Pickering 乳液后葡萄、番茄果实颜色更佳，产量更高，抗氧化活性更强，能够保持新鲜并延长保质期。本研究对于维持果蔬采后新鲜度，减少灰霉病导致的经济损失具有重要的意义，可为果蔬保鲜提供新型绿色解决方案。

关键词：6pp；橘皮精油；灰霉菌；Pickering 乳液；缓释；抑菌

---

* 基金项目：国家自然科学基金青年科学基金项目（32402458）
** 第一作者：陈建洋，硕士研究生，研究方向为淀粉深加工；E-mail：chenjy0013@136.com
*** 通信作者：刘震，讲师，研究方向为植物病理学；E-mail：liuzhenhenan@163.com

内生砖红镰刀菌新型效应因子 GPR1 调控本氏烟草生长[*]

何永东[1,2][**]，查兴平[1,2]，肖 青[1]，汪健康[1,2]，李永杰[1]，
刘桂花[1]，刘蓉飞[1]，何张江[1,2][***]，康冀川[1][***]

(1. 贵州大学西南特色药用生物资源开发利用教育部工程研究中心，贵阳 550025；
2. 贵州大学农学院，贵阳 550025)

摘 要：效应蛋白是菌-植互作的关键因子，在病原菌中其功能较为保守，即促进病原菌的侵染致病。而相较病原菌而言，内生菌与植物的互作模式相反，推测其效应因子功能与病原菌存在差异，但内生菌这方面相关研究较少作用机制不明。笔者课题组发现一株内生砖红镰刀菌（*Fusarium lateritium*）对部分茄科植物（烟草、番茄等）具有良好的促生和抗病的作用。互作转录分析发现，一个未注释的新型效应因子在菌-植（本氏烟草）互作早期显著高表达。进一步研究表明，该效应因子可激活烟草免疫防御系统，诱导活性氧（ROS）爆发，引起叶片局部坏死。破坏该基因导致内生砖红镰刀菌对烟草定殖能力显著降低，促生能力显著减弱。由此表明，内生砖红镰刀菌新型效应因子对烟草生长具有调节作用，因此，将该蛋白命名为促生调控因子（Growth-promoting regulatory factors，GPR1）。转录分析发现，破坏 GPR1 导致烟草茉莉酸、生长素和谷胱甘肽代谢相关基因显著下调，推测 GPR1 可能通过介导植物激素合成，影响植物生长发育。此外，结合转录分析和酵母双杂交，筛选获得了 3 个 GPR1 在植物中的互作蛋白，包括 PTI 识别受体（NbEIX1，NbFLS2）和环加氧酶（Nbercd1），并通过双分子荧光互补（Bi-FC）和免疫共沉淀（Co-IP）对其关系进行验证，结果表明，GPR1 可以与上述 3 个蛋白结合，其作用机制有待进一步探究。

关键词：内生砖红镰刀菌；新型效应蛋白 GPR1；植物免疫；环加氧酶

---

[*] 基金项目：国家自然科学基金（32160667，32460007）
[**] 第一作者：何永东，硕士研究生，主要研究方向为内生真菌与植物互作的分子机制；E-mail：hyd5320@163.com
[***] 通信作者：何张江，副教授，主要研究方向为内生真菌生物防治与真菌分子生物学；E-mail：zjhe3@gzu.edu.cn
康冀川，教授，主要研究方向为真菌系统分类学与植物病害生物防治；E-mail：jckang@gzu.edu.cn

一株高活性杀根结线虫的放线菌筛选及其发酵条件优化

陈梦,汪军,梁昌聪,郭立佳,周游,杨扬,
他永全,刘磊,黄俊生,杨腊英

[中国热带农业科学院环境与植物保护研究所,热带作物生物育种全国重点实验室,农业农村部热带作物有害生物综合治理重点实验室,国家肥料微生物种质资源库(海南),海口 571101]

摘要:根结线虫病是全球性植物土传病害,每年造成巨大经济损失。生物防治具有对环境友好、对人畜安全等优点,逐渐成为作物病害防治研究的热点。本研究以象耳豆根结线虫(*Meloidogyne enterolobii*)二龄幼虫(second-stage juveniles,J2)为靶标线虫,通过浸渍法筛选出一株杀线活性在80%以上且效果稳定的放线菌 WZSF-1,对其形态特征、生理生化以及分子生物学进行鉴定,将其鉴定为灰略红链霉菌(*Streptomyces griseorubens*);通过单因素试验以及正交法对菌株的发酵培养条件进行了优化,以校正死亡率为指标,对 WZSF-1 发酵的碳源、氮源以及发酵时间进行筛选,研究发现其最佳碳源、氮源、发酵时间分别为可溶性淀粉、黄豆粉、7 d,最佳碳源浓度为1%~3%,最佳氮源浓度为1.5%,适宜初始 pH 值为7.0,最佳接种量为5%。通过盆栽试验验证其效果,结果显示:WZSF-1 的发酵上清对根结线虫的盆栽防效最高为50%,对辣椒的叶绿素含量、株高、茎粗、地上部鲜重和根重都具有促进作用;通过测定其防御反应相关酶活,结果显示 WZSF-1 处理后 PAL 酶活性和 MDA 含量下降,CAT、PPO 防御酶活性上升。本研究丰富了根结线虫微生物防治资源,并为其高效发酵和开发为根结线虫生防菌剂提供了参数。

关键词:根结线虫;灰略红链霉菌;条件优化;促生作用;防控效果

放线菌与淡紫拟青霉联合应用增强辣椒根结线虫防控效果[*]

陈梦[**]，汪军，周游，梁昌聪，郭立佳，杨扬，
他永全，刘磊，黄俊生，杨腊英[***]

[中国热带农业科学院环境与植物保护研究所，热带作物生物育种全国重点实验室，农业农村部热带作物有害生物综合治理重点实验室，国家肥料微生物种质资源库（海南），海口 571101]

摘要：本研究将一株具有高杀线活性的放线菌菌株 WZSF-1 与淡紫拟青霉 E16 菌株进行联合使用，评价两株生防菌及其复配对辣椒根结线虫的防治效果。采用平板拮抗法评价了 WZSF-1 和淡紫拟青霉 E16 之间的拮抗性，将两菌株的发酵上清液按不同比例进行复配后，测定其杀线活性，采用盆栽试验的方法验证两菌株复配杀线活性变化。结果表明，两菌株间拮抗性较低，WZSF-1 与 E16 按体积比 4∶1 复配时室内杀线活性其杀线活性上升，分别比 E16 和 WZSF-1 单独使用时提高了 8.28%、1.57%，盆栽试验结果表明，E16、WZSF-1 及其复配液对辣椒的株高、茎粗、叶绿素含量、地上部鲜重、根重以及防御酶活性都具有促进作用，两株菌及其复配液对根结线虫都具有防治效果，防治效果分别为 43.75%、50.00%、81.25%，复合处理与单独使用 E16 和 WZSF-1 相比，防效提升了 85.71% 和 62.50%。本研究为后续生防菌复配防治根结线虫提供了参考。

关键词：放线菌；淡紫拟青霉；根结线虫；联合应用

---

[*] 基金项目：中国热带农业科学院国家热带农业科学中心科技创新团队项目（CATASCXTD202312）；中央级公益性科研院所基本科研业务费专项（1630042024002）；2024 年海南省科技特派员服务团抗风救灾应急科技专项子任务（ZDYF2024YJGG001-5）
[**] 第一作者：陈梦，硕士研究生，主要从事生防微生物资源研究与利用研究；E-mail：2602488441@qq.com
[***] 通信作者：杨腊英，研究员，主要从事热带农业微生物资源挖掘与利用工作；E-mail：layingyang@catas.cn

基于植被指数的玉米南方锈病病级反演[*]

蒙思静[1,2]**，马占鸿[1]，李明福[2,3]***

(1. 中国农业大学植物保护学院，北京　100193；
2. 中国质量检验检测科学研究院，北京　100176；
3. 三亚中国检科院生物安全中心，三亚　72025)

摘　要：玉米南方锈病（Southern corn rust，SCR）严重暴发时可导致玉米减产超过50%，严重威胁玉米生产安全。精准监测预警其发生程度，是制定科学用药与高效防治策略的前提。传统人工调查监测费时费力且易致玉米机械损伤。近年来，无人机遥感技术与机器学习算法结合在作物病害监测中成效显著，为大面积、高效监测玉米南方锈病提供了广阔前景。本研究以海南省三亚市中国农业大学红旗基地种植的郑单958玉米为对象，采集了健康与患病玉米小区的无人机多光谱影像数据。通过遍历30种不同计算方式、5 850种波段组合的植被指数，利用多层感知器（MLP）机器学习算法进行三折交叉验证评估，筛选出反演病级的最佳植被指数。并进一步比较了邻近节点（KNeighborsClassifier）、支持向量机分类（SVC）、多层感知器（MLPClassifier）等6种传统机器学习分类算法的建模效果。

结果表明，单特征指数中，SWI（650 nm，717 nm，475 nm）表现最优，F_1值为$0.831 \pm 0.003\ 63$；MLPClassifier算法构建的模型效果最佳。此外，采用递归特征消除算法（RFE）筛选出的12个特征集建模，效果显著提升，F_1值高达$0.970 \pm 0.000\ 21$。本研究为玉米南方锈病大面积、精准监测提供科学依据与技术支撑，推动玉米南方锈病智能预警技术发展，有效保障玉米生产安全。

关键词：玉米南方锈病；无人机遥感技术；植被指数；传统机器学习算法；病级反演

---

[*] 基金项目：海南省重点研发计划（ZDYF2024SHFZ048）
[**] 第一作者：蒙思静，硕士研究生，研究方向为资源利用与植物保护，E-mail：sy20233193367@cau.edu.cn
[***] 通信作者：李明福，研究员，从事植物检疫研究；E-mail：limf9@sina.com

柑橘溃疡病菌噬菌体的分离鉴定及全基因组分析[*]

夏新奇[1,2][**]，王俐婷[2]，姚姿婷[1]，朱桂宁[1]，陆光涛[2]，李瑞芳[1][***]

(1. 广西农业科学院植物保护研究所，广西作物病虫害生物学重点实验室，南宁 530017；
2. 广西大学生命科学与技术学院，南宁 530005)

摘　要：柑橘溃疡病是由病原细菌柑橘黄单胞菌柑橘亚种（*Xanthomonas citri* subsp. *citri*，Xcci）所引起，是柑橘生产的重要病害之一，对该病害的防治目前主要是使用铜基化合物以及抗生素，近年来生物防治植物病害受到人们重视，而噬菌体由于其独特的性质引起人们的关注。本研究以 Xcci 菌株 N8 为宿主菌，通过双层平板法从土壤样本中分离到 1 株烈性噬菌体，命名为 SAC。透射电子显微镜观察发现，SAC 头部直径约为 60 nm，属于有尾噬菌体目（Caudovirales）短尾噬菌体科（Podoviridae）。对 SAC 的裂解图谱、最佳感染复数、稳定性、一步生长曲线及体内外杀菌效果等生物学特性进行分析，发现 SAC 对不同来源的 14 株 Xcci 菌株裂解率均为 100%；最佳感染复数为 0.001，效价为 $4.5×10^{11}$ PFU/mL；SAC 在温度为 4~60 ℃ 与 pH 值=4~11 时具有稳定的效价，但对紫外辐射具有一定敏感性；SAC 潜伏期为 0~60 min，爆发期为 60~160 min，裂解量为 430 PFU/cell；在 Xcci N8 菌液中加入 SAC 后，宿主菌的浓度先上升后下降并一直保持较低水平；在对接种有 Xcci 的植株喷洒 SAC，SAC 明显抑制植株内病原菌的生长繁殖。这些结果说明，噬菌体 SAC 能够防治柑橘溃疡病，是潜在的新型生物制剂材料。

关键词：柑橘溃疡病；噬菌体；分离鉴定；生物学特性；全基因组分析

---

[*] 基金项目：国家自然科学基金（3236046）；广西自然科学基金（2023GXNSFAA026394）
[**] 第一作者：夏新奇，硕士研究生，主要从事黄单胞菌生物防治方面的研究；E-mail：xxq18317256829@163.com
[***] 通信作者：李瑞芳，博士，研究员，主要从事黄单胞菌致病机理及防治方面的研究；E-mail：ruifangli@gxaas.net

生防假单胞菌 FD6 对番茄灰霉病菌的抑菌活性及其培养条件优化[*]

宋 琦[**]，宋晓雅，焦永鑫，黄业朝，吴 涛，张清霞[***]

（扬州大学植物保护学院，扬州 225009）

摘 要：生防假单胞菌 FD6 通过产生抗生素藤黄绿脓菌素（PLT）和 2,4-二乙酰基间苯三酚（2,4-DAPG）可有效防治番茄灰霉病。细菌次生代谢物的产生水平不仅取决于菌株本身，还与其发酵条件密切相关。为提高 FD6 抑菌活性，本研究从 6 种不同培养基中筛选出抑菌活性最强的培养基 LB，以其作为基础发酵培养基采用单因素试验、响应曲面法筛选优化 FD6 的培养基成分及发酵条件。结果表明，最佳发酵培养基组分配比为柠檬酸钠 10.81 g/L、蛋白胨 10.53 g/L、缬氨酸 5.28 g/L，最佳发酵条件为 pH 值=7.2、发酵温度为 28℃、振荡培养 120 h。在此优化条件下，FD6 无菌滤液对番茄灰霉病菌的平均抑菌率为 80.26%，较优化前提高了 39.39%。抗生素定量结果表明，优化后 PLT 产量达 14.85 μg/mL，较优化前提高了 4.71 倍。研究结果为生防假单胞菌 FD6 菌剂的开发及其在番茄灰霉病生物防治中的应用提供参考。

关键词：生防假单胞菌；培养条件优化；单因素试验；响应曲面；灰霉病菌

---

[*] 基金项目：国家自然科学基金资助项目（32472628，32072471）；扬州市重点研发项目（YZ2023056）
[**] 第一作者：宋琦，硕士研究生，研究方向为植物病害生物防治及细菌生物学研究；E-mail：sq0805so@126.com
[***] 通信作者：张清霞，教授，主要从事植物病害生物防治及细菌生物学研究；E-mail：zqx817@sina.com

高效广谱小分子化合物的筛选及对核盘菌作用机制的研究[*]

段庆宇[**]，王傲源，焦文莉，雷恬伊，刘聪菲，潘洪玉，张艳华[***]

（吉林大学植物科学学院，有害生物综合防治研究室，长春 130062）

摘　要：核盘菌（Sclerotinia sclerotiorum）是死体营养型的重要的植物病原真菌，能侵染包括大豆、油菜、向日葵等在内的600余种作物，所引发的菌核病分布于全球各农业生产区域，严重威胁作物产量与粮油安全。由于现有防治手段主要依赖于化学农药，长期使用造成环境污染、抗药性增强及防效下降，亟需开发新型高效且环境友好的新型药物。本研究基于3 048种天然产物小分子化合物库，筛选获得对核盘菌具有显著抑制活性的小分子化合物。结果表明，化合物S4286在0.04 μg/mL时对核盘菌的抑菌率达96%。进一步活性测定显示，S4286对核盘菌（S. sclerotiorum）、灰葡萄孢（Botrytis cinerea）、稻瘟菌（Magnaporthe grisea）、炭疽病菌（Colletotrichum graminicola）的半数有效浓度（EC_{50}）分别为0.021 9 μg/mL、0.068 9 μg/mL、0.099 5 μg/mL、0.247 0 μg/mL。尤其在低浓度（0.1 μg/mL）下，S4286对核盘菌的抑菌率达93.35%，显著优于常规药剂多菌灵（31.75%）。此外，S4286对多菌灵抗性菌株TZ25和JY4016仍表现出良好敏感性，EC_{50}分别为0.062 3 μg/mL和0.056 8 μg/mL，而多菌灵对上述菌株EC_{50}均超过100 μg/mL，显示出S4286优越的广谱性与抗药性克服潜力。S4286来源于构巢曲霉（Aspergillus nidulans）次生代谢产物，经结构优化修饰后获得，具有良好的生物活性和稳定性。机制研究表明，透射电子显微镜（TEM）观察结果显示，S4286处理可导致核盘菌菌丝细胞线粒体膜结构破坏及明显肿胀，说明线粒体功能遭受严重损伤。转录组分析揭示，S4286显著抑制了氧化磷酸化信号通路相关基因的表达，并诱导细胞内活性氧（ROS）大量积累。荧光染色及定量分析结果证实，ROS水平升高同时伴随着菌丝中丙二醛（MDA）含量增加、线粒体膜电位（$\Delta\Psi m$）下降及ATP合成能力降低。综合分析表明，S4286可能通过扰乱线粒体稳态及能量代谢功能，进而实现对核盘菌的抑制作用。综上，本研究明确了S4286对多种植物病原真菌的显著抑菌活性，并初步阐明了其线粒体靶向机制，为新型高效抗真菌农药的开发提供了重要的理论基础与先导化合物资源。

关键词：核盘菌；小分子化合物；线粒体稳态；活性氧；杀菌剂抗性

---

[*] 基金项目：吉林省科技厅重点研发项目（20240303020NC）；吉林大学2025年研究生创新研究计划项目（2025CX359）
[**] 第一作者：段庆宇，硕士研究生，主要从事植物病害绿色防控技术研究；E-mail：1154529368@qq.com
[***] 通信作者：张艳华，教授，主要从事植物病原分子生物学及病害综合防控技术研究；E-mail：yh_zhang@jlu.edu.cn

内生砖红镰刀菌调控番茄根系分泌物重塑根际菌群协同促生

肖青[1,2]**,汪健康[1],刘桂花[1,2],李永杰[1],查兴平[1],
刘蓉飞[1],何永东[1],何张江[1]***,康冀川[1]***

(1. 贵州大学教育部西南药用生物资源工程研究中心,贵阳 550025;
2. 贵州大学绿色农药全国重点实验室,贵阳 550025)

摘 要:内生菌调控植物生长,其作用机制尚未完全明晰。已有的研究报道大多集中在其影响植物生长激素及营养吸收等方面,而有关内生菌调控植物根系菌群促进宿主生长的相关研究报道较少,其作用机制不明。笔者课题组发现一株内生砖红镰刀菌(*Fusarium lateritium*)对部分茄科植物(马铃薯、烟草和番茄等)具有促生及抗病的作用。研究发现,施用该菌 2 d 和 10 d 后,番茄根系土壤硫酯酶及部分胞外酶活性显著提升,表明根系土壤有益菌群活性也有提高。检测其菌群变化发现,包括德沃斯氏菌、生丝微菌、α 变形菌等多种土壤有益菌的丰度显著提高。分离根际细菌,结果也证实部分有益菌显著促进了番茄的生长。对植物根系分泌物进行检测发现,内生砖红镰刀菌处理后,如哌啶酸、焦谷氨酸、磷酸胆碱等多种有机物显著富集。宏基因组和代谢组联合分析发现,处理后 2 d 焦谷氨酸与有益微生物关联度最高,而处理后 10 d 则哌啶酸和磷酸胆碱与有益菌关联度较高,推测哌啶酸、焦谷氨酸和磷酸胆碱可能参与有益菌群的重塑。进一步外源施加这些化合物,检测土壤菌群的变化,结果与内生真菌处理后的情况一致。综上所述,内生砖红镰刀菌通过调控番茄根系分泌物组成,招募有益菌并大量增殖,重塑了根际微生物群落,与内生真菌协同促进宿主生长。

关键词:内生砖红镰刀菌;根系分泌物;重塑菌群;协同促生

---

* 基金项目:国家自然科学基金(32160667,32460007)
** 第一作者:肖青,博士研究生,主要研究方向为内生真菌与植物互作的分子机制;E-mail:18886071184@163.com
*** 通信作者:何张江,副教授,主要研究方向为内生真菌生物防治与真菌分子生物学;E-mail:zjhe3@gzu.edu.cn
康冀川,教授,主要研究方向为真菌系统分类学与植物病害生物防治;E-mail:jckang@gzu.edu.cn

转录因子 CRF1 介导果胶代谢调控内生砖红镰刀菌的定殖及促生[*]

汪健康[1,2**]，肖 青[1]，查兴平[1,2]，李永杰[1]，刘桂花[1]，
刘蓉飞[1]，何永东[1,2]，何张江[1,2***]，康冀川[1***]

(1. 贵州大学西南特色药用生物资源开发利用教育部工程研究中心，贵阳 550025；
2. 贵州大学农学院，贵阳 550025)

摘 要：内生菌作为一类对作物具有促生、抗病、抗逆等功能的微生物资源，在农业可持续发展中展现出重要的应用价值。内生菌成功定殖并与宿主植物建立稳定共生关系是发挥其作用效果的关键环节，然而该过程所涉及的分子基础尚未明晰。笔者课题组前期分离获得一株内生砖红镰刀菌 *Fusarium lateritium* Fl617，对部分茄科作物（马铃薯、番茄、烟草）表现出显著促生抗病的作用。根据植物细胞死亡程度和定殖深度的特征，将真菌定殖过程划分 3 个阶段：早期（24~36 h）、中期（48~72 h）、晚期（5~7 d）。基于此，本研究对各定殖阶段互作转录组分析表明，真菌多糖分解代谢相关通路在全阶段持续激活，其中 85% 的果胶降解基因在全阶段均呈现高表达，提示果胶分解代谢可能是该菌定殖的关键环节。针对真菌果胶酶基因家族的冗余性特征，采用共表达网络分析（WGCNA）鉴定到 Zn_2Cys_6 型转录因子 CRF1，其表达模式与果胶酶基因呈现显著相关性。表型分析表明，$\Delta crf1$ 菌株在果胶作为唯一碳源培养基中的生物量较野生型下降 25.5%（$P<0.05$），且在多聚半乳糖醛酸、D-半乳糖醛酸及 L-鼠李糖培养基中均表现生长缺陷。植物共培养实验显示 $\Delta crf1$ 菌株在植株根系定殖率显著降低（$P<0.05$），宿主生物量积累下降 21.5%（鲜重）和 16%（根系），促生长功能显著受损。进一步转录组分析揭示 $\Delta crf1$ 菌株中 29 个果胶降解基因（占果胶相关基因 66%）在互作过程中表达呈现显著下调。基于此，通过基因敲除筛选并鉴定到一个关键果胶裂解酶基因 PL10。$\Delta pl10$ 菌株在根系定殖能力显著降低（$P<0.05$），宿主生物量减少 18.4%（鲜重）和 19.2%（根系），表明该基因在根系定殖及促生长过程中的核心作用。综上所述，本研究揭示了新型转录因子 CRF1 通过正向调控果胶分解代谢网络介导内生菌定殖及促生的新机制，并解析了关键果胶裂解酶 PL10 在建立共生及促生长的生物学功能。研究结果为微生物-植物跨界信号对话提供新的视角，并为进一步开发基于内生菌的"植物疫苗"奠定了分子理论基础。

关键词：Zn_2Cys_6 型转录因子；果胶裂解酶；定殖；促生长；互作转录组

---

[*] 基金项目：国家自然科学基金项目资助（32160667，32460007）
[**] 第一作者：汪健康，博士研究生，主要研究方向为内生真菌与植物互作的分子机制；E-mail：wjk941019@163.com
[***] 通信作者：何张江，副教授，主要研究方向为内生真菌生物防治与真菌分子生物学；E-mail：zjhe3@gzu.edu.cn
 康冀川，教授，主要研究方向为真菌系统分类学与植物病害生物防治；E-mail：jckang@gzu.edu.cn

基于农田卫士与YOLOv11的小麦条锈病菌夏孢子识别[*]

王清娅[**]，蓝思淑，蒋佳芮，范博佳，马 玥，马占鸿[***]

（中国农业大学植物保护学院，农林生物安全全国重点实验室，北京 100193）

摘 要：针对小麦条锈病传统人工监测效率低、时效性差等问题，本研究基于田警牌农田卫士智能监测系统，创新性地整合农田卫士孢子显微成像与深度学习技术，构建病害早期预警新方法。该系统集成高精度孢子显微成像装置可实时捕获夏孢子形态特征，突破传统监测设备孢子捕捉缺失以及时效性差的技术瓶颈。通过该系统采集7 140张孢子图像并标注1 795张样本，按70%训练集、20%验证集、10%测试集划分数据集，基于YOLOv11算法构建夏孢子分类识别模型。试验结果显示，在 *Puccinia* mature、*Puccinia* raw、*Puccinia* sorus 三类孢子识别中，验证集精确率分别为99.0%、44.8%、90.3%，决定系数 R^2 分别为0.908、0.385、0.500，mAP50（IoU = 0.50时的平均精度均值）分别为99.1%、46.7%、56.6%，mAP50-95（IoU = 0.50~0.95时的平均精度均值）分别为63%、30.9%、47.3%，模型推理速度达142.86张/s。该模型在成熟夏孢子 *Puccinia* mature 类别上的识别精确率高达99.0%，证明了田警农田卫士系统与深度学习技术的融合应用在小麦条锈病夏孢子智能化识别中的技术可行性，为构建病害早期预警体系提供了可靠的技术路径与数据支撑。

关键词：小麦条锈病；田警牌农田卫士；YOLOv11；夏孢子；孢子识别

---

[*] 基金项目：国家重点研发计划（2023YFD1400800）
[**] 第一作者：王清娅，硕士研究生，研究方向为植物病害流行学；E-mail：sy20243193569@cau.edu.cn
[***] 通信作者：马占鸿，教授，研究方向为植物病害流行与宏观植物病理学；E-mail：mazh@cau.edu.cn

玉米品种混种对南方锈病流行的影响

马 玥[**]，范博佳，王清娅，蒙思静，蒋佳芮，马占鸿[***]

（中国农业大学植物病理系，农林生物安全全国重点实验室，北京 100193）

摘 要：由多堆柄锈菌（*Puccinia polysora* Underw.）引起的玉米南方锈病可造成严重的产量损失，甚至导致田块绝收。种植抗病品种是防治玉米南方锈病绿色、经济且有效的措施，但常年大面积单一品种种植会导致玉米对多堆柄锈菌的定向选择，使得玉米抗病品种抗性丧失。品种混种被认为是一种可以延缓寄主抗性丧失、抑制病害发病的有效手段。

为了研究品种混种对玉米南方锈病流行情况的影响，选取了生育期一致、具有不同抗性反应的3个玉米品种A（郑单958）、B（先玉335）和C（登海605）在河南省开封市开展品种混种试验，采用单种和混种方式共设置了10种品种组合，每种处理设置3个小区作为重复。2024年品种混种结果表明：最感病品种郑单958的病情指数（DI）显著高于所有其他处理均值，所有混种的病情指数均显著低于组分品种中最感病品种的病情指数（$P<0.05$）；最感病品种郑单958的病害进展曲线下面积（AUDPC）显著高于所有其他处理均值，除K4（品种BC混种）和K7（品种BC间作）处理外所有混种的AUDPC均显著低于组分品种中最感病品种的AUDPC（$P<0.05$）。综上，品种混种能够降低南方锈病的病情及病害流行的概率。

关键词：玉米南方锈病；品种混种；病情指数；病害流行

---

[*] 基金项目：国家重点研发计划（2023YFD1400800）
[**] 第一作者：马玥，硕士研究生，研究方向为植物病害流行学；E-mail: myuee1111@cau.edu.cn
[***] 通信作者：马占鸿，教授，研究方向为植物病害流行与宏观植物病理学；E-mail: mazh@cau.edu.cn

小麦品种混种对条锈病田间防治效果初探[*]

蒋佳芮[**]，王清娅，范博佳，马 玥，马占鸿[***]

（中国农业大学植物病理系，农林生物安全全国重点实验室，北京 100193）

摘 要：小麦条锈病是由条形柄锈菌小麦专化型（*Puccinia striiformis* f. sp. *tritici*）侵染引起的世界性气传真菌病害，在主要麦区广泛分布，严重威胁着小麦的生产和产业发展，且每年都造成一定的经济损失。导致小麦条锈病的发生与流行的主要因素之一是大面积种植单一品种。品种混种通过增加种内作物异质性，不仅可以有效控制病害，同时也可以大大延长抗病品种的使用寿命，为我国粮食安全提供保障。本研究于2024—2025年小麦生长季节，在北京上庄试验田采用不同抗病性品种小麦，设置15个混种和4个单种处理，其中混种组合处理为不同抗、感品种按照质量比1∶1、1∶3、1∶5、1∶1∶1、1∶1∶1∶1混种，每个小区设置3个重复，共57个小区。在人工接种条锈菌条件下，研究条锈病在不同抗病比例混种群体中的发生与发展情况。田间试验初步调查结果表明，中感品种和高抗品种1∶5混种与其组分单种病情指数的平均数相比，病害发生程度明显减少，说明两品种（中感品种和高抗品种）的混种能起到防病减病的作用。由此可见，基于品种合理混种的生态调控策略可以实现对小麦条锈病一定的控制作用，从而达到不施药或少施药而控制病害的目的。

关键词：小麦条锈病；混种；小麦品种

---

[*] 基金项目：国家重点研发计划（2023YFD1400800）
[**] 第一作者：蒋佳芮，硕士研究生，研究方向为植物病害流行学；E-mail：jiaruijiang@cau.edu.cn
[***] 通信作者：马占鸿，教授，研究方向为植物病害流行与宏观植物病理学；E-mail：mazh@cau.edu.cn

贝莱斯芽孢杆菌 C-di-GMP 调控其防病活性的信号通路研究

姜文筱**, 王琦, 李燕***

(中国农业大学植物保护学院,北京 100193)

摘 要:贝莱斯芽孢杆菌(*Bacillus velezensis*)是目前产业化最广泛的生防细菌之一,其生物防治效果可以由多种因素调节。环二鸟苷单磷酸(Cyclic diguanylate,c-di-GMP)是一种普遍存在于细菌体内的第二信使,调节着细菌的多种重要生理功能,包括生物膜形成、抗生素的产生和宿主定殖等。然而,c-di-GMP 对有益菌生防效果的影响尚不清楚。贝莱斯芽孢杆菌 PG12(以后简称为 PG12)是一株对苹果轮纹病具有良好防效的菌株。本研究以贝莱斯芽孢杆菌 PG12 为材料,探究了 c-di-GMP 对 PG12 生防效果的影响。鸟苷酸环化酶(Diguanylate cyclase,DGC)和磷酸二酯酶(Phosphodiesterase,PDE)的单基因缺失突变不影响 PG12 胞内 c-di-GMP 水平和 PG12 对苹果轮纹病的生物防治效果;但过表达 DGC 或 PDE 能显著改变 PG12 胞内 c-di-GMP 水平和生物防治效果,表明 c-di-GMP 正向调控 PG12 对苹果轮纹病的生物防治效果。试验结果表明,c-di-GMP 不影响 PG12 对苹果轮纹病病原菌的拮抗活性,但可以正调控 PG12 生物膜的形成及其在苹果果实上的定殖。在模式菌株枯草芽孢杆菌中,胞内 c-di-GMP 水平的变化会通过其受体 YdaK(具有退化 GGDEF 结构域的蛋白)调控生物膜的形成,但受体 YkuI 的功能尚且未知。在 PG12 中,*ydaK* 的缺失突变可以恢复由低 c-di-GMP 水平引起的生物膜形成、细菌定殖量和生物防治效果的降低,表明 YdaK 是可调节生物膜形成、定殖和生物防治的潜在 c-di-GMP 受体。与 c-di-GMP 相同的是,YdaK 也不影响 PG12 对苹果轮纹病病原菌的拮抗活性。基于这些发现,我们认为 c-di-GMP 调控生物膜的形成进而调控苹果果实上的细菌定殖,从而通过其受体 YdaK 调控贝莱斯芽孢杆菌的生物防治效果。

关键词:贝莱斯芽孢杆菌 PG12;C-di-GMP;生物膜;苹果轮纹病

---

* 基金项目:国家自然科学基金面上项目(31672074,31972982,32272613)
** 第一作者:姜文筱,博士研究生,研究方向植物病理学;E-mail:jwxiao@163.com
*** 通信作者:李燕,副教授,主要从事植物病害生物防治与微生态学研究;E-mail:liyancau@cau.edu.cn

吉林省延边地区万年蒿精油化学成分及其抑菌活性研究[*]

寇祖鑫[**]，付 玉[***]

（中国延边大学化学系，延吉 133002）

摘　要：植物精油是一类从植物中萃取的芳香味油状液体，具有多种活性。万年蒿（*Artemisia sacrorum* Ledeb）是菊科蒿属草本植物，又名白莲蒿、铁杆蒿，是吉林省延边地区朝鲜族经常使用的常用药材，目前关于万年蒿的研究多集中在成分分析和治疗各种急慢性肝炎等肝疾病，关于抑菌作用的报道较少。为了研究万年蒿的化学成分及其抑菌活性，本研究采用塔式精油机提取了万年蒿精油，并通过气相色谱与质谱联用（GC-MS）分析了万年蒿精油的化学组成。同时，采用菌丝生长速率法检测了万年蒿精油的抑菌活性。结果表明，吉林省延边地区万年蒿精油共鉴定出 92 种成分（占挥发油总量 96.85%），其中，主要的 5 种成分为桉叶油醇（18.60%）、(3E)-2,5,5-三甲基-3,6-庚二烯-2-醇（18.13%）、β-月桂烯（5.56%）、右旋樟脑酮（3.38%）和 4-萜烯醇（3.28%）。抑菌活性试验表明，万年蒿精油可以有效抑制链格孢菌的生长，最小抑菌浓度为 0.4 mg/mL。本文首次对吉林省延边地区万年蒿精油进行其化学组分分析，为万年蒿精油的开发和链格孢菌的绿色防控提供了理论依据。

关键词：万年蒿；精油；化学成分；抑菌活性

---

[*] 基金项目：国家自然科学基金（32360708）；吉林省教育厅科研项目（JJKH20230628KJ）
[**] 第一作者：寇祖鑫，硕士研究生，主要从事植物病原真菌及真菌病害研究；E-mail：878165026@qq.com
[***] 通信作者：付玉，副教授，主要从事植物病原真菌及真菌病害研究；E-mail：fuyu@ybu.edu.cn

苜蓿抗立枯丝核菌根腐病相关的根际微生物研究

蔡宇轩*，方香玲**

(兰州大学草地农业科技学院，草种创新与草地农业生态系统全国重点实验室，兰州 730020)

摘 要：由立枯丝核菌（*Rhizoctonia solani*）引起的根腐病是制约紫花苜蓿生产的重要土传病害。该病原菌土壤习居能力强且遗传变异复杂，导致防治困难。根际微生物群落在植物抗病中发挥关键作用，但紫花苜蓿抗立枯丝核菌根腐病中的作用尚不明确。本研究通过接种立枯丝核菌，结合16S rRNA高通量测序技术，对比分析紫花苜蓿抗病品种和感病品种根际微生物群落结构及功能变化。结果发现立枯丝核菌侵染后，抗病品种根际显著富集有益菌 *Rhizobium*、*Streptomyces*、*Promicromonospora*、*Ensifer*、*Pseudarthrobacter*（LDA>3.5），其丰度与病害抑制能力呈正相关，且Alpha多样性显著高于未接菌组。接菌与未接菌处理组间群落结构差异明显（R^2 = 0.276，$P<0.05$）。立枯丝核菌侵染后抗病品种根际菌群中"跨膜运输"与"次生代谢产物合成"通路显著富集。本研究揭示紫花苜蓿抗病品种通过招募 *Streptomyces*、*Promicromonospora*、*Ensifer*、*Pseudarthrobacter* 等拮抗菌并调控病原物定殖，以及通过次生代谢产物合成抵御立枯丝核菌侵染，为抗病品种选育及生防菌剂开发提供理论依据。

关键词：紫花苜蓿；根腐病；立枯丝核菌；根际微生物；生物防治

---

* 第一作者：蔡宇轩，硕士研究生，研究方向为牧草病理学；E-mail：1418043961@qq.com
** 通信作者：方香玲，教授，主要从事草地有害生物及微生物研究；E-mail：XLF@lzu.edu.cn

黄瓜根结线虫病生防菌的筛选鉴定及防效研究

黄馨玉[1][**]，朱晓峰[1]，王媛媛[2]，刘晓宇[3]，赵 迪[4]，
杨 宁[1]，段玉玺[1]，陈立杰[1]，范海燕[1][***]

(1. 沈阳农业大学植物保护学院，沈阳 110866；2. 沈阳农业大学生物技术学院，沈阳 110866；3. 沈阳农业大学理学院，沈阳 110866；4. 沈阳农业大学分析测试中心，沈阳 110866)

摘 要：黄瓜是我国重要的蔬菜和经济作物，由南方根结线虫（*Meloidogyne incognita*）引起的黄瓜根结线虫病在我国普遍发生，严重阻碍了黄瓜产业的发展。目前，防治黄瓜根结线虫病的可用生防资源仍然较少，且防效不稳定，严重限制了线虫生防制剂的推广应用。因此，挖掘高效、稳定的微生物资源是防治黄瓜根结线虫病的当务之急。本研究通过室内离体杀线虫试验筛选了 52 株生防细菌，获得 1 株对南方根结线虫二龄幼虫（J2）具有良好毒杀活性的菌株 Sneb2562，并对卵孵化具有显著抑制作用。通过形态学和生理生化特征结合 16S rDNA 和 *gyrA* 基因序列分析鉴定该菌株为贝莱斯芽孢杆菌（*Bacillus velezensis*）。此外，菌株 Sneb2562 能分泌蛋白酶、磷酸酯酶、淀粉酶，并具有解磷能力，对黄瓜种子萌发和胚根生长无影响。盆栽试验结果表明，菌株 Sneb2562 能显著减少黄瓜植株根结数量，还能显著促进黄瓜植株生长。综上所述，本研究筛选获得的贝莱斯芽孢杆菌 Sneb2562 既可有效防控黄瓜根结线虫病，又可促进植株生长，丰富了黄瓜根结线虫病的生防资源，为实现黄瓜根结线虫病的绿色生态防控奠定理论基础。

关键词：黄瓜根结线虫病；筛选；鉴定；贝莱斯芽孢杆菌

---

* 基金项目：中国博士后科学基金（2022T150442，2021M692234）；国家寄生虫资源库（NPRC-2019-194-30）；国家自然科学基金（32372481）
** 第一作者：黄馨玉，硕士研究生，主要从事植物线虫病害生物防治研究；E-mail：2023220500@stu.syau.edu.cn
*** 通信作者：范海燕，副教授，主要从事植物病害生物防治研究；E-mail：fanhaiyan2017@syau.edu.cn

pnpA 在解淀粉芽孢杆菌 Sneb709 中的功能研究

齐 彤[1]**，朱晓峰[1]，王媛媛[2]，刘晓宇[3]，赵 迪[4]，
杨 宁[1]，段玉玺[1]，陈立杰[1]，范海燕[1]***

(1. 沈阳农业大学植物保护学院，沈阳 110866; 2. 沈阳农业大学生物技术学院，沈阳 110866; 3. 沈阳农业大学理学院，沈阳 110866; 4. 沈阳农业大学分析测试中心，沈阳 110866)

摘 要：根结线虫（*Meloidogyne* spp.）是一种重要的植物病原线虫，其寄主很广，导致作物减产甚至植株死亡。解淀粉芽孢杆菌（*Bacillus amyloliquefaciens*）具有抑菌谱广、防病效果好、能促进作物生长等特点，是重要的植物病害生物微生物资源。解淀粉芽孢杆菌 Sneb709 是本实验室从番茄上分离获得的一株能够有效防治根结线虫病的有益菌，能在番茄植株稳定定殖，有较大的生防潜力。目前，国内外越来越多学者认识到植物有益细菌形成生物膜对其根定殖和生防功能至关重要。本研究前期已筛选获得影响解淀粉芽孢杆菌 Sneb709 生物膜形成能力的基因 *pnpA*。为明确解淀粉芽孢杆菌 Sneb709 中 *pnpA* 的功能，本研究利用分子生物学手段构建了 *pnpA* 的缺失突变体和功能回补菌株，结合表型检测分析 *pnpA* 在解淀粉芽孢杆菌 Sneb709 生物膜形成、运动性和定殖中的作用。实验结果表明，与野生型相比，缺失突变体 Δ*pnpA*（pBE2）的薄皮型生物膜（pellicle）、生物膜菌落（colony）形成能力、swarming 和 swimming 运动能力、在番茄叶内和根内的定殖能力均显著降低，回补菌株 Δ*pnpA*（pBE2H）可恢复到野生型水平，*pnpA* 促进 *B. amyloliquefaciens* Sneb709 生物膜的形成、swarming 和 swimming 运动力及在番茄叶内和根内的定殖能力。但是，*pnpA* 调控解淀粉芽孢杆菌 Sneb709 生物膜形成、运动性和定殖能力的具体调控途径还需后续进一步研究。

关键词：解淀粉芽孢杆菌；生物膜；定殖；*pnpA*

黄瓜根结线虫病生防芽孢杆菌的筛选鉴定及防效研究

吴蔚然[1,**]，朱晓峰[1]，王媛媛[2]，刘晓宇[3]，赵 迪[4]，
杨 宁[1]，段玉玺[1]，陈立杰[1]，范海燕[1,***]

(1. 沈阳农业大学植物保护学院，沈阳 110866；2. 沈阳农业大学生物技术学院，沈阳 110866；3. 沈阳农业大学理学院，沈阳 110866；4. 沈阳农业大学分析测试中心，沈阳 110866)

摘 要：中国是最大的黄瓜生产国之一。近年来，根结线虫（*Meloidogyne* spp.）病害在全国范围内迅速蔓延，蔬菜作物受害尤为严重，蔬菜根结线虫发生面积每年可达2 000万亩以上，直接经济损失超50亿元。生物防治具有操作简便、高效、安全、环保、不易产生抗性等特点，是近年来发展较为迅速的一种防治根结线虫病的有效措施。本研究采用系列稀释法从土壤中分离筛选获得1株对南方根结线虫二龄幼虫具有较强毒杀性的细菌Sneb2560。通过形态学特征、生理生化特性结合16S rDNA序列分析，鉴定菌株Sneb2560为阿氏芽孢杆菌（*Priestia aryabhattai*）。菌株Sneb2560具有产蛋白酶和磷酸酯酶的能力，对多种病原菌具有显著抑制作用。而且，与LB对照相比，经菌株Sneb2560处理后，显著提高黄瓜种子萌发，且不抑制黄瓜种子胚根生长。盆栽结果表明，菌株Sneb2560处理后，能显著减少黄瓜植株根结数，并且促进黄瓜生长。田间试验结果表明，芽孢杆菌Sneb2560处理黄瓜幼苗后有效防治黄瓜南方根结线虫病，且促进黄瓜植株生长。综上所述，阿氏芽孢杆菌*Priestia aryabhattai* Sneb2560能够有效防治黄瓜南方根结线虫病并促进黄瓜植株生长，为黄瓜南方根结线虫病的生物防治提供新的潜在资源。

关键词：南方根结线虫；阿氏芽孢杆菌；鉴定；生物防治；黄瓜

---

* 基金项目：中国博士后科学基金特别资助（站中）项目（2022T150442）；国家寄生虫资源库（NPRC-2019-194-30）；辽宁省自然科学基金面上项目（2024-MS-091）；中国博士后科学基金（2021M692234）
** 第一作者：吴蔚然，硕士研究生，主要研究方向为植物病理学；E-mail：2023220527@stu.syau.edu.cn
*** 通信作者：范海燕，副教授，主要研究方向为植物病害生物防治与微生态学；E-mail：fanhaiyan2017@syau.edu.cn

ས
真菌线粒体全基因组序列比对新方法 WMAF 及其在构建系统发育树中的应用[*]

崔厚松[**]，张 丽[**]，刘 铜[***]，林润茂[***]

(热带农林生物灾害绿色防控教育部重点实验室，海南省绿色农用生物制剂创制工程研究中心，海南大学三亚南繁研究院，海南大学热带农林学院，海口 570228)

摘 要：真核生物的线粒体是细胞能量供应的主要场所，其具有独立的基因组。研究线粒体基因组对揭示真菌遗传演化具有重要意义。测序技术和分析方法的发展助推解析真菌线粒体环状基因组，但是目前构建真菌线粒体基因组系统发育树通常依赖于编码蛋白的保守基因序列，缺少利用全基因组序列构建系统发育树的方法。本研究提供真菌线粒体全基因组序列比对新方法 WMAF，即先通过全基因组序列局部比对，获得基因组之间的保守区域（即 block），接着分别对每个 block 进行全局序列比对，再串接已比对得到的 block 序列用于后续分析。该方法可以克服基因组重组对序列比对的影响。本研究进一步应用 WMAF 辅助构建真菌 *Purpureocillium* 属、镰刀菌属（*Fusarium*）、酵母菌属（*Saccharomyces*）、丝核菌属（*Rhizoctonia*）、木霉属（*Trichoderma*）线粒体基因组系统发育树。经与核基因组系统发育树的结果比较，本研究发现 WMAF 可获得可靠性较高的系统发育树。本研究结果将促进真菌线粒体基因组研究。

关键词：真菌；线粒体基因组；序列比对；系统发育树

---

[*] 基金项目：国家自然科学基金项目（32360641）
[**] 第一作者：崔厚松，硕士研究生，研究方向为植物病理学；E-mail：1440064417@qq.com
　　　　　　张丽，硕士研究生，研究方向为植物病理学；E-mail：LiZ0507@163.com
[***] 通信作者：林润茂，副教授，博士生导师，主要从事生物信息学和植物病理学研究；E-mail：linrm2010@163.com
　　　　　　刘铜，教授，博士生导师，主要从事植物病理学与生物防治研究；E-mail：liutongamy@sina.com

广东和云南设施蓝莓炭疽病的发生与生物防治初探[*]

范俊巧[1,2**]，于 琳[1***]，佘小漫[1]，汤亚飞[1]，李正刚[1]，
蓝国兵[1]，丁善文[1]，郭 斌[1]，何自福[1]

(1. 广东省农业科学院植物保护研究所，广东省植物保护新技术重点实验室，广州 510640；
2. 华南农业大学植物保护学院，广州 510000)

摘 要：蓝莓（*Vaccinium uliginosum* L.）是杜鹃花科越橘属的可食用浆果，具有较高的营养价值和经济价值，近年来广东省和云南省设施蓝莓产业发展迅速。经调查发现，刺盘孢属（*Colletotrichum*）真菌引起的炭疽病是广东和云南设施蓝莓上的最常见病害，一年四季均有发生，导致设施蓝莓的叶斑、茎腐、花腐和果腐，严重威胁设施蓝莓的产量和品质。2023—2024 年，本研究从广东和云南的设施蓝莓上共分离和保存 116 株刺盘孢属真菌，根据形态学特征结合多基因系统发育分析，将 104 个菌株鉴定为果生刺盘孢（*C. fructicola*），11 个菌株鉴定为暹罗刺盘孢（*C. siamense*），1 个菌株鉴定为喀斯特刺盘孢（*C. karsti*）。各选择 1 个代表性菌株接种蓝莓组培苗，发现这 3 种刺盘孢属真菌均对蓝莓致病，其中 *C. fructicola* CHLMG5-6m 的致病力最强。随后利用平板对峙法，从实验室前期保存的 496 株植物内生细菌中筛选出了 1 株对 *C. fructicola* CHLMG5-6m 抑菌活性较强的贝莱斯芽孢杆菌（*Bacillus velezensis*）菌株 2HL21，其对 *C. fructicola* CHLMG5-6m 的菌丝生长抑制率为 78.85%。进一步通过组培苗接种试验评估了 *B. velezensis* 2HL21 对 *C. fructicola* CHLMG5-6m 的生防潜力。结果表明 *B. velezensis* 2HL21 能够显著防治蓝莓叶部炭疽病，6 dpi 时对照组接种叶病斑直径为 3.94 mm，处理组接种叶病斑直径为 0.32 mm，*B. velezensis* 2HL21 对蓝莓叶部炭疽病的防效达 91.92%；随着培养时间的延长，对照组病斑从接种叶逐渐扩散至相邻茎部，10 dpi 时对照组茎部病斑长度为 28.39 mm，而 *B. velezensis* 2HL21 可以显著抑制炭疽病在蓝莓植株上的扩展，处理组茎部病斑长度仅为 2.48 mm，*B. velezensis* 2HL21 对蓝莓茎部炭疽病的防效为 91.27%。本研究明确了果生刺盘孢、暹罗刺盘孢和喀斯特刺盘孢是引起广东和云南设施蓝莓炭疽病的主要病原菌，其中果生刺盘孢是优势种；筛选出 1 株对蓝莓炭疽病具生防潜力的菌株 *B. velezensis* 2HL21，为蓝莓炭疽病生物防治提供菌种资源。

关键词：蓝莓；炭疽病；果生刺盘孢；生物防治；贝莱斯芽孢杆菌

---

[*] 基金项目：广东省农业科学院科技人才培养专项-青年研究员（R2022PY-QY005）
[**] 第一作者：范俊巧，硕士研究生，主要从事蓝莓病害鉴定及其生物防治研究，E-mail：18339210512@139.com
[***] 通信作者：于琳，博士，副研究员，主要从事蔬菜真菌病害及其生物防治研究，E-mail：yulin@gdaas.cn

植物免疫诱抗剂混配对杀菌剂防治稻曲病减量增效研究

李新怡[**]，常向前，蔡　旋，杨小林，吕　亮，王佐乾[***]

（湖北省农业科学院植保土肥研究所，农作物重大病虫草害防控湖北省重点实验室，农业农村部华中作物有害生物综合治理重点实验室，武汉　430064）

摘　要：稻曲病（*Ustilagrnoidea virens*）是危害粮食生产的重要水稻病害之一。稻曲病发生不仅减少结实，所产生的多种稻曲菌素对动物甚至人类肝肾造成危害，因此减少稻曲病的发生对粮食生产和粮食安全至关重要。研究表明稻曲病菌能够特异性抑制水稻穗部的免疫激活以完成侵染，因此如何在侵染关键时期提高穗部抗性水平是减少稻曲病发生的关键。首先选取 5 种不同免疫诱抗剂，6%低聚糖素水剂（CHI）、2%氨基寡糖素水剂（CHS）、10% S-诱抗素可溶液剂（S-ABA）、6%寡糖·链蛋白可湿性粉剂（OPA）和 98%乙酰水杨酸（ASA），喷雾处理后定量水稻穗部稻曲病抗性相关基因 OsPR10b 和 OsNAC4 的表达动态。结果表明，5 种诱抗剂均不同程度地提高抗性基因的表达，增强了水稻对病原菌的抗性水平。室内人工注射接种稻曲病，相比戊唑醇减量 50%，所有诱抗剂混配喷施处理均显著提高防治效果，其中 OPA 和 ASA 混配处理对稻曲病的抑制率均超过 70%，分别增效 58.1%和 54.2%。田间试验于水稻叶枕平时喷雾处理各药剂组合。结果表明，相比减药 30%的情况下所有诱抗剂混配组合防治效果与产量均有显著提高。其中 ASA 混配组合极显著的提高了防效达 88.9%，提高了 34.0%；理论产量与实收产量均有显著的提高，对比对照分别增产 36.9%和 41.8%。因此与诱抗剂 ASA 混配可以作为防控稻曲病戊唑醇减量增效的策略。

关键词：植物免疫诱抗剂；稻曲病；植物抗性；减量增效；乙酰水杨酸

---

[*] 基金项目：国家自然科学基金青年项目（32202399）；湖北省重点研发计划（2021BBA236）；湖北省自然科学基金（2023AFB769）
[**] 第一作者：李新怡，硕士研究生，研究方向为植物保护学；E-mail：18717693860@163.com
[***] 通信作者：王佐乾，副研究员，主要从事水稻病防控技术研究；E-mail：wangzuoqian@hbaas.ac.cn

苯并噻唑杀线虫活性机理研究*

朱启义[1]**，范海燕[1]，朱晓峰[1]，王媛媛[2]，刘晓宇[3]，
赵 迪[4]，杨 宁[1]，段玉玺[1]，陈立杰[1]***

(1. 沈阳农业大学植物保护学院，沈阳 110866；2. 沈阳农业大学生物技术学院，沈阳 110866；3. 沈阳农业大学理学院，沈阳 110866；4. 沈阳农业大学分析测试中心，沈阳 110866)

摘 要：根结线虫（Meloidogyne spp.）对全球农业构成重大威胁，近年来，东北设施蔬菜种植为南方根结线虫（M. incognita）越冬提供有利环境条件，促使根结线虫病害发生日益严重。针对线虫病害的安全高效药剂很少，而且生产中常用的阿维菌素已逐渐产生抗药性，线虫的多重耐药性的发展使这一问题更加严重，因此专注于开发或利用环保的小分子抑制剂至关重要。

苯并噻唑是一种潜在的杀线虫剂，被报道对线虫有趋避作用。本团队前期研究发现橘绿木霉 Snef1990 发酵液中的苯并噻唑代谢物对南方根结线虫具有毒杀作用，然而，其作用模式和作用机制尚不完全清楚。本研究旨在通过体外毒性试验，酶活性检测和计算机模拟阐明杂环化合物苯并噻唑对南方根结线虫的杀线虫机制。在苯并噻唑毒性试验中，苯并噻唑表现出快速有效的杀线虫活性，浓度达到 1.5 μL/mL 时，线虫体内出现大量空泡，2 h 内可快速杀死南方根结线虫二龄幼虫（J2s）。此外，苯并噻唑通过破坏卵块的完整性显著抑制卵孵化，同时对新孵化的南方根结线虫二龄幼虫具有强烈的致死作用。结合显微镜观察和线虫角质层物质含量检测显示，与 1.5 μL/mL 苯并噻唑孵育 2 h 后，线虫体内出现大量空泡化结构，孵育 48 h 后，空泡化数量增多，体积变大，同时观察到 J2s 内蛋白质和碳水化合物水平显著降低。值得注意的是，浓度为 1.5 μL/mL 的苯并噻唑显著抑制谷胱甘肽 S-转移酶（GST）的活性，导致活性氧（ROS）的积累，最终导致线虫迅速死亡。分子对接和动力学模拟表明，苯并噻唑与 GST 形成稳定的复合物，从而破坏其抗氧化功能。此外，在盆栽试验中，苯并噻唑可有效减少南方根结线虫在番茄根部形成的根结数，对番茄植株无植物毒性。本研究为利用苯并噻唑开发杀线剂作为控制根结线虫的替代方法奠定了理论基础，并为新型杀线虫剂的开发提供了重要参考。

关键词：南方根结线虫；苯并噻唑；谷胱甘肽 S-转移酶；活性氧；计算机模拟

---

* 基金项目：国家自然科学基金（32372481）；国家寄生虫资源（NPRC-2019-194-30）
** 第一作者：朱启义，博士研究生，主要从事植物线虫学研究；E-mail：2904873810@qq.com
*** 通信作者：陈立杰，教授，主要从事植物病害生物防治研究；E-mail：chenlj-0210@syau.edu.cn

新型花生种衣剂防控土传病害的机理研究*

段辰君[1]**，范海燕[1]，朱晓峰[1]，王媛媛[2]，刘晓宇[3]，
赵 迪[4]，杨 宁[1]，段玉玺[1]，陈立杰[1]***

(1. 沈阳农业大学植物保护学院，沈阳 110866；2. 沈阳农业大学生物技术学院，沈阳 110866；3. 沈阳农业大学理学院，沈阳 110866；4. 沈阳农业大学分析测试中心，沈阳 110866)

摘 要：花生是重要的经济作物和油料作物，近年来，随着种植面积不断扩大，花生已成为辽宁省仅次于水稻和玉米的第三大作物，而花生土传病虫害防控是花生规模化生产中最难解决的问题，严重影响了花生的产量与品质。本研究针对辽宁省花生生产中的根结线虫和根腐病问题，研制出兼防线虫和真菌病害的花生种衣剂，通过盆栽试验和大田试验对其防治效果进行验证，同时对其防病机理开展了系统研究。

本研究以北方根结线虫（*Meloidgyne hapla*）、白绢病菌（*Sclerotium rolfsii*）和根腐病菌（*Fusarium oxysporum*）为靶标，筛选兼防花生地下病虫害的化学农药，混配成两种花生种衣剂HSN002和HSN003；同时利用合成微生物学方法组配了生物种衣剂HSN003，有效成分是以本实验室前期筛选获得的专利菌株橘绿木霉（*Trichoderma citrinoviride*）Snef1910和莓实假单胞（*Pseudomonas fragi*）Sneb1990为核心菌株构建合成菌群。

室内盆栽试验和花生田间试验效果验证研制的3种花生种衣剂对花生根结线虫和根腐病防治效果显著。在两年的大田防效试验中，化学种衣剂HSN002对根结线虫防效分别是83.54%和78.95%，生物种衣剂HSN003对根结线虫防效分别是74.07%和69.88%；HSN002对根腐病的防效分别是76.42%和76.99%，HSN003对根腐病的防效分别为65.86%和64.71%。同时，两种花生种衣剂也有效提高了花生的产量，其中，HSN002的增产率分别为33.63%和21.64%，HSN003的增产率分别为20.37%和18.49%。

新型种衣剂不但对线虫和真菌有很强的抑制作用，同时，也提升了花生的免疫力。研究结果显示：3种花生种衣剂均能够显著提升参与水杨酸、茉莉酸、胼胝质、木质素和活性氧途径的关键基因 *PDF*1.2、*PR*1、*NPR*1、*Cals*1、*PAL* 和 *RBOH* 的表达，提高了SOD、POD、CAT的酶活性，促进了活性氧迸发和胼胝质积累，帮助花生植株抵抗线虫和真菌病原菌的侵袭。研究结果证明了靶向性筛选的种衣剂能够有效防控花生土传病害，同时起到增产增收的作用，为难防的花生土传病害防控提供了新的轻简化防治技术。

关键词：花生；种衣剂；北方根结线虫；土传病害；防效试验；防治机理

---

* 基金项目：国家自然科学基金（32372481）；国家寄生虫资源（NPRC-2019-194-30）
** 第一作者：段辰君，博士研究生，主要从事植物线虫学研究；E-mail：844722962@qq.com
*** 通信作者：陈立杰，教授，主要从事植物病害生物防治研究；E-mail：chenlj-0210@syau.edu.cn

Bacillus subtilis Czk1 抗褐根病菌代谢物的 LC-MS/MS 鉴定与机制解析

梁艳琼**，李锐，谭施北，黄兴，陆英，陈河龙，贺春萍***，吴伟怀***

（中国热带农业科学院环境与植物保护研究所，农业农村部热带作物有害生物综合治理重点实验室，海南省热带农业有害生物监测与控制重点实验室，海南省热带农用微生物菌种资源库，海口 571101）

摘 要：由有害红皮孔菌（*Pyrrhoderma noxium*，原名 *Phellinus noxius*）引起的褐根病是植胶区普遍发生的毁灭性病害，严重威胁橡胶树根部健康。该病害不仅造成重大经济损失，且传统化学防治导致的生态环境污染与健康风险问题亦亟待解决。本研究以生防菌株枯草芽孢杆菌 *Bacillus subtilis* Czk1 为对象，探究其代谢物对 *P. noxium* 的抑制能力。结果表明，Czk1 培养滤液通过分泌活性化合物介导抗真菌效应，其中液相色谱-串联质谱联用技术（LC-MS/MS）结合代谢组学分析筛选出 296 种差异代谢物（正离子模式 208 种，负离子模式 88 种）。通过变量重要性投影（VIP）评分与主成分分析（PCA）锁定 29 种关键代谢物，并进一步通过抑菌活性验证发现：2-辛烯酸（trans-2-octenoic acid，EC_{50} = 0.907 5 mg/mL）与 2,3-丁二酮（diacetyl，EC_{50} = 4.821 3 mg/mL）可显著破坏病原菌菌丝超微结构，抑制菌丝生长。本研究首次解析 Czk1 代谢产物对 *P. noxium* 的拮抗机制，不仅拓展了生防菌活性代谢产物的数据库，更从代谢组学视角为基于 Czk1 的生防制剂开发提供了新策略，助力橡胶树病害绿色防控体系的构建。

关键词：*Bacillus subtilis* Czk1；液相色谱-串联质谱联用技术；橡胶褐根病菌；抑菌活性

---

* 基金项目：海南省科技人才创新基金（KJRC2023B18）；海南省自然科学基金（322QN360，324MS108）；国家天然橡胶产业技术体系建设项目（CARS-33-BC1）
** 第一作者：梁艳琼，副研究员，主要从事热带作物病害生物防治研究；E-mail：yanqiongliang@126.com
*** 通信作者：贺春萍，研究员，主要从事橡胶根病防治技术研究；E-mail：hechunppp@163.com
吴伟怀，副研究员，主要从事咖啡、剑麻病害防治技术研究；E-mail：weihuaiwu2002@163.com

禾谷镰孢菌 C-24 甲基转移酶作为三唑类杀菌剂第二靶标的研究[*]

任富豪[**]，殷消茹，李一歌，郭　雨，高欣龙，张　杰，段亚冰[***]

（南京农业大学植物保护学院，农林生物安全国家重点实验室，南京　210095）

摘　要：由禾谷镰孢菌（*Fusarium graminearum*）引起的小麦赤霉病（Fusarium head blight, FHB）是一种小麦上的世界性病害。该病害不仅造成小麦产量的严重损失，而且在感病的麦粒分泌各种真菌毒素，其中最主要的真菌毒素为脱氧雪腐镰刀菌烯醇（Deoxynivalenol, DON），由于食用含有该毒素的小麦会造成呕吐反应，因此也称为呕吐毒素。该毒素化学性质稳定可随食物链进行传递而累积于牛奶、肉、禽蛋等食品中，严重威胁着食品安全和人畜健康。三唑类杀菌剂作为防治小麦赤霉病的主流杀菌剂，通过靶向 Cyp51 抑制麦角甾醇生物合成，从而达到抑制真菌生长的效果。麦角甾醇是真菌细胞膜中的重要组分，在维持真菌细胞膜的流动性、完整性以及膜蛋白功能正常行使等方面发挥重要作用。甾醇 C-24 甲基转移酶（Erg6）参与催化麦角甾醇后期合成途径，在酿酒酵母中催化齿孔醇转化为粪甾醇。Erg6 催化甾醇生物合成步骤仅存在真菌中而不存在人体，因此 Erg6 作为潜在的重要药物靶标近些年来备受关注。禾谷镰孢菌中 Erg6 存在两个同源亚基，分别为 Erg6a、Erg6b，但其生物学功能在禾谷镰孢菌中还未进行研究。本研究通过构建荧光融合蛋白、共聚焦观察、敏感性测定、麦角甾醇含量测定、分子对接、分子动力学模拟以及微量热泳动（MST）分析 FgErg6 作为禾谷镰孢菌中三唑类杀菌剂第二靶标。Erg6 作为麦角甾醇后期合成途径的催化酶，其生物学功能已在丝状真菌烟曲霉中进行了详细阐述。鉴于其重要的生物学功能以及靶标安全性，因此笔者团队开展了禾谷镰孢菌中 Erg6 生物学功能相关研究。通过构建缺失突变体发现 FgErg6 双缺失突变体生长速率降低 50% 且麦角甾醇含量明显降低；ΔFgErg6a、ΔFgErg6b 致病力显著下降且双缺失突变株不致病。荧光融合蛋白表达载体证实了 FgErg6a、6b 定位于内质网且与 FgTri1 共定位于产毒小体。药敏性测定结果显示 FgErg6 双缺失突变体对三唑类杀菌剂表现出超敏感而对其他类型杀菌剂无显著变化。通过分子对接发现在 ΔFgErg6b 中突变 FgErg6a 对三唑类杀菌剂表现出抗性；分子动力学模拟和 MST 证实 FgErg6a、FgErg6b 均与三唑类杀菌剂存在结合。本研究阐明了 FgErg6 在禾谷镰孢菌中的生物学功能并提供了其作为三唑类杀菌剂第二靶标的证据，为三唑类杀菌剂防治小麦赤霉病的作用机理提供新的途径，为开发针对 FgErg6 抑制剂提供重要的理论支撑。

关键词：禾谷镰孢菌；麦角甾醇；三唑类杀菌剂；FgErg6；药物靶标

---

[*] 基金项目：国家重点研发计划课题项目（2022YFD1400100）
[**] 第一作者：任富豪，博士研究生，主要从事杀菌剂毒理及抗药性研究；E-mail：rfh@stu.njau.edu.cn
[***] 通信作者：段亚冰，教授，主要从事杀菌剂毒理及抗药性研究；E-mail：dyb@njau.edu.cn

禾谷镰孢菌对新型杀菌剂 quinofumelin 抗药性分子机制

殷消茹, 高欣龙, 张紫阳, 修倩, 任富豪, 张杰, 周明国, 段亚冰

(南京农业大学植物保护学院, 农林生物安全国家重点实验室, 南京 210095)

摘要：由禾谷镰刀菌（*Fusarium graminearum*）侵染引起的小麦赤霉病（Fusarium head blight, FHB）是小麦生产中一种毁灭性真菌病害。该病害不仅会导致产量大幅下降，还会在感病麦粒中产生脱氧雪腐镰刀菌烯醇（Deoxynivalenol, DON）等真菌毒素而对食品安全和人类健康构成严重威胁。quinofumelin 是一种新型的喹啉类杀菌剂，由于其高生物活性，喹啉化合物及其衍生物在医药和农业应用中已得到广泛应用，展现出广谱抗真菌活性。我们前期研究发现，quinofumelin 对禾谷镰刀菌具有极好的抑菌活性，并能显著降低 DON 毒素的生物合成，通过一系列分子试验证实其在禾谷镰刀菌中的作用靶点是二氢乳清酸脱氢酶（DHODHII）。然而，quinofumelin 在禾谷镰刀菌中的抗药分子机制仍不清晰。在本研究中，通过同源双交换法获得了 FgDHODHII 的 5 个定点突变体菌株 FgDHODHII^{A94V}、FgDHODHII^{D155T}、FgDHODHII^{V179E}、FgDHODHII^{V179D} 和 FgDHODHII^{N281A}。药敏性测定结果表明：FgDHODHII^{A94V} 对 quinofumelin 表现为高敏感性，FgDHODHII^{D155T} 表现为低水平抗性，FgDHODHII^{N281A} 表现为中等水平抗性，而 FgDHODHII^{V179E} 或 FgDHODHII^{V179D} 表现为高水平抗性。此外，quinofumelin 对野生型菌株 PH-1 及定点突变体菌丝生长的抑制作用可通过添加外源 UMP、尿苷或尿嘧啶而有效逆转。酶活性测定结果表明：quinofumelin 显著抑制了 FgDHODHII 的酶活性，并且其抑制效率与突变体菌株的抗性水平呈负相关。值得注意的是，这些突变体与 PH-1 相比在菌丝生长速率方面无显著差异，而 FgDHODHII^{D155T}、FgDHODHII^{V179E}、FgDHODHII^{V179D} 和 FgDHODHII^{N281A} 的致病力和产孢能力则显著降低。交互抗性测定结果显示：quinofumelin 与广泛使用的杀菌剂氰烯菌酯、多菌灵、戊唑醇、氟唑菌酰羟胺、丙硫菌唑或氟吡菌酰胺之间均无交互抗性。分子对接结果显示，FgDHODHII 的突变改变了 FgDHODHII 与 quinofumelin 之间的结合模式，导致亲和力降低。这一发现也通过微量热泳动试验得到了进一步验证。总之，这些结果为了解禾谷镰孢菌对 quinofumelin 产生抗性的分子机制提供了关键见解，并强调了其作为一种可持续控制小麦赤霉病的潜力。

关键词：禾谷镰孢菌；quinofumelin；二氢乳清酸脱氢酶；抗药性分子机制

棘孢木霉 TR41 对桑树炭疽病的抑菌机理研究

徐梓敬[1]**,马 磊[1],樊楷晔[1],李 萍[1,2]***

(1. 江苏科技大学生物技术学院,江苏省蚕桑与畜禽生物技术重点实验室,镇江 212100;2. 农业农村部蚕桑遗传改良重点实验室,中国农业科学院桑蚕科学研究中心,镇江 212100)

摘 要:由炭疽菌(*Colletotrichum fruticola*)引起的炭疽病是桑树重要真菌病害,严重制约桑树产业的可持续发展。目前,对该病害的防控主要依靠化学手段,木霉菌在病害防控中发挥重要作用。本研究旨在探究棘孢木霉 *Trichoderma asperellum* TR41 对桑树炭疽菌 Cm-ZJ-1 的抑菌作用及其机制。采用平板对峙、显微观察、发酵液抑菌及酶活性测定等研究方法,揭示了棘孢木霉菌 TR41 对桑树炭疽菌 Cm-ZJ-1 的三种主要抑菌机制,主要包括竞争作用、抗生作用和重寄生作用,评估了棘孢木霉 TR41 对桑树炭疽菌 Cm-ZJ-1 的拮抗效果。结果表明,棘孢木霉菌 TR41 对桑树炭疽菌 Cm-ZJ-1 抑菌率达到 78.504 7%,活性发酵液抑菌率在液体处理 16h 时高达 99%,显微观察棘孢木霉菌 TR41 菌丝能够附着、缠绕并穿透炭疽菌 Cm-ZJ-1 菌丝,导致 Cm-ZJ-1 细胞结构破坏。进一步研究发现,棘孢木霉菌 TR41 活性发酵液可显著降低桑树炭疽菌 Cm-ZJ-1 的总超氧化物歧化酶(T-SOD)和过氧化物酶(POD)活性,减少可溶性蛋白含量,诱导丙二醛(MDA)含量升高,同时增强桑树炭疽菌 Cm-ZJ-1 几丁质酶活性,表明棘孢木霉菌 TR41 通过破坏桑树炭疽菌 Cm-ZJ-1 氧化还原平衡、细胞膜完整性及细胞壁结构等多种途径发挥抑菌作用。本研究为桑树炭疽病的绿色防控及其木霉菌生物防治菌剂的开发应用提供了重要的理论支撑和实践指导。

关键词:棘孢木霉;桑树;炭疽病;生物防治;抑菌机制

---

* 基金项目:江苏省自然科学基金(BK20210878);中国博士后面上项目(2023M742936);镇江市重点研发项目(NY2024023)
** 第一作者:徐梓敬,本科生,主要从事桑树与病原菌互作的分子机理研究;E-mail:qq2227383704@163.com
*** 通信作者:李萍,讲师,硕士生导师,主要从事桑树与病原菌互作的分子机理研究;E-mail:lee_ping2020@163.com

Inhibitory Activities of SDHI Fungicides Against *Fusarium oxysporum* f. sp. *lycopersici* and Biological Role of *FoSDHC*1[*]

Cai Shiyan[1,2**], Chen Xianghua[4], Cao Shulin[2,3], Fang Xiaojie[2], Lin Ling[2,3], Zhang Xin[2,3], Chen Huaigu[2,3], Li Wei[2,3], Deng Qingchao[1***], Sun Haiyan[2,3***]

(1. College of Agriculture, Yangtze University, Jingzhou 434025, China; 2. Institute of Plant Protection, Jiangsu Academy of Agricultural Sciences, Nanjing 210014, China; 3. Jiangsu Co-Innovation Center for Modern Production Technology of Grain Crops, Yangzhou University, Yangzhou 225009, China; 4. Jiangsu Xuhuai Area Huaiyin Institute of Agricultural Sciences, Huaian 223021, China)

Abstract: Fusarium wilt (FW), caused by *Fusarium oxysporum* f. sp. *lycopersici* (Fol), is one of most devastating diseases in tomato crops. None of succinate dehydrogenase inhibitor (SDHI) fungicides is registered for the control of FW of tomatoes in China. In this study, the inhibitory activities of 12 SDHI fungicides against Fol were determined *in vitro* and the results showed that pydiflumetofen and cyclobutrifluram exhibited excellent inhibitory activities, with inhibition rates of 75.63%–87.25% at a concentration of 1 μg/mL. Bixafen, fluopyram, isopyrazam and benzovindiflupyr exhibited weak inhibitory activities, with inhibition rates of 45.68%–75.00% at a concentration of 20 μg/mL. Penflufen, sedaxane, isofetamid, boscalid, thifluzamide and carboxin exhibited very poor inhibitory activities, with inhibition rates of 13.45%–61.73% at a concentration of 50 μg/mL. Forty pydiflumetofen-resistant (PR) mutants of Fol were obtained and the point mutation of *FoSDHC*1 was associated with resistance of Fol to pydiflumetofen. Three *FoSDHC*1 deletion mutants were obtained and *FoSDHC*1 deletion mutants exhibited no significant differences in vegetative growth, conidiation production and virulence but exhibited increased sensitivities toward all SDHI fungicides tested except thifluzamide and boscalid compared to the wild-type strain. These results indicated that *FoSDHC*1 regulated the sensitivity of Fol to most SDHI fungicides.

Key words: *Fusarium oxysporum* f. sp. *lycopersici*; SDHI fungicides; inhibitory activity; succinate dehydrogenase subunit C; paralog; fungicide resistance

---

* Funding: China Agricultural Research System (CARS-03-34)

** First author: Cai Shiyan, Master's degree candidate, Mainly engaged in the prevention and control of wheat diseases; E-mail: c18168050563

*** Corresponding authors: Sun Haiyan, Associate Researcher, Mainly engaged in the prevention and control of wheat diseases; E-mail: sunhaiyan8205@126.com

Deng Qingchao, Associate Professor, Mainly engaged in research work in the fields of plant pathology, mycology, and mycovirology; E-mail: Dengqingchao@yangtzeu.edu.cn

Resistance Occurrence and Molecular Mechanisms of Mango Anthracnose Pathogens to the Currently Used Fungicides[*]

Gao Xinlong[1**], Song Xinhao[1], Li Lecheng[1,2], Cai Yiqiang[1],
Wang Jianxin[1], Zhou Mingguo[1], Duan Yabing[1***]

(1. *College of Plant Protection, Nanjing Agricultural University, State Key Laboratory of Agricultural and Forestry Biosecurity, Nanjing 210095, China*;
2. *Sanya Institute, Nanjing Agricultural University, Sanya 572025, China*)

Abstract: Mango anthracnose is one of the most important diseases in mango production and a major limiting factor for the development of the mango industry. Chemical control has been the main emergency control measure for mango anthracnose, but with the long-term use of modern selective fungicides with a single site of action, resistance problems have emerged in many areas. In this study, 269 mango anthracnose strains were collected and isolated from Sanya and Lingshui, Hainan Province. Among the strains, 242 isolates (89.96%) were identified as *Colletotrichum asianum*, and 27 (10.04%) as *Colletotrichum siamense*, with *C. asianum* being the dominant population. Additionally, the sensitivity of the above strains to four commonly used fungicides with different modes of action was determined using discriminating dose method. Results showed that the resistance frequencies of *C. asianum* to carbendazim and pyraclostrobin were 59.92% and 11.57% respectively, while those of *C. siamense* to carbendazim and pyraclostrobin were 29.63%. Notably, the E198A mutation in *C. asianum* resistant strains and F200Y mutation in *C. siamense* resistant strains were detected by analysis of the β-tubulin gene of carbendazim-resistant strains. The EC_{50} values of carbendazim ranged from 112.68-150.37 μg/mL and 14.69-24.29 μg/mL respectively against 5 randomly chosen resistant strains in *C. asianum* and *C. siamense*. Moreover, a comparative analysis of the target gene sequences of pyraclostrobin-resistant strains showed that the mitochondrial *Cyt-b* gene of *C. asianum* resistant strains had G143A mutation, while no corresponding mutations were detected in *C. siamense* resistant strains. The EC_{50} values of pyraclostrobin ranged from 35.94~78.05 μg/mL against 5 selected resistant strains in *C. asianum*. To our knowledge, this is the first report that G143A mutation confers resistance to pyraclostrobin on *C. asianum*. Furthermore, no prochloraz and tebuconazole resistant strains were detected. The results showed the pathogens of mango anthracnose in Hainan have developed serious resistance to methyl benzimidazole carbamate and strobilurin fungicides, and above results provide theoretical basis and guidance for rational use of fungicides in field production to control mango anthracnose.

Key words: mango anthracnose; *Colletotrichum asianum*; resistance monitoring; molecular mechanism; *Colletotrichum siamense*

---

[*] Funding: National Key Research and Development Program of China (2022YFD1400100); National Natural Science Foundation of China (32372578).

[**] First author: Gao Xinlong, master student, mainly engaged in the resistance to fungicides and molecular mechanism; E-mail: 2023102110@stu.njau.edu.cn

[***] Corresponding author: Duan Yabing, professor, mainly engaged in the resistance to fungicides and molecular mechanism; E-mail: dyb@njau.edu.cn

3株木霉菌挥发性物质组分及其功能研究*

王春生**，史鹏宇，王理想，王金朋，智亚楠，史洪中，陈利军***

（信阳农林学院农学院，信阳 464000）

摘 要：在筛选小麦茎基腐病菌拮抗木霉菌的过程中，发现3株木霉菌（JP2-53、SY2-20和X47）在平板对峙中，对小麦茎基腐病菌、番茄灰霉病菌、花生白绢病菌、油菜菌核病菌都具有明显的抑制作用，同时能够散发浓郁的气味。为了研究3株木霉菌挥发性物质的组分以及其潜在的生物学功能，采用顶空固相微萃取和气相色谱-质谱联用法（HS-SPME-GC-MS）测定了3株木霉菌挥发性物质的组分。菌株JP2-53和SY2-20的挥发性物质主要组分为6-戊基-2H-吡喃-2-酮，菌株X47的挥发性物质主要组分为6-戊基-2H-吡喃-2-酮和5-甲基-2-己酮。采用平皿对扣法测定抑菌率，3株木霉菌挥发性物质对4种植物病原菌均有一定的抑制效果，其中菌株JP2-53和SY2-20挥发性物质对花生白绢病菌的抑制率分别为82.58%和73.99%，而X47挥发性物质对花生白绢病菌的抑制率为17.15%。采用挥发性物质密封培养法对小麦种子进行促生测定，3株木霉菌的挥发性物质对小麦种子的萌发和生长均有一定的促进作用，其中菌株X47的促生效果最好。通过形态学和 *rpb*2、*tef*1 双基因联合系统发育分析对木霉菌进行鉴定，菌株JP2-53为绿色木霉（*Trichoderma vride*），菌株SY2-20为假棘孢木霉（*T. pseudoasperelloides*），X47为拟康宁木霉（*T. koningii*）。

关键词：木霉菌；挥发性物质；抑菌；促生

---

* 基金项目：河南省科技攻关项目（212102110454）
** 第一作者：王春生，讲师，主要从事植物病害综合防治研究；E-mail: wangcs@xyafu.edu.cn
*** 通信作者：陈利军，教授，主要从事植物真菌病害与植病生防资源研究；E-mail: chlijun1980@163.com

小麦赤霉病菌对氰烯菌酯的田间抗性机制研究[*]

张紫阳[1][**],宋心浩[1],邱 辉[1],徐 超[2],张海波[3],蔡义强[1],
张 杰[1],朱 凤[4],杨红福[2],田子华[3],张 帅[5],周明国[1],段亚冰[1][***]

(1. 南京农业大学植物保护学院,农林生物安全全国重点实验室,南京 211800;
2. 江苏丘陵地区镇江农业科学研究所,镇江 212400;
3. 江苏省植物保护植物检疫站,南京 210036;
4. 江苏省绿色食品办公室,南京 210036;
5. 全国农业技术推广服务中心,北京 100125)

摘 要:小麦赤霉病(Fusarium head blight,FHB)是一种由禾谷镰孢菌复合种群(*Fusarium graminearum* species complex,FGSC)引起的毁灭性真菌病害,严重威胁全球小麦生产和粮食安全。氰烯菌酯是由江苏省农药研究所创制的一种肌球蛋白5(Myosin5)抑制剂,对由镰孢菌引起的多种植物病害具有较好的防治效果,自2007年起在中国登记用于防治小麦赤霉病和水稻恶苗病。近年来,在浙江、黑龙江、安徽等地,水稻恶苗病菌对氰烯菌酯的抗性较高,发生较为普遍。虽然已有关于实验室诱导的小麦赤霉病菌抗性突变体对氰烯菌酯抗性机制的研究,但其田间抗性机制尚不清楚。本团队自氰烯菌酯上市以来,持续开展小麦赤霉病菌对氰烯菌酯的田间抗性监测工作,直到2023年在5 163株田间分离的小麦赤霉病菌中,筛选到6株对氰烯菌酯具有高水平抗性的小麦赤霉病菌,并鉴定为亚洲镰孢菌(*Fusarium asiaticum*)。序列比对分析发现,这些抗性菌株的Myosin5中均发生了E420K点突变。通过人工定点突变试验证实,Myosin5上E420K点突变是导致亚洲镰孢菌对氰烯菌酯高抗的关键因素。此外交互抗性试验发现,氰烯菌酯与吡唑醚菌酯、氟唑菌酰羟胺和戊唑醇之间无交互抗性。并且,氰烯菌酯抗性菌株在菌丝生长速率、产孢量及致病力方面表现出明显下降,表明其生物适合度降低。分子对接分析表明,E420K点突变降低了肌球蛋白5与氰烯菌酯的亲和力。综上所述,本研究首次报道了田间小麦赤霉病菌对氰烯菌酯产生抗药性,并揭示了亚洲镰孢菌Myosin5的E420K点突变介导其抗性的分子机制,为小麦赤霉病菌抗药性监测与科学管理提供了理论依据和数据支撑。

关键词:小麦赤霉病;氰烯菌酯;肌球蛋白5;田间抗性

---

[*] 基金项目:国家重点研发计划(2022YFD1400100)
[**] 第一作者:张紫阳,博士研究生,主要从事杀菌剂毒理与抗药性研究;E-mail:zzy1@stu.njau.edu.cn
[***] 通信作者:段亚冰,教授,主要从事杀菌剂生物与植物病害化学防控研究;E-mail:dyb@njau.edu.cn

深绿木霉与金龟子绿僵菌共培养代谢液抑制禾谷镰刀菌机制的研究[*]

王咏坤[1,2**]，刘敬一[1,2**]，韩奕[1,2]，马荣[1,2]，王新华[1,2,3***]

(1. 上海交通大学农学与生物学院，上海 200240；2. 上海交通大学微生物代谢国家重点实验室，上海 200240；3. 内蒙古西部土壤资源综合利用与生态环境研究中心，河套学院，巴彦淖尔 015000)

摘 要：玉米作为我国主要粮食作物，其根腐病由禾谷镰刀菌（*Fusarium graminearum*）引起，该菌不仅导致玉米严重减产，还会产生脱氧雪腐镰刀菌烯醇（*Deoxynivalenol*，DON）等毒素，威胁粮食安全。传统化学防治存在环境污染和病原菌抗药性等问题，亟须开发绿色高效的生物防治方法。本研究创新性地将生防真菌深绿木霉（*Trichoderma atroviride* D1）与虫害生防真菌金龟子绿僵菌（*Metarhizium anisopliae* M3）共培养，通过非靶向代谢组学（LC-MS）、转录组学和盆栽试验，系统解析了共培养体系的代谢调控机制及其对玉米根腐病的防控效果。研究首先通过平板对峙实验筛选获得具有协同效应的 D1-M3 组合，其共培养代谢液对 *F. graminearum* 的抑制率（63.3%）显著高于单培养（D1：51.74%；M3：56.0%）。酶活性测定显示，共培养显著提升了几丁质酶、β-葡聚糖酶和壳聚糖酶的活性，表明其通过降解病原菌细胞壁增强抑菌作用。通过分析 D1、M3 共培养代谢组学分析鉴定出 241 种差异代谢物（VIP>1，$P<0.05$），其中蛇床子素、螺环胺、异硫氰酸酯等抗真菌物质在共培养体系中显著上调。KEGG 富集分析发现，共培养激活了氨基酸代谢（丙氨酸、天冬氨酸和谷氨酸代谢）、次级代谢产物合成（托烷、哌啶和吡啶生物碱）以及 ABC 转运蛋白等通路，同时显著调控了 CAMP 和 MAPK 信号通路，揭示了微生物互作引发的代谢重编程。通过对 D1、M3 单一培养代谢液，等比复配和共培养代谢液处理禾谷镰刀菌转录组的分析，共培养代谢液处理导致禾谷镰刀菌 2 154 个基因差异表达（1 092 个上调，1 062 个下调）。GO 和 KEGG 分析显示，禾谷镰刀菌响应性开启核糖体结构和 DNA 修复通路；离子转运（尤其是过渡金属离子）、氧化还原酶活性及 MAPK 信号通路受到了抑制。此外，氮代谢、淀粉蔗糖代谢和谷胱甘肽代谢的抑制，进一步削弱了病原菌能量获取和胁迫响应的能力。这些结果从分子层面阐释了共培养代谢物通过干扰病原菌膜完整性、离子稳态和氧化还原平衡实现高效抑菌的机制。盆栽试验验证了共培养体系的田间应用潜力。与单培养相比，共培养代谢液处理的玉米根腐病防效提升至 75.68%（单培养 D1：43.25%；M3：54.05%），且显著促进玉米生长（株高、根长和根体积分别增加 15%~20%）。组织学观察显示，共培养处理可有效减轻病原菌对根系的侵染，维持根系健康结构。本研究首次揭示了 *Trichoderma* 与 *Metarhizium* 共培养通过代谢互作激活抗真菌物质合成、增强细胞壁降解酶活性的协同机制，为开发基于多菌种协同的绿色生物农药提供了理论依据和技术支撑。未来研究将优化发酵体系，增强共培养代谢液生防效果，并聚焦于共培养关键代谢物的分离鉴定及田间规模化应用。

关键词：真菌共培养；禾谷镰刀菌；次生代谢物；代谢重编程

---

[*] 基金项目：燕山丘陵地区木霉菌和复杂真菌绿色防治玉米病虫害关键技术研究与示范（2022SJ005）；财政部和农业农村部中国农业研究体系（CARS-02）；河套学院科技创新团队；国家重点研发计划（2023YFD1401500）

[**] 第一作者：王咏坤，硕士研究生，主要从事镰刀菌与玉米互作分子机理研究；E-mail：973923642@qq.com

　　刘敬一，硕士研究生，主要从事镰刀菌与玉米互作分子机理研究；E-mail：foreverliujingyi@sjtu.edu.cn

[***] 通信作者：王新华，副研究员，主要从事木霉生防菌剂的开发与运用，以及玉米与病原菌互作分子机理的研究；E-mail：xhwang@sjtu.edu.cn

二甲基三硫醚纳米乳液对芒果炭疽菌的抑制作用及防病效果研究*

赵思凡[1,2]**，李伟[2]，唐利华[1]，黄穗萍[1]，陈小林[1]，张禹[1]，郭堂勋[1]，李其利[1]***

(1. 广西农业科学院植物保护研究所，广西作物病虫害生物学重点实验室，
农业农村部华南果蔬绿色防控重点实验室，南宁 530007；
2. 长江大学生命科学学院，荆州 434025)

摘 要：由炭疽菌（*Colletotrichum* spp.）引起的芒果炭疽病是芒果上的主要病害之一，严重影响果实产量与商品价值。本研究以链霉菌产生的挥发性抑菌化合物二甲基三硫醚（Dimethyl Trisulfide，DMTS）为主要成分，通过低能乳化法制备稳定性良好的纳米乳液，并对其粒径及贮存稳定性进行表征。结果表明，所制备的纳米乳液平均粒径为（91.94±3.20）nm，分散性良好，多分散系数（PDI）为0.209±0.007，且将此乳液放置30 d后仍然处于稳定状态。采用菌丝生长速率法和孢子萌发法测定了纳米乳液对芒果炭疽菌菌丝生长和孢子萌发的影响。结果表明，纳米乳液对芒果炭疽菌菌丝生长的抑制率可达90%以上（EC_{50} = 0.30 mg/mL），且显著降低孢子萌发（EC_{50} = 20.35 mg/L）。测定了纳米乳液对采后芒果自然发病的防病效果。结果表明，1.5 mg/mL浓度的纳米乳液处理可有效降低采后芒果果实炭疽病的发病率，防病效果可达70.83%，且对果实品质无影响。孢子液接种芒果叶片3 h、6 h、12 h后浸泡纳米乳液5 min，不同时间取样观察二甲基三硫醚纳米乳液对芒果炭疽菌侵染过程的影响。结果表明，二甲基三硫醚纳米乳液浸泡芒果叶片可有效抑制炭疽菌分生孢子的萌发和附着孢的形成。本研究为进一步开发应用二甲基三硫醚防控芒果炭疽病奠定了基础。

关键词：芒果炭疽病；二甲基三硫醚；纳米乳液；防控

---

* 基金项目：广西重点研发计划"芒果、柿子炭疽病监测预警与绿色防控技术研发示范"（桂农科AB241484041）；广西农业科学院基本科研业务专项（2021YT075）
** 第一作者：赵思凡，硕士研究生，主要从事果树病害及其防治研究；E-mail：2027730896@qq.com
*** 通信作者：李其利，博士，研究员，主要从事果树病害及其防治研究；E-mail：65615384@qq.com

哈茨木霉纤维二糖水解酶基因系统诱导玉米抗小斑病机制

郎博*，陈捷**

（上海交通大学农业与生物学院，上海交通大学微生物代谢国家重点实验室，上海 200240）

摘 要：玉米小斑病（*Bipolaris maydis*）是影响玉米安全生产的重要病害之一。木霉菌剂处理种子或土壤，诱导玉米潜在防御反应基因的系统表达是实现玉米叶斑病绿色防控的重要途径。前期研究发现哈茨木霉（*Trichoderma harzianum*）T30 的纤维素酶基因 *thph2* 与诱导玉米抗弯孢叶斑病有关。为了验证 Thph2 蛋白在诱导玉米抗小斑病途径中发挥的作用，本研究采用 *thph2* 敲除株、*thph2* 过表达株和野生株以及 Thph2 蛋白处理水培的玉米幼苗根系以及叶片，通过检测活性氧的爆发、JA/ET 信号途径防御相关基因的表达以及叶片病斑变化等，初步确定了 Thph2 蛋白在诱导玉米抗小斑病中发挥了重要作用。进一步，通过酵母双杂实验，在玉米根系中初步筛选出了与 Thph2 互作的蛋白 ZmGLP1-17，并通过 BiFC、Co-IP 等方法证明了 Thph2 可靶向 ZmGLP，并确定 Thph2 于 ZmGLP1-17 的第 106 个氨基酸位点进行互作。亚细胞定位显示，Thph2 和 ZmGLP1-17 均定位在细胞膜，且其信号肽均具有分泌功能，暗示两者可能在细胞膜上发生了互作。为了揭示 ZmGLP1-17 调控的抗性相关的网络，经 AlphaFold 预测，ZmGLP1-17 可能与 CAT 家族的蛋白发生互作，表明基于 CAT 的 ROS 爆发是 Thph2 诱导玉米抗小斑病的重要机制。本研究发现玉米纤维素酶基因 *thph2* 在诱导玉米抗小斑病中起到重要作用，并且在玉米根系中 Thph2 的作用靶标蛋白 ZmGLP1-17，且远程积诱导叶片活性氧积累相关，为深入研究木霉纤维二维水解酶基因 *thph2* 与玉米互作诱导玉米抗小斑病机制奠定了理论基础。

关键词：哈茨木霉；激发子；纤维素酶；玉米；系统诱导抗病性；靶标

---

* 第一作者：郎博，博士研究生，主要从事木霉与植物互作研究；E-mail：langbobo2@sjtu.edu.cn
** 通信作者：陈捷，教授，主要从事木霉菌资源筛选与植物病害生物防治技术创新与其应用，以及真菌植物的互作分子机理研究；E-mail：jiechen59@sjtu.edu.cn

大豆根腐病病原菌鉴定及其防治药剂作用特点研究

刘詹云[1][**]，常郑洁[1]，杨伊格[1]，黄中乔[1]，刘西莉[1,2]，张 灿[1][***]

(1. 中国农业大学植物病理学系，北京 100193；2. 西北农林科技大学植物保护学院，旱区作物逆境生物学国家重点实验室，杨凌 712100)

摘 要：卵菌与镰孢菌等病原菌复合侵染引起的大豆根腐病是严重危害大豆生产的重要因素，为明确黑龙江省大豆根腐病病原菌的种类，通过病组织分离法，从大豆根腐病病样中分离获得202株疑似病原菌。通过形态学与分子生物学将其鉴定为：144株分属于7个种的镰刀菌（*Fusarium* spp.）、44株大豆疫霉（*Phytophthora sojae*）、8株分属于2个种的腐霉（*Pythium* spp.）和6株疫腐霉（*Phytopythium chamaehyphon*）。当前化学防治仍然是防治大豆根腐病最有效的措施之一，但目前尚缺少绿色防控药剂的研究，采用菌丝生长速率法分别测定了7种镰孢菌和4种卵菌对不同杀菌剂的敏感性。结果表明，氯氟醚菌唑、咯菌腈和氟唑菌酰羟胺对7种镰刀菌有良好的抑菌效果；6种卵菌抑制剂对卵菌的抑菌活性具有选择性，仅精甲霜灵与苯酰菌胺类卵菌抑制剂同时对疫霉、腐霉、疫腐霉表现出较好的抑菌活性。

进一步研究发现，不同镰刀菌对DMI类杀菌剂丙硫菌唑和氯氟醚菌唑的敏感性存在差异，通过遗传转化和分子对接实验表明，镰刀菌对DMI类杀菌剂的敏感性差异可能源于氯氟醚菌唑主要与CYP51C亚基结合，而丙硫菌唑主要与CYP51B亚基结合。同时，分子对接结果也表明不同杀菌剂与供试卵菌中靶标蛋白结合力的差异可能与杀菌剂的生物活性密切相关。上述研究为明确我国大豆根腐病的病原菌演替规律提供了数据支持，并为该病害的科学防治奠定了理论基础。值得注意的是，大豆根腐病由多种真菌和卵菌复合侵染引起，在田间病害防控中应考虑将不同真菌与卵菌抑制剂进行合理复配，通过种子处理的方法进行保护性用药，以提高田间根腐病的防治效果。

关键词：大豆根腐病；病原菌鉴定；药剂敏感性；CYP51；分子对接

---

[*] 基金项目：国家重点研发计划；国家自然科学基金（2023YFD1401000，32172447）
[**] 第一作者：刘詹云，硕士研究生；E-mail：17599964633@qq.com
[***] 通信作者：张灿，副教授，主要从事植物病原菌与杀菌剂互作研究；E-mail：czhang@cau.edu.cn

山药褐斑病菌拮抗菌的筛选鉴定及发酵条件优化[*]

曾文佳[**]，李雨霏，龙锵天，王嘉艺，李佳恩，刘金橦，刘慧芹[***]

(天津农学院园艺园林学院，天津 300384)

摘 要：为了有效地开展山药褐斑病的绿色防治，本文利用平板对峙培养法从山东菏泽健康山药的根际土壤中分离筛选对山药褐斑病菌抑制效果显著的拮抗细菌。结果显示：本研究共分离到 8 株对山药褐斑病菌有较强抑制作用的菌株，其中菌株 P115 和 W-1 分别对山药褐斑病菌的抑制率达到 77.1%和 79.5%，此外，两菌株对黄瓜枯萎病菌、丹参根腐病菌、番茄灰霉病菌等 10 种病原真菌均有较强的抑制作用。结合形态学、生理生化及分子生物学，初步鉴定该拮抗菌株均为芽孢杆菌属（*Bacillus* spp.）（种的鉴定还在进行中）。拮抗菌的发酵条件优化结果表明：两菌株最适碳源均为蔗糖；最适氮源均为大豆蛋白胨；最适温度均为 36℃；最适无机盐对于 W-1 菌株为 $MgSO_4 \cdot 7H_2O$，对于 P115 菌株为 $MgCl_2 \cdot 6H_2O$；最适 pH 值对于 W-1 菌株为 6，对 P115 菌株为 7。本研究将为生物防治山药褐斑病提供技术支持。

关键词：山药褐斑病；拮抗细菌；筛选鉴定；发酵条件

---

[*] 基金项目：山东省重点研发计划（2023TZXD034）；2024 年国家级大学创新创业项目（202410061062）
[**] 第一作者：曾文佳，本科生，研究方向为生物防治学
[***] 通信作者：刘慧芹，教授，硕士生导师，研究方向为植物病理学和生物防治

Synergism of *Trichoderma harzianum* L1-20 Combined with Fungicides on Tobacco Black Shank Disease[*]

Zhang Mengyu[1**], Duan wanlu[2], Han Ruihua[2], Song Zhengxiong[3], Kang Yebin[2], Wu Dongling[2***], Xu Jianqiang[2***]

(1. College of Agriculture, Henan University of Science and Technology, Luoyang 471023, China; 2. College of Horticulture and Plant Conservation, Henan University of Science and Technology, Luoyang 471023, China; 3. Luoyang Branch of Henan Provincial Tobacco Company, Luoyang 471023, China)

Abstract: This study aims to improve the control effect of tobacco black shank by screening out bactericides that can be combined with *Trichoderma harzianum* L1-20. The toxicity effect of dimethomorph, metalaxyl, azoxystrobin and metalaxel-downocarb on *Phytophthora nicotianae* and *T. harzianum* L1-20 were determined through the inhibition zone method. The results showed that the EC_{50} value of azoxystrobin against *T. harzianum* L1-20 was 174.939 5 μg/mL, while the other three fungicides had no significant inhibitory effect on the growth of mycelium of *T. harzianum* L1-20. The EC_{50} value of these four fungicides on the grows of *P. nicotianane* ranged from 0.120 6 μg/mL to 138.514 6 μg/mL. The inhibitory effect of metalaxel-downocarb on the growth of *P. nicotianane* was the best, and the EC50 value was 0.120 6 μg/mL. The synergistic coefficient method was used to evaluate the synergistic effect of *T. harzianun* L1-20 in conjunction with dimethomorph, metalaxyl and metalaxel-downocarb. The results showed that the synergistic coefficient of and three fungicides on the inhibition of *P. nicotianane* was greater than 1 at low concentration, showing additive effect. With the increase of fungicide concentration, the synergistic coefficient of inhibition on *P. nicotianane* was greater than 1.5, showing synergistic effect. The pot test showed that the 1∶1 combination of metalaxel-downocarb (0.120 6 μg/mL) and *T. harzianum* L1-20 (5.5×10^7 CFU/mL) agent was up to 87.03% effective against *P. nicotianane*. In conclusion, the combination of metalaxel-downocarb and *T. harzianum* L1-20 can improve the control effect of tobacco black shank and reduce chemical fungicide applications.

Key words: *Trichoderma harzianum*; fungicide; tobacco black shank; synergistic effect

---

[*] Funding: Key Science and Technology Project of China Tobacco Henan Industrial Co., Ltd. (1671417118938)
[**] First author: Zhang Mengyu, PhD student, research focus on crop cultivation and farming systems; E-mail: zmy9658@163.com
[***] Corresponding authors: Wu Dongling, agronomist, mainly engaged in tobacco science research; E-mail: 1647165825@qq.com
Xu Jianqiang, professor, mainly engaged in integrated management of soil-borne crop diseases; E-mail: xujqhust@126.com

Determination of Antagonism and Growth Promoting Function of Actinomycetes in Rhizosphere Soil of Tobacco Plants in Luoyang Area[*]

Zhang Mengfan[1][**], Li Zhixin[2][***], Miao Pu[3], Wang Hui[3],
Yang Jianxin[4], Yang Jinyan[4], Wang Jun[4], Kang Yebin[1][***]

(1. College of Horticulture and Plant Conservation, Henan University of Science and Technology, Luoyang 471023, China; 2. Henan Branch of China Tobacco Company, Zhengzhou 450046, China; 3. Luoyang Branch of Henan Provincial Tobacco Company, Luoyang 471000, China; 4. Sanmenxia Branch of Henan Provincial Tobacco Company, Sanmenxia 472300, China)

Abstract: In order to screen out soil actinomycetes which have strong antagonistic effect on *Phytophthora nicotianae* and potential Growth-promoting effect on tobacco plants, In this study, the inhibition effect of 16 soil actinomycetes isolated and screened from the rhizosphere soil of tobacco plants in Luoyang area on *P. nicotianae* and their ability to produce 1-aminocyclopropane-1-carboxylic acid deaminase and indole-3-acetic acid were measured. ① The inhibition rate of 12 strains of actinomycetes against P. nicotiana was higher than 60% by plate confrontation method and the poisonous medium method. The inhibition rate of 12 strains of actinomycetes against Phytophthora tobacco was higher than 60%. ② The ACC deaminase content of 9 strains of actinomycetes was higher than 300 U/L, and the highest was 612.07 U/L. The IAA content of 10 strains of actinomycetes was higher than 10 mg/L, and the highest was 39.15 mg/L. A total of 4 *Streptomyces* are selected, which not only have strong inhibitory effect on *P. nicotianae*, but also have strong ability to produce ACC deaminase and IAA, They are *S. Roseoflavus*, *S. coralus*, *S. Pratensis*, and *S. lucensis*, which have broad application prospects.

Key words: tobacco; soil actinomycete; 1-aminocyclopropane-1-carboxylic acid deaminase; indole-3-acetic acid; *Phytophthora nicotianae*; inhibition

---

[*] Funding: Key Science and Technology Project of China National Tobacco Corporation Henan Provincial Company (Project Number: 1671417118938)

[**] First author: Zhang Mengfan, master candidate, mainly engaged in plant pathology research; E-mail: mengfan1003@163.com

[***] Corresponding authors: Li Zhixin, senior agronomist, mainly engaged in tobacco cultivation research; E-mail: smxjszx@126.com Kang yebin, professor, mainly engaged in plant immunology research; E-mail: kangyb999@163.com

Isolation of Endophytic Bacteria from Tobacco Plants in Luoyang and Screening and Identification of Antagonistic Strains[*]

Du Haibang[1][**], Zheng Wei[1,2][***], Song Zhengxiong[3],
Yang Jinyan[4][***], Wang Hui[3], Kang Yebin[1,2], Xu Jianqiang[1,2]

(1. College of Horticulture and Plant Protection, Henan University of Science and Technology, Luoyang 471023, China; 2. Henan Province Engineering Technology Research Center of Green Plant Protection, Luoyang 471023, China; 3. Henan Tobacco Company Luoyang City Company, Luoyang 471023, China; 4. Sanmenxia Branch of Henan Provincial Tobacco Company, Sanmenxia 472300, China)

Abstract: In order to screen the tobacco endophytic functional bacteria which can inhibit *Phytophthora nicotianae* and promote tobacco plant growth. The endophytic bacteria were isolated from roots, stems and leaves of healthy tobacco plants collected from Luoyang region by tissue isolation method. The inhibitory effects of the isolates on *P. nicotianae* were evaluated using the dual culture method and mycelial growth rate assays. The indole – 3 – acetic acid (IAA) production in fermentation filtrates was quantified using a UV spectrophotometer. Morphological identification, physiological and biochemical index determination and 16S rDNA and gyrB sequence analysis were combined to determine the taxonomic status of the isolates. A total of 1 217 strains of endophytic bacteria were isolated from tobacco strains. Seven strains with fermentation filtrates exhibiting inhibition rates of over 50% against *P. nicotianae* and IAA production exceeding 5 mg/L were selected for taxonomic identification. The results showed that strains 8XY2, 5ZJ1 – 10, and 7XY25 were identified as *Bacillus velezensis*; strains 5ZJ23 and 8ZJ7 as *Bacillus subtilis*; and strain 6SJ11 as *Bacillus pumilus*. Strain 5SY32 was identified as *Microbacterium foliorum*. The fermentation filtrate of *Bacillus pumilus* (6SJ11) exhibited the highest inhibition rate against *P. nicotianae* (70.56%), while *Bacillus subtilis* (5ZJ23) showed the highest IAA production (15.14 mg/L). This study provides valuable bacterial resources for the biological control of tobacco black shank disease.

Key words: tobacco; *Phytophthora nicotianae*; endophytic bacteria; morphological identification; physiological and biochemical tests; molecular biological identification

---

[*] Funding: The key project of China Tobacco Corporation Henan Province Company "Research on the development and utilization of tobacco endophytic bacteria based on the principle of microbial growth promotion and antagonism" (1671417118938)

[**] First author: Du Haibang, master student, mainly engaged in plant pathology research; E-mail: 19699344@qq.com

[***] Corresponding authors: Zheng Wei, associate professor, mainly engaged in plant pathology research; E-mail: zhengwei@haust.edu.cn

Yang Jinyan, agronomist, mainly engaged in tobacco pest control research; E-mail: jinyanyang1989@163.com

Diversity of Endophytic Actinomycetes in Tobacco Plants[*]

Fan Hao[1][**], Zhu Kai[1][**], Yang Jianxin[2][***], Xu Jianqiang[1][***]

(1. Henan University of Science and Technology, Green Prevention and Control Laboratory of Crop Soil-borne Diseases, Luoyang 471023, China;
2. Sanmenxia Branch of Henan Provincial Tobacco Company, Sanmenxia 472300, China)

Abstract: Endophytic actinomycetes, as potential biocontrol agents and plant growth promoters, remain underexplored in tobacco. This study investigated the diversity and distribution characteristics of endophytic actinomycetes across root, stem, and leaf tissues of tobacco plants from four distinct geographical regions in China. A total of 250 actinomycete strains were isolated through selective culture medium, exhibiting varied isolation frequencies: rosette stage (47.20%) > vigorous growth stage (42.40%) > harvesting stage (10.30%). Significant tissue-specific variation was observed, with root tissues demonstrating the highest diversity, followed by leaves and stems. Primary and secondary screening identified 8 strains exhibiting significant antagonistic activity against Phytophthora nicotianae, while 18 strains demonstrated indole-3-acetic acid (IAA) production capacity. These findings substantiate the antagonistic potential of tobacco endophytic actinomycetes against *P. nicotianae* and provide foundational evidence for developing microbial inoculants or biocontrol consortia. Further investigations should focus on elucidating their metabolic potential and host interaction mechanisms to advance agricultural applications.

Key words: tobacco; actinomycetes; *Phytophthora nicotianae*; indole-3-acetic acid (IAA)

---

[*] Funding: Key Scientific and Technological Projects of Henan Tobacco Company (1671417118938)
[**] First authors: Fan Hao, master student, mainly engaged in plant pathology research; E-mail: 1372859528@qq.com
    Zhu Kai, master student, mainly engaged in plant pathology research; E-mail: 905613204@qq.com
[***] Corresponding authors: Yang Jianxin, Ms., senior agronomist, engaged in the tobacco productin; E-mail: 147865250@qq.com
    Xu Jianqiang, professor, engaged in comprehensive prevention and control of soil-borne disease; E-mail: xujqhust@126.com

Diversity of Endophytic Fungi in Tobacco Plants[*]

Tian Yingming[1,2**], Zhang Lianpeng[2**], Zheng Wei[2], Kang Yebin[2],
Xu Jianqiang[2], Wang Hui[3***], Hou Ying[1***]

(1. College of Food and Bioengineering, Henan University of Science and
Technology, Luoyang 471023, China; 2. College of Horticulture and Plant
Protection, Henan University of Science and Technology, Luoyang 471023, China;
3. Luoyang Branch of Henan Tobacco Company, Luoyang 471000, China)

Abstract: Tobacco black shank (TBS), caused by *Phytophthora nicotianae*, poses a serious threat to tobacco production. The difficulties in its prevention and control lie in the long survival time of the pathogenic bacteria, the scarcity of disease-resistant varieties, the limitations of chemical pesticides, and the low efficiency of traditional prevention and control measures. This study was carried out in Sanmenxia, Henan Province in 2023. Through the tissue isolation method, 360 strains of endophytic fungi were isolated from the roots, stems, and leaves of tobacco plants. After screening and identification, strains with antagonistic and growth-promoting effects were obtained. In the primary screening, 26 strains with an inhibition rate of 50% against *P. nicotianae* were obtained. In the re-screening, 6 strains with an antibacterial rate of more than 50% were obtained. Among them, T21 (*Trichoderma harzianum*) and T28 (*Talaromyces sayulitanus*) showed outstanding performance. Indoor experiments showed that the fermentation broth of the two strains could promote the germination of tobacco seeds when used for seed soaking. After root irrigation, they could colonize in tobacco plants, improve the agronomic traits of the plants, enhance the activity of defense enzymes in the roots, and showed significant control effects in pot experiments. Field experiments showed that they could increase the plant height, leaf length and other indicators of tobacco plants, increase the dry and fresh weights, reduce the incidence of black shank, and had good prevention and control effects. This study reveals the growth-promoting and disease-preventing mechanisms of these strains, providing a reference for the development of new biological control agents and the construction of a green prevention and control system.

Key words: tobacco black shank; endophytic fungi; colonization; promoting growth; antagonistic; biological control

---

* Funding: Key Scientific and Technological Projects of Henan Tobacco Company (1671417118938)
** First authors: Tian Yingming, master student, mainly engaged in microbiology research; E-mail: 1315608978@qq.com
　　　　　　Zhang Lianpeng, master student, mainly engaged in plant pathology research; E-mail: 3279709713@qq.com
*** Corresponding authors: Wang Hui, senior agronomist, engaged in the tobacco productin; E-mail: 82221251@qq.com
　　　　　　Hou Ying, professor, engaged in Microbial resources and application research; E-mail: houying76@126.com

Effects of Different Tobacco-sweet Potato Cultivation Patterns on Disease Incidence and Soil Microbial Counts[*]

Li Hanxiao[1][**], Cheng Zejun[1], Kang Yiebin[1], Li Chengjun[2][***], Xu Jianqiang[1][***]

(1. College of Horticulture and Plant Protection, Henan University of Science and Technology, Luoyang 471023, China; 2. Institute of Tobacco, Henan Academy of Agricultural Sciences, Zhengzhou, Henan 471000, China)

Abstract: Fusarium root rot and Black Shank, as tobacco root and stem diseases, can lead to significant yield losses and economic damage. Intercropping is a recognized method to manage root and stem diseases. To explore the impact of the "tobacco-sweet potato" intercropping system on these diseases and soil microorganisms, a greenhouse simulation was conducted. The numbers of soil fungi, bacteria, and actinomycetes were determined by dilution plating, while selective media isolation and real-time PCR were used to quantify tobacco root and stem pathogens. Results showed that intercropping reduced the severity indices of Black Shank and Fusarium root rot. Intercropping altered the soil microbial community structure, causing variations in fungal, bacterial, and actinomycete populations, with trends differing as sweet potato density changed. The number of pathogens isolated on selective media decreased with increasing sweet potato density. Real-time PCR results for *Phytophthora nicotianae* and *Fusarium oxysporum* aligned with the selective media findings, confirming that intercropping lowers the soil pathogen load. Intercropping also enhanced the richness of fungal and bacterial communities in the tobacco rhizosphere, showing a positive effect on the soil micro-environment. This study offers an effective agronomic strategy and scientific basis for controlling soil-borne root and stem diseases in tobacco.

Key words: tobacco; sweet potato; intercropping; selective medium; real-time PCR

---

[*] Funding: Key Scientific and Technological Projects of China Tobacco Corporation [110202201026 (LS-10)]
[**] First author: Li Hanxiao, master student, mainly engaged in plant pathology research; E-mail: 2689665643@qq.com
[***] Corresponding authors: Li Chengjun; E-mail: chengjunli521@126.com
Xu Jianqiang, professor; E-mail: xujqhust@126.com

Screening and Characterization of Endophytic Bacteria for Biocontrol of Tobacco Black Shank Caused by *Phytophthora nicotianae**

Zhang Yantong[1][**], Du Yifan[1][**], Kang Yebin[1,2],
Xu Jianqiang[1,2], Miao Pu[3][***], Zheng Wei[1,2][***]

(1. College of Horticulture and Plant Protection, Henan University of Science and Technology, Luoyang 471023, China; 2. Henan Province Engineering Technology Research Center of Green Plant Protection, Luoyang 471023, China; 3. Luoyang Branch of Henan Tobacco Company, Luoyang 471000, China)

Abstract: Tobacco black shank (TBS), a devastating soil-borne disease caused by Phytophthora nicotianae, severely threatens global tobacco production. This study isolated 1 311 endophytic bacterial strains from roots, stems, and leaves of asymptomatic tobacco plants sampled across multiple growth stages in Lushi and Lingbao counties (Sanmenxia City, Henan Province). Primary screening via dual-culture plate assays identified 52 strains exhibiting >60% inhibition rates against P. nicotianae. After purification, 21 strains demonstrated sustained antifungal activity in fermentation broth assays, with concurrent production of indole-3-acetic acid (IAA) ranging from 7.26 mg/L to 27.42 mg/L, indicating dual plant growth-promoting and antagonistic potential. Selected candidates were taxonomically characterized through integrated morphological observations, physiological - biochemical profiling, and phylogenetic analyses targeting 16S rDNA and *gyrB* gene sequences. Greenhouse and field trials employing bacterial suspension root irrigation revealed significant suppression of TBS incidence by specific strains, with disease reduction rates correlating to their in vitro antagonistic performance. Notably, strains affiliated with Bacillus, Pseudomonas, and Serratia genera showed superior biocontrol efficacy. This systematic screening pipeline not only identifies high-quality biocontrol agents but also deciphers their functional synergies between pathogen inhibition and phytohormone synthesis. The results provide a robust microbial resource pool for developing eco-friendly TBS management strategies and establish a methodological framework for harnessing endophytes in sustainable tobacco cultivation. Further field validation and formulation optimization are warranted to translate these findings into practical applications.

Key words: tobacco black shank; *Phytophthora nicotianae*; biological control; endophytic bacteria; plant growth promotion

---

* Funding: Key Scientific and Technological Projects of Henan Tobacco Company (1671417118938)
** First authors: Zhang Yantong, master student, mainly engaged in plant pathology research; E-mail: yantong0544@163.com
　　Du Yifan, master student, mainly engaged in plant pathology research; E-mail: duyifan0323@163.com
*** Corresponding authors: Miao Pu; E-mail: 82221251@qq.com
　　Zheng Wei; E-mail: flax-0476@163.com

Screening of Biocontrol Bacteria and Microbial Community Construction Against Fusarium root rot in Tobacco[*]

Kong Delong[1][**], Song Xile[2][**], Song Zhengxiong[3],
Kang Yebin[1], Miao Pu[3][***], Xu Jianqiang[1][***]

(1. College of Horticulture and Plant Protection, Henan University of Science and Technology, Luoyang 471023, China; 2. Yichuan Agricultural and Rural Bureau, Luoyang 471023, China; 3. Luoyang Branch of Henan Tobacco Company, Luoyang 471000, China)

Abstract: Fusarium root rot, caused by *Fusarium oxysporum* and *F. solani*, is a major soil-borne disease affecting tobacco production. In this study, we aimed to identify effective biocontrol bacteria and construct a synthetic microbial consortium to suppress root rot and enhance plant growth. Initially, antagonistic bacteria were isolated from healthy tobacco rhizosphere soils using the Oxford cup method. Five strains showing high inhibitory activity against Fusarium spp. were selected. These strains were further evaluated for their plant growth-promoting (PGP) traits, including indole-3-acetic acid (IAA) production, phosphate solubilization, and siderophore secretion. Chemotaxis and biofilm formation assays were conducted to assess colonization potential. Two strains with superior biocontrol and PGP characteristics were labeled with GFP and DAPI, confirming their effective colonization in tobacco roots. To construct a stable and synergistic microbial consortium, inter-strain compatibility was tested, followed by pot and field experiments to evaluate their combined biocontrol efficacy. The constructed consortium significantly reduced disease incidence and improved tobacco biomass and root vitality. Additionally, GC-MS analysis of root exudates at different growth stages revealed compounds that may facilitate beneficial microbial recruitment. Microbial community analysis showed that the consortium improved soil microbial diversity and enriched beneficial taxa associated with disease suppression. This work provides a theoretical and practical basis for the development of microbial consortia targeting Fusarium root rot in tobacco. The study not only highlights the importance of multi-trait screening in biocontrol agent selection but also demonstrates the potential of microbial consortia in sustainable disease management.

Key words: Fusarium root rot of tobacco; biocontrol bacteria; microbial consortium; PGPR; colonization

---

* Funding: Key Scientific and Technological Projects of China Tobacco Corporation [110202201026 (LS-10)]

** First authors: Kong Delong, mainly engaged in plant pathology research; E-mail: 2689665643@qq.com
Song Xile, engaged in popularizing agricultural technique; E-mail: xilesong@163.com

*** Corresponding authors: Miao Pu; E-mail: miaopu888@163.com
Xu Jianqiang; E-mail: xujqhust@126.com

Sensitivity to Commonly Used Fungicides of *Rhizoctonia cerealis* in Henan Province[*]

Zhou Wenqi[**], Duan Xiaoxin, Cheng Zejun, Zheng Wei, Xu Jianqiang[***]

(*Department of Plant Protection, College of Horticulture and Plant Protection, Henan University of Science and Technology, Luoyang 471023, China*)

Abstract: Wheat sharp eyespot (WSE) mainly caused by *Rhizoctonia cerealis* is a soil borne disease. Since the mid-1990s, WSE in northern Henan has gradually increased from a minor disease to a major disease. Common types of fungicides have emerged with resistant strains. In order to understand the resistance of *Rhizoctonia cerealis* to common fungicides tebuconazole, fludioxonil and thifluzamide in Henan Province, the samples of 2023-2024 were collected in various cities, and the strains of *Rhizoctonia cerealis* were isolated and preserved for the detection of the resistance levels of the above three fungicides. The field-resistant strains were screened, the survival fitness was determined, and the resistance risk was evaluated. It provides a basis for scientific chemical control of WSE in Henan Province.

Key words: *Rhizoctonia cerealis*; tebuconazole; fludioxonil; thifluzamid

---

[*] Funding: Henan Provincial Scientific and Technological Breakthrough Project (242102111113)
[**] First author: Zhou Wenqi, mainly engaged in plant pathology research; E-mail: 2454167751@qq.com
[***] Corresponding author: Xu Jianqiang; E-mail: xujqhust@126.com

Study on the Sensitivity of *Botrytis cinerea* to Commonly Used Fungicides in Peony and Paeony[*]

Wei Meng[1][**], Duan Xiaoxin[1][***], Du Xiaoge[1], Xu Jianqiang[1], Hou Xiaogai[2][***]

(1. *College of Horticulture and Plant Protection, Henan University of Science and Technology, Luoyang 471023, China*; 2. *College of Agriculture/Peony, Henan University of Science and Technology, Luoyang 471023, China*)

Abstract: Gray mold, mainly caused by *Botrytis cinerea*, is a fungal disease that seriously threatens the production of peony/paeony and is distributed worldwide. At present, the use of fungicides for chemical control is the most effective measure to control gray mold, but the sensitivity of peony/paeony gray mold fungi to commonly used fungicides is rarely reported. In order to clarify the sensitivity of *Botrytis cinerea* from peony/paeony to commonly used fungicides in production and to guide the prevention and control of *Botrytis cinerea* from peony/paeony, the sensitivity of 95 isolates of *Botrytis cinerea* from peony/paeony collected from Heze of Shandong Province and Luoyang of Henan Province to four commonly used fungicides, including pyrimethanil, pyraclostrobin, procymidone, boscalid, and so on, was determined by the mycelial growth rate method and differential measurement method. The results showed that the resistance frequencies of 95 isolates of *Botrytis cinerea* to pyrimethanil, pyraclostrobin, procymidone and boscalid were 95.79%, 94.74%, 100.00% and 93.68%, respectively. There were 8 different resistance phenotypes in the isolates tested by the sensitivity assays, which could produce resistance to one, two, three or four fungicides. Among them, four fungicide-resistant strains (Koum^{R}Pyra^{R}Pyrm^{R}Bosc^R) accounted for the highest proportion, 77.89%, indicating that the *Botrytis cinerea* from peony/paeony in the two regions had high resistance to the above four fungicides. The results of this study have certain guiding significance for the prevention and control of gray mold of peony/paeony in Luoyang, Henan and Heze, Shandong. The above four fungicides should be used with caution in production.

Key words: *Botrytis cinerea*; peony/paeony gray mold; fungicide; sensitivity

---

[*] Funding: Henan Provincial Department of Education Key Scientific Research Project for Higher Education Institutions (19A210010); Henan Province Chinese Material Medical Industry Technology System (2023-24)

[**] First author: Wei Meng, master student, mainly engaged in plant pathology research; E-mail: 2824193239@qq.com

[***] Corresponding authors: Duan Xiaoxin; E-mail: 9906650@haust.edu.cn

Hou Xiaogai; E-mail: Kychxg@haust.edu.cn

木霉菌真菌病毒多样性及其促生防病机制的研究

范 煜**，刘 铜***

(海南大学三亚南繁研究院，热带农林学院，热带农林生物灾害绿色防控教育部重点实验室，海南省绿色农用生物制剂创制工程研究中心，海口 570228)

摘 要：木霉菌（*Trichoderma* spp.）是一类重要的生防真菌，在农业病害防治中展现出巨大的应用潜力。然而，在实际应用过程中，其生防效果常因环境因素的影响而表现不稳定。真菌病毒是能够在真菌体内进行复制的一类病毒，有研究表明，真菌病毒能增强寄主对环境的适应性，且在木霉菌中对植物具有促生效果。因此，挖掘和研究木霉菌中的真菌病毒，对提高木霉菌的生防能力与探究木霉菌对植物病原菌的生防机制至关重要。本研究利用宏转录技术，分别对采集自华北、华中、华东和华南地区5个省份的191株木霉菌进行病毒检测，结果表明由北至南，病毒的多样性显著增加，说明南北方地区的差异对病毒的多样性发挥重要作用。随后，对这些病毒进行BLAST比对发现，木霉菌中的47种病毒包括来自3个不同RNA基因组类型（dsRNA、+ssRNA和-ssRNA）的3个病毒科和1个病毒目，其中包括单股负义链RNA病毒科（*Mymonaviridae*）、低毒病毒科（*Hypoviridae*）、产黄青霉病毒科（*Chrysoviridae*）以及布尼亚病毒目（*Bunyavirales*）的一个未分类病毒。后续还需对这些病毒的基因组特征、寄主生物学表征以及传播途径进行分析。

关键词：木霉菌；真菌病毒；宏转录组；生物防治

---

* 基金项目：国家自然科学基金（32472639，32060609）；海南省科技人才创新基金项目（KJRC2023C42）
** 第一作者：范煜，博士研究生，主要从事生物防治研究；E-mail：925951792@qq.com
*** 通信作者：刘铜，教授，主要从事生物防治研究；E-mail：liutongamy@sina.com

北京市与河北省两地番茄灰霉病菌对多种杀菌剂的抗药性检测

喻楚贤**，邓婉珍，周荣佳，靳海圣，张俊婷，刘鹏飞***

（中国农业大学植物保护学院，北京　100193）

摘　要：灰葡萄孢（*Botrytis cinerea*）是十大植物病原真菌之一，可导致对高价值作物极具破坏性的灰霉病发生，给现代农业生产造成了重大威胁。据报道，*B. cinerea* 对常用杀菌剂普遍产生了抗性，部分种植园同时抗多种不同作用机制杀菌剂的灰霉菌株分离频率高达 30% 以上，即产生了多药抗性（multidrug resistance，MDR）或多重抗性（multiple fungicide resistance，MFR）。为了明确北京市和河北省番茄种植园中灰葡萄孢对不同作用机制杀菌剂产生抗药性的情况，2024 年，从北京市密云县新王庄村和河北省保定市徐水区高林村镇麒麟店村采集了 48 株 *B. cinerea*，采用最低抑制浓度法（MIC）和生长速率法测定了 *B. cinerea* 对不同作用机制的杀菌剂抗性情况。结果表明，北京市番茄灰霉病菌对多菌灵、咯菌腈、啶酰菌胺、腐霉利、嘧菌酯、嘧霉胺的抗性频率，分别为 100.00%、6.12%、100.00%、100.00%、38.46%、100.00%。所测菌株对 6 种杀菌剂的敏感性类型共有 3 种，其中以 $Car^R Flu^S Bos^R Pro^R Azo^R Pyr^R$（对多菌灵、啶酰菌胺、腐霉利、嘧菌酯、嘧霉胺表现为抗性，对咯菌腈表现为敏感）类型为主，该类型的菌株占 53.85%，未发现同时抗 6 种杀菌剂的菌株，没有同时对咯菌腈和嘧菌酯表现为抗性的菌株。河北省番茄灰霉病菌对苯醚甲环唑、啶酰菌胺、抑菌脲、氟啶胺抗性频率分别为 22.22%、100.00%、100.00%、11.10%，表明对啶酰菌胺和抑菌脲产生了严重的抗药性，对苯醚甲环唑和氟啶胺抗药性较低。所测菌株对 33 种杀菌剂的敏感性类型共有 3 种，其中以 $Dif^S Bos^R Ipr^R Flu^S$（啶酰菌胺和抑菌脲表现为抗性，对苯醚甲环唑和氟啶胺表现为敏感）类型为主，该类型的菌株占 66.67%，未发现同时抗 4 种杀菌剂的菌株，没有同时对苯醚甲环唑和氟啶胺表现为抗性的菌株。根据检测结果，两地大部分 *B. cinerea* 菌株对咯菌腈、苯醚甲环唑和氟啶胺仍保持较好的敏感性，建议可采用含有该组分的药剂进行番茄灰霉病的防治，或者与其他组分轮换使用以提高防治效果。

关键词：多药抗性；多重抗性；杀菌剂；灰葡萄孢

---

* 基金项目：国家重点研发计划项目（2022YFD1400900）
** 第一作者：喻楚贤，硕士研究生，主要从事植物病原真菌与杀菌剂互作机制研究；E-mail：903491127@qq.com
*** 通信作者：刘鹏飞，教授，主要从事植物病害化学防治研究；E-mail：pengfeiliu@cau.edu.cn

几丁质对甜樱桃采后灰霉病的抑制效果和诱导抗病性的影响

赵文诗[**]，徐海娇，崔建潮，贺丽敏[***]

(河北省农林科学院昌黎果树研究所，昌黎 066600)

摘 要：甜樱桃（*Prunus avium* L.）是我国重要的园艺和经济作物，由灰葡萄孢（*Botrytis cinerea*）侵染引起的灰霉病是甜樱桃主要的真菌病害之一，在田间及果实贮藏期均普遍发生，引起果实腐烂造成严重的经济损失。目前，使用化学杀菌剂可控制甜樱桃采后病害的发生，但随着居民对食品安全和生态环境问题的日益关注，开发绿色环保的病害防治技术已成为研究的热点。其中利用外源激发子诱导果实抗病性是控制果实采后病害的重要手段。为探究几丁质对采后甜樱桃果实灰霉病的抑制效果，本文研究了几丁质对 *B. cinerea* 的直接抑制作用，以及几丁质处理后接种 *B. cinerea* 对甜樱桃灰霉病的控制效果，并通过测定抗病相关酶活性，初步阐明几丁质诱导甜樱桃果实抗病性的可能原因。结果表明，浓度为 0.1%～1.0% 几丁质显著抑制 *B. cinerea* 菌丝生长和孢子萌发；浓度为 0.5%～1.0% 几丁质显著降低甜樱桃果实的灰霉病发病率和病斑直径，并抑制贮藏期间自然腐烂率；此外，几丁质处理显著提高甜樱桃果实超氧化物歧化酶（SOD）、过氧化氢酶（CAT）、过氧化物酶（POD）、多酚氧化酶（PPO）、几丁质酶（CHI）和 β-1,3-葡聚糖酶（GLU）等防御相关酶的活性。综上，几丁质可通过抑制 *B. cinerea* 菌丝生长、孢子萌发和诱导甜樱桃果实防御相关酶活性，进而减轻甜樱桃灰霉病的发生程度。

关键词：几丁质；甜樱桃；*Botrytis cinerea*；诱导抗性；防御酶

---

[*] 基金项目：农业农村部园艺作物种质资源利用重点实验室基金（NYZS202403）；河北省农林科学院科技创新人才队伍建设项目（C24R0601）
[**] 第一作者：赵文诗，研究实习员，主要从事分子植物病理学研究；E-mail: zws15931895982@163.com
[***] 通信作者：贺丽敏，研究员，主要从事果树病虫害综合防控技术研究；E-mail: helimin122@163.com

桃细菌性穿孔病室内药剂筛选[*]

崔建潮[**]，赵文诗，贺丽敏[***]，徐海娇[***]

（河北省农林科学院昌黎果树研究所，昌黎 066600）

摘　要：由树生黄单胞菌桃李致病变种（*Xanthomomonas arboricola* pv. *pruni*，Xap）引起的细菌性穿孔病是桃生产上重要的细菌性病害之一，主要危害桃叶片及果实，形成穿孔斑，严重影响桃产量和品质。因此，筛选有效防治药剂对于控制该病害尤为重要。本研究选取防治桃细菌性穿孔病的16种化学药剂（40%噻唑锌 SC、3%中生菌素 SL、80%代森锰锌 WP、3%噻霉酮 ME、45%春雷·喹啉酮 SC、0.3%四霉素 AS、2%春雷霉素 AS、20%溴硝醇 SL、2%中生·四霉素 SL、40%戊唑·噻唑锌 SC、35%喹啉酮·四霉素 SC、60%唑醚·代森联 WG、50%氯溴异氰尿酸 AF、30%噻森铜 SC、52%王铜·代森锌 WP、8%过氧化氢银离子 AS）通过抑菌圈法测定对 Xap 的抑菌效果。结果表明，供试16种药剂中，0.3%四霉素 AS 和60%唑醚·代森联 WG 对 Xap 抑制作用最强，EC_{50} 分别为 0.394 3 mg/L 和 0.828 6 mg/L；其次为3%中生菌素 SL，EC_{50} 为 7.664 4 mg/L；20%溴硝醇 SL 和2%中生·四霉素 SL 的 EC_{50} 均小于 85 mg/L，抑制作用较强；其他药剂对 Xap 的抑制作用较差。不同药剂之间抑菌效果存在较大差异，本试验筛选得到的5种药剂可为桃细菌性穿孔病的防治提供参考。

关键词：桃细菌性穿孔病；树生黄单胞菌桃李致病变种；化学防治；药剂筛选

---

[*] 基金项目：河北省农林科学院科技创新人才队伍建设项目（C24R0601）；农业农村部园艺作物种质资源利用重点实验室基金（NYZS202403）

[**] 第一作者：崔建潮，助理研究员，主要从事果树病害综合防控技术研究；E-mail：cjc19880320@126.com

[***] 通信作者：贺丽敏，研究员，主要从事果树病虫害综合防控技术研究；E-mail：helimin122@163.com

徐海娇，助理研究员，主要从事分子植物病理学研究；E-mail：xuhaijiao1234@sina.cn

四氯哒嗪对南方根结线虫的杀线虫活性*

陆思彧**，陈吉祥***

（贵州大学绿色农药全国重点实验室，贵阳 550025）

摘 要：植物寄生线虫严重威胁我国农业可持续发展。据统计，我国每年因线虫危害造成的经济损失超过 700 亿元，其中根结线虫（*Meloidogyne* spp.）导致的设施农业损失占比高达 60%。我国设施蔬菜因连作障碍引发的根结线虫发病率已从 2010 年的 35% 攀升至 2022 年的 68%，成为制约设施蔬菜提质增效的重要瓶颈。在根结线虫种类中，南方根结线虫（*Meloidogyne incognita*）在我国呈现显著的扩散趋势。山东、云南等设施蔬菜主产区侵染率达 82%~95%，且根结线虫对传统化学杀线剂（如噻唑磷、阿维菌素）的抗性种群比例突破 40%。南方根结线虫危害特征主要表现为典型的"隐形成灾"，初期仅造成根系微小瘿瘤，后期则通过破坏水分和营养的运输诱发作物系统性枯萎，常被误诊为缺素症。因此，开发高效和作用机制独特的新型杀线虫剂极为重要。我们发现四氯哒嗪具有良好的杀线虫活性，在浓度为 50 mg/L 时，其对南方根结线虫的致死率为 100%。此外，浓度为 40 mg/L 的四氯哒嗪对南方根结线虫虫卵的孵化也具有显著的抑制作用。

关键词：四氯哒嗪；杀线虫活性；南方根结线虫；杀线虫剂

---

* 基金项目：国家重点研发计划项目（2023YFD1400400）
** 第一作者：陆思彧，硕士研究生；E-mail：sy9lulu@163.com
*** 通信作者：陈吉祥，副教授，主要从事绿色杀线虫剂创制及防控研究；E-mail：jxchen@gzu.edu.cn

噻吩并嘧啶类化合物对松材线虫的杀线虫活性

杨秋霞[**]，陈吉祥[***]

（贵州大学绿色农药全国重点实验室，贵阳　550025）

摘　要：松材线虫（*Bursaphelenchus xylophilus*）是最具破坏性的检疫性病原物之一，由它导致的松树枯萎病被称为松树的"癌症"，严重破坏了森林的生态系统。松材线虫通过天牛等媒介昆虫进行传播，而松材线虫病具有传播速度快、防治难度大等特点。植物线虫病害的防治对农业的可持续发展至关重要。因此，开发高效、低毒、环境友好的新型杀线虫剂已成为植物线虫防控领域的紧迫任务。为了筛选新的杀线虫分子骨架结构，我们测试了一系列噻吩并嘧啶类化合物的杀线虫活性。部分化合物表现出很好的杀线虫活性，其中，化合物 37 对松材线虫的半致死浓度（LC_{50}）小于 6.0 mg/L。噻吩并嘧啶可以作为杀线虫的分子骨架结构，在未来我们会持续开展该类化合物的结构优化，以期发现高效的新型杀线虫剂。

关键词：噻吩并嘧啶；松材线虫；杀线虫活性；杀线虫剂

---

[*] 基金项目：国家重点研发计划项目（2023YFD1400400）
[**] 第一作者：杨秋霞，硕士研究生；E-mail：yqx1056265102@163.com
[***] 通信作者：陈吉祥，副教授，主要从事绿色杀线虫剂创制及防控研究；E-mail：jxchen@gzu.edu.cn

吡唑并嘧啶作为新型杀线虫分子骨架结构的发现[*]

张　延[**]，陈吉祥[***]

（贵州大学绿色农药全国重点实验室，贵阳　550025）

摘　要：水稻干尖线虫（*Aphelenchoides besseyi*）是威胁水稻生产的重要植物寄生线虫，严重爆发时可导致水稻产量减少35%。水稻干尖线虫侵染后会导致植株出现黄化、矮小、分蘖减少等症状。近年来，水稻干尖线虫病在我国水稻主产区频繁发生且呈现逐渐加重的趋势。当前，水稻干尖线虫病的防控主要依靠化学杀线虫剂，而长期大量使用传统的杀线虫剂（如阿维菌素、噻唑磷等）容易导致线虫抗性水平提高。因此，研发高效的新型杀线虫剂对水稻干尖线虫病的防控尤为重要。为了探索杀线虫的新型分子骨架，我们测试了一系列吡唑并嘧啶类化合物对水稻干尖线虫的杀线虫活性。部分化合物表现出较好的杀线虫活性，其中，化合物10对水稻干尖线虫的 LC_{50} 小于 6 mg/L。吡唑并嘧啶可作为一种新型的杀线虫分子骨架，在未来我们会持续进行这类分子结构的衍生和优化，希望发现新的杀线虫剂。

关键词：吡唑并嘧啶；植物线虫；杀线虫活性；杀线虫剂

---

[*] 基金项目：国家重点研发计划项目（2023YFD1400400）
[**] 第一作者：张延，硕士研究生，主要从事绿色杀线虫剂创制与防控研究；E-mail：m18285211623@163.com
[***] 通信作者：陈吉祥，副教授，主要从事绿色杀线虫剂创制与防控研究；E-mail：jxchen@gzu.edu.cn

噻唑类化合物对松材线虫、水稻干尖线虫和南方根结线虫的杀线虫活性[*]

祝宗楠[**]，陈吉祥[***]

（贵州大学绿色农药全国重点实验室，贵阳 550025）

摘 要：植物寄生线虫对全球农业生产构成严重威胁，而作物线虫病害的绿色高效防控面临严峻挑战。在此背景下，开发新型高效、低风险的杀线虫剂已成为作物线虫防控领域的当务之急。为了寻找新型高效的杀线虫剂，我们测试了 21 个噻唑类化合物的杀线虫活性，其中，化合物 A1 展现出较好的杀线虫活性。化合物 A1 对松材线虫、水稻干尖线虫和根结线虫的半致死浓度（LC_{50}）均小于 7 mg/L。此外，化合物 A1 不仅能有效抑制南方根结线虫虫卵的孵化，还可以诱导南方根结线虫体内活性氧积累。盆栽试验显示化合物 A1 能够显著降低南方根结线虫的侵染能力。基于上述发现，我们采用骨架跃迁策略设计合成了一系列新型噻唑类衍生物，杀线虫活性显示部分化合物具有优异的杀线虫活性。

关键词：噻唑；杀线虫活性；杀线虫剂

---

[*] 基金项目：国家重点研发计划项目（2023YFD1400400）
[**] 第一作者：祝宗楠，硕士研究生；E-mail：zongnanzhu@163.com
[***] 通信作者：陈吉祥，副教授，主要从事绿色杀线虫剂创制与防控研究；E-mail：jxchen@gzu.edu.cn

贝莱斯芽孢杆菌 Jt84 高产伊枯草菌素的发酵优化

张荣胜**，黄如宇，乔俊卿，于俊杰，齐中强，杜 艳，俞咪娜，
宋天巧，曹慧娟，潘夏艳，刘邮洲，刘永锋***

(江苏省农业科学院植物保护研究所，南京 210014)

摘 要：芽孢杆菌（*Bacillus* spp.）是一类广泛分布于土壤、水体、植物叶表和植物根际的生防细菌，芽孢杆菌主要通过分泌抗菌物质、营养和空间竞争、诱导植物产生抗病性等多种机制来防治植物病害，因其具有适应性广、定殖能力强以及生防效果显著等优点，在防治植物病害领域具有巨大应用潜力。芽孢杆菌对多种植物病菌具有直接的抑制活性，与其产生的抗菌物质密切相关。抗菌肽 iturin 能够抑制稻瘟病菌、稻曲病菌、小麦枯萎病菌和桃褐腐病菌等多种植物病原菌，提高芽孢杆菌发酵液中抗菌肽 iturin 的含量对提高芽孢杆菌在田间应用效果具有重要作用。前期研究显示贝莱斯芽孢杆菌 Jt84 对水稻稻曲病和稻瘟病具有良好防治效果，其产生的 iturin 是抑制稻曲病菌和稻瘟病菌生长和孢子萌发的主要活性物质。为了进一步提高抗真菌菌物质 iturin 含量，本文在贝莱斯芽孢杆菌 Jt84 发酵初期，通过外源添加合成 iturin 所需不同种类的前体氨基酸，通过 Plackett-Burman 单因素试验设计筛选获得 3 个影响 iturin 产量的主效前体氨基酸，分别为谷氨酸（Glutamicacid, Glu）、丝氨酸（Serine, Ser）和谷氨酰胺（Glutamine, Gln）。进一步对主效前体氨基酸进行响应曲面优化，结果显示最优主效前体氨基酸添加浓度分别为 Glu 0.08 g/L、Gln 0.17 g/L、Ser 0.19 g/L；其余氨基酸浓度为天冬酰胺（Asparagine, Asn）0.06 g/L、脯氨酸（Proline, Pro）0.06 g/L、酪氨酸（Tyrosine, Tyr）0.006 g/L。在此条件下，优化后发酵液的菌体含量为 3.83×10^9 CFU/mL，iturin 产量为 0.242 g/L，iturin 产量较优化前提高了 26.04%；平板抑菌试验显示无菌滤液对稻曲病菌抑制带宽较初始培养基提高了 23.66%。

关键词：贝莱斯芽孢杆菌；伊枯草菌素；发酵；响应曲面法

---

* 基金项目：国家重点研发计划（2023YFD1400200）；江苏省自主创新资金项目［CX（21）3083］

** 第一作者：张荣胜，副研究员，主要从事水稻病害生物防治及其应用技术研究；E-mail：r_szhang@163.com

*** 通信作者：刘永锋，研究员，主要从事水稻病害致病机制及其防控技术研究；E-mail：liuyf@jaas.ac.cn

贝莱斯芽孢杆菌 SYL-3 对烟草镰刀菌根腐病防治效果及机制初探

刘鹤[1]*，王誉喆[1]，白佳明[1]，黄嚣[2]，齐爱伟[2]，安梦楠[1]，吴元华[2]**

(1. 沈阳农业大学植物保护学院，沈阳 110866；2. 辽宁省丹东市烟草公司，丹东 118000)

摘　要：土传病原菌通过破坏根际微生态平衡严重威胁农业生产。遵循绿色可持续发展原则，生物防治已成为当代研究热点。基于此，本研究深入探究了生防菌贝莱斯芽孢杆菌 SYL-3 防控烟草根腐病的多重机制。体外试验表明，SYL-3 对尖孢镰刀菌 (*Fusarium oxysporum*) 菌丝生长的抑制率高达 73.2%，并可影响其孢子形成，诱导菌丝出现球形肿胀畸形。SYL-3 能快速定殖植物根系，显著提升植株根系生物量。田间试验中，经 SYL-3 处理的烟草根腐病防治效果达 74.7%±8.1%。宏基因组分析表明，SYL-3 招募了固氮菌 *Bradyrhizobium*、碳降解菌 *Acaulium* 和植物抗逆相关菌 *Sphingomonas* 等有益功能菌，同时抑制了金黄杆菌 *Chryseobacterium* 和镰刀菌 *Fusarium* 等病原微生物。土壤理化性质得到同步改善，SYL-3 处理组铵态氮 (+80.2%) 和可溶性有机碳 (+39.3%) 含量升高，pH 值增加，有效磷降低。冗余分析确定可溶性有机碳 ($r=0.58$)、pH ($r=0.44$) 和铵态氮 ($r=0.61$) 是细菌群落重构的关键驱动因子。此外转录组学显示，SYL-3 诱导植物氮同化相关基因（NR1，2.17 倍；6PGL，2.33 倍）和磷信号转导基因（ARR22，2.19 倍）上调，表明土壤养分-植物免疫存在协同调控。综上，本研究提出了生防菌调控"微生物组-养分循环-植物免疫"三位一体的互作网络。本研究将微生物生态学与植物生理学相衔接，揭示了微生物驱动的养分循环耦合根系免疫以防治病害的作用机制。本研究为土传病害的高效防治及发展微生物组工程驱动的生态防控策略提供了新的见解。

关键词：根际微生态；生防机制；微生物群落组装；养分循环；土壤-植物-微生物互作

---

* 第一作者：刘鹤，讲师，主要从事植物病理学及生物农药研究；E-mail：2023500024@syau.edu.cn
** 通信作者：吴元华，教授，主要从事植物病理学研究；E-mail：wuyh09@syau.edu.cn

泸州烟区烟草青枯病及黑胫病病原菌分离及拮抗生防菌筛选与鉴定*

曹可心[1]**，王茜[1]，徐传涛[2]，张永辉[2]，王飞[2]，
刘鹤[1]，安梦楠[1]***，吴元华[1]***

(1. 沈阳农业大学植物保护学院，沈阳 110866；
2. 四川省烟草公司泸州市公司，泸州 646000)

摘 要：烟草青枯病和烟草黑胫病是烟草重要的土传病害，严重威胁烟草的产量和品质。化学防治容易造成环境污染和病原菌抗药性，因此利用拮抗微生物进行生物防治是防治烟草土传病害的重要措施。本研究旨在分离四川省泸州烟区烟草青枯病和黑胫病的病原菌，筛选并获得高效拮抗生防菌，为烟草病害的生物防治提供理论依据和菌种资源。研究结果如下：通过组织培养法和稀释涂布法，从泸州烟区青枯病及黑胫病发病较重的烟区采集发病植株中分离鉴定发病部位病原菌。青枯病病原菌在TTC培养基上形成白色中心、红色边缘的菌落，经过青枯菌特异性引物PCR检测、16S rDNA 测序及科赫式法则验证，确定泸州烟区青枯病主要病原菌为青枯雷尔氏菌（*Ralstonia solanacearum*）；黑胫病病原菌在 OA 培养基上菌丝呈白色放射状，孢子囊呈卵圆形，经 ITS 序列分析及科赫式法则验证，鉴定为烟草疫霉（*Phytophthora nicotianae*）。在发病较重烟区附近健康植株根际采集土样共计 33 份，通过初级筛选共获得生长活力旺盛的根际细菌 550 余株。分别以烟草青枯病菌及黑胫病菌为靶标进行平板对峙试验得到 5 株抑菌率超 75% 的生防细菌。通过形态学观察、生理生化检测、分子生物学鉴定及构建进化树分析，其中 3 株为对青枯雷尔氏菌有抑菌效果的生防菌，SNC-93 为解淀粉芽孢杆菌（*Bacillus amyloliquefaciens*），通过分泌抗菌活性物质抑制青枯菌生长，抑菌率达 76.4%；SNC-183 为枯草芽孢杆菌（*Bacillus subtilis*），抑菌率达 83.33%，SNC-429 为甲基营养型芽孢杆菌（*Bacillus methylotrophicus*），抑菌率达 80.24%，研究发现，上述 3 种生防菌通过破坏青枯菌细胞膜完整性产生抑菌作用；另外 2 株生防菌是通过破坏烟草疫霉菌丝生长及孢子萌发达到对烟草黑胫病抑菌作用，SNC-42 为特基拉芽孢杆菌（*Bacillus tequilens*），抑菌率达 82.5%；SNC-526 为贝莱斯芽孢杆菌（*Bacillus velezensis*），抑菌率达 78.75%。

综上，本研究成功分离鉴定了泸州烟区烟草青枯病和黑胫病的病原菌，并筛选出 5 株高效拮抗菌，其中 SNC-183 和 SNC-42 具有显著的生防潜力，为开发烟草土传病害的生物防治制剂提供了候选菌株。

关键词：烟草青枯病；烟草黑胫病；拮抗生防菌；泸州烟区

---

* 基金项目：中国烟草总公司四川省公司科技项目（SCY2024012）
** 第一作者：曹可心，博士研究生，从事植物病理学研究；E-mail：1303412716@qq.com
*** 通信作者：安梦楠，副教授，主要从事植物病理学研究；E-mail：anmengnan@syau.edu.cn
吴元华，教授，从事植物病毒学和生物农药研究；E-mail：wuyh09@syau.edu.cn

Development of a Nanocarrier System for the Delivery of ds*RsGH1* Against *Rhizoctonia solani*[*]

Ding Xiaojie[1], Li Xinchun[1], Li Yan[1], An Mengnan[1], Wu Yuanhua[1], Liu He[1,2*], Zhou Rujun[1*]

(1. College of Plant Protection, Shenyang Agricultural University, Shenyang 110866, China; 2. National Key Laboratory of Green Pesticide, Key Laboratory of Green Pesticide and Agricultural Bioengineering, Ministry of Education, Center for Research and Development of Fine Chemicals, Guizhou University, Guiyang 550025, China)

Abstract: *Rhizoctoniasolani* Kühn (*R. solani*) is a major fungal pathogen causing severe crop yield losses worldwide. The application of nanoscale strategies based on RNA interference (RNAi) represents an environmentally friendly and efficient approach for plant disease control. *R. solani* glycosyl hydrolase family 1 (*RsGH1*), which has the function of cell wall degrading enzyme (CWDE), and was screened as a prospective RNAi target gene for the management of *R. solani* AG3 TB. However, the essence of dsRNA is nucleic acid, which lacks stability during the process of being delivered to the target organism. Therefore, a novel nanosystem for the delivery and stabilization of double-stranded RNA (dsRNA) was developed. When the mass ratio of ε-poly-L-lysine (ε-PL) to carboxymethyl chitosan (CMCS) is 1∶1, ε-PL can spontaneously conjugate with CMCS to form nanoscale spherical particles by electrostatic interaction, hydrogen bonding and Van der Waals forces. ds*RsGH1* spontaneously binds with ε-PL@CMCS, which is referred to as ds*RsGH1*@ε-PL@CMCS. ε-PL@CMCS protected ds*RsGH1* from RNase A degradation effectively. The combination of ds*RsGH1* with ε-PL@CMCS remarkably improved the deposition and adhesion of dsRNA droplets on tobacco leaves. Application of ε-PL@CMCS improved the RNAi efficiency of ds*RsGH1* and prolonged its protective duration on crops. In this study, a self-assembled multi-component nano-fungicide was designed based on dsRNA and nanocarriers. This work proposes an eco-friendly strategy to manage *R. solani*.

Key words: RNAi; *Rhizoctonia solani*; double-stranded RNA (dsRNA); nanosystem; ε-poly-L-lysine (ε-PL); carboxymethyl chitosan (CMCS)

---

[*] Funding: Liaoning Provincial Natural Science Foundation (No. 2024-BS-090); Research and Application of Key Technologies of Biochar Combined with Functional Bacteria for Plant Disease Prevention and Control (SCYC202412)

新型胍基核苷的设计、合成及其抗马铃薯Y病毒活性研究[*]

王妍[1][**]，于淼[1]，张家兴[1]，安梦楠[1]，刘鹤[1,2][***]，吴元华[1][***]

(1. 沈阳农业大学植物保护学院，沈阳 110866；2. 绿色农药国家重点实验室，教育部绿色农药与农业生物工程重点实验室，贵州大学精细化工研究开发中心，贵阳 550025)

摘 要：马铃薯Y病毒（potato virus Y，PVY）是危害全球农作物的病原体之一，对茄科作物生产造成严重损失。植物病毒的侵染性克隆是研究病毒与宿主植物相互作用中病毒基因反向遗传操作、表征病毒组分功能和揭示病毒致病性的重要工具，已被广泛用于促进病毒与宿主的相互作用研究中。本研究利用双元表达载体pCambia0390，将含有3个内含子序列的PVY全长序列插入到载体的BamHI和EcoRI酶切位点，构建出侵染性克隆pCam-PVY^N-ME162，为后续抗PVY试验提供了坚实基础。目前，核苷类似物及其衍生物是抗病毒药物领域的研究热点，并在医学领域广泛应用于HBV、HIV、HSV等的治疗。本研究中，基于实验室前期合成含氟胞苷化合物SN15，设计并合成了一种具有抗植物病毒作用的核苷胍类化合物（FluoroGuanidoNucleosin，FGN）。采用核磁共振氢谱（^{1}H NMR）、碳谱（^{13}C NMR）和高分辨质谱（HRMS）对化合物FGN的结构进行了表征，将其命名为（R）-N-（1-（（2R，3R，4S，5R）-3，4-二羟基-5-（羟甲基）四氢呋喃-2-基）-2-氧代-1,2-二氢嘧啶-4-基）-3-胍基-4-（2,4,5-三氟苯基）丁酰胺，化合物FGN的分子式为$C_{20}H_{23}N_6O_6F_3$。喷施500 μg/mL的FGN对侵染PVY的 Nicotiana tabacum（N. tabacum）的治疗、保护和钝化活性在接种后第7天分别为72.69%、68.75%和82.13%；喷施250 μg/mL的FGN对侵染PVY的 N. tabacum 的治疗、保护和钝化活性在接种后第7天分别为66.92%、50.68%和51.68%；喷施100 μg/mL的FGN对侵染PVY的 N. tabacum 的治疗、保护和钝化活性在接种后第7天分别为35.38%、44.55%和47.38%。此外，还测试了500 μg/mL、250 μg/mL和100 μg/mL的化合物FGN对芜菁花叶病毒（turnip mosaic virus，TuMV）的作用效果，结果表明化合物FGN对TuMV的抑制率分别为64.46%、46.30%和32.09%。采用台盼蓝染色方法对PVY侵染的 N. tabacum 的系统叶片染色，结果表明，化合物FGN显著抑制了 N. tabacum 由于PVY侵染而产生的叶脉坏死症状。采用分子对接技术预测到化合物FGN可能与PVY NIb蛋白的Asp353、Ala247、Trp393和Glu411残基互作，以及与NIa-Pro蛋白的Asp234、Lys230、Thr228、Thr221、Ser220和Lys218残基互作。仅通过分子对接预测作用模式，FGN的实际作用机制可能涉及宿主代谢调控或多靶点协同效应，需进一步通过Co-IP或荧光共定位试验验证。本研究不仅为植物抗病毒药物设计提供了新思路，也为探索胍基修饰核苷类化合物的作用机制奠定了理论基础，对作物病毒病害的绿色防控具有重要应用价值。

关键词：核苷类似物；马铃薯Y病毒；分子对接；侵染性克隆

---

[*] 基金项目：中国博士后科学基金资助项目（2024M750672）
[**] 第一作者：王妍，博士研究生，研究方向为植物病理学；E-mail：2372695421@qq.com
[***] 通信作者：刘鹤，讲师，主要从事植物病毒学和生物农药研究；E-mail：2023500024@syau.edu.cn
吴元华，教授，主要从事植物病毒学和生物农药研究；E-mail：wuyh09@syau.edu.cn

Identification of Microbial-Derived Antimicrobial Peptide PP225 and Its Control Mechanisms Against Rice Sheath Blight[*]

Zhou Shidong[1], Liu He[1,2], An Mengnan[1]*, Wu Yuanhua[1]*

(1. College of Plant Protection, Shenyang Agricultural University, Shenyang 110866, Liaoning, P. R. China; 2. National Key Laboratory of Green Pesticide, Key Laboratory of Green Pesticide and Agricultural Bioengineering, Ministry of Education, Center for Research and Development of Fine Chemicals, Guizhou University, Guiyang 550025, China)

Abstract: Rice sheath blight (RSB), caused by *Rhizoctonia solani* Kühn (*R. solani*), is a globally devastating fungal disease threatening rice production. This study isolated the antagonistic strain snpv-z6 from the rice phyllosphere microbiome, identified as *Bacillus siamensis*. Genomic analysis and LC-MS/MS identified a novel antimicrobial peptide, PP225 (molecular weight 1 105.329 Da). This amphipathic α-helical peptide (50% hydrophobicity, isoelectric point 8.25) targets the mitochondrial inner membrane of the pathogen via electrostatic interactions, disrupting cytochrome c oxidase (COX) function. PP225 exhibited potent antifungal activity against *R. solani* (EC_{50} = 12.3 μg/mL) and suppressed sclerotia formation by 78.6%. In pot trials, 50 μg/mL PP225 reduced disease index by 64.3%, activated systemic resistance (PR1a expression upregulated 5.8-fold), and enhanced root development (total root length increased by 12.7%). Cross-kingdom activity was observed, with high affinity for tobacco mosaic virus (TMV) coat protein (K_d = 3.2 μm) and 63.2% inhibition of *Pseudomonas syringae* pv. *tabaci* biofilm formation. This study first elucidates the novel mechanism of phyllosphere-derived antimicrobial peptides inducing pathogen death via mitochondrial energy metabolism targeting, breaking through the traditional membrane damage theory. PP225's tripartite functionality-direct antifungal action, immune activation, and growth promotion-provides a groundbreaking strategy for developing green multifunctional control agents, aligning with sustainable agricultural development.

Key words: *Bacillus siamensis*; nonribosomal peptide; *Rhizoctonia solani*; mitochondrial respiratory chain

---

[*] Funding: Liaoning Provincial Natural Science Foundation (2024-BS-090)

向日葵菌核病菌对咯菌腈和枯草芽孢杆菌 GB519 敏感性分析[*]

许雨婷[1,2**]，王继春[1***]，朱　峰[1***]，高　鹏[1]，高英爽[1,3]，张馨彤[1,3]

[1. 吉林省农业科学院（中国农业科技东北创新中心），农业农村部东北作物有害生物综合治理重点实验室，公主岭　136100；2. 延边大学农学院，延吉　130002；3. 吉林农业大学植物保护学院，长春　130118]

摘　要：向日葵菌核病是由核盘菌 [*Sclerotinia sclerotiorum* (Lib.) de Bary] 引起的世界性病害，发生严重时会造成减产至绝收。向日葵在吉林省种植面积约 30 万亩（1 亩≈667m²），是重要经济作物之一，向日葵菌核病也是吉林省向日葵产业发展第一障碍。本研究旨在明确向日葵菌核病菌对化学杀菌剂咯菌腈和生防枯草芽孢杆菌 GB519 的敏感性，为防控提供方法手段。试验采用菌丝生长速率法测定咯菌腈对向日葵菌核病菌的抑制效果，通过平板对峙培养探究枯草芽孢杆菌 GB519 对病菌的抑制作用。研究结果表明，25 g/L 咯菌腈悬浮种衣剂对向日葵菌核病菌菌株 2024TYBM3 抑制效果显著，EC_{50} 值达 0.002 μg/mL，其作用机制为抑制病原菌线粒体琥珀酸脱氢酶活性，导致能量代谢受阻；枯草芽孢杆菌 GB519 通过拮抗作用、分泌抗菌物质等机制，导致菌核病病菌菌丝生长减缓；其与 13 株向日葵核盘菌菌株对峙培养抑菌率达到 75.875%~86.625%。本研究将为向日葵菌核病综合防治制剂配伍提供科学参考。

关键词：向日葵菌核病；咯菌腈；枯草芽孢杆菌 GB519；敏感性；综合防治

---

[*] 基金项目：吉林省农业科技创新工程研究生基金项目（CXGC20242RCY047）
[**] 第一作者：许雨婷，硕士研究生，主要从事向日葵菌核病综合防控技术研究；E-mail：Xuyt0918@126.com
[***] 通信作者：王继春，研究员，主要从事农作物病害综合防控技术研究；E-mail：wangjichun@jaas.com.cn
　　　　　朱峰，副研究员，主要从事农作物病害综合防控研究工作；E-mail：zhufeng0726@163.com

贝莱斯芽孢杆菌 F41-14 发酵液及粗酶液对棉花黄萎病防治效果[*]

吴凤康[1,2**]，李 红[1,3]，陈 云[1,2]，窦 爽[1,3]，张 昭[1,3]，孟志超[1,3]，
王 宁[1,4,6]，杨红梅[1,4,6]，楚 敏[1,4,6]，包慧芳[1,4]，杨 蓉[1,4]，
詹发强[1,4]，牛新湘[5,6]，史应武[1,2,3,4,6***]

(1. 新疆维吾尔自治区农业科学院微生物研究所，乌鲁木齐 830091；
2. 新疆农业大学农学院，乌鲁木齐 830052；
3. 新疆大学生命科学与技术学院，乌鲁木齐 830046；
4. 新疆特殊环境微生物实验室，乌鲁木齐 830091；
5. 新疆维吾尔自治区农业科学院农业资源与环境研究所，乌鲁木齐 830091；
6. 农业农村部西北绿洲农业环境重点实验室，乌鲁木齐 830091)

摘 要：微生物次生代谢产物是微生物在特定生长阶段合成的化合物，通常不直接参与微生物的基本代谢过程，但在生物体的生态适应中发挥重要作用。生防菌株通过发酵能够产生胞外分泌型次生代谢产物，这些产物在生物防治中具有重要的应用潜力。部分次生代谢产物具有良好的稳定性，能够在复杂的环境条件下保持其生物活性，具有较强的抑菌能力，能够有效抑制病原菌的生长和繁殖。而另一些代谢产物则可能通过竞争性抑制或诱导植物系统性抗性来间接抑制病原菌的侵染，从而提高作物对病原菌的抵抗力。本章以生防菌株 F41-14 的发酵液及粗酶液为材料，通过盆栽试验探究其对棉花黄萎病的防治效果及促生作用。采用稀释涂布平板法，定量分析菌株在棉株根际的定殖动态，结合病情指数与黄萎病发病率分析其病害防控效果。同时，通过测定棉株生物量、叶绿素含量、光合作速率等生长指标，结合防御相关酶（POD、PAL、CAT、SOD）活性分析，探究菌株 F41-14 及粗酶溶液对棉花生长及诱导系统抗性的影响。以期为开发基于菌株 F41-14 的生物酶制剂防治棉花黄萎病提供理论基础和实验依据。

在棉花盆栽试验中，菌株 F41-14 在棉花根系部位定殖数量为 $1.58 \times 10^7 \sim 4.17 \times 10^7$ CFU/g。发酵液和粗酶液处理后，对棉花黄萎病的防病效果为 74.23% ~ 78.62%。与病原菌处理相比，菌株 F41-14 发酵液及粗酶液处理对棉株生物量（鲜重、干重、株高、根长、茎粗、叶片数）、叶绿素含量、光合速率均有不同程度促进作用；且在一定时间内能提高防御酶活性（POD、PAL、CAT、SOD）。

关键词：棉花黄萎病；贝莱斯芽孢杆菌；发酵液；粗酶液；防治效果

---

[*] 基金项目：新疆维吾尔自治区重点研发项目（2021B02004，2022B02053-2）；国家重点研发计划项目（2022YFD1400304）；国家重点研发计划项目（2021YFD1400200）
[**] 第一作者：吴凤康，硕士研究生；E-mail：2260745384@qq.com
[***] 通信作者：史应武，研究员，研究方向为微生物生态与植物健康；E-mail：syw1973@126.com

秸秆还田下玉米根际细菌多样性分析与生防菌的筛选*

陈飞飞**，宁 宇**，孔佳慧，闵子权，潘月敏***

（安徽农业大学植物保护学院，植物病虫害生物学与
绿色防控安徽普通高校重点实验室，合肥 230036）

摘 要：秸秆还田作为绿色农业发展的重要生态措施，同时存在增加土传病害发生的风险，目前在探究秸秆还田下对玉米根际细菌多样性和群落结构影响及利用高效生防菌防治土传病害的研究较少。本研究采用高通量测序技术分析了秸秆还田与施肥对玉米根际细菌多样性和群落结构的影响。OTUs 序列统计分析，说明仅施肥组（BF）OTUs 数量较不秸秆还田不施肥（CK）下降 41%；秸秆还田+施肥（HF）的 OTUs 数量相较于仅秸秆还田（HB）增加了 5.6%；物种组成分析，说明 HF 组较 CK 组芽孢杆菌属（*Bacillus*）增加 7.3 倍，鞘氨醇单胞菌属（*Sphingomonas*）增加 0.63 倍，硝化螺旋菌属（*Nitrospira*）增加 0.39 倍。这些结果表明，施用化肥降低微生物多样性；秸秆还田增加了有益微生物的丰度和稳定微生物多样性；秸秆还田+施肥处理优于仅秸秆还田处理。建议在生产实践中秸秆还田需要增施化肥，施用含有芽孢杆菌的微生物菌肥。通过平板对峙实验筛选出一株对禾谷镰孢菌（*Fusarium graminearum*）、假禾谷镰孢菌（*Fusarium pseudograminearum*）、亚洲镰孢菌（*Fusarium asiativum*）具有较强抑菌效果的生防菌株 GN-22，抑菌率分别为 81.47%、82.73%、74.10%。且该菌具有解钾、嗜铁、解磷以及产生拮抗相关酶的能力。该菌株鉴定为贝莱斯芽孢杆菌（*Bacillus velezensis*）。通过盆栽实验，GN-22 的 10%发酵液展现出较强的发芽势，较 CK 提升了 76.41%；30%发酵液处理展现出较强促生效果，玉米和小麦的株高分别提高了 24.61%和 17.86%。；在盆栽防效实验中，35%GN-22 发酵液处理组的防效率最高可达 59.52%。证明了菌株 GN-22 具有良好的促生和防病能力。采用正交试验优化发酵体系为：可溶性淀粉 1.0%、酵母粉 1.0%、KH_2PO_4 0.5%；pH 值=7，温度 28℃，接种量 4%，装液量 75 mL，摇床转速 180 r/min，培养时间 24 h。优化结果：10%菌株无细胞发酵液对禾谷镰孢菌的防效率较 CK 提高了 38.17%。建立了菌株 GN-22 的最优发酵体系。

综上，采用高通量技术分析根际土壤细菌多样性以及菌株 GN-22 的生防潜能研究及发酵体系优化，为揭示玉米根际土壤细菌多样性的变化规律和有益微生物防治玉米土传病害、促进玉米生长、制作微生物发酵液提供了理论依据。

关键词：秸秆还田；高通量测序技术；根际细菌多样性；促生防病；发酵条件优化

---

* 基金项目：国家自然科学基金项目（32302429）；安徽省自然科学基金项目（2308085QC95）
** 第一作者：陈飞飞，讲师；E-mail：ffchen1951@163.com
　　　宁宇，硕士研究生；E-mail：2319578004@qq.com
*** 通信作者：潘月敏，教授；E-mail：ympan2008@163.com

蓝莓鲜果采后腐烂病病原菌鉴定及抑菌保鲜效果研究[*]

汪 虎[**]，艾澍菡，杨 允，方欣悦，马 静，李彦凯，宋晓贺[***]

（安庆师范大学生命科学学院，安庆 246133）

摘 要：全世界的蓝莓主产区，真菌性病害引起的蓝莓腐烂病是采后鲜食蓝莓贮藏和物流中存在的难题。真菌病原均可以通过机械损伤的伤口或者蒂痕侵染蓝莓果实，尤其是潜伏性真菌会在贮藏后期果实衰老软化、抗性减弱后迅速生长繁殖。目前，蓝莓采后病害的防治主要依赖于化学方法，但这些方法存在药物残留、环境污染和病原菌产生抗药性等问题。因此，开发新型的生物防控和抑菌保鲜技术，不仅能够解决这些问题，还能提高蓝莓的品质和延长货架期，具有很高的理论价值和应用前景。本研究安庆怀宁蓝莓基地采集新鲜的蓝莓果实，采用组织分离法对其病原菌进行分离纯化，结合病原菌形态特征及 ITS、TEF1-α 和 CAL 序列分析对菌株进行鉴定。采用菌丝生长速率法测定了茶多酚、姜黄素等 9 种生物和食品化学保鲜成分对 3 种蓝莓腐烂病菌的抑菌效果。研究结果显示，分离纯化共获得 89 纯化菌株。挑选 46 株菌落差异的菌株，经分子生物学鉴定，将 46 株蓝莓腐烂病菌鉴定为 4 种类型，分别为：蓝莓灰霉病菌（*Botrytis cinera*）、蓝莓链隔孢腐烂病菌（*Alternaria* spp.）、小新壳梭孢菌（*Neofusicoccum parvum*）和新棒形拟盘多毛孢（*Neopestalotipsis clavispora*）。室内毒力测定结果表明，14-羟基芸苔素甾醇、姜黄素、丁香酚、柠檬酸对 3 种蓝莓病害病原菌的抑菌效果显著，最低 EC_{50} 值分别为 0.074 mg/mL、0.085 mg/mL、9.57 mg/mL、0.97 mg/mL。研究结果对提高蓝莓的采后品质、延长货架期、减少经济损失具有重要意义。

关键词：蓝莓；腐烂病；病害鉴定；抑菌保鲜

---

[*] 基金项目：安徽省高校科学研究重大项目（2024AH040173）
[**] 第一作者：汪虎，硕士研究生，主要从事植物病害诊断与防治研究
[***] 通信作者：宋晓贺，副教授，主要从事植物病害诊断与生物防控研究；E-mail：sxh@aqnu.edu.cn

Characterization of *Streptomyces* spp. CYS4-5 and Its Potential for Biocontrol Against *Salvia miltiorrhiza* Root Rot

Zhang Huihao[1]**, Wang Mengjiao[1], Wang Fei[2], Zhao Ying[1],
Wen Caiyi[1], Song Luyang[1]***

(1. College of Plant Protection, Henan Agricultural University, Zhengzhou 450046, China;
2. Institute of Plant Protection, Henan Academy of Agricultural
Sciences, Zhengzhou 450002, China)

Abstract: *Streptomyces* spp. are significant biocontrol microorganisms with potential applications in plant disease management. This study focused on the biocontrol potential of *Streptomyces* spp. CYS4-5 against *Salvia miltiorrhiza* root rot pathogens. From a collection of 160 isolates, CYS4-5 was selected for its strong antagonistic activity against *Fusarium solani*, *Fusarium oxysporum*, and *Fusarium proliferatum*, with inhibition rates of 65.54%, 66.87%, and 68.28%, respectively. It also demonstrated broad-spectrum antifungal activity against several pathogenic fungi, including *Sclerotinia sclerotiorum* and *Fusarium graminearum*. Pot and field experiments confirmed that CYS4-5 effectively reduced the disease index of *Salvia miltiorrhiza* root rot by approximately 48%, with significant improvements in plant growth parameters such as dry weight, root length, and plant height. Taxonomic analysis identified the strain as *Streptomyces* spp. CYS4-5 based on 16S rRNA sequencing, morphological characteristics, and genomic analysis. Furthermore, the genomic data revealed genes associated with nitrogen fixation, phosphate solubilization, iron uptake, and quorum sensing, enhancing the strain's biocontrol potential. The complete genome of CYS4-5 also contained clusters for the synthesis of secondary metabolites with antimicrobial properties. This study provides valuable insights into the biocontrol mechanisms of *Streptomyces* spp. CYS4-5 and its potential as a biocontrol agent for *Salvia miltiorrhiza* root rot.

Key words: *Streptomyces* spp.; biocontrol; *Salvia miltiorrhiza*; root rot

---

* Funding: Science and Technology Planning Project of Henan Province of China (42102111102); Young Elite Scientists Sponsorship Program by Henan Association for Science and Technology (2025HYTP071)
** First author: Zhang Huihao, PhD student; E-mail: zhanghuihao0420@163.com
*** Corresponding author: Song Luyang, instructor; E-mail: lysong@henau.edu.cn